高等学校应用型本科"十三五"规划教材

电工电子技术

主 编 张 媛 何春燕
副主编 高 飞
主 审 唐林建

西安电子科技大学出版社

内 容 简 介

全书共 8 章，内容包括电路的基本概念和基本定律、电路分析基础、半导体器件、放大电路、直流稳压电源、数字电路基础、半导体存储器及可编程器件、数/模与模/数转换电路。全书对基本概念、基本理论、原理及分析方法的讲解通俗易懂，并配有习题。参考学时为 40～70。

本书是为满足应用型本科教学需要进行编写的，可供高等工科院校非电类各专业"电工电子技术"课程选用，也可供高职院校相关专业选用。

图书在版编目(CIP)数据

电工电子技术/张媛，何春燕主编. —西安：西安电子科技大学出版社，2016.5
高等学校应用型本科"十三五"规划教材
ISBN 978 - 7 - 5606 - 4067 - 9

Ⅰ. ① 电… Ⅱ. ① 张… ② 何… Ⅲ. ① 电子技术－高等学校—教材 ② 电子技术－高等学校－教材 Ⅳ. ① TM ② TN

中国版本图书馆 CIP 数据核字(2016)第 074987 号

策划编辑　戚文艳　李惠萍
责任编辑　戚文艳　杨璠
出版发行　西安电子科技大学出版社(西安市太白南路 2 号)
电　　话　(029)88242885　88201467　　邮　　编　710071
网　　址　www. xduph. com　　电子邮箱　xdupfxb001@163.com
经　　销　新华书店
印刷单位　陕西天意印务有限责任公司
版　　次　2016 年 5 月第 1 版　2016 年 5 月第 1 次印刷
开　　本　787 毫米×1092 毫米　1/16　印张 21
字　　数　494 千字
印　　数　1～3000 册
定　　价　36.00 元
ISBN 978 - 7 - 5606 - 4067 - 9/TM

XDUP　4359001 - 1

*** 如有印装问题可调换 ***

计算机大组

组　长：刘黎明（兼）

成　员：（成员按姓氏笔画排列）

　　　　刘克成（南阳理工学院计算机学院院长、教授）

　　　　毕如田（山西农业大学资源环境学院副院长、教授）

　　　　李富忠（山西农业大学软件学院院长、教授）

　　　　向　毅（重庆科技学院电气与信息工程学院院长助理、教授）

　　　　张晓民（南阳理工学院软件学院副院长、副教授）

　　　　何明星（西华大学数学与计算机学院院长、教授）

　　　　范剑波（宁波工程学院理学院副院长、教授）

　　　　赵润林（山西运城学院计算机科学与技术系副主任、副教授）

　　　　雷　亮（重庆科技学院电气与信息工程学院计算机系主任、副教授）

　　　　黑新宏（西安理工大学计算机学院副院长、教授）

前言
QIANYAN

为适应应用型本科的教学需要，总结多年来课程改革的经验，编者基于素质教育的特点，组织编写了本教材。本教材力求体现"精练"和"实用"的特色，以专业必需的基本概念和基本分析方法为主，舍去繁复的、不必要的理论叙述与推导，突出基本知识和基本技能的应用。

本书包括电路基础、模拟电子技术基础和数字电路与逻辑设计三个部分。在内容安排上，电路基础部分是先基本定律，再线性电路分析方法和定理；先直流分析，再正弦信号下的相量分析法。模拟电子技术部分是先半导体器件，再放大电路；先分立元件构成的放大电路，再集成运放；围绕信号的放大、运算、处理、转换和产生介绍。数字电路是先门电路，后触发器；先组合逻辑电路，再时序逻辑电路；先电路功能分析，再电路功能实现；先分立元件，再可编程逻辑器件；最后介绍D/A转换和A/D转换。

各章围绕主干内容由浅入深、由简到繁、承前启后，激发读者学习兴趣。由于电子电路分析和设计方法的现代化和自动化，使定量计算更精确，因此设计者将更侧重电路结构的设计。注重电路结构的构思，突出定性分析，从中获得启迪，并进一步提高创新意识。各章在讲清基本内容的基础上，增加了"提高"的内容，以扩展知识面，开阔视野。这部分内容教师可以按学时多少和专业需要取舍。在例题和习题配置上注重巩固基本概念和基本分析，题型上更加多样化，在提问题的角度上更具有启发性。

本书由重庆邮电大学移通学院张媛、何春燕担任主编，高飞担任副主编，唐林建主审。其中，唐林建编写了第一、二章，张媛编写了第三、四章，高飞编写了第五章，何春燕编写了第六、七、八章。全书由张媛负责组织、统稿工作。

由于编者水平所限，书中不足之处恳请各位老师和读者不吝指正。

编　者
2016 年 3 月

目录

MULU

第一章　电路的基本概念和基本定律

　　本章介绍电路的基本概念和基本变量；电压、电流的参考方向；电阻元件、电容元件、电感元件、独立源和受控源；基尔霍夫定律和支路电流法。本章涉及的内容是学习后续各章的基础。

1.1　电路与电路模型

1.1.1　电路

　　为了实现特定功能将相应的电器元件或设备，按照一定的方式连接而成的电流通路称为电路。不同功能的电路其组成结构也是不同的，如常见的照明电路由交流电源、灯泡、导线、开关构成；扩音机电路由半导体器件、电阻、电容、电感、扬声器、直流电源等构成。由于电的应用非常广泛，因此电路的结构是多种多样的。

　　根据电路的功能，可将电路分为两大类。一类用于电能传输与转换，如电力系统；另一类用于电信号传递和处理，如扩音机电路。

　　无论实际电路的尺寸与复杂度如何，我们都可以把电路看成由电源、中间环节、负载三个基本部分组成。电源是将其他形式的能量转换为电能的装置或设备，如干电池、蓄电池、发电机等；负载是消耗电能的装置或设备（也称为用电器），如灯泡、电动机等，负载把电能转换为其他形式的能量；中间环节是指传输、控制电能的装置或设备，如连接导线、变压器、开关等。

1.1.2　电路模型

　　构成实际电路的电气元器件其电磁性质是比较复杂的，不是单一的。如一个实际的电阻器，当有电流流过时，一方面消耗电能，将电能转换为热能，呈现电阻性质；另一方面，还会产生磁场，将电能转变为磁场能储存起来，因而还兼有电感的性质。

　　在电路分析计算中，如果考虑器件的所有电磁性质，将是非常困难的。因此，在一定条件下，对构成实际电路的各种器件，只考虑其主要的电磁特性，忽略其次要特性，使其理想化，并用一个表征其主要性能的元件模型来表示，这种元件模型称为理想元件。电路分析中常用的三种最基本的理想电路元件分别为电阻元件、电容元件和电感元件，其模型符号如图 1.1-1 所示。其中，电阻元件只表示消耗电能的特征，当电流通过它时，它把电能转换为其他形式的能量；电感元件只表示储存磁场能量的特征；电容元件只表示储存电场能量的特征。此外还有理想电压源、理想电流源、受控源等理想电路元件，以后将陆续介绍。

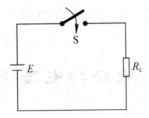

(a) 电阻元件　　　　　(b) 电感元件　　　　　(c) 电容元件

图 1.1-1　三种基本的理想电路元件模型符号

在满足一定条件下，任一实际电路都能用理想元件模型来进行描述，得到实际电路的电路模型。如图 1.1-2 所示为用理想电压源(电池)、电阻元件(灯泡)、理想导线(导线)、开关描述的手电筒的电路模型。在理论分析时所指的电路均为电路模型，根据对电路模型的分析所得出的结论有着广泛而实际的指导意义。

（此处为手电筒电路图，含 S、E、R_L）

1.1-2　手电筒的电路模型

理想元件是抽象的模型，它只具有一种物理特性，其电磁特性集中表现在该元件(相当于空间的一个点)上，称为集总参数元件。比如，电阻元件是消耗电磁能量的，所有电磁能量的消耗都集中于电阻元件上。与之类似的电场能特性集中于电容元件上，磁场能特性集中于电感元件上。

由集总参数元件构成的电路称为集总参数电路，简称集总电路。用集总电路来近似地描述实际电路需要满足的条件是：实际电路的尺寸 d 要远远小于电路工作时的电磁波的波长 λ，即

$$d \ll \lambda \qquad\qquad (1.1-1)$$

其中

$$\lambda = \frac{c}{f} \qquad\qquad (1.1-2)$$

式中，$c = 3 \times 10^8$ m/s，f 为电路的工作频率。如，我国电力系统供电频率为 50 Hz，对应的波长为 6000 km，对于大多数用电设备而言，其尺寸与波长相比可忽略不计，因此可以采用集总电路来进行分析。但是对于频率比较高的微波信号，其对应的波长 $\lambda = 0.1 \sim 10$ cm，这时，波长与元件尺寸属于同一数量级，信号在电路中传输的时间不能忽略，电路中的电流、电压不仅是时间的函数，也是空间的函数，对于这种情况则应采用分布参数模型进行分析与研究。本教材涉及的元件为集总参数元件。

1.1.3　电流、电压及其参考方向

1. 电流及其参考方向

电路中电荷的有规则移动形成电流。电流可以是负电荷也可以是正电荷或者是两者兼有的定向移动的结果。习惯上规定正电荷移动的方向为电流的真实方向。

单位时间内通过导体横截面的电荷量，称为电流强度，简称电流。用符号 i 表示，即

$$i = \frac{\mathrm{d}q}{\mathrm{d}t} \qquad\qquad (1.1-3)$$

如果电流的大小和方向不随时间变化，则这种电流称为直流电流，简称直流（Direct Current，dc/DC），常用大写字母 I 来表示。如果电流的大小方向都随时间变化，则称为时变电流，变化为周期性的称为交变电流，简称交流（Alternating Current，ac/AC），如图 1.1-3 所示。

图 1.1-3　直流电流与交流电流波形示意图

电荷的单位为库仑（C），时间的单位为秒（s），电流的单位为安培（A）。在电力系统中常用的电流单位为千安（kA），在通信、电子等专业中常用的电流单位为毫安（mA）、微安（μA）和纳安（nA）。它们的关系为

$$1\ kA=10^3\ A,\ 1\ A=10^3\ mA,\ 1\ mA=10^3\ \mu A,\ 1\ \mu A=10^3\ nA$$

在进行电路的分析时，为了列写与电流有关的表达式，必须预先假定电流的方向，称为电流的参考方向，并在电路图上用箭头标注。电流的参考方向是人为任意假定的，一旦确定，在整个分析计算的过程中不得改变。

图 1.1-4 为电流参考方向的两种表示方法。如图 1.1-4（a）所示电流的参考方向为箭头标注，电流由 a 流向 b。如图 1.1-4（b）所示为双下标标注法，i_{ba} 表示电流的参考方向为由 b 指向 a。

（a）箭头表示　　　　　　　　　（b）双下标表示

图 1.1-4　电流及其参考方向

经分析计算，如果计算结果为正值，表示电流的真实（实际）方向与假设参考方向相同。如计算结果为负值，表示电流的真实方向与假定参考方向相反，显然：$i_{ab}=-i_{ba}$。

2．电压及其参考方向

电荷在电场力的作用下形成电流，在这个过程中电场力推动电荷运动作功。处在电场中的电荷具有电位（势）能。当电荷由电路中的一点移至电路中的另一点时，电场力对电荷作功，电荷的能量发生改变，能量的改变量只与这两点的位置有关，而与移动的路径无关。为了衡量电场力移动电荷作功的能力，我们引入"电压"这一物理量。

电压的定义：单位正电荷（dq）由 a 点移动到 b 点电场力做的功（dw）称为 a、b 两点的电压（Voltage）。用符号 U、u 表示，则

$$u_{ab}=\frac{dw}{dq} \tag{1.1-4}$$

式中，dw 为单位正电荷从 a 点到 b 点获得或失去的能量，单位为焦耳（J），dq 的单位为库仑（C），电压 u 的单位为伏特（V）。在电力系统中常用的电压单位为千伏（kV），在通信、电子等专业常用电压的单位有毫伏（mV）、微伏（μV）。它们之间的关系为

$$1 \text{ kV}=10^3 \text{ V}, 1 \text{ V}=10^3 \text{ mV}, 1 \text{ mV}=10^3 \ \mu\text{V}$$

电压 u_{ab} 就是 a、b 两点的电位之差。a、b 两点的电位分别是这两点与参考点(零电位点)间的电压,可用 u_a、u_b 表示,即

$$u_{ab}=u_a-u_b \tag{1.1-5}$$

电位是一个重要的物理量,在工程计算中得到广泛应用。运用电位时必须在电路中指定一个参考点(接地点),并且在电路分析计算过程中不能改变。采用电位的标注方法还可以使电路模型得到简化,方便测量。在图 1.1-5 中,(b)图为(a)图的电位表示画法。

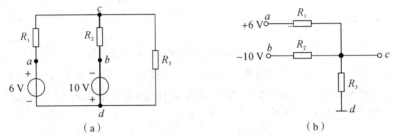

图 1.1-5 用电位表示的电路模型

电压与电流一样是有方向的。习惯上规定电压的方向为由高电位指向低电位,即电位降低的方向为电压的真实方向。如果正电荷由 a 点移到 b 点获得能量,即能量增加,则 a 点为低电位即为负极(—),b 点为高电位即为正极(+),如图 1.1-6(a)所示;如果正电荷由 a 点移到 b 点失去能量,即能量减少,则 a 点为高电位(正极),b 点为低电位(负极),如图 1.1-6(b)所示。

图 1.1-6 电压极性说明图

如果电压的大小和方向都不随时间变化,则称为恒定电压或直流电压,常用大写字母 U 表示。如果电压的大小和方向都随时间变化,则称为时变电压,变化为周期性的称为交流电压,常用小写字母 u 表示。

在进行电路分析计算时同样需要为电压选定参考方向。电压的参考方向可以任意选定,在电路图中用"+"、"—"符号表示(如图 1.1-6 所示),或用带下标的电压符号表示,如电压 u_{ab} 表示电压 u 的参考方向为由 a 点指向 b 点,即 a 点为"+",b 点为"—",并且有 $u_{ab}=-u_{ba}$。

根据电压值的正负和假定的参考方向可以确定电压的真实方向。电压为正,说明电压的真实方向与参考方向一致;如果电压为负值,说明电压的真实方向与参考方向相反。这样,电压的真实极性便可由电路图中标注的电压参考方向与电压值的正、负来表明。

电路图中所标注的电流、电压方向均为参考方向,不是真实方向;参考方向可以任意独立选定,一经选定,在电路分析计算过程中不应改变。

对电流、电压而言,只有大小而没有方向是不能描述其物理意义的,因此在求解电路时,必须设定电流、电压的参考方向。这是一个很重要且又容易被读者忽视的问题,必须养成在进行电路分析时首先在电路中标注电流、电压参考方向的良好习惯。

3. 关联参考方向

在分析电路时，既要为通过元件的电流选定参考方向，又要为元件两端的电压选定参考极性，它们彼此可以独立无关地任意选定。但为了分析方便，常常采用关联的参考方向：电流的参考方向与电压降的参考方向一致，就是电流的参考方向从电压参考方向的"＋"端流向"－"端如图 1.1－7(a)所示，否则就是非关联参考方向。在关联参考方向下，在电路图上仅需要标出电流的参考方向或电压的参考极性，如图 1.1－7(b)、(c)所示。

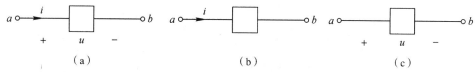

图 1.1－7 电压、电流关联的参考方向

【例 1.1－1】 在图 1.1－8 电路中，判断电压 u 和电流 i 是否关联？

解 在图 1.1－8 中假设的电压和电流参考方向下，元件 B：电流 i 从电压 u 的"＋"极流入、"－"极流出，所以对于元件 B 而言，电压与电流方向关联。

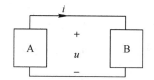

图 1.1－8 例 1.1－1电路图

元件 A：电流 i 从电压的"－"极流入，"＋"极流出，所以对于元件 A 而言，电压与电流方向非关联。

【例 1.1－2】 电路如图 1.1－9 所示，已知图 1.1－9(a)中 $u_{ab}=5$ V，图 1.1－9(b)中 $u_{ba}=-10$ V，判断图中元件电压的实际方向(极性)。

图 1.1－9 例 1.1－2电路图

解 由图 1.1－9(a)可知：电压的参考方向是 $a\rightarrow b$，$u_{ab}=5$ V>0，所以电压的实际方向与参考方向相同，即为 $a\rightarrow b$。

由图 1.1－9(b)可知：电压的参考方向是 $b\rightarrow a$，$u_{ba}=-10$ V<0，所以电压的实际方向与参考方向相反，即为 $a\rightarrow b$。

【例 1.1－3】 电路如图 1.1－10(a)所示，其中，$R=10$ Ω，$i=2$ A。分别求：

(1) 当 a 点为参考点时，U_a、U_b、U_c 的值和 U_{bc}；

(2) 当 d 点为参考点时，U_a、U_b、U_c 的值和 U_{bc}。

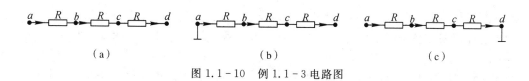

图 1.1－10 例 1.1－3电路图

解 （1）当 a 点为参考点时，即 $U_a=0$，如图 1.1-10(b)所示，则有

$$U_a=0$$

$$U_b=-iR=-(2\times10)=-20(\text{V})$$

$$U_c=-i(R+R)=-[2\times(10+10)]=-40(\text{V})$$

而 U_{bc} 的计算方法有两种：

① $U_{bc}=iR=2\times10=20(\text{V})$

② $U_{bc}=U_b-U_c=-20-(-40)=20(\text{V})$

（2）当 d 点为参考点时，即 $U_d=0$，如图 1.2-7(c)所示，则有

$$U_a=i(R+R+R)=2\times(10+10+10)=60(\text{V})$$

$$U_b=i(R+R)=2\times(10+10)=40(\text{V})$$

$$U_c=iR=2\times10=20(\text{V})$$

而

$$U_{bc}=U_b-U_c=40-20=20(\text{V})$$

结论：各点电位随参考点的变化而变化，但任意两点间的电压不随参考点的变化而变化。

1.1.4 电功率

功率是衡量能量变化率的物理量。单位时间内电路消耗的能量称为电路的电功率，简称电功率，用 p 或 P 表示，即

$$p(t)=\frac{\text{d}w}{\text{d}t}=u\frac{\text{d}q}{\text{d}t}=ui \qquad (1.1-6)$$

由式(1.1-6)可以看出：功率是和电压、电流都有关的量，因此需要考虑其参考方向的关联性，如图 1.1-11 所示。

参考方向关联 $p=u\cdot i$　　　　参考方向非关联 $p=-u\cdot i$

图 1.1-11 参考方向关联及其功率计算公式

参考方向关联时，

$$p=ui \qquad (1.1-7)$$

参考方向非关联时，

$$p=-ui \qquad (1.1-8)$$

按上述两个公式计算功率时，计算的都是元件消耗(吸收)的功率。因此，如果计算的结果为正，即 $P>0$，则表示消耗功率；如果计算的结果为负，即 $P<0$，则表示产生功率。在国际单位制中，功率的基本单位为 W(瓦特，简称瓦)。常用的功率单位还有 MW(兆瓦)、kW(千瓦)、mW(毫瓦)和 μW(微瓦)。其换算关系为

$$1\text{ MW}=10^3\text{ kW},\ 1\text{ kW}=10^3\text{W},\ 1\text{ W}=10^3\text{ mW},\ 1\text{ mW}=10^3\ \mu\text{W}$$

注意：对于整个电路，电路应满足功率平衡，即 $\sum P_{消耗}=\sum P_{输出}(\sum P=0)$。

当已知设备或负载的功率为 P 时，则在时间 t 秒内消耗的电能(或电功)为

$$w=Pt \qquad (1.1-9)$$

在工程和实际生活中，电能的单位通常用千瓦小时(kW·h)，俗称"度"。1 度电 =1 kW·h=

10^3 W$\times$3600 s$=3.6\times10^6$ J。

　　【例 1.1-4】　如图 1.1-12 所示电路，已知某时刻的电流和电压，求该时刻各电路的功率，并指明该电路是消耗功率还是产生功率。

（a）　　　　　　　　　　　　　　　　（b）

图 1.1-12　例 1.1-4 题图

　　解　因为图 1.1-12(a)的电压、电流为关联参考方向，有
$$p=ui=2\times(-3)=-6 \text{ W}<0$$
所以 N1 产生功率为 6 W。

　　因为图 1.1-12(b)的电压、电流为非关联参考方向，有
$$p=-ui=-(-5)\times2=10 \text{ W}>0$$
所以 N2 消耗的功率为 10 W。

　　【例 1.1-5】　电路如图 1.1-13 所示，已知 $i_1=3$ A，$i_3=-4$ A，$i_4=-1$ A，$u_1=10$ V，$u_2=4$ V，$u_3=-6$ V，试计算各元件吸收的功率。

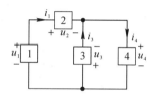

图 1.1-13　例 1.1-5 电路图

　　解　元件 2、3、4 的电压、电流参考方向关联，故吸收功率分别为
$$p_2=u_2 i_1=4\times3=12 \text{（W）}$$
$$p_3=u_3 i_3=-6\times(-4)=24 \text{（W）}$$
$$p_4=u_4 i_4=(-u_3)i_4=6\times(-1)=-6 \text{（W）}$$
元件 1 的电压、电流参考方向非关联，故吸收功率为
$$p_1=-u_1 i_1=-10\times3=-30 \text{（W）}$$
电路中各元件吸收的总功率为
$$p_{吸}=p_2+p_3=12+24=36 \text{（W）}$$
电路中各元件产生的率为
$$p_{产}=p_1+p_4=30+6=36 \text{（W）}$$
电路中各元件吸收功率的总和等于产生功率的总和，达到功率平衡。

1.2　电路基本元件

1.2.1　电阻元件

　　电阻元件简称电阻，是在电子电路中应用最为广泛的无源二端元件。电阻元件上电压和电流之间的关系称为伏安关系。如果电阻的伏安特性曲线在 u-i 平面上是一条通过坐标原点的直线如图 1.2-1(a)所示，且不随时间变化，则称为线性时不变电阻。直线的斜率代表电阻值的大小。电阻的电路符号如图 1.2-1(b)所示。

（a）　　　　　　　　　　　　　　　（b）

图 1.2-1　电阻元件

一般所说的电阻元件均是指线性非时变电阻元件。在电压、电流参考方向关联的情况下，有

$$u = Ri \qquad (1.2-1)$$

如果电压、电流参考方向非关联，则

$$u = -Ri \qquad (1.2-2)$$

式(1.2-1)、式(1.2-2)中的 R 表征的是线性非时变电阻的特性，是一个与电压、电流无关的量，是一种电路参数。电阻的单位为欧姆(Ω)，常用的还有兆欧($M\Omega$)和千欧($k\Omega$)。

电阻的倒数称为电导，用以表征电阻元件传导电流能力的大小。电导用 G 表示，单位为 S(西门子，简称西)。电导与电阻的关系为

$$G = \frac{1}{R} \qquad (1.2-3)$$

电导元件的伏安关系为(关联方向下)

$$i = Gu \qquad (1.2-4)$$

在电压 u 和电流 i 取关联参考方向的情况下，电阻消耗的功率为

$$p = ui = i^2 R = \frac{u^2}{R} \qquad (1.2-5)$$

其能量为

$$w(t) = \int_{-\infty}^{t} p(\tau) \mathrm{d}\tau \qquad (1.2-6)$$

1.2.2　电容元件

电容元件简称电容，具有储存电荷的能力，其电路符号如图 1.2-2 所示。当电容两端加有电压时，其极板上就会储存电荷，如果电荷量与端电压 u 之间是线性函数关系，则称为线性电容。反之，则称为非线性电容，以下讨论的为线性电容。

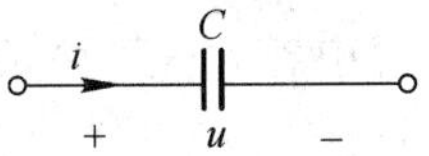

图 1.2-2　电容元件的电路符号

在线性电容的情况下，电容的特性方程为

$$q = Cu \qquad (1.2-7)$$

式中，C 为电容量，是一个常数，与电荷、电压无关，其单位为法拉(F)，常用的单位有微法(μF)、皮法(pF)，它们间的关系是

$$1\ \mathrm{F}=10^{6}\ \mu\mathrm{F}=10^{12}\ \mathrm{pF}$$

电容是一种动态元件,当极板上的电荷量发生变化时,在电容的端口中才会有电流。在如图 1.2-2 所示关联参考方向下有

$$i=\frac{\mathrm{d}q}{\mathrm{d}t}=C\frac{\mathrm{d}u}{\mathrm{d}t} \tag{1.2-8}$$

式(1.2-8)表明,电容的电流与端电压对时间的变化率成正比。对恒定电压(直流),电容的电流为零,所以在直流稳态下,电容相当于开路。故电容具有隔直流通交流的特性。

电容是一种储能元件,能量储存在电容的电场中。当时间由 0 到 t_1,电容的端电压 u 由 0 变为 U 时,电容所储存的电场能为

$$w_C=\int_0^{t_1}ui\,\mathrm{d}t=\int_0^U Cu\,\mathrm{d}u=\frac{1}{2}CU^2 \tag{1.2-9}$$

式(1.2-9)表明,电容元件在某一时刻的储能只取决于该时刻的电压值,与电压的过去变化进程无关。

在实际应用中,当单个电容的容量不满足要求时,可将几个电容串联或并联运用。如图 1.2-3(a)所示为多个电容串联,等效的总电容量为

$$C=C_1+C_2+C_3 \tag{1.2-10}$$

如图 1.2-3(b)所示为多个电容并联,等效的总电容量为

$$\frac{1}{C}=\frac{1}{C_1}+\frac{1}{C_2}+\frac{1}{C_3} \tag{1.2-11}$$

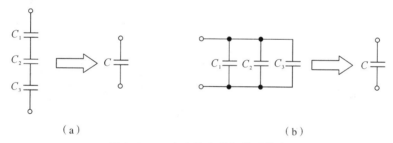

（a）   （b）

图 1.2-3　电容的串联与并联等效

1.2.3　电感元件

电感元件简称电感。当有电流 i 流过电感元件时,其周围将产生磁场。若电感线圈共有 N 匝,通过每匝线圈的磁通为 Φ,则线圈的匝数与穿过线圈的磁通的乘积 $N\Phi$($N\Phi$ 称为磁链,用 ψ 表示)。如果电感元件中的磁通与电流之间是线性函数关系,则称为线性电感。如果电感元件中的磁通与电流之间不是线性函数关系,则称为非线性电感。没有特别说明,以后讨论的均为线性电感。对于空芯电感而言,有

$$\psi=Li \tag{1.2-12}$$

式中,L 为电感量,单位为亨利(H),常用的单位还有毫亨(mH)、微亨(μH)。它们之间的关系为

$$1\ \mathrm{H}=10^3\ \mathrm{mH},\ 1\ \mathrm{mH}=10^3\ \mu\mathrm{H}$$

磁通和磁链的单位为韦伯(Wb)。

当流过电感的电流随时间变化时,则会产生自感电动势,元件两端就有电压。若电感

i、e_L、u 的参考方向如图 1.2-4 所示，则有

$$e_L = \frac{\mathrm{d}N\Phi}{\mathrm{d}t} = -L\frac{\mathrm{d}i}{\mathrm{d}t} \tag{1.2-13}$$

$$u = -e_L = L\frac{\mathrm{d}i}{\mathrm{d}t} \tag{1.2-14}$$

由式(1.2-14)可知，电感两端的电压 u 与流过的电流 i 对时间的变化率成正比。对于恒定电流(直流)，电感元件的端电压为零，在直流稳态的情况下，电感相当于短路。故电感具有通直流阻交流的特性。

电感具有储存磁能的能力。当流过电感的电流增大时，磁通增大，储存的磁能也变大。如果电流减小到零，则所储存的磁能将全部释放出来。故电感本身并不消耗能量，是一个储能元件。当时间由 0 到 t_1，流过电感的电流 i 由 0 变到 I 时，电感所储存的磁能为

$$w_L = \int_0^{t_1} ui\,\mathrm{d}t = \int_0^I Li\,\mathrm{d}i = \frac{1}{2}LI^2 \tag{1.2-15}$$

式(1.2-15)表明，电感在某一时刻的储能只取决于该时刻的电流值，与电流的过去变化进程无关。

在实际应用中，当单个电感量不满足要求时，可将几个电感串联或并联运用。如图 1.2-4(a)所示为多个电感串联，等效的总电感量为

$$L = L_1 + L_2 + L_3 \tag{1.2-16}$$

如图 1.2-4(b)所示为多个电感并联，等效的总电感量为

$$\frac{1}{L} = \frac{1}{L_1} + \frac{1}{L_2} + \frac{1}{L_3} \tag{1.2-17}$$

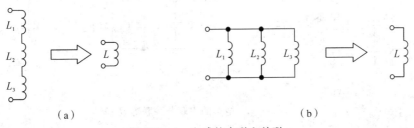

(a)   (b)

图 1.2-4　电感的串联和并联

1.3　电　源

电源是各种电能量产生器的理想化模型，可分为独立(电)源和受控(电)源两大类，能向电路独立提供电压、电流的器件或装置称为独立电源，是从实际电源抽象出来的电路模型，是有源元件。独立源分为理想电压源(简称电压源)和理想电流源(简称电流源)两类。

1.3.1　电压源

电压源是一个二端元件，在任一电路中，不论流过它的电流是多少，其两端的电压始终能保持为某给定的时间函数 $u_s(t)$ 或定值 U_s，则该二端元件称为电压源。

如果电压源的端电压保持为定值 U_s，则该电压源称为直流电压源；如果端电压保持为某给定的时间函数 $u_s(t)$，则该电压源称为时变电压源。

电压源的符号如图 1.3-1(a)所示，图中的"＋"、"－"表示电压源的参考极性。如果是直流电压源，也可用如图 1.3-1(b)的符号表示。

电压源的伏安关系可以用下式表示：

$$u(t) = u_s(t) \qquad (1.3-1)$$

直流电压源的伏安特性曲线为不通过原点而平行于 i 轴的一条直线，如图 1.3-2 所示。

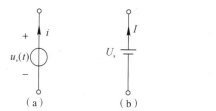

图 1.3-1　电压源符号

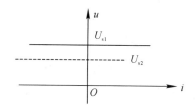

图 1.3-2　直流电压源的伏安特性曲线

电压源的主要特性有：

(1) 电压源的电压为定值 U_s 或某给定的时间函数 $u_s(t)$，与流过元件的电流无关。

(2) 流过电压源的电流是由与该电压源连接的外电路决定的。

1.3.2　电流源

电流源是一个二端元件，在任一电路中，不论它两端的电压是多少，流经它的电流始终能保持为某给定的时间函数 $i_s(t)$ 或定值 I_s，则该二端元件称为电流源。

如果电流源的电流保持为定值 I_s，则该电流源称为直流电流源；如果端电流保持为某给定的时间函数 $i_s(t)$，则该电流源称为时变电流源。

电流源的符号如图 1.3-3 所示，图中箭头表示电流源的参考方向。

电流源的伏安关系可以用下式表示：

$$i(t) = i_s(t) \qquad (1.3-2)$$

直流电流源的伏安特性曲线为不通过原点而平行于 u 轴的一条直线，如图 1.3-4 所示。

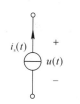

图 1.3-3　电流源符号

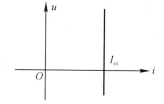

图 1.3-4　直流电流源的伏安特性曲线

电流源的主要特性有：

(1) 电流源的电流为定值 I_s 或某给定的时间函数 $i_s(t)$，与元件两端的电压无关。

(2) 电流源两端的电压是由与该电流源连接的外电路决定的。

1.3.3　受控源

电路中除了含有独立电源外，往往还含有受控源。受控电压源的电压和受控电流源的电流不是由自身决定的，而是受电路中其他支路的电压或电流的控制。因此，就受控源的组成来看，可以分为两个部分，一个是控制量，一个是受到控制的电源。例如：在电子电路中的电压放大器，其对应的模型如图 1.3-5 所示，输出电压 u_2 是受控制的电源，输入电压 u_1 是控制量，它们之间满足如下关系：

$$u_2 = \mu u_1 \tag{1.3-3}$$

将如图 1.3-5 所示的四端元件称为电压控制的电压源（VCVS）。

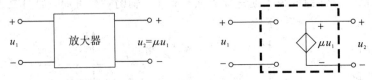

图 1.3-5 受控电压源模型（μ 为电压放大倍数）

由于电源有电压源和电流源，而控制量有电流与电压，因此受控源可以分为四种类型，其模型如图 1.3-6 所示。

（1）电压控制电压源（VCVS），μ 称为电压放大倍数，是一个无量纲的常数。

（2）电流控制电压源（CCVS），r 是一个具有电阻量纲的常数，称为转移电阻。

（3）电压控制电流源（VCCS），g 是一个具有电导量纲的常数，称为转移电导。

（4）电流控制电流源（CCCS），α 称为电流放大倍数，是一个无量纲的常量。

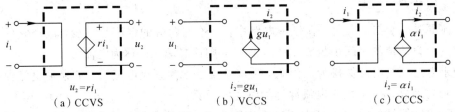

图 1.3-6 受控电源模型及伏安关系式

注意：

（1）受控源具有电源性：受控源可以输出功率，可以视为有源元件。但是，受控源一般不能单独作为电路的激励。只有在电路已经被独立源激励时，受控源才可能向外输出电压或电流，才有可能向外提供功率。

（2）受控源具有电阻性：只含受控源的电路可用一个等效电阻 R_{ab} 代替，而且 R_{ab} 的值可能为正值，也可能为负值。

（3）在对含有受控源的电路进行分析化简时，要保留控制量，不能将控制量化简掉，否则电路无法求解。

1.4 基尔霍夫定律

1.4.1 基尔霍夫定律

基尔霍夫定律揭示了电路中的电压和电流所遵循的基本规律，是分析电路的根本依据。基尔霍夫定律与元件特性构成了电路分析的基础。它包括基尔霍夫电流定律和基尔霍夫电压定律。电路中所有连接在同一节点的各支路电流之间要受到基尔霍夫电流定律的约束，任一回路中的各支路（元件）电压之间要受到基尔霍夫电压定律的约束，这种约束关系只取决于元件的连接方式，称为拓扑约束。在介绍基尔霍夫定律之前，先介绍几个表征电路结构的常用术语。

1. 相关名词与术语

支路：支路就是电路中一段无分支的电路。支路既可以由一个二端元件组成，也可以由多个元件依次串联而成。如图 1.4-1 所示电路中有 ab、adc、bec 等共 5 条支路。

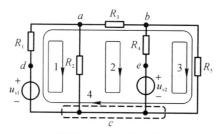

图 1.4-1　电路结构

节点：电路中 3 条或 3 条以上支路的连接点称为节点。在如图 1.4-1 所示的电路中有 a、b、c 三个节点。其中 c 节点包含电路图中虚线框中的两个点，由于两个点之间没有元件，这两点实质上是一个节点。而 d、e 不是节点。

回路：电路中任一闭合路径称为回路。如图 1.4-1 所示电路中的 1、2、3、4 等都是回路。

网孔：内部没有跨接支路的回路称为网孔。如图 1.4-1 所示电路中的 1、2、3 是网孔，此电路共有 3 个网孔。而 4 不是网孔，其内部含有跨接支路 ab、bc。

2. 基尔霍夫电流定律

基尔霍夫电流定律(Kirchhoff's Current Law，KCL)是描述在电路中与同一节点相连接的各支路电流之间的相互关系。其基本内容是：对于集总参数电路中的任一节点，在任意时刻，流出该节点电流之和等于流入该节点电流之和，有

$$\sum i_{流入}(t) = \sum i_{流出}(t) \tag{1.4-1}$$

以图 1.4-2 为例，节点 a 有

$$i_1 + i_3 + i_4 = i_2 + i_5$$

或者

$$i_1 - i_2 + i_3 + i_4 - i_5 = 0$$

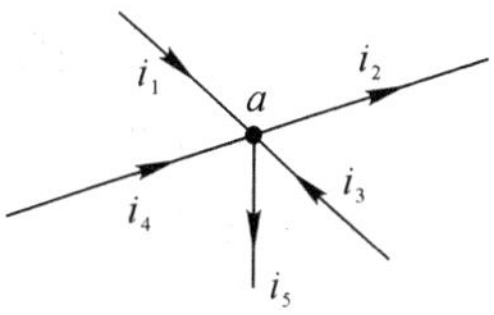

因此，KCL 也可表述为：对于集总参数电路中的任一节点，在任意时刻，所有连接于该节点的各支路的电流的代数和恒等于零，有

图 1.4-2　节点电流

$$\sum_{k=1}^{m} i_k(t) = 0 \tag{1.4-2}$$

对基尔霍夫电流定律有以下几点说明：

(1) 按电流的参考方向列写节点方程，习惯规定：流入节点的电流取"＋"，流出节点的电流取"－"。当然，也可作相反的规定。

(2) KCL 定律的本质是电荷守恒定律的体现。

(3) KCL 不仅适用于电路中的节点，对于电路中的任一假设的闭合面(称为广义节点)它也是成立的。如图 1.4-3 所示电路，对闭合曲面 S，有

$$i_1(t) + i_2(t) - i_3(t) = 0$$

运用广义节点的概念，很容易理解如图 1.4-4 所示电路中的电流 $i=0$。

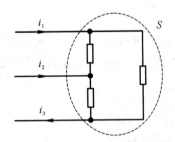

图 1.4-3 KCL 应用于封闭曲面

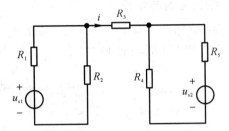

图 1.4-4 KCL 示例电路

【例 1.4-1】 如图 1.4-5 所示，已知 $i_1=1$ A，$i_3=2$ A，$i_5=1$ A，求电流 i_4。

解 对节点 b，由 KCL 有

$$i_2 + i_3 = i_5$$

所以

$$i_2 = -1(A)$$

对节点 a，由 KCL 有

$$i_1 + i_4 = i_2$$

所以

$$i_4 = i_2 - i_1 = -1 - 1 = -2(A)$$

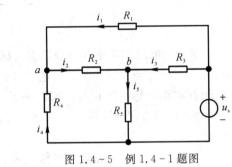

图 1.4-5 例 1.4-1 题图

3. 基尔霍夫电压定律

基尔霍夫电压定律(Kirchhoff's Voltage Law，KVL)描述的是回路中各元件电压之间的关系。其基本内容是：在集总参数电路中，在任意时刻，沿任一回路绕行，回路中所有支路电压降的代数和恒为零。即对任一回路，有

$$\sum_{k=1}^{m} u_k = 0 \qquad (1.4-3)$$

在式(1.4-3)中：

(1) u_k 为该回路上某一元件两端的电压，m 为该回路上元件的个数。

(2) 列写 KVL 方程时，必须首先确定回路的绕行方向，可以任意设定；当支路电压参考方向与绕行方向一致时(从"＋"极性向"－"极性)，电压取正号，反之，则取负号。

(3) KVL 定律的本质是能量守恒定律的体现。

对于如图 1.4-6 所示回路，按图中虚线所示顺时针方向绕行，由式(1.4-3)有

$$u_A + u_B + u_C - u_D = 0$$

上式也可写成

$$u_A + u_B + u_C = u_D$$

从图 1.4-6 中可看出，在规定绕行方向下：u_A、u_B 和 u_C 为电压降；而 u_D 为电压升。

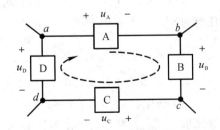

图 1.4-6 KVL 示例电路

因此，KVL 又可表述为：在集总参数电路中，在任意时刻，沿任一回路绕行，回路中所有支路电压降之和恒等于电压升之和。即

$$\sum u_{电压降} = \sum u_{电压升} \qquad (1.4-4)$$

如图 1.4-7 所示局部电路，沿图中虚线所示顺时针方向绕行，有

$$u_{ab}+u_{bc}+u_{cd}+u_{da}=0$$

其中

$$u_{ab}=-R_4 i_4, \quad u_{bc}=u_{s1}-R_1 i_1$$
$$u_{cd}=-R_2 i_2, \quad u_{da}=-u_{s2}-R_3 i_3$$

即

$$-R_4 i_4+u_{s_1}-R_1 i_1-R_2 i_2-u_{s2}-R_3 i_3=0$$

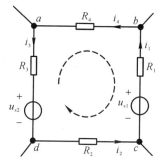

图 1.4-7 KVL 示例电路

结论：

（1）电路中任意两点之间的电压，只与起点和终点有关，而与所选择的路径无关。

（2）在集总参数电路中，求电路中任意两点 a、b 之间的电压的方法是：任意两点之间的电压 U_{ab} 等于从 a 点到 b 点的任意路径上所有元件电压降的代数和。

【例 1.4-2】 电路如图 1.4-8 所示，求 U_{ab} 和 U_{ca}。

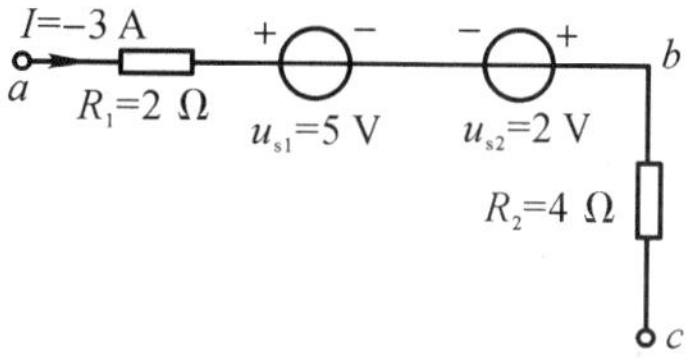

图 1.4-8 例 1.4-2 题图

解
$$U_{ab}=R_1 I+u_{s1}-u_{s2}=2\times(-3)+5-2=-3(V)$$
$$U_{ca}=U_{cb}+U_{ba}=-R_2 I+(-U_{ab})=-4\times(-3)+[-(-3)]=15(V)$$

1.4.2 支路电流法

支路电流法是电路的基本分析方法之一。它以支路电流为求解对象，应用 KCL、KVL 分别对节点和回路列出所需方程，解方程就可求得各支路电流。支路电流法的求解步骤如下：

（1）标出各支路电流及其参考方向。若有 b 条支路，则有 b 个支路电流，应有 b 个独立方程。如图 1.4-9 所示电路中，有 5 条支路，对应的支路电流分别为 i_1、i_2、i_3、i_4、i_5。

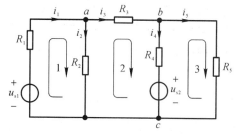

图 1.4-9 支路电流法示例图

（2）根据 KCL 列定节点电流方程。电路中若有 n 个节点，则可建立 $n-1$ 个独立方程。第 n 个节点的电流方程不是独立的，可由已列出的 $n-1$ 个方程求得。如图 1.4-9 所示电

路中，共3个节点，可列定两个独立方程如下：

节点 a：

$$i_1 - i_2 - i_3 = 0 \qquad (1.4-5)$$

节点 b：

$$i_3 - i_4 - i_5 = 0 \qquad (1.4-6)$$

（3）选取回路标出绕行方向，根据 KVL 列写回路的电压方程。对于具有 b 条支路、n 个节点的电路，则有 $b-(n-1)$ 个网孔。独立回路电压方程的数量等于网孔数，需列写 $b-(n-1)$ 个独立回路电压方程。如图 1.4-9 所示电路中，选择 1、2、3 三个网孔列写方程如下：

回路 1：

$$R_1 i_1 + R_2 i_2 - u_{s1} = 0 \qquad (1.4-7)$$

回路 2：

$$-R_2 i_2 + R_3 i_3 + R_4 i_4 + u_{s2} = 0 \qquad (1.4-8)$$

回路 3：

$$-R_4 i_4 + R_5 i_5 - u_{s2} = 0 \qquad (1.4-9)$$

求解上述方程组（式(1.4-5)～式(1.4-9)），可得到 i_1、i_2、i_3、i_4、i_5。

【例 1.4-3】 电路如图 1.4-10 所示，试求各支路电流。

当电路中含有电流源时，因含有电流源的支路电流是已知的，故求解支路电流可减少方程个数。在本例电路中，求解 I_1、I_2 仅需要两个方程。

解：节点 a：$-I_1 - I_2 + 2 = 0$

回路 1：$-I_1 + 4I_2 + 2 = 0$

解之，得

$$I_1 = 2 \text{ A}, \quad I_2 = 0 \text{ A}$$

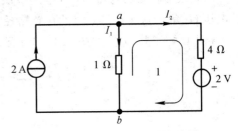

图 1.4-10 例 1.4-3 电路图

习 题

1.1 判断题(判断说法正误)

1.1-1 电源是可以将其他形式的能量转化为电能的器件。

1.1-2 如果电路中的电流 $I = -5$ mA，则说明电流的参考方向与真实方向相同。

1.1-3 电路中两点间的电压大小与零电位点的位置无关。

1.1-4 如果电路中 a、b 两点间的电压 $U_{ab} = -3$ V，则表明 b 点的电位比 a 点高。

1.1-5 电路中电压为零的支路，其电流一定为零。

1.1-6 电路中电流为零的支路，其电压也一定为零。

1.1-7 如果电阻元件两端的电压越大，则其电阻值就越大。

1.1-8 电压为零的电压源相当于短路，电流为零的电流源相当于开路。

1.1-9 元件是吸收或是输出功率与参考方向关联与否有关。

1.2 填空题

1.2-1 电路通常是由 _____、_____ 和 _____ 等三部分组成。

1.2-2 工程中的"1 度电" = _____ = _____ J。

1.2-3 在运用 $P = \pm UI$ 计算功率时，在 _____ 情况下取正号，在 _____ 情况下取负号。如果计算出某元件的功率大于零，则说明 _____，反之，则说明 _____。

1.2-4 通常电阻元件总是 _____ 功率的。其功率计算式为 _____、_____

和_____。

1.2－5　电压源的特性是保持_____恒定而_____需由外电路决定；电流源的特性是保持_____恒定而_____需由外电路决定。

1.2－6　受控源有四种类型，分别是_____、_____、_____和_____。

1.2－7　电路中的任一节点都可对应一个_____方程，任一回路都可对应一个_____方程。

1.2－8　KCL不仅适用于单个节点，而且适用于电路中任一_____。

1.2－9　列写回路KVL方程时，需先为回路选择一个_____。

1.2－10　计算电路中任两点间的电压时，只需在起点和终点间任选一条_____，求出各段电压的_____即可。

1.3　单项选择题

1.3－1　如题1.3－1图所示伏安特性曲线代表的元件分别是(　　)。

A. 电阻、电压源、电流源　　　　　　B. 电压源、电流源、电阻

C. 电流源、电压源、电阻　　　　　　D. 电感、电容、电阻

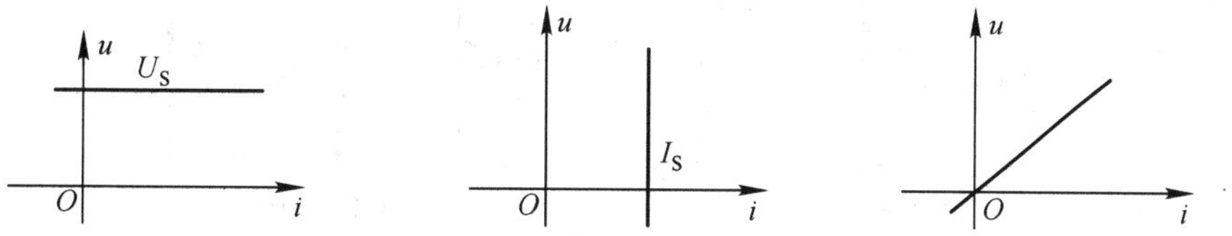

（a）　　　　　　　　　（b）　　　　　　　　　（c）

题1.3－1图

1.3－2　如题1.3－2图所示电路中电压、电流参考方向关联的是(　　)。

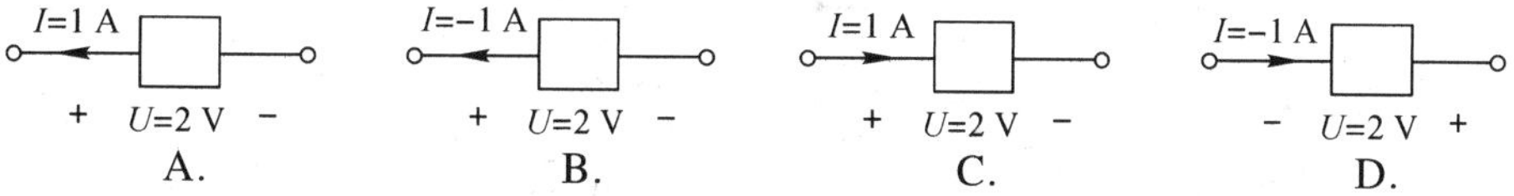

$I=1$ A　　　　　　$I=-1$ A　　　　　$I=1$ A　　　　　$I=-1$ A

$+$ $U=2$ V $-$　　$+$ $U=2$ V $-$　　$+$ $U=2$ V $-$　　$-$ $U=2$ V $+$

A.　　　　　　　B.　　　　　　　C.　　　　　　　D.

题1.3－2图

1.3－3　如题1.3－3图所示电路中的电流I为(　　)。

A. -1 A　　　　　B. 0　　　　　　C. 1 A　　　　　D. 无法确定

1.3－4　如题1.3－4图所示局部电路，电位$U_a=$(　　)，$U_b=$(　　)，电压$U_{ab}=$(　　)。

A. -5 V，-10 V，5 V　　　　　B. 5 V，10 V，-5 V

C. -5 V，10 V，-15 V　　　　　D. 5 V，-10 V，15 V

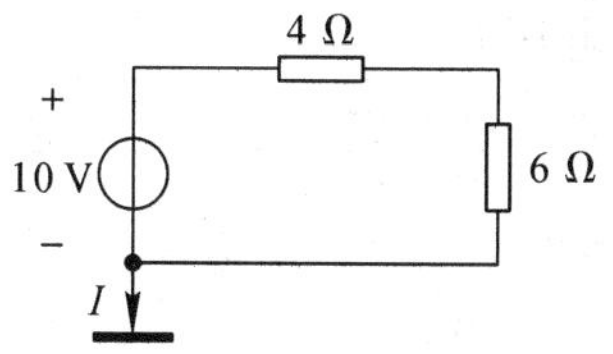

题1.3－3图 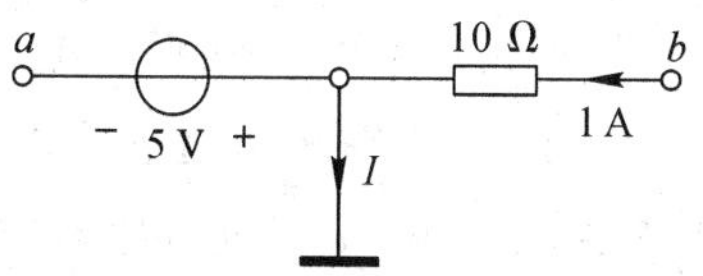　　　　　　　　　　题1.3－4图

1.3-5 如题 1.3-5 图所示电路中的受控源类型为（　　）。

A. VCVS　　　　　B. VCCS　　　　　C. CCVS　　　　　D. CCCS

1.3-6 如题 1.3-6 图所示电路中的电流 I 等于（　　）。

A. 10 A　　　　　B. 8 A　　　　　C. 4 A　　　　　D. -4 A

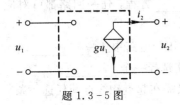

题 1.3-5 图

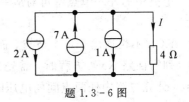

题 1.3-6 图

1.3-7 如题 1.3-7 图所示电路中的电压 U 等于（　　）。

A. 3 V　　　　　B. 5 V　　　　　C. 7 V　　　　　D. -3 V

1.3-8 如题 1.3-8 图所示电路中的电流 I 等于（　　）。

A. 10 A　　　　　B. 4 A　　　　　C. 2 A　　　　　D. -4 A

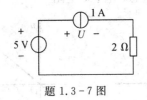

题 1.3-7 图

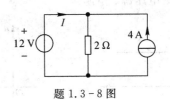

题 1.3-8 图

1.3-9 如题 1.3-9 图所示电路中的电压 U 等于（　　）。

A. 20 V　　　　　B. 10 V　　　　　C. 5 V　　　　　D. -5 V

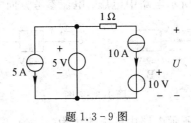

题 1.3-9 图

1.4 分析计算题

1.4-1 标称值"220 V，60 W"的灯泡，正常工作时各自的电流和电阻是多少？

1.4-2 局部电路如题 1.4-2 图所示。

(1) 如果电压 $U = 2$ V，电流 $I = -2$ A，求这段电路的功率；

(2) 如果元件产生 6 W 功率，电流 $I = 2$ A，求电压 U；

(3) 如果元件吸收功率为 10 μW，电压 $U = 5$ mV，求电流 I。

题 1.4-2 图

1.4-3 如题 1.4-3 图所示为电路中的一条支路。

(1) 若 $i = 2$ A，$u = 4$ V，求元件吸收功率；

(2) 若 $i = 2$ mA，$u = -5$ mV，求元件消耗功率；

(3) 若 $i = 2.5$ mA，元件吸收功率 10 mW，求电压 u。

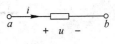

题 1.4-3 图

1.4－4 如题1.4－4图所示，分别求U_{ab}。

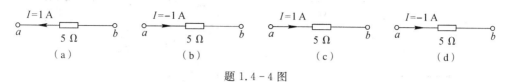

题1.4－4图

1.4－5 电路如题1.4－5图所示，当R分别为5 Ω、20 Ω时，求各电源提供的功率。

1.4－6 电路如题1.4－6图所示，若已知元件C发出功率20 W，求元件A和B的吸收功率。

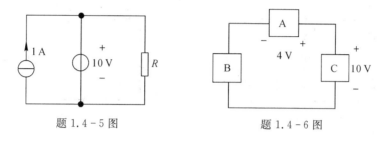

题1.4－5图   题1.4－6图

1.4－7 电路如题1.4－7图所示为局部电路，求电路中的电流I_1、I_2和I_3。

1.4－8 电路如题1.4－8图所示为局部电路，求电路中的电压U_1、U_2和U_{ab}。

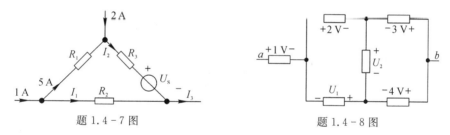

题1.4－7图   题1.4－8图

1.4－9 如题1.4－9图所示电路，计算电路中的电流I、电压U和各个元件的功率，并说明功率的性质。

1.4－10 如题1.4－10图所示电路，求电路中的电压u。

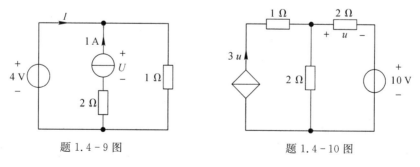

题1.4－9图   题1.4－10图

1.4－11 已知电路如题1.4－11图所示，求图示电路中的电位U_a和U_b。

1.4－12 已知电路如题1.4－12图所示，分别计算开关S接通和断开两种情况下c、d、e各点的电位U_c、U_d、U_e、U_{ce}和U_{ef}。

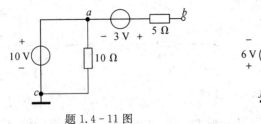

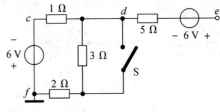

题 1.4 - 11 图   题 1.4 - 12 图

1.4 - 13 试用支路电流法求如题 1.4 - 13 图所示电路中的各支路电流 I_1、I_2 和 I_3。

1.4 - 14 用支路电流法求如题 1.4 - 14 图所示电路中的电流 i。

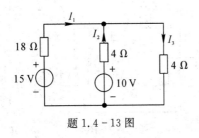

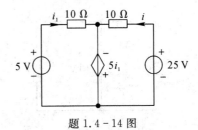

题 1.4 - 13 图   题 1.4 - 14 图

第二章 电路分析基础

本章介绍电路分析的基本方法，为将来分析电工电子电路打下必要的基础。首先介绍了电路分析的基本方法，包括等效分析法、节点电压法、网孔电流法和电路定理。然后介绍电路的暂态分析和正弦交流电路，在正弦交流电路中着重介绍用相量法分析正弦交流电路。

2.1 电路分析的基本方法

2.1.1 等效分析法

运用等效分析方法可以把由多个元件组成、结构复杂的电路简化为只有少数元件甚至一个元件组成的电路，方便分析计算。等效分析法是在电路分析中常用的方法之一。

两个对外只有两个端的二端电路如图 2.1-1 中所示的 N_1、N_2，如果这两个二端电路端口的伏安关系相同，则称这两个二端电路 N_1 和 N_2 对端口以外的电路而言是等效的，可以等效互换。

如图 2.1-2(a)、(b)所示的两个内部结构并不相同的电路，但(a)、(b)端口的伏安特性是完全相同的，对于外电路而言，可以用(b)电路代替(a)电路。

如果一个二端电路只包含有电阻，或只包含有受控源和电阻，不含独立源，则称为无源二端电路。若一个二端电路包含独立源，则称为有源二端电路。下面分别进行讨论。

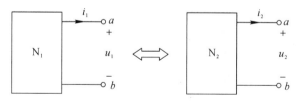

图 2.1-1 等效网络示意　　　　图 2.1-2 等效电路示例

1. 无源二端电路的等效变换

1）电阻串联电路

两个或更多个元件依次相连，组成无分支的电路，这种连接方式称为串联电路。如图 2.1-3(a)所示为由两个电阻组成的串联电路，具有如下特点：

（1）电流关系。由 KCL 可知，串联电路中的电流处

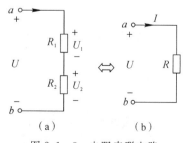

图 2.1-3 电阻串联电路

处相等，总电流等于流过各元件的电流，有

$$I = I_1 = I_2 \tag{2.1-1}$$

（2）电压关系。由 KVL 可知，串联电路中的总电压为

$$U = U_1 + U_2 \tag{2.1-2}$$

（3）电阻关系。将欧姆定律应用于各电阻，得

$$U_1 = IR_1 , \ U_2 = IR_2$$

电路总电压与总电流的比值称为电路的总电阻 R，即

$$R = \frac{U}{I}$$

将式(2.1-2)两边同除以电流 I，得

$$\frac{U}{I} = \frac{U_1}{I} + \frac{U_2}{I}$$

即

$$R = R_1 + R_2 \tag{2.1-3}$$

式(2.1-3)表明，电阻串联电路的总电阻等于各电阻之和。所以总电阻的值总是大于任一串联电阻的值。

从等效的角度来看，图 2.1-3(a)所示的电阻串联电路可等效为图 2.1-3(b)所示的一个电阻，这两个网络的端口电流关系是完全相同的，它们对外电路所起的作用完全相同。用图 2.1-3(b)电路代替图 2.1-3(a)电路可以简化对外电路的分析。

对于 k 个电阻串联的电路，其等效的电阻为

$$R = R_1 + R_2 + \cdots + R_k = \sum_{n=1}^{k} R_n$$

（4）分压关系。在图 2.1-3(a)中，由于通过每个电阻的电流相同，所以各电阻分到的电压与其电阻值成正比，即

$$U_1 = IR_1 = \frac{R_1}{R_1 + R_2} U = \frac{R_1}{R} U$$

同理可得到

$$U_2 = IR_2 = \frac{R_2}{R_1 + R_2} U = \frac{R_2}{R} U$$

以上关系可推广到多个电阻串联的电路中。不难推导，在 k 个电阻串联的电路中，第 n 个电阻分得的电压为

$$U_n = \frac{R_n}{R} U \tag{2.1-4}$$

（5）功率关系。将式(2.1-2)两边同乘以电流 I，得

$$UI = U_1 I + U_2 I$$

即

$$P = P_1 + P_2 \tag{2.1-5}$$

式(2.1-5)表明，电阻串联电路消耗的总功率等于各电阻消耗功率之和。

2）电阻并联电路

两个或多个元件连接在两个公共的节点之间，并且各个电阻两端承受相同的电压，这样的连接方式称为并联电路。如图 2.1-4(a)所示为由两个电阻组成的并联电路，具有如下特性：

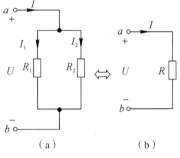

图 2.1-4　电阻并联电路

（1）电压关系。根据 KVL 可知，并联电路中的电压处处相等，总电压等于各分电压，即

$$U = U_1 \qquad (2.1-6)$$

（2）电流关系。根据 KCL 可知，并联电路中的总电流等于各分电流之和，即

$$I = I_1 + I_2 \qquad (2.1-7)$$

（3）电阻关系。将式(2.1-7)两边同除以电压 U，得

$$\frac{I}{U} = \frac{I_1}{U} + \frac{I_2}{U}$$

$$\frac{1}{R} = \frac{1}{R_1} + \frac{1}{R_2} \qquad (2.1-8)$$

有

$$R = \frac{R_1 R_2}{R_1 + R_2} \qquad (2.1-9)$$

式(2.1-8)说明，并联电阻电路的总电阻的倒数等于各支路电阻倒数之和。从等效角度来看，几个电阻并联后，最终也可等效为如图 2.1-4(b)所示的一个电阻，图 2.1-4(a)、(b)两个电路端口的伏安关系完全相同，从而使原电路得到了简化。式(2.1-8)可用电导表示为

$$G = G_1 + G_2$$

对于 k 个电阻并联电路，其总电导为

$$G = G_1 + G_2 + \cdots + G_k = \sum_{n=1}^{k} G_n$$

（4）分流关系。由于每个电阻两端的电压相同，所以各电阻分得的电流为

$$I_1 = \frac{U}{R_1} = \frac{IR}{R_1} = \frac{R_2}{R_1 + R_2} I \qquad (2.1-10)$$

$$I_2 = \frac{U}{R_2} = \frac{IR}{R_2} = \frac{R_1}{R_1 + R_2} I \qquad (2.1-11)$$

以上关系可推广到多个电阻并联的电路中。在 k 个电阻并联的电路中，第 n 个电阻分得的电流表达式为

$$I_n = \frac{U}{R_n} = G_n U = G_n \left(\frac{I}{G} \right) = \left(\frac{G_n}{G} \right) I \qquad (2.1-12)$$

式(2.1-12)中 G 为并联电阻电路的等效电导，$G = \sum_{n=1}^{k} G_n$。

（5）功率关系。将式(2.1-7)两边同乘以电压 U，得

$$UI = UI_1 + UI_2$$

即

$$P = P_1 + P_2 \qquad\qquad (2.1-13)$$

式(2.1-13)表明，电阻并联电路消耗的总功率等于各电阻消耗功率之和。

3) 电阻混联电路

既有串联又有并联的电路称为混联电路。图 2.1-5 所示为电阻混联电路。分析混联电路的关键是首先判别电阻之间的串并联关系，再运用串并联等效进行化简。

（1）对于能够直接看清串并联连接关系的电阻混联电路，用观察法判断出各个元件的连接关系，运用电阻的串、并联进行等效化简。

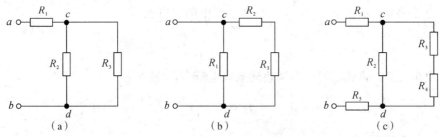

图 2.1-5　简单混联电阻电路

如图 2.1-5 所示为三个简单的混联电路。如果用符号"＋"表示元件的串联，用"∥"表示元件的并联。在如图 2.1-5(a)所示电路中，显然，三个电阻连接关系为 R_2、R_3 并联后再与 R_1 串联，在 ab 端口的等效电阻为

$$R_{ab} = R_1 + (R_2 \; /\!/ \; R_3) = R_1 + \frac{R_2 R_3}{R_2 + R_3}$$

同理，对如图 2.1-5(b)所示电路，不难得到其中的三个电阻连接关系为 R_2、R_3 串联后再与 R_1 并联，在 ab 端口的等效电阻为

$$R_{ab} = R_1 \; /\!/ \; (R_2 + R_3) = \frac{R_1 (R_2 + R_3)}{R_1 + R_2 + R_3}$$

同理，对如图 2.1-5(c)所示电路，电阻连接关系为 R_3、R_4 串联后再与 R_2 并联，再分别与 R_1 和 R_5 串联。在 ab 端口的等效电阻为

$$R_{ab} = R_1 + [(R_3 + R_4) \; /\!/ \; R_2] + R_5$$

由此可知，电阻混联电路的最终等效结果就是一个电阻。

（2）对于不能直接看清串、并联连接关系的电阻电路，需要对电路作"变形"等效，通过改画电路图，使其易于观察电路的连接关系。改画电路方法的关键是缩节点。所谓缩节点，就是将短路线连接的点缩减为一个节点。

如图 2.1-6(a)所示电路，采取直接观察的方法容易将图中的四个电阻错看为串联关系。如果采用缩节点的方式，将 c、e 缩为一点，d、f 缩为一点，就可分析出图中的电阻 R_2、R_3 并未被短路，R_2、R_3、R_4 为并联关系，等效电路如图 2.1-6(b)所示。

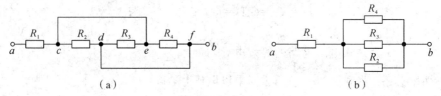

图 2.1-6　采用缩节点法分析的混联电路

【例 2.1 - 1】 电阻混联电路如图 2.1 - 7(a)所示，已知 $R_1 = 4\ \Omega$，$R_2 = 6\ \Omega$，$R_3 = 6\ \Omega$，$R_4 = 3\ \Omega$，$R_5 = 12\ \Omega$，求端口总电阻 R_{ef}。

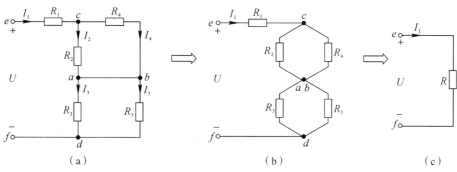

图 2.1 - 7 例 2.1 - 1 题图

解 观察电路结构，电路中 a、b 两点间有一导线相连，可将 a、b 两点缩为一点，得到如图 2.1 - 7(b)所示的等效电路，就能清楚分析出几个电阻的连接关系为：R_2、R_4 并联，R_3、R_5 并联，两部分串联后再与 R_1 串联。端口总电阻为

$$R = R_1 + (R_2 /\!/ R_4) + (R_3 /\!/ R_5) = 4 + \frac{6 \times 3}{6 + 3} + \frac{6 \times 12}{6 + 12} = 10 (\Omega)$$

4）电阻的星形连接和三角形连接电路

在如图 2.1 - 8 所示电路中，电阻元件间既非串联又非并联，不能直接采用串并联等效化简的方法求出 ab 端的等效电阻 R_{ab}。如果能将图 2.1 - 8(a)虚线框中的部分等效为图 2.1 - 8(b)中的虚线框中的电路，就可运用串并联等效求得 ab 两端的等效电阻 R_{ab}。电阻的星形与三角形连接的等效变换就可解决这类问题。

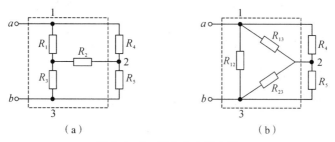

图 2.1 - 8 Y 与 △ 电阻电路

三个电阻的一端连接在一起形成一个公共端（点），另一端分别与外电路连接的方式称为电阻的星形连接（用 Y 表示，称为星形连接），如图 2.1 - 9(a)所示。图 2.1 - 8(a)中的 $R_1 R_2 R_3$ 构成星形连接。

三个电阻首尾相连，形成一个闭合的回路，然后三个连接点再分别与外电路连接的方式称为电阻的三角形连接（用△表示，称为三角形连接），如图 2.1 - 9(b)所示。图 2.1 - 8(b)中的 $R_{12} R_{13} R_{23}$ 构成三角形连接。

如图 2.1 - 9 所示电阻的星形和三角形连接都是通过三个端 1、2、3 与外电路连接，如果使这三个端子（1、2 和 3）间的电压 u_{12}、u_{23}、u_{31} 分别对应相等，流入三个端子的电流 i_1、i_2、i_3 与对应的 i_1'、i_2'、i_3' 相等，则可以相互等效。

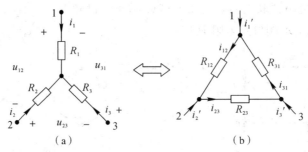

图 2.1-9 电阻的 Y 与 △ 的等效变换

对于图 2.1-9(b)三角形连接电路,各个电阻中流过的电流为

$$i_{12} = \frac{u_{12}}{R_{12}} \qquad i_{23} = \frac{u_{23}}{R_{23}} \qquad i_{31} = \frac{u_{31}}{R_{31}}$$

根据 KCL,又有

$$i_1' = i_{12} - i_{31}$$
$$i_2' = i_{23} - i_{12}$$
$$i_3' = i_{31} - i_{23}$$

对于图 2.1-9(a)星形连接电路,由 KCL 和 KVL 可列出各个端子电流和电压间的关系,其方程为

$$i_1 + i_2 + i_3 = 0$$
$$u_{12} = R_1 i_1 - R_2 i_2$$
$$u_{23} = R_2 i_2 - R_3 i_3$$

对上述三个方程求解,即可得到三个端的电流 i_1、i_2 和 i_3 的表示式。

若要使电阻的星形连接和三角形连接相互等效,则必须满足在两种连接的对应端之间有相同的电压 u_{12}、u_{23}、u_{31} 时,流入对应端子的电流也应该相等,即有

$$i_1 = i_1' \qquad i_2 = i_2' \qquad i_3 = i_3'$$

故由此可以求出两种连接电路相互等效时各电阻间的关系如下:

(1) 由 Y→△ 转换时,有

$$\begin{cases} R_{12} = \dfrac{R_1 R_2 + R_2 R_3 + R_3 R_1}{R_3} \\[3mm] R_{23} = \dfrac{R_1 R_2 + R_2 R_3 + R_3 R_1}{R_1} \\[3mm] R_{31} = \dfrac{R_1 R_2 + R_2 R_3 + R_3 R_1}{R_2} \end{cases} \qquad (2.1-14)$$

(2) 由 △→Y 转换时,有

$$\begin{cases} R_1 = \dfrac{R_{12} R_{31}}{R_{12} + R_{23} + R_{31}} \\[3mm] R_2 = \dfrac{R_{23} R_{12}}{R_{12} + R_{23} + R_{31}} \\[3mm] R_3 = \dfrac{R_{31} R_{23}}{R_{12} + R_{23} + R_{31}} \end{cases} \qquad (2.1-15)$$

当一种连接中的三个电阻阻值相等时，等效成另一种连接的三个电阻阻值也相等，且有

$$R_\triangle = 3R_Y \qquad 或 \qquad R_Y = \frac{1}{3}R_\triangle$$

利用 Y↔△等效变换，可将有些非串并联电路变成串并联电路来求解。

【例 2.1-2】　电路如图 2.1-10(a)所示，已知 $U_s = 50$ V，$R_0 = 10$ Ω，$R_1 = 20$ Ω，$R_2 = R_4 = 40$ Ω，$R_3 = 100$ Ω，$R_5 = 80$ Ω，求电流 I。

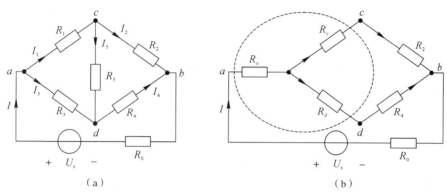

图 2.1-10　例 2.1-2 题图

解　观察图 2.1-10(a)为一典型的非平衡电桥电路，用 Y↔△等效互换求解。
将△连接的 R_1、R_3、R_5 变换为 Y 连接，如图 2.1-10(b)所示。

$$R_a = \frac{R_1 R_3}{R_1 + R_3 + R_5} = \frac{20 \times 100}{20 + 100 + 80} = 10 (\Omega)$$

$$R_c = \frac{R_1 R_5}{R_1 + R_3 + R_5} = \frac{20 \times 80}{20 + 100 + 80} = 8 (\Omega)$$

$$R_d = \frac{R_3 R_5}{R_1 + R_3 + R_5} = \frac{100 \times 80}{20 + 100 + 80} = 40 (\Omega)$$

由如图 2.1-10(b)所示等效电路，可得

$$R_{ab} = R_a + (R_c + R_2)/\!/(R_d + R_4) = 10 + (8 + 40)/\!/(40 + 40) = 40 (\Omega)$$

所以

$$I = \frac{U_s}{R_0 + R_{ab}} = \frac{50}{10 + 40} = 1 (\text{A})$$

5）含受控源的无源二端电路的等效变换

含受控源的无源二端电路与纯电阻无源二端电路一样，可以等效为一个电阻，其等效电路可以采用"加压求流法"求得。"加压求流法"是在二端电路的端口上加上电压 u，求其在端口产生的端口电流 i，则这个含受控源的无源二端电路的等效电阻 R_{eq} 为

$$R_{eq} = \frac{u}{i} \tag{2.1-16}$$

在运用加压求流法时，u、i 的方向一定要是关联的。另外，也可以采用"加流求压法"，在端口上加一电流 i，求其在端口产生的电压 u，运用式(2.1-16)求得等效电阻。

【例 2.1-3】 电路如图 2.1-11(a)所示,求 R_{ab}。

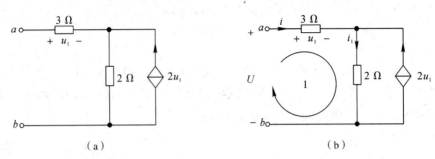

图 2.1-11 例 2.1-3 题图

解 采用"加压求流法",如图 2.1-11(b)所示。

由电路图可得

$$u_1 = 3i$$

由 KCL 可得

$$i_1 = i + 2u_1 = i + 2 \times 3i = 7i$$

由 KVL 可得

$$u = 3i + 2i_1 = 17i$$

由式(2.1-16)可得

$$R_{eq} = \frac{u}{i} = 17(\Omega)$$

如图 2.1-11(a)所示电路可等效一个 17 Ω 的电阻。

【例 2.1-4】 电路如图 2.1-12(a)所示,求 R_{ab}。

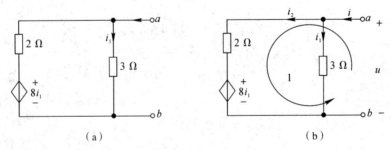

图 2.1-12 例 2.1-4 题图

解 采用"加压求流法",如图 2.1-12(b)所示。

由电路图可得

$$i_1 = \frac{u}{3}$$

由 KCL 可得

$$i_2 = i - i_1 = i - \frac{u}{3}$$

由 KVL 可得

$$u = 2i_2 + 8i_1 = 2\left(i - \frac{u}{3}\right) + 8 \times \frac{u}{3}$$

整理得

$$u = -2i$$

由式(2.1-16)可得

$$R_{eq} = \frac{u}{i} = -2(\Omega)$$

如图 2.1-12(a)所示电路可等效一个 $-2\ \Omega$ 的电阻。

【**例 2.1-5**】　电路如图 2.1-13(a)所示，求 R_{ab}。

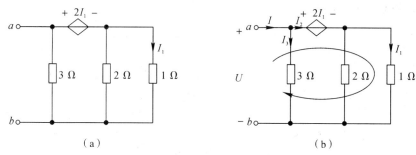

图 2.1-13　例 2.1-5 题图

解　采用"加压求流法"，如图 2.1-13(b)所示。
由 KVL 可得

$$U = 2I_1 + I_1 = 3\,I_1$$

由分流公式得

$$I_2 = \frac{3}{2}I_1$$

由图可得

$$I_3 = \frac{U}{3}$$

由 KCL 可得

$$I = I_3 + I_2 = \frac{U}{3} + \frac{3}{2}I_1$$

整理得

$$I_1 = \frac{2}{3}\left(I - \frac{U}{3}\right)$$

将 I_1 代入 U 的表达式有

$$U = 3\,I_1 = 3 \times \frac{2}{3}\left(I - \frac{U}{3}\right)$$

整理得

$$U = \frac{6}{5}I$$

由式(2.1-16)可得

$$R_{eq} = \frac{U}{I} = \frac{6}{5} = 1.2(\Omega)$$

如图 2.1-13(a)所示电路可等效一个 1.2 Ω 的电阻。

2. 有源电路的等效变换

1)电压源的串联与并联

电压源串联电路如图 2.1-14(a)所示,根据 KVL 可得到其端口电压与各电压源电压的关系为

$$U_s = U_{s1} + U_{s2} + U_{s3}$$

由上式可以看出多个电压源串联可等效为一个电压源。

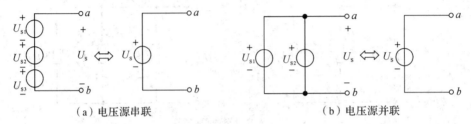

（a）电压源串联　　　　（b）电压源并联

图 2.1-14　电压源串联与并联

图 2.1-14(b)为电压源并联电路。电压源并联必须满足大小相等、极性相同这一条件,否则将会违背 KVL。其等效电压源的电压就是其中任一电压源的电压。如图 2.1-14(b)所示电路有: $U_s = U_{s1} = U_{s2}$。

如图 2.1-15 所示为电压源与其他元件的并联电路。由电压源的定义,电压源两端的电压为 U_s,因此,电压源与元件并联,总是可以等效为电压为 U_s 的电压源。

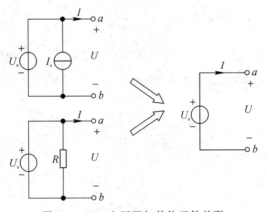

图 2.1-15　电压源与其他元件并联

2)电流源的并联与串联

电流源并联电路如图 2.1-16(a)所示,根据 KCL 可得到其总输出电流与各电流源电流的关系,即

$$I_s = I_{s1} + I_{s2} + I_{s3} \tag{2.1-17}$$

由式(2.1-17)可以看出多个电流源并联可以等效为一个电流源。

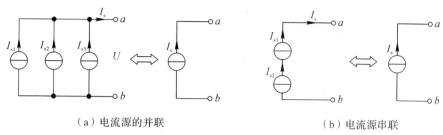

（a）电流源的并联　　　　　　　　　　（b）电流源串联

图 2.1-16　电流源并联与串联

图 2.1-16(b)为电流源串联电路。电流源串联必须满足大小相等、方向相同这一条件，否则将会违背 KCL。如图 2.1-16(b)所示电路有：$I_s = I_{s1} = I_{s2}$。

如图 2.1-17 所示为电流源与其他元件的串联电路。由于电流源所在支路的电流为 I_s，因此，电流源与其他元件串联，可以等效为电流为 I_s 的电流源。

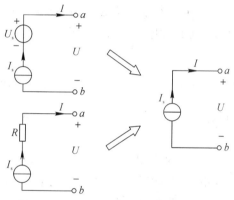

图 2.1-17　电流源与其他元件的串联

3）实际电源模型及等效

实际的电源一般不具有理想电源的特性，当外部电路发生变化时，其提供的电压和电流都会发生变化，如图 2.1-18(b)所示为实际电源的伏安特性。由实际电源的伏安特性可以看出，实际电源内部是存在损耗的。因此，实际电源的特性可以用理想电源与电阻元件的组合来表示。

一个实际的电源即可采用电压源模型来表示也可以采用电流源模型来表示，下面进行分析讨论。

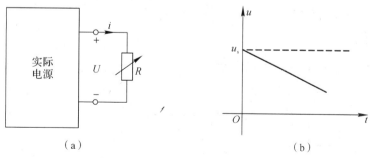

（a）　　　　　　　　　　　　　　　（b）

图 2.1-18　实际电源的伏安特性

如图 2.1-19 所示为实际电源的电压源模型，由理想电压源与一个电阻串联来等效。根据 KVL 和欧姆定律，可得实际电压源端口电压、电流关系为

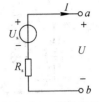

$$U = U_s - IR_s \qquad (2.1-18)$$

图 2.1-19 实际电压源

式中，U_s 为理想电压源的电压值，R_s 为实际电压源内阻。

由式(2.1-18)和图 2.1-19 可以看出：

(1) 当外电路开路时，电流 I 为零，实际电压源的输出电压 U 就等于理想电压源的电压 U_s，因此 U_s 也称为实际电源的开路电压。

(2) 当接上负载时，由于电压源内阻有电能损耗，其输出电压 U 就会减小，并且电流越大，R_s 上的损耗越大，U 就越小。因此，实际电压源的输出电压不再恒定。

内阻越小的电压源质量就越好，内阻为零的实际电压源就是理想电压源。

如图 2.1-20 所示为实际电源的电流源模型，由理想电流源与一个电阻的并联来等效。根据 KCL 和欧姆定律，可得实际电流源端口电压、电流关系为

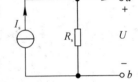

$$I = I_s - \frac{U}{R_s} \qquad 或 \qquad I = I_s - G_s U \qquad (2.1-19)$$

图 2.1-20 实际电流源

式中，I_s 为理想电流源的电流值，R_s(或 G_s)为电流源内阻。这也是实际电流源的两个参数。

由式(2.1-19)和图 2.1-20 可以看出：

(1) 当外电路短路时，端电压 U 为零，实际电流源的输出电流 I 最大，就等于理想电流源的电流 I_s，因此 I_s 也称为实际电源的短路电流。

(2) 当接上负载时，由于电流源内阻有电能损耗，其输出电流 I 就会减小，并且电压越高，R_s 上的损耗越大，I 就越小。因此，实际电流源的输出电流不再恒定。

内阻 R_s 越大的电流源质量就越好，内阻为无穷大的实际电流源就是理想电流源。

上述两种实际电源模型是可进行等效变换的。一个实际电源，既可以用电压源模型(电压源串电阻)表示，也可以用电流源模型(电流源并电阻)表示，它们对外电路而言都是等效的，如图 2.1-21 所示。其等效互换的关系为

实际电压源→实际电流源 $\qquad I_s = \dfrac{U_s}{R_s}$ (电阻 R_s 不变)

实际电流源→实际电压源 $\qquad U_s = I_s R_s$ (电阻 R_s 不变)

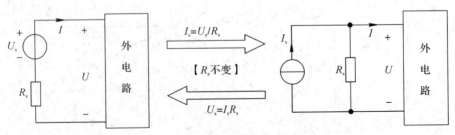

图 2.1-21 两种电源的相互等效

注意：

① 电流源 I_s 的方向是流出端与电压源 U_s 的正极端对应。

② 电压、电流模型等效只是对外电路等效，即这两种模型接相同的外电路后，在外电路上产生的电压、电流是完全相同的，但对电源内部并不等效。

③ 理想的电压源 U_s 和理想的电流源 I_s 不能相互等效。因为电压源 U_s 的电流取决于外电路负载，是不恒定的；而电流源 I_s 的电压决定于外电路负载，也是不恒定的。

（1）实际电压源串联。两个实际电压源串联电路如图 2.1－22(a)所示，根据 KVL 将电压源合并，根据电阻串联特性将电阻合并，可得如图 2.1－22(b)所示的等效电路，它的参数为

$$\begin{cases} U_s = U_{s1} + U_{s2} \\ R_s = R_{s1} + R_{s2} \end{cases}$$

这种等效关系可以推广到多个实际电压源串联的情况。

（2）实际电流源并联。两个实际电流源并联电路如图 2.1－23(a)所示，根据 KCL 将电流源合并，根据电阻并联特性将电阻合并，可得如图 2.1－23(b)所示的等效电路，它的参数为

$$I_s = I_{s1} + I_{s2}$$

$$R_s = \frac{R_{s1} R_{s2}}{R_{s1} + R_{s2}}$$

这种等效关系可以推广到多个实际电流源并联的情况。

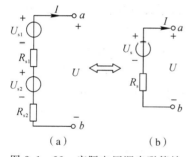

（a）　　　　（b）

图 2.1－22　实际电压源串联等效

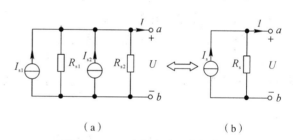

（a）　　　　（b）

图 2.1－23　实际电流源并联等效

4）有源二端网络的等效化简

在一个完整的电路中，有时只需要分析研究某一条支路(如图 2.1－24(a)中所示的 R 支路)的电压、电流，可以把这条支路与其他电路分离，使得其他部分电路成为一个有源二端网络，如图 2.1－24(b)所示。

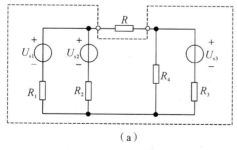

（a）

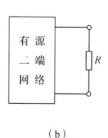

（b）

图 2.1－24　电路的分解

如果能把一个复杂的有源二端网络等效化简为一个比较简单的电路，则要计算 R 支路的电压、电流或功率就非常方便了。有源二端网络的等效化简仍然是依据基尔霍夫定律及实际电源的压流关系。

(1) 电源互换法。电源互换法是运用实际电压源和实际电流源等效互换关系化简有源二端网络的方法。

用电源互换法化简有源二端网络时，首先，要看清电路中电源的类型以及它们的连接方式，采用"串化电压源，并化电流源"的原则进行化简。其次，当电路中某支路串有理想电流源时，可将与理想电流源串联的所有支路全部短路；当电路中某支路并有理想电压源时，可将与理想电压源并联的所有支路全部开路，这样处理的结果对外电路是等效的。

【例 2.1-6】 电路如图 2.1-25(a)所示，求通过负载电阻 R_L 上的电流 I。

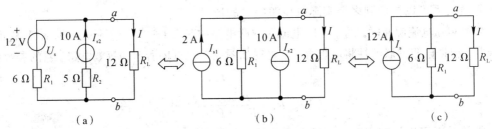

图 2.1-25 例 2.1-6 题图

解 将电路从 ab 端口划分为两部分，ab 端口右边是待求支路，左边是一个有源二端网络，如将 ab 端口左边的有源二端网络化简，问题就得以简化。

观察电路结构，ab 端口以左的电路由两条支路并联组成，一条是实际电压源支路，一条是电流源与电阻串联，而串联电阻(5 Ω)对外电路不起作用，可看成短路，左边的实际电压源支路与电流源并联，因而将其转化成实际电流源模型，如图 2.1-25(b)所示，其中，$I_{s1} = \dfrac{U_s}{R_1} = \dfrac{12}{6} = 2(\text{A})$，电阻不变。

再将图 2.1-25(b)中的两个电流源合并，如图 2.1-25(c)所示，其中，$I_s = I_{s1} + I_{s2} = 2 + 10 = 12(\text{A})$。

最后根据分流公式可得

$$I = \frac{R_1}{R_1 + R_L} I_{s2} = \frac{6}{6 + 12} \times 12 = 4(\text{A})$$

或者将如图 2.1-25(c)所示电流源电路转换为电压源电路，如图 2.1-26 所示，其中，$U_s' = I_s R_1 = 12 \times 6 = 72(\text{V})$，$R_s = R_1 = 6\ \Omega$。

根据全电路欧姆定律可得

$$I = \frac{U_s}{R_s + R_L} = \frac{72}{6 + 12} = 4(\text{A})$$

应用电源互换法分析电路应注意以下几点：一是电源模型的等效变换只是对外电路等效，对电源模型内部是不等效的；二是理想电压源与理想电流源不能等效互换；三是如果理想电压源与外接电阻串联，可把外接电阻看做内阻，即可转换为电流源形式；如果理想电流源与外接电阻并联，可把外接

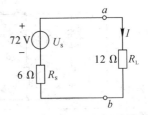

图 2.1-26 图 2.1-25(c)的等效电路

电阻看做内阻，转换为电压源形式；四是不能将待求支路参与到电源互换中，否则待求量会在等效电路中消失。

（2）端口压流法。实际电压源的端口压流关系遵循 $U=U_s-IR_s$，实际电流源的端口压流关系遵循 $I=I_s-\dfrac{U}{R_s}$。

如果求得一个有源二端网络的端口压流方程，即可得到这个有源二端网络的最简等效参数 U_s（或 I_s）和 R_s，就可画出最简模型。

端口压流法是通过建立电路的方程，将方程化简后得到最简电路模型的方法。采用端口压流法化简有源二端网络的方法与步骤是：

① 设端口电压 U_{ab}、电流 I 参考方向并标示在图中。
② 列写出端口 U_{ab} 与电流 I 的关系式（根据 KCL、KVL 和欧姆定律）。
③ 根据关系式得出原电路的等效电压源参数 U_s 和 R_s。
④ 根据参数 U_s 和 R_s，画出等效电路模型。

【例 2.1-7】 用端口压流法化简如图 2.1-27(a)所示的二端网络。

解 （1）设端口电压 U、电流 I 参考方向如图 2.1-27 所示。

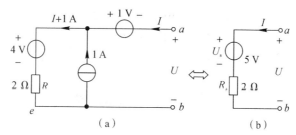

图 2.1-27　例 2.1-7 题图

（2）列写出端口电压电流的表达式如下：
$$U=-1+4+(I+1)\times2=5+2I$$
（3）等效电压源参数为 $U_s=5\ \text{V}$，$R_s=2\ \Omega$。
（4）画出等效电路模型如图 2.1-27(b)所示。

由此可见，端口压流法比电源互换法在步骤上简洁许多，但需要熟练掌握电路方程的建立和计算等，有时可将两种方法结合使用。另外，端口压流法对于含受控源的电路分析特别有效。

【例 2.1-8】 化简如图 2.1-28(a)所示的二端网络。

解 设端口电压 U、电流 I 参考方向如图 2.1-28 所示。

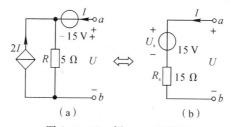

图 2.1-28　例 2.1-8 题图

将电路中的受控电流源视为独立电流源，根据 KCL、KVL 和欧姆定律，列网络端口的电压电流方程：

$$U = 15 + 5 \times (I + 2I) = 15 + 15I$$

其等效电压源参数为 $U_s = 15\ \text{V}$，$R_s = 15\ \Omega$。

等效电路模型如图 2.1-28(b)所示。

2.1.2 节点电压法

以节点电压为电路变量，直接列写独立节点的 KCL 方程，求得节点电压进而求解电路响应的电路分析方法，称为节点电压法。如果电路中支路多、节点少，选用节点电压法可以减少方程，方便求解。

节点电压是电路中各个节点与参考点(即零电位点)之间的电压，即对于具有 n 个节点的电路，任意选择(或指定)某一节点为参考点，其余$(n-1)$个节点与零电位点间的电压。

参考点原则上可以任意选定，参考点一经选定，在分析求解中不允许再作变更，而且参考点必须用零电位符号"⊥"在电路图中标出。

在如图 2.1-29 所示电路中，有 a、b、c 三个节点，如果将 c 节点选为参考节点，a、b 两节点的节点电压记为 U_a、U_b，则电路中所有支路电压都可以用节点电压来表示，如 G_4 支路电压 $U_{ab} = U_a - U_b$。因此，求解出各节点电压，就能求出各支路电压及其他待求量。

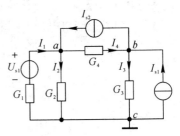

图 2.1-29 节点电压法示例电路

求解 $n-1$ 个节点电压，需列 $n-1$ 个独立方程。节点电压已经满足 KVL 的约束，只需建立 KCL 的约束方程即可。

建立节点方程步骤如下：

(1) 选定参考点，确定支路电流的参考方向，列写独立节点 KCL 方程。如图 2.1-29 所示电路，独立节点数为$(n-1) = 2$。选取各支路电流的参考方向如图 2.1-29 所示，对节点 a、b 分别由 KCL 列出节点电流方程：

节点 a： $\qquad\qquad -I_1 + I_2 + I_4 - I_{s1} = 0$

节点 b： $\qquad\qquad I_3 - I_4 - I_{s1} + I_{s2} = 0$

(2) 用节点电压表示支路电流。

$$I_1 = -G_1(U_a - U_{s1})$$
$$I_2 = G_2 U_a$$
$$I_3 = G_3 U_b$$
$$I_4 = G_4(U_a - U_b)$$

(3) 将支路电流表示式代入 KCL 方程并移项整理如下：

节点 a： $\qquad (G_1 + G_2 + G_4)U_a - G_4 U_b = I_{s1} + G_1 U_{s1}$ $\qquad$ (2.1-20)

节点 b： $\qquad -G_4 U_a + (G_3 + G_4)U_b = I_{s1} - I_{s2}$ $\qquad$ (2.1-21)

将式(2.1-20)和式(2.1-21)写成

$$G_{11} U_a + G_{12} U_b = I_{s11} \qquad\qquad (2.1-22)$$
$$G_{21} U_a + G_{22} U_b = I_{s22} \qquad\qquad (2.1-23)$$

式(2.1-22)和式(2.1-23)为节点方程的一般形式。

式(2.1-22)和式(2.1-23)中：$G_{11}=(G_1+G_2+G_3)$、$G_{22}=(G_3+G_4)$分别是与节点a、节点b相连接的各支路上的电导之和，称为各节点的自电导，自电导总是正的；$G_{12}=G_{21}=-G_4$是连接在节点a与节点b之间的各公共支路上的电导之和的负值，称为两相邻节点的互电导，互电导总是负的；$I_{s11}=(I_{s1}+G_1U_{s1})$、$I_{s22}=(I_{s1}-I_{s2})$分别是流入节点$a$和节点$b$的各电流源电流(包括等效的电流源，如$G_1U_{s1}$是由电压源$U_{s1}$与电导$G_1$等效转换得到的)的代数和，流入节点的取正号，流出的取负号。

应用节点电压法分析求解电路变量的一般步骤为：

(1) 确定参考节点并在图中标注"⊥"。

(2) 在电路图中标注各节点编号。

(3) 根据节点方程的一般形式列写节点方程。

(4) 解节点电压方程，得到各节点电压。

(5) 依据元件 VCR 和 KCL 等求出需要的响应。

【例 2.1-9】 试用节点电压法求如图 2.1-30 所示电路中的各支路电流。

解 取节点 3 为参考节点，设节点 1、2 的节点电压 U_1、U_2 为变量。

按式(2.1-22)和式(2.1-23)列方程，得

$$\begin{cases} \left(\dfrac{1}{1}+\dfrac{1}{2}\right)U_1-\dfrac{1}{2}U_2=3 \\ -\dfrac{1}{2}U_1+\left(\dfrac{1}{2}+\dfrac{1}{3}\right)U_2=7 \end{cases}$$

解得：$U_1=6$ V，$U_2=12$ V。

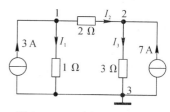

图 2.1-30 例 2.1-9 题图

设备支路电流的参考方向如图 2.1-30 所示。根据支路电流与节点电压的关系，有

$$I_1=\frac{U_1}{1}=6\,(\text{A})$$

$$I_2=\frac{U_1-U_2}{2}=\frac{6-12}{2}=-3\,(\text{A})$$

$$I_3=\frac{U_2}{3}=\frac{12}{3}=4\,(\text{A})$$

【例 2.1-10】 求如图 2.1-31 所示电路中的各支路电流。

解 设备支路电流 I_1、I_2、I_3 的参考方向如图 2.1-31 所示。

选取节点 b 为参考节点，设节点 a 的节点电压为 U_a。节点方程为

$$\left(\frac{1}{5}+\frac{1}{20}+\frac{1}{10}\right)U_a=\frac{20}{5}+\frac{10}{10}$$

解得 $U_a \approx 14.3$ V。

求得各支路电流为

$$I_1=\frac{20-U_a}{5}=\frac{20-14.3}{5}=1.14\,(\text{A})$$

$$I_2=\frac{U_a}{20}=\frac{14.3}{20}=0.72\,(\text{A})$$

$$I_3=\frac{10-U_a}{10}=\frac{10-14.3}{10}=-0.43\,(\text{A})$$

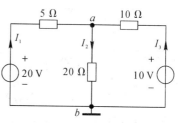

图 2.1-31 例 2.1-10 题图

【例 2.1-11】 电路如图 2.1-32 所示，试用节点电压法求电压 u 和电流 i。

本例中有两个支路含有理想电压源，对于这种情况可进行如下处理：

（1）尽可能取电压源两端的节点作为参考点，这样可以减少一个未知变量，从而减少一个方程。

（2）如果电压源的两端节点都不是参考节点，需要设流过理想电压源支路的电流为 i_x 作为电流源来处理，列入节点方程放在等式右边。增加一个用节点电压表示该理想电压源电压的补充方程。

    解   电路中含有 5 V 和 10 V 两个理想电压源，若选择 d 点为参考节点，即 $V_d = 0$；设流过 5 V 电压源的电流为 i_x，方向如图 2.1-32 所示，则有

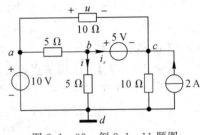

图 2.1-32　例 2.1-11 题图

节点 a：$\qquad u_a = 10 \text{ V}$

节点 b：$\qquad \left(\dfrac{1}{5} + \dfrac{1}{5}\right)u_b - \dfrac{1}{5}u_a = -i_x$

节点 c：$\qquad \left(\dfrac{1}{10} + \dfrac{1}{10}\right)u_c - \dfrac{1}{10}u_a = 2 + i_x$

补充方程

$$u_b - u_c = 5 \text{ V}$$

$$u_b = 10 \text{ V}, \quad u_c = 5 \text{ V}, \quad i_x = -2 \text{ A}$$

求解得

$$u = u_a - u_c = 10 - 5 = 5(\text{V})$$

$$i = \frac{u_b}{5} = \frac{10}{5} = 2(\text{A})$$

【例 2.1-12】 电路如图 2.1-33 所示，试用节点电压法求电流 i。

本例电路中含有受控源，对于含有受控源的电路在列写节点方程时，受控源按独立源处理，列写节点方程，由于受控源的控制量是一个未知量，需增加一个用节点电压表示受控量的补充方程，即可求解。

    解   节点 a 为参考点，节点方程如下：

$$\left(\frac{1}{1} + \frac{1}{3}\right)u_a = \frac{12}{1} + \frac{2i}{3} + 6$$

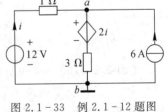

图 2.1-33　例 2.1-12 题图

补充方程为

$$i = \frac{12 - u_a}{1} = 12 - u_a$$

求解上述方程组得

$$u_a = 13 \text{ V}, \quad i = -1 \text{ A}$$

2.1.3　网孔电流法

    网孔电流法是以假想的网孔电流作为电路变量，直接列写网孔的 KVL 方程，先求得网孔电流进而求得响应的一种电路分析方法。网孔电流是一种沿网孔边界环行流动的假想电流。如图 2.1-34 所示，图中两个网孔电流分别为 I_{m1}、I_{m2}。

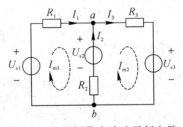

图 2.1-34　网孔电流法示例电路

从图 2.1-34 中可以看出，各网孔电流与各支路电流之间的关系为

$$\begin{cases} I_1 = I_{m1} \\ I_2 = I_{m2} - I_{m1} \\ I_3 = I_{m2} \end{cases}$$

即所有支路电流都可以用网孔电流表示，因此，只要求得网孔电流，各支路电流就可以得解，电路中各变量也随之得解。

由于每一个网孔电流在流经电路的某一节点时，流入该节点之后，又随即从该节点流出，因此各网孔电流自动满足 KCL。用网孔电流法分析含有 b 条支路，m 个网孔的电路时，只要设 m 个网孔电流为变量，列出 m 个 KVL 方程就可以求解电路了。

通常，选取网孔的绕行方向与网孔电流的参考方向一致。于是，对于如图 2.1-34 所示电路，有

$$\begin{cases} \text{网孔 1：} & R_1 I_{m1} + R_2 I_{m1} - R_2 I_{m2} = U_{s1} - U_{s2} \\ \text{网孔 2：} & R_2 I_{m2} - R_2 I_{m1} + R_3 I_{m2} = U_{s2} - U_{s3} \end{cases} \qquad (2.1-24)$$

经过整理后，得

$$\begin{cases} \text{网孔 1：} & (R_1 + R_2) I_{m1} - R_2 I_{m2} = U_{s1} - U_{s2} \\ \text{网孔 2：} & -R_2 I_{m1} + (R_2 + R_3) I_{m2} = U_{s2} - U_{s3} \end{cases} \qquad (2.1-25)$$

式（2.1-25）是以网孔电流为未知量列写的 KVL 方程，称为网孔方程。由此可以得到网孔方程的一般形式如下

$$\begin{cases} R_{11} I_{m1} + R_{12} I_{m2} = U_{s11} \\ R_{21} I_{m1} + R_{22} I_{m2} = U_{s22} \end{cases} \qquad (2.1-26)$$

式中，$R_{11} = R_1 + R_2$、$R_{22} = R_2 + R_3$ 分别是网孔 1 与网孔 2 各自包含的所有电阻之和，称为各网孔的自电阻。因为选取自电阻的电压与电流为关联参考方向，所以自电阻都取正号。

$R_{12} = R_{21} = -R_2$ 是网孔 1 与网孔 2 公共支路的电阻，称为相邻网孔的互电阻。互电阻可以是正号，也可以是负号。当流过互电阻的两个相邻网孔电流的参考方向一致时，互电阻取正号，反之取负号。本例中，由于各网孔电流的参考方向都选取为顺时针方向，即流过各互电阻的两个相邻网孔电流的参考方向都相反，因而它们都取负号。

等式右边的 $U_{s11} = U_{s1} - U_{s2}$、$U_{s22} = U_{s2} - U_{s3}$ 分别是各自网孔中电压源电压的代数和。凡顺着网孔绕行方向的电压源电压为压升则取正号，为压降则取负号，这是因为将电压源电压移到等式右边要变号的缘故。

应用网孔电流法求解电路变量的步骤为：

（1）确定电路中网孔电流的方向并标示于图中。

（2）根据网孔方程一般形式列写 KVL 方程。

（3）求解网孔方程，得到各网孔电流。

（4）由求得的网孔电流求解其他电压、电流和功率。

【例 2.1-13】　用网孔电流法求如图 2.1-35 所示电路的各支路电流。

解　设各网孔电流的符号和参考方向如图 2.1-35 所示。

由网孔电流方程的一般形式、图中参数和网孔绕行方向有

网孔 1: $\qquad(10+5)I_{m1}-5I_{m2}=85$

网孔 2: $\qquad-5I_{m1}+(5+15)I_{m2}=-10$

求解网孔方程组得

$$I_{m1}=6\ \text{A}, \quad I_{m2}=1\ \text{A}$$

则各支路电流为

$$I_1=I_{m1}=6\ \text{A}$$

$$I_2=I_{m2}=1\ \text{A}$$

$$I_3=I_{m2}-I_{m1}=-5\ \text{A}$$

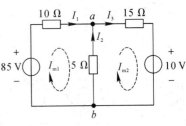

图 2.1-35　例 2.1-13 题图

【例 2.1-14】 用网孔电流法求如图 2.1-36 所示电路的各支路电流。

解 设备网孔电流和绕行方向如图 2.1-36 所示，列网孔方程如下：

网孔 1: $\qquad(1+2)I_{m1}-2I_{m2}-1I_{m3}=10$

网孔 2: $\qquad(1+2)I_{m2}-2I_{m1}=-5$

网孔 3: $\qquad I_{m3}=5$

求解网孔方程组得

$$I_{m1}=7\ \text{A}, \quad I_{m2}=3\ \text{A}$$

根据网孔电流求出各支路电流为

$$I_1=I_{m1}=7\ \text{A},\quad I_2=I_{m2}=3\ \text{A},\quad I_3=I_{m3}=5\ \text{A},$$

$$I_4=I_{m1}-I_{m3}=2\ \text{A},\quad I_5=I_{m3}-I_{m2}=2\ \text{A},$$

$$I_6=I_{m1}-I_{m2}=4\ \text{A}$$

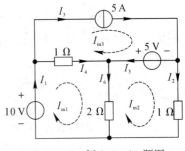

图 2.1-36　例 2.1-14 题图

结论： 如果理想电流源在边沿支路，即本网孔电流为已知。而网孔电流已知的网孔方程就不必再列。

【例 2.1-15】 用网孔电流法求如图 2.1-37 所示电路的各支路电流。

解 方法一：

因为电路中含有电流源，电流源两端电压是未知的，在列写 KVL 方程时，需要在电流源两端假设一个未知电压 U，将这个 U 当电压源处理。由于多引入了一个未知变量，须增加一个以网孔电流表示电流源电流的补充方程即可求解。

选取各网孔电流及电流源电压为变量，将其符号和参考方向标示于图上。列网孔方程如下：

网孔 1: $\qquad 10I_{m1}=-U+10$

网孔 2: $\qquad 10I_{m2}=U$

补充方程: $\qquad\qquad\qquad\qquad I_{m2}-I_{m1}=2$

解方程组，得

$$I_{m1}=-0.5\ \text{A}, \quad I_{m2}=1.5\ \text{A}, \quad U=15\ \text{V}$$

各支路电流为

$$I_1=I_{m1}=-0.5\ \text{A}, \quad I_2=I_{m2}=1.5\ \text{A}$$

此解法共需要列写三个方程联立求解。

方法二：

如果将电流源支路移到边沿，原电路仍保持不变，如图 2.1-38 所示。

设各网孔电流和绕行方向如图 2.1-38 所示。列网孔方程如下：

网孔 1：　　$(10+10)I_{m1}-10I_{m2}=10$

网孔 2：　　$I_{m2}=-2$

解方程，得

$$I_{m1}=-0.5 \text{ A}$$

其余各支路电流和各部分电压即可求得。

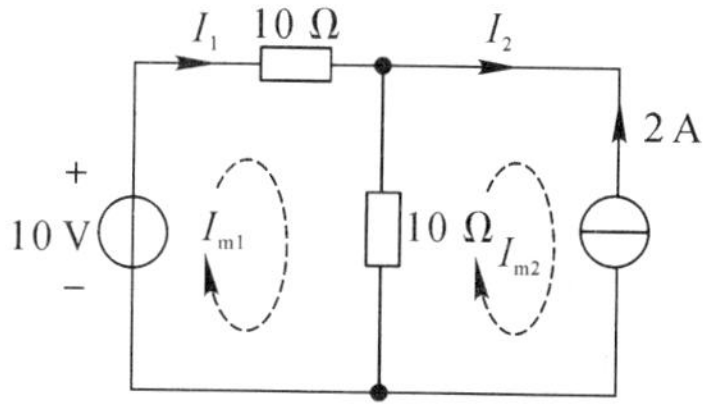

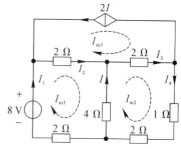

图 2.1-38　例 2.1-15 题图等效图

因此，用网孔电流法分析含电流源的电路时，应尽可能将电流源支路移到电路的边沿，将电流源电流作为网孔电流，这样可以减少未知变量数，减少方程数。如果无法将电流源支路移到边沿，需增设电流源两端电压为变量，增加电路方程。

【例 2.1-16】　电路如图 2.1-39 所示，用网孔电流法求各支路电流。

当电路中含有受控源时，首先将受控源视为独立源，增加一个用网孔电流表示受控源控制量的补充方程即可求解。

解　设网孔电流如图 2.1-39 所示，列网孔方程如下：

网孔 1：　　$(2+4+2)I_{m1}-4I_{m2}-2I_{m3}=-8$

网孔 2：　　$(4+2+2+1)I_{m2}-4I_{m1}-2I_{m3}=0$

网孔 3：　　$I_{m3}=-2I$

补充方程：

$$I=I_{m2}-I_{m1}$$

解得

$$I_{m1}=-2 \text{ A}, \ I_{m2}=-\frac{16}{13}\text{A}, \ I_{m3}=-\frac{20}{13}\text{A}$$

所以

$$I_1=I_{m1}=-2 \text{ A}, \ I_2=I_{m1}-I_{m3}=-\frac{6}{13} \text{ A}, \ I_3=I_{m2}-I_{m3}=\frac{4}{13}\text{A}$$

$$I_4=I_{m2}=-\frac{26}{13} \text{ A}, \ I=I_{m2}-I_{m1}=\frac{10}{13} \text{ A}$$

图 2.1-39　例 2.1-16 题图

2.1.4　电路定理

电路定理是电路理论的重要组成部分，本节介绍的叠加定理、戴维南定理和诺顿定理，适用于所有线性电路的分析。在电路分析中，有时只需要求出电路中某一条支路的电压响应 u 或电流响应 i，运用电路定理来解决这一类问题往往是行之有效的。

1. 叠加定理

叠加定理可表述为：在线性电路中，所有独立电源同时作用在某一支路产生的电压（或电流），等于各个独立电源单独作用时在该支路产生的电压（或电流）的代数和。当其中一个独立电源单独作用时，其余独立电源置为零值，即电压源予以短路处理，电流源予以开路处理。

应用叠加定理，可以将一个复杂的多电源作用的电路，拆分为几个比较简单的单电源作用的电路，分析计算出每个单电源电路的电压、电流后，把所得结果叠加起来，就可求出完整电路的电压和电流。

叠加定理只适用于线性电路，不能应用于非线性电路。叠加定理只适用于电路中电流和电压的分析计算，不适用于功率。叠加定理还适用于正统交流电路、非正弦周期电流电路和暂态电路。

【例 2.1 - 17】 求如图 2.1 - 40(a)所示电路中的电压 U、电流 I 和 $P_{6\Omega}$、$P_{3\Omega}$。

解 (1) 9 V 电压源单独作用时，电流源 I_s 视为开路，等效电路如图 2.1 - 40(b)所示。

$$I' = \frac{9}{6+3} = 1(A), \quad U' = 3I' = 3(V), \quad P'_{6\Omega} = 6I'^2 = 6(W), \quad P'_{3\Omega} = \frac{U'^2}{3} = 3(W)$$

(2) 电流源 I_s 单独作用时，电压源 U_s 视为短路，如图 2.1 - 40(c)所示。

$$I'' = \frac{3}{6+3} \times 6 = 2(A), \quad U'' = -6I'' = -6 \times 2 = -12(V)$$

$$P''_{6\Omega} = 6 \times (I'')^2 = 6 \times 2^2 = 24(W), \quad P''_{3\Omega} = \frac{(U'')^2}{3} = \frac{(-12)^2}{3} = 48(W)$$

(3) 将电压、电流叠加起来有

$$U = U' + U'' = 3 + (-12) = -9(V)$$

$$I = I' + I'' = 1 + 2 = 3(A)$$

$$P_{3\Omega} = I^2 \times 6 = 3^2 \times 6 = 54(W) \neq P'_{6\Omega} + P''_{6\Omega} \quad (由此可见，功率计算不符合叠加定理)$$

$$P_{3\Omega} = \frac{(U)^2}{3} = \frac{(-9)^2}{3} = 9(W) \neq P'_{3\Omega} + P''_{3\Omega} \quad (由此可见，功率计算不符合叠加定理)$$

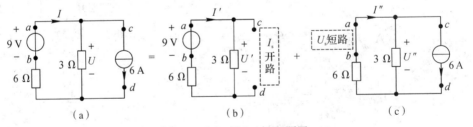

图 2.1 - 40 例 2.1 - 17 题图

【例 2.1 - 18】 电路如图 2.1 - 41(a)所示，求电压 u_3。

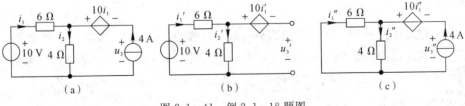

图 2.1 - 41 例 2.1 - 18 题图

电路中既有独立电压源和独立电流源又有受控源，由叠加定理可知，独立源各自单独作用，受控源始终保留(不能单独作用)。

解　(1) 当10 V电压源单独作用时，4 A电流源视为开路，受控源保留，电路如图 2.1-41(b)所示。由图 2.1-41(b)可得

$$i_1'=i_2'=\frac{10}{6+4}=1(\text{A}) ,\quad u_3'=-10i_1'+4i_2'=-10+4=-6(\text{V})$$

(2) 当4 A电流源单独作用时，10 V电压源视为短路，受控源保留，电路如图 2.1-41 (c)所示。从图 2.1-41(c)可得

$$i_1''=-\frac{4}{6+4}\times4=-1.6(\text{A})\qquad(\text{分流公式})$$

$$i_2''=i_1''+4=2.4(\text{A})\qquad(\text{由 KCL})$$

$$u_3''=-10i_1''+4i_2''=25.6(\text{V})$$

所以

$$u_3=u_3'+u_3''=-6+25.6=19.6(\text{V})$$

2. 置换定理

置换定理(又称替代定理)可表述为：若电路中某支路的电压 U_k 或电流 I_k 为确定值时，则无论该支路是由什么元件组成，都可以用电压值等于 U_k 的理想电压源或者电流值等于 I_k 的理想电流源去置换，置换后该电路中其余部分的电压电流均保持不变。置换定理的示意图如图 2.1-42 所示。

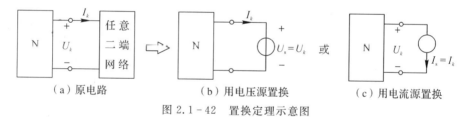

（a）原电路　　　　（b）用电压源置换　　　　（c）用电流源置换

图 2.1-42　置换定理示意图

下面通过如图 2.1-43(a)所示电路来验证置换定理的正确性。

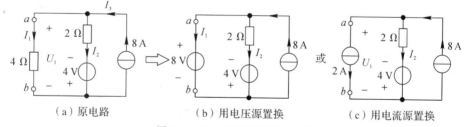

（a）原电路　　　　（b）用电压源置换　　　　（c）用电流源置换

图 2.1-43　置换定理验证电路

对图 2.1-43(a)可求得

$$U_1=8\text{ V},\ I_1=2\text{ A},\ I_2=6\text{ A},\ I_3=8\text{ A}$$

将 ab 支路视为置换定理表述中的 k 支路，其电压 $U_1=8$ V，电流 $I_1=2$ A。

(1) 将 ab 支路用8 V电压源置换，如图 2.1-43(b)所示。对图 2.1-43(b)可求得 $I_1=$ 2 A，$I_2=6$ A，这与原电路计算结果相同。

(2) 将 ab 支路用2 A电流源置换，如图 2.1-43(c)所示。对图 2.1-43(c)可求得 $U_1=8$ V，$I_2=6$ A，这与原电路计算结果也是相同的。

运用置换定理后，原电路与置换后的元件在组成结构上并没有任何变化，置换支路的

电压、电流也没有改变，整个电路的 KCL、KVL 方程仍然相同，因此对求其他支路的电压、电流的作用是完全相同的。

注意：

(1) 置换定理不仅适用于线性电路，也可推广到非线性电路。

(2) "置换"和"等效变换"是两个不同的概念。"置换"是用独立电压源或电流源置换已知的电压或电流支路。置换前后，置换支路与外电路的连接关系和元件参数不能改变，因为一旦改变，置换支路的电压和电流也将发生变化；而等效变换是两个具有相同端口 VAR 的电路间的相互转换，等效变换与外电路的连接关系和元件参数无关。

3. 戴维南定理

戴维南定理可表述为：一个线性含源二端网络 N，对外电路而言，可以等效为一个理想电压源 U_{oc} 和电阻 R_0 串联的形式，如图 2.1-44 所示。其中，U_{oc} 为有源二端网络 N 在外电路(也称为负载)开路时的电压值，U_{oc} 称为开路电压，如图 2.1-44(b)所示；R_0 为线性含源网络 N 内全部独立电源置零值(即电压源短路、电流源开路)、受控源保留时，所得无源网络 N_0 在 a、b 端的等效电阻 R_0；R_0 称为戴维南等效电阻(简称戴氏电阻)，如图 2.1-44(c)所示。

用戴维南定理求得的电压源 U_{oc} 与电阻 R_0 串联的电路，称为戴维南等效电路，如图 2.1-44(d)中虚线框所示。

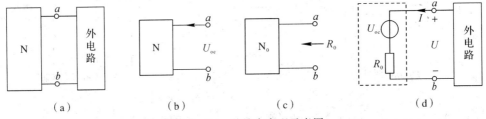

图 2.1-44　戴维南定理示意图

当二端网络端口电压 U 与电流 I 取关联参考方向时，如图 2.1-44(d)中虚线框所示，其端口压流关系可表述为

$$U = U_{oc} + IR_0 \qquad (2.1-27)$$

在电子电路中，当把二端网络 N 视为电源时，常称此电阻为输出电阻，常用 R_0 表示；当把二端网络 N 视为负载时，则称此电阻为输入电阻，常用 R_i 表示。

在电路结构和元件参数都已知的条件下，如需求解电路中某一条支路的电压、电流或功率，运用戴维南定理就比较方便，其应用步骤为：

(1) 断开待求支路，求开路电压 U_{oc}。

(2) 将所有独立源置为 0 值(电压源短路，电流源开路)，受控源保留，按照求解无源网络等效电阻的方法即可求得戴氏电阻 R_0。

(3) 画出戴维南等效电路，接上待求支路，计算待求量。

应用戴维南定理分析电路，通常需要画出三个电路，即求开路电压 U_{oc} 的电路、求等效内阻 R_0 的电路和"戴维南等效模型＋待求支路"电路。注意电压的极性和电流的方向。

【例 2.1-19】 电路如图 2.1-45(a)所示，用戴维南定理求电阻 R_3 分别为 1 Ω、3 Ω 和 7 Ω 时，其上的电流 I 和消耗的功率 P。

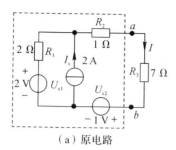 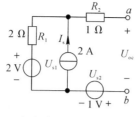

（a）原电路　　　　　　　　（b）求开路电压电路　　　　　（c）求戴氏内阻电路

图 2.1-45　例 2.1-19 题图

解　（1）将电路从 ab 端口划分为两部分，ab 左边虚框内为有源二端网络，电阻 R_3 支路为待求支路，断开 ab，如图 2.1-45(b)所示。开路电压 U_{oc} 为

$$U_{oc}=0\times R_2+I_s R_1+U_{s1}-U_{s2}=2\times 2+2-1=5(\text{V})$$

（2）将电压源短路，电流源开路，如图 2.1-45(c)所示。戴氏电阻为

$$R_0=R_1+R_2=2+1=3(\Omega)$$

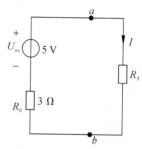

图 2.1-46　戴维南等效电路

（3）画出戴维南等效电路，接上待求支路，如图 2.1-46 所示。则电阻 R_3 上的电流为

$$I=\frac{U_{oc}}{R_0+R_3}$$

① 当 $R_3=1\ \Omega$ 时，$I=I_1=1.25\ \text{A}$，$P_{2\Omega}=I_1^2\times 1\approx 1.56(\text{W})$；

② 当 $R_3=3\ \Omega$ 时，$I=I_2=\dfrac{5}{6}\text{A}$，$P_{3\Omega}=I_2^2\times 3=\dfrac{25}{12}\approx 2.1(\text{W})$；

③ 当 $R_3=7\ \Omega$ 时，$I=I_3=0.5\ \text{A}$，$P_{7\Omega}=I_3^2\times 7=1.75(\text{W})$。

【例 2.1-20】　电路如图 2.1-47 所示，求电压 U。

当电路中含有受控源时，在移去待求支路时，一定要将受控源及其控制量保留在同一电路中。

解　（1）求 U_{oc}，电路如图 2.1-48(a)所示。

$$U_{oc}=0.3U_{oc}\times 3+5$$

解得

$$U_{oc}=50\ \text{V}$$

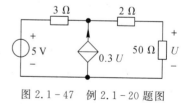

图 2.1-47　例 2.1-20 题图

（2）求戴氏电阻 R_0，将独立源置零，电路如图 2.1-48(b)所示。

$$U=2I+3(I+0.3U)$$

即

$$0.1U=5I$$

所以

$$R_0=\frac{U}{I}=50\ \Omega$$

（3）画出戴氏等效电路，并接待求支路，电路如图 2.1-48(c)所示。

$$U = \frac{U_{oc}}{2} = 25 \, (V)$$

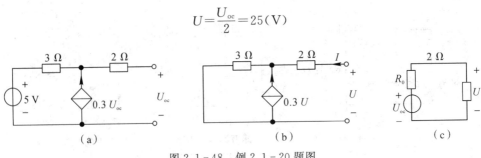

图 2.1-48　例 2.1-20 题图

2.2　电路的暂态分析

前面讨论了含电阻元件电路在稳定状态(简称稳态)时的分析计算方法,而在实际电路中还包含电容元件和电感元件,由于电容元件、电感元件是储能元件,当电路在电源接通、断开,或电路参数、结构发生变化时,电路不能立即达到稳态,需要经过一定的时间后才能达到稳态。这是因为储能元件能量的积累和释放都需要一定的时间。分析电路从一个稳态变到另一个稳态的过渡过程称为暂态分析。无论是直流或交流电路,都存在暂态过程。本节只讨论直流电源作用时的情况,正弦信号作用时的分析方法与其相似。

2.2.1　换路定律

电路的接通、断开,电路参数、结构改变统称为换路。当含有储能元件的电路发生换路时,电路中会出现过渡过程。通常认为换路是即刻完成的,设 $t=0$ 时电路进行换路,换路前瞬间用"0^-"表示,换路后瞬间用"0^+"表示,换路定律可表述如下:

(1) 换路前后,电容上的电压不能突变,即

$$u_C(0^+) = u_C(0^-) \tag{2.2-1}$$

(2) 换路前后,电感上的电流不能突变,即

$$i_L(0^+) = i_L(0^-) \tag{2.2-2}$$

电路中 $t=0^+$ 时电压和电流的值称为初始值(简称初值)。换路定律反映了储能元件的储能不能突变。利用换路定律可以确定换路后瞬间($t=0^+$)的电容电压和电感电流,从而确定电路的初始状态。

求电路初始值的方法为:

(1) 画出 0^- 时刻的等效电路,计算出动态元件中的 $u_C(0^-)$ 或 $i_L(0^-)$。

(2) 根据换路定律得出 $u_C(0^+)$ 或 $i_L(0^+)$。

(3) 运用置换定理,用电压值为 $u_C(0^+)$ 的电压源代替电容元件、用电流值为 $i_L(0^+)$ 的电流源代替电感元件,画出 0^+ 时刻的等效电路。

(4) 求出待求的 0^+ 值。

【例 2.2-1】　电路如图 2.2-1(a)所示,已知 $t<0$ 时电路稳定,$t=0$ 时开关 S 由 1 转接到 2。求电路中 u_R、u_C、i 的初始值(0^+ 值)。

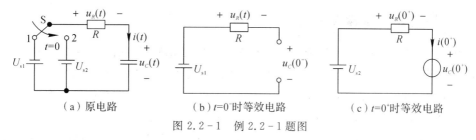

图 2.2 - 1　例 2.2 - 1 题图

解　(1) 图 2.2 - 1(a)中动态元件是电容 C，所以先求 $u_c(0^-)$；由于开关 S 接 1 位，电路处于直流稳态，电容 C 相当于开路，其 0^- 等效电路如图 2.2 - 1(b)所示，有

$$u_C(0^-) = -U_{s1}$$

(2) 根据换路定律有

$$u_C(0^+) = u_C(0^-) = -U_{s1}$$

(3) $t = 0^+$ 时刻，开关置于 2，电容元件用一个电压源替代，电压源的大小、方向与 $u_C(0^+)$ 相同，画出换路后瞬间的 0^+ 等效电路如图 2.2 - 1(c)所示。

(4) 在 0^+ 等效电路(如图 2.2 - 1(c)所示)中求其他待求量的初值为

$$u_R(0^+) = U_{s2} - u_C(0^+) = U_{s2} - (-U_{s1}) = U_{s2} + U_{s1}$$

$$i(0^+) = \frac{u_R(0^+)}{R} = \frac{U_{s1} + U_{s2}}{R}$$

【**例 2.2 - 2**】　电路如图 2.2 - 2(a)所示，已知 $t < t_1$ 时电路稳定，$t = t_1$ 时开关 S 闭合，求电感电压、电流的初始值 $u_L(t_1^+)$、$i_L(t_1^+)$。

解　(1) 在 t_1^- 电路中求解 $i_L(t_1^-)$。已知在 $t < t_1$ 时电路稳定，故电感 L 相当于短路，t_1^- 等效电路如图 2.2 - 2(b)所示，有

$$i_L(t_1^-) = \frac{12}{6} = 2(\text{A})$$

(2) 根据换路定律有　　$i_L(t_1^+) = i_L(t_1^-) = 2 \text{ A}$

(3) 用恒流源 $i_L(t_1^+) = 2 \text{ A}$ 替代电感 L，作 $t = t_1^+$ 时刻等效图，如图 2.2 - 2(c)所示。

(4) 在 t_1^+ 电路(如图 2.2 - 2(c)所示)中求解初值 $u_L(t_1^+)$ 为

$$u_L(t_1^+) = 12 - \frac{6 \times 3}{6 + 3} \times 2 = 8(\text{V})$$

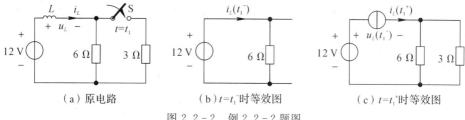

图 2.2 - 2　例 2.2 - 2 题图

从以上分析可知，除电容电压 u_C 和电感电流 i_L 以外的变量在换路瞬间都有可能发生改变，因此，计算动态电路变量初始值的关键是确定 $u_C(0^-)$ 或 $i_L(0^-)$，然后根据换路定律确定 $u_C(0^+)$ 或 $i_L(0^+)$，而后应用置换定理，画出 $t = 0^+$ 时刻的等效电路进行其他初值的计算。

2.2.2 一阶电路的零输入响应

当电路中含有一个储能元件或可以等效为一个储能元件时，描述电路的方程为一阶线性常微分方程，这样的电路称为一阶电路。在此讨论的为一阶 RC、RL 电路。

如果储能元件在换路前的初始储能不为零，换路后储能元件的初始储能在电路中会产生电压、电流（称为响应），仅由初始储能产生的响应称为零输入响应。

如图 2.2-3(a)所示为一阶 RC 电路。换路前开关 S 置于"1"，电路已处于稳定状态，电容的电压 $u_C(0^-)=U_o$，在 $t=0$ 时开关 S 由"1"置于"2"，如图 2.2-3(b)所示，求换路后的 u_C、i_C。

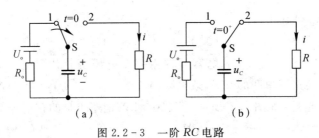

(a)   (b)

图 2.2-3　一阶 RC 电路

在如图 2.2-3(b)所示电路中，由 KVL 有

$$-u_C+Ri=0 \qquad (2.2-3)$$

由电容的伏安特性得

$$i=-C\frac{\mathrm{d}u_C}{\mathrm{d}t}$$

将上式代入式(2.2-3)，得

$$RC\frac{\mathrm{d}u_C}{\mathrm{d}t}+u_C=0 \qquad (2.2-4)$$

式(2.2-4)的特征方程为

$$RCs+1=0$$

其特征根为

$$s=-\frac{1}{RC}=-\frac{1}{\tau}$$

式中，$\tau=RC$ 称为 RC 电路的时间常数，具有时间的量纲。式(2.2-4)为一阶常系数齐次微分方程，其通解为

$$u_C=Ae^{st}=Ae^{-\frac{t}{RC}}=Ae^{-\frac{t}{\tau}} \qquad t\geqslant 0$$

由换路定律，在 $t=0$ 时，$u_C(0^+)=u_C(0^-)=U_o$，代入上式有

$$A=U_o$$

故电容电压为

$$u_C=U_oe^{-\frac{t}{\tau}} \qquad t\geqslant 0 \qquad (2.2-5)$$

流过电容的电流（放电电流）为

$$i_C=-C\frac{\mathrm{d}u_C}{\mathrm{d}t}=\frac{U_o}{R}e^{-\frac{t}{\tau}} \qquad t>0 \qquad (2.2-6)$$

如图 2.2-4 所示为电容电压、电流随时间变化的曲线。

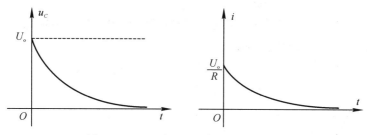

图 2.2-4　一阶 RC 电路的零输入响应

由图 2.2-4 可见，在换路后，电容电压 u_C 和电流 i 分别由各自的初值 $u_C(0^+)=U_o$ 和 $i(0^+)=U_o/R$ 随时间 t 的增加按指数规律衰减，当 $t \to \infty$ 时，衰减到零 $[u_C(\infty)=0$、$i(\infty)=0]$，达到稳定状态，这一变化过程称为暂态过程。在换路瞬间电容电压是连续的，$u_C(0^-)=u_C(0^+)=U_o$，而电流 $i(0^-)=0$，$i(0^+)=U_o/R$，在换路瞬间发生了突变。

图 2.2-5 所示为一阶 RL 电路，在 $t<0$ 时，开关 S 是闭合的，电路已处于稳定状态。在 $t=0^-$ 时，电感电流为 $i_L(0^-)=U_o/R=I_o$，在 $t=0$ 时开关断开，对于 $t \geqslant 0$，由 KVL，有

$$u_L+Ri_L=0$$

将 $u_L=L\dfrac{\mathrm{d}i_L}{\mathrm{d}t}$ 代入上式，有

$$\frac{\mathrm{d}i_L}{\mathrm{d}t}+\frac{R}{L}i_L=0 \tag{2.2-7}$$

式(2.2-7)为一阶常系数齐次微分方程，其特征方程为

$$s+\frac{R}{L}=0$$

其特征根为

$$s=-\frac{R}{L}=-\frac{1}{\tau}$$

式(2.2-7)的通解为

$$i_L=Ae^{st}=Ae^{-\frac{R}{L}t}=Ae^{-\frac{t}{\tau}} \quad t \geqslant 0$$

由换路定律，在 $t=0$ 时，$i_L(0^+)=i_L(0^-)=I_o$，代入上式有

$$A=I_o$$

故电感电流 i_L 为

$$i_L=I_oe^{-\frac{t}{\tau}} \quad t \geqslant 0 \tag{2.2-8}$$

电感电压 u_L 为

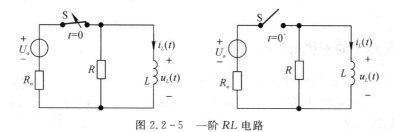

图 2.2-5　一阶 RL 电路

$$u_L = L\frac{\mathrm{d}i_L}{\mathrm{d}t} = -RI_\mathrm{o}\mathrm{e}^{-\frac{R}{L}t} = -RI_\mathrm{o}\mathrm{e}^{-\frac{t}{\tau}} \quad t>0 \tag{2.2-9}$$

式(2.2-9)中，$\tau = L/R$，为 RL 电路的时间常数，与 RC 电路的时间常数具有同样的意义。图 2.2-6 为 i_L、u_L 随时间变化的曲线。

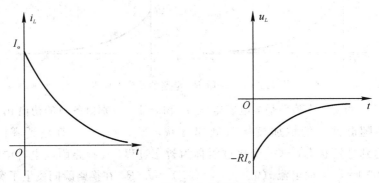

图 2.2-6 一阶 RL 电路的零输入响应

如果零输入响应用 $y_{zi}(t)$ 表示，初值则表示为 $y_{zi}(0^+)$，由式(2.2-5)、式(2.2-6)、式(2.2-8)和式(2.2-9)可见，一阶电路零输入响应的一般形式可表示为

$$y_{zi}(t) = y_{zi}(0^+)\mathrm{e}^{-\frac{t}{\tau}} \quad t \geqslant 0 \tag{2.2-10}$$

它随着时间 t 的增加，由初值 $y_x(0^+)$ 逐渐衰减到零。时间 τ 反映了零输入响应衰减的速率。图 2.2-7 为 $\frac{y_x(t)}{y_x(0^+)} = \mathrm{e}^{-\frac{t}{\tau}}$ 随时间变化的情况，由图可见，τ 反映了一阶动态电路过渡过程的情况。当换路并经过 $t=\tau$ 的时间，$y_x(t)$ 衰减到初值 $y_x(0^+)$ 的 0.37 倍。经过 3τ 的时间，$y_x(3\tau)=0.05y_x(0^+)$；经过 5τ 的时间，$y_x(3\tau)=0.007y_x(0^+)$，即经过 $(3\sim5)\tau$ 的时间，$y_x(t)$ 已衰减到初值的 $5\%\sim0.7\%$。因此，工程上一般认为，经过 $(3\sim5)\tau$ 的时间后，暂态过程基本结束。由图 2.2-7(b)可见，τ 值越小，$y_x(t)$ 衰减越快。

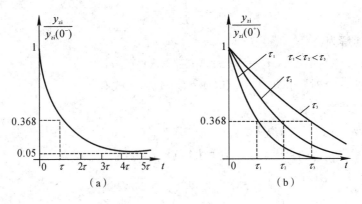

图 2.2-7 零输入响应与时间常数

2.2.3 一阶电路的零状态响应

当动态电路的初始储能为零时，仅由外加激励产生的响应为零状态响应。

图 2.2-8 为一阶 RC 电路，$t<0$ 时，开关"S"置于"1"，电路已处于稳态，$u_C(0^-)=0$，电容的初始储能为零。在 $t=0$ 时，开关"S"置于"2"，由换路定律有 $u_C(0^+)=u_C(0^-)=0$，

电路的响应为零状态响应。根据 KVL，有

$$u_C + Ri = U_s$$

将 $i = C\dfrac{\mathrm{d}u_C}{\mathrm{d}t}$ 代入上式，整理得

$$RC\frac{\mathrm{d}\,u_C}{\mathrm{d}t} + u_C = U_s \qquad (2.2\text{-}11)$$

式(2.2-11)为一阶非齐次方程，其解由方程的齐次解 $u_{Ch}(t)$ 和特解 $u_{Cp}(t)$ 组成，即

$$u_C = u_{Ch} + u_{Cp}$$

齐次方程的通解为(求解过程见本书 2.2.2 节)

$$u_{Ch} = A\mathrm{e}^{-\frac{t}{\tau}}$$

式(2.2-11)的特解具有与输入激励相同的函数形式，当激励为直流时，特解为一常量。令 $u_{Cp}(t) = K$ 代入式(2.2-9)，有

$$K = U_s$$

故特解为

$$u_{Cp} = U_s$$

式(2.2-11)的完全解为

$$u_C = u_{Ch} + u_{Cp} = A\mathrm{e}^{-\frac{t}{\tau}} + U_s$$

将 $u_C(0^+) = 0$ 代入上式，有

$$u_C = A + U_s = 0$$

得

$$A = -U_s$$

将 $A = -U_s$ 代入式(2.2-11)，求得图 2.2-8 一阶 RC 电路的零状态响应为

$$u_C = -U_s\mathrm{e}^{-\frac{t}{\tau}} + U_s = U_s(1 - \mathrm{e}^{-\frac{t}{\tau}}) \quad t \geqslant 0 \qquad (2.2\text{-}12)$$

由电容伏安关系，电流为

$$i = C\frac{\mathrm{d}u_C}{\mathrm{d}t} = \frac{U_s}{R}\mathrm{e}^{-\frac{t}{\tau}} \quad t > 0$$

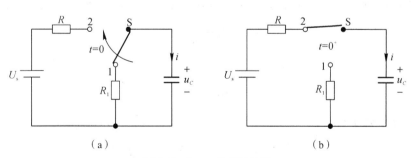

图 2.2-8　一阶 RC 电路

如图 2.2-9 所示为 $u_C(t)$ 和 i 随时间变化的曲线。由图 2.2-9(a)可见，当开关由"1"置于"2"后，电容充电，u_C 按指数规律增加，当 t 趋于∞时，达到稳态，其 $u_C(\infty) = U_s$。由图 2.2-9(b)可见，i_C 按指数规律衰减，到达稳态时，$i_C(\infty) = 0$。

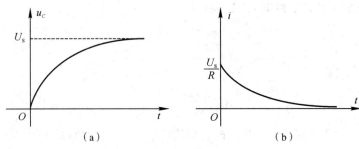

图 2.2 - 9 RC 电路的零状态响应

如图 2.2 - 10 所示电路为一阶 RL 电路。在 $t<0$ 时，开关"S"置于"1"，电路已处于稳态，$i_L(0^-)=0$，电感的初始储能为零。在 $t=0$ 时，开关"S"置于"2"，由换路定律有 $i_L(0^+)=i_L(0^-)=0$，因此，电路的响应为零状态响应。

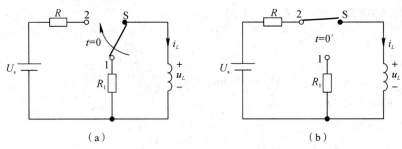

图 2.2 - 10 一阶 RL 电路

在 $t>0$ 的电路中，根据 KVL，有

$$u_L + Ri_L = U_s$$

将 $u_L = L\dfrac{\mathrm{d}i_L}{\mathrm{d}t}$ 代入上式并整理得

$$L\frac{\mathrm{d}i_L}{\mathrm{d}t} + Ri_L = U_s \tag{2.2-13}$$

式(2.2-13)是一阶非齐次方程，该方程的通解为

$$i_{Lh} = Ae^{-\frac{t}{\tau}}$$

式(2.2-13)的特解具有与输入激励相同的函数形式。令 $i_{Lp}(t)=K$，代入式(2.2-13)，有

$$K = \frac{U_s}{R}$$

故特解为

$$i_{Lp} = \frac{U_s}{R}$$

式(2.2-9)的完全解为

$$i_L(t) = i_{Lh} + i_{Lp} = Ae^{-\frac{t}{\tau}} + \frac{U_s}{R} \tag{2.2-14}$$

将初值 $i_L(0^+)=0$ 代入式(2.2-14)，得

$$A + \frac{U_s}{R} = 0$$

得

$$A = -\frac{U_s}{R}$$

将 $A = -\frac{U_s}{R}$ 代入式(2.2-14)，图 2.2-10 所示电路的零状态响应为

$$i_L = \frac{U_s}{R}(1 - e^{-\frac{t}{\tau}}) \qquad t \geqslant 0 \qquad (2.2-15)$$

电感电压 u_L 为

$$u_L = L\frac{\mathrm{d}i_L}{\mathrm{d}t} = U_s e^{-\frac{t}{\tau}} \qquad t > 0 \qquad (2.2-16)$$

由式(2.2-15)和式(2.2-16)画出 i_L、u_L 的波形图如图 2.2-11 所示。由图 2.2-11(a)可见，当开关由"1"置于"2"后，电感充磁，i_L 按指数规律上升；当 t 趋于 ∞ 时，达到稳态，$i_L(\infty) = \frac{U_s}{R}$。由图 2.2-11(b)可见，$u_L$ 按指数规律衰减，达稳态时 $u_L(\infty) = 0$。

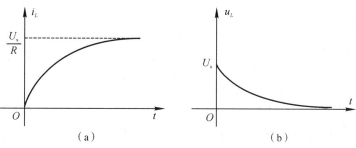

（a）　　　　　　　　　　（b）

图 2.2-11　一阶 RL 电路的零状态响应

由式(2.2-12)和式(2.2-15)可得出电容电压和电感电流的零状态响应的一般形式

$$u_{Czs} = U_C(\infty)(1 - e^{-\frac{t}{\tau}}) \qquad t \geqslant 0$$

$$i_{Lzs} = i_L(\infty)(1 - e^{-\frac{t}{\tau}}) \qquad t \geqslant 0$$

式中，$U_C(\infty)$ 和 $i_L(\infty)$ 为换路后电路到达稳态时电容电压和电感电流的稳态值，称为趋向值。

2.2.4　一阶电路的全响应

当一个非零初始状态的电路受到激励时，电路的响应为全响应。对于线性电路，全响应是零输入响应与零状态响应的和。

电路如图 2.2-12 所示，$t < 0$ 时，开关"S"置于"1"，电路已处于稳态，电容由 U_o 充电，$u_C(0^-) = U_o$，电容电压的初值 $u_C(0^+) = u_C(0^-) = U_o$。在 $t = 0$ 时，开关"S"置于"2"，由 KVL，有

$$RC\frac{\mathrm{d}u_C}{\mathrm{d}t} + u_C = U_s$$

该式与式(2.2-9)相同，其完全解为

$$u_C(t) = Ae^{-\frac{t}{\tau}} + U_s \qquad (2.2-17)$$

将 $u_C(0^+) = U_o$ 代入式(2.2-17)，有

$$u_C(0^+) = A + U_s = U_o$$

得

$$A = U_o - U_s$$

将 $A = U_o - U_s$ 代入式(2.2-17)得

$$u_C(t) = (U_o - U_s)\mathrm{e}^{-\frac{t}{\tau}} + U_s \qquad t \geqslant 0 \qquad (2.2-18)$$

式(2.2-18)改写为

$$u_C(t) = U_o\mathrm{e}^{-\frac{t}{\tau}} + U_s(1-\mathrm{e}^{-\frac{t}{\tau}})$$

式中，第一项 $U_o\mathrm{e}^{-\frac{t}{\tau}}$ 为令 $U_s = 0$ 时的电容电压，此为电容电压的零输入响应，第二项 $U_s(1-\mathrm{e}^{-\frac{t}{\tau}})$ 为令电容电压初值 $u_C(0^+) = U_o = 0$ 时的电容电压，此为电容电压的零状态响应。

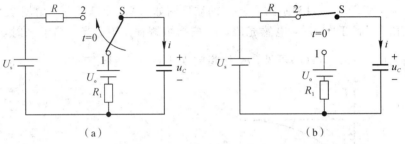

（a） （b）

图 2.2-12 一阶 RC 电路

2.2.5 一阶电路的三要素法

通过前面的讨论可知，对于如图 2.2-12 所示电路，其电路方程为

$$RC\frac{\mathrm{d}u_C}{\mathrm{d}t} + u_C = U_s$$

其完全解为

$$u_C(t) = A\mathrm{e}^{-\frac{t}{\tau}} + U_s \qquad (2.2-19)$$

在 $t = 0^+$ 和 t 趋于 ∞ 时，由式(2.2-19)，得

$$u_C(0^+) = A + U_s$$

$$u_C(\infty) = U_s$$

则有

$$A = u_C(0^+) - u_C(\infty)$$

将 $A = u_C(0^+) - u_C(\infty)$、$u_C(\infty) = U_s$ 代入式(2.2-19)得

$$u_C(t) = [u_C(0^+) - u_C(\infty)]\mathrm{e}^{-\frac{t}{\tau}} + u_C(\infty) \qquad t \geqslant 0 \qquad (2.2-20)$$

式(2.2-20)表明，电容电压由 $u_C(0^+)$、$u_C(\infty)$ 和 τ 三个参数确定。因此，通过计算确定这三个量，就可按照此式写出 $u_C(t)$ 的解，无需求解微分方程。对 RL 电路的电感电流，也可得到类似的表达式：

$$i_L(t) = [i_L(0^+) - i_L(\infty)]\mathrm{e}^{-\frac{t}{\tau}} + i_L(\infty) \qquad t \geqslant 0 \qquad (2.2-21)$$

式(2.2-20)和式(2.2-21)同样适用求解直流一阶电路中的其他电压和电流。对于直流一阶线性电路全响应的一般表达式为

$$y(t) = [y(0^+) - y(\infty)]\mathrm{e}^{-\frac{t}{\tau}} + y(\infty) \qquad t \geqslant 0 \qquad (2.2-22)$$

式中，$y(t)$ 为电路的响应，$y(0^+)$ 为 $y(t)$ 在换路后的初值，$y(\infty)$ 为 $y(t)$ 在换路后电路达到稳定状态的稳态值，称为趋向值，τ 为电路的时间常数。

对于直流一阶电路的分析，只要计算出 $y(0^+)$、$y(\infty)$、τ 这三个要素，根据式(2.2-22)即可写全响应的表达式，这种方法称为一阶电路分析的三要素法。应用三要素法的关键是要正确求出三个要素，下面就这三个要素的意义及计算方法进行具体分析。

（1）初始值 $y(0^+)$。在含有动态元件的实际电路中，各变量的初始值是由电路的初始状态（即电容电压与电感电流的初值）决定的，因此，计算电路中各初始值的关键是先求出电容元件电压与电感元件电流的初值。具体计算方法参见换路定律。

（2）时间常数(τ)。时间常数是反映一阶电路的暂态过程时间长短的物理量。对于 RC 电路：

$$\tau = RC \tag{2.2-23}$$

对于 RL 电路：

$$\tau = \frac{L}{R} \tag{2.2-24}$$

式中，R 为换路后从动态元件两端看过去的戴维南等效电阻。

在运用公式(2.2-23)和式(2.2-24)时，若电容量 C 的单位为 F，电感量 L 的单位为 H，等效电阻 R_0 的单位为 Ω，则时间常数 τ 的单位为 s(秒)。

（3）趋向值 $y(\infty)$。趋向值是暂态的终结值，是电路变量 $y(t)$ 在换路后达到新的稳定状态时的数值，在电路处于直流稳态时，电容元件相当于开路，电感元件相当于短路。$y(\infty)$就可应用电阻电路的分析方法计算。计算趋向值时，要准确画出换路后 $t\to\infty$ 的等效电路。

【例 2.2-3】　电路如图 2.2-13 所示，开关 S 在"1"位时电路已达稳态。$t=0$ 时开关 S 接"2"，试求 $t\geqslant 0$ 时 $u_C(t)$ 和 $i(t)$ 的表达式。

解　（1）求 $u_C(0^-)$。$t=0^-$ 时的等效电路如图 2.2-14(a)所示，有

$$u_C(0^-) = \frac{1}{4+1}\,5 = 1\,(\text{V})$$

（2）由换路定律，得

$$u_C(0^+) = u_C(0^-) = 1\ \text{V}$$

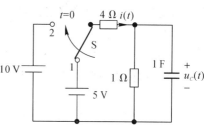

图 2.2-13　例 2.2-3 题图

（3）求 $i(0^+)$。$t=0^+$ 时的等效电路如图 2.2-14(b)所示，图中电容用电压值为 $u_C(0^+)=1\ \text{V}$ 的电压源替换，有

$$i(0^+) = \frac{10-1}{4} = 2.25\,(\text{A})$$

（4）求趋向值 $u_C(\infty)$、$i(\infty)$。$t\to\infty$ 时等效图如图 2.2-14(c)所示，换路后电路达到新稳态时，电容元件开路处理（电感短路处理），有

$$u_C(\infty) = \frac{1}{4+1}10 = 2\,(\text{V})$$

$$i(\infty) = \frac{10}{4+1} = 2\,(\text{A})$$

（5）求时间常数 τ。

R 为换路从电容两端看进去的戴维南等效电阻，等效电路如图 2.2-14(d)所示，电路中所有的电源置零，有

$$R = \frac{4\times 1}{4+1} = 0.8\,(\Omega)$$

$$\tau=RC=0.8\times1=0.8(s)$$

（6）将三个要素的值代入三要素法通用式（2.2-19）得

$$u_C(t)=[u_C(0^+)-u_C(\infty)]e^{-\frac{t}{\tau}}+u_C(\infty)=(1-2)e^{-\frac{t}{0.8}}+2$$
$$=2-e^{-1.25t}\qquad t\geqslant0$$
$$i(t)=[i(0^+)-i(\infty)]e^{-\frac{t}{\tau}}+i(\infty)=(2.25-2)e^{-\frac{t}{0.8}}+2$$
$$=0.25e^{-1.25t}+2\qquad t\geqslant0$$

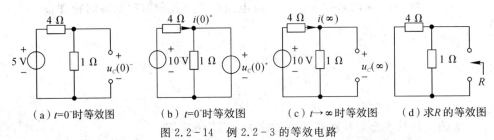

| （a）$t=0^-$时等效图 | （b）$t=0^+$时等效图 | （c）$t\to\infty$时等效图 | （d）求R的等效图 |

图 2.2-14　例 2.2-3 的等效电路

【例 2.2-4】　电路如图 2.2-15 所示，$t<0$ 时电路已稳定，$t=0$ 时开关 S 闭合，求 $t\geqslant0$ 时的电流 $i_L(t)$。

解　（1）求 $i_L(0^-)$。$t=0^-$ 时的等效电路如图 2.2-16（a）所示，图中电感短路处理，有

$$i_L(0^-)=-\frac{12}{6/\!/3+2}\times\frac{6}{6+3}=-2(A)$$

（2）求 $i_L(0^+)$。由换路定律得

$$i_L(0^+)=i_L(0^-)=-2(A)$$

（3）求趋向值 $i_L(\infty)$。$t\to\infty$ 时等效图如图 2.2-16（b）所示，换路后电路达到新稳态时，电感短路处理，有

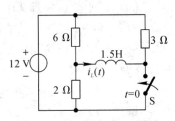

图 2.2-15　例 2.2-4 题图

$$i_L(\infty)=\frac{12}{6}=2(A)$$

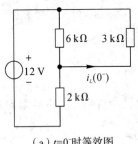 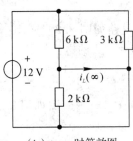 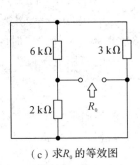

| （a）$t=0^-$时等效图 | （b）$t\to\infty$时等效图 | （c）求R_0的等效图 |

图 2.2-16　例 2.2-4 的等效电路

（4）求时间常数 τ。

R_0 为换路从电感两端看进去的戴维南等效电阻，等效电路如图 2.2-16（c）所示，电路中所有的电源置零，有

$$R_0=2/\!/6=\frac{2\times6}{2+6}=1.5(\Omega)$$

$$\tau=\frac{L}{R_0}=\frac{1.5}{1.5}=1(s)$$

(5) 将三个要素的值代入三要素法通用式(2.2-19)，得

$$i_L(t) = [i_L(0^+) - i_L(\infty)]e^{-\frac{t}{\tau}} + i_L(\infty) = (-2-2)e^{-t} + 2$$
$$= -4e^{-t} + 2 \qquad t \geqslant 0$$

通过上面的例题分析可以看出：运用三要素法的关键是正确求出待求量的三个要素，先要分别画出各时刻[(0^-)，(0^+)，(∞)]的等效电路以及计算时间常数 τ 所需的求 R 的等效电路，再运用前面学习的电阻电路分析方法求出三个要素，最后代入三要素通用公式，暂态过程中的 $u(t)$、$i(t)$ 不难求出。三要素法只适用于一阶动态电路。

2.3　正弦交流电路

在实际应用中，除了直流电路外，还有正弦交流电路。正弦交流电路中，电源随时间按正弦规律作周期性变化，发电厂提供的电源就是一种正弦交流电。在各行各业及人们的日常生活中正弦交流电都得到了广泛应用，因此正弦交流电路的分析计算是十分重要的，本节介绍正弦交流稳态电路的分析与计算。

2.3.1　正弦交流电的概念

正弦电压、正弦电流的大小和方向是随时间的变化而不同的，其在任一时刻的值称为瞬时值，其函数表达式为

$$u = U_{max} \sin(\omega t + \varphi_u) \qquad (2.3-1)$$
$$i = I_{max} \sin(\omega t + \varphi_i) \qquad (2.3-2)$$

式中，u 为正弦电压在任一瞬间的值，称为瞬时值，U_{max} 为正弦电压的最大值或振幅值，ω 为正弦电压的角频率，φ_u 为正弦电压的初相位。

正弦电压的波形如图 2.3-1 所示。振幅、角频率、初相是确定正弦量的三个量，称为正弦量的三要素。

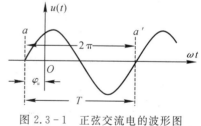

图 2.3-1　正弦交流电的波形图

1. 周期 T、频率 f 和角频率 ω

正弦交流电重复变化一次所需要的时间称为周期，用 T 表示，单位为秒(s)。每秒内变化的周期数称为频率，用 f 表示，单位为赫兹(Hz)，有

$$f = \frac{1}{T} \qquad (2.3-3)$$

由如图 2.3-1 所示的正弦交流电压的波形可以看出，从 a 点变化到 a' 所需要的时间就是周期 T。正弦交流电每秒钟所变化的电角度称为角频率或角速度，单位为弧度每秒(rad/s)，有

$$\omega = \frac{2\pi}{T} = 2\pi f \qquad (2.3-4)$$

式(2.3-4)说明了 T、f、ω 三者间的关系。

2. 相位和初相

正弦交流电的角度$(\omega t+\varphi)$称做相位角或相位。它是反映正弦交流电变化状态的物理量，单位为弧度(rad)或度(°)。

在起始时刻($t=0$时)，初始相角决定了初始时刻交流电数值的大小，称为初相角，简称为初相，用符号φ表示。

相位是正弦交流电在某一瞬间的电角度，而初相则是正弦交流电在起始时刻的电角度，因此，初相也叫做$t=0$时的相位。

3. 同频正弦交流电的相位差

任意两个同频率正弦交流电的相位之差，称做相位差，即

$$\varphi=(\omega t+\varphi_1)-(\omega t+\varphi_2)=\varphi_1-\varphi_2 \qquad (2.3-5)$$

则这两个交流电的相位差就是它们的初相之差，如图2.3-2所示。

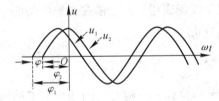

图 2.3-2 两个同频率正弦量之间的相位差

(1) 如果$\varphi>0$，则称u_1超前u_2；或称u_2滞后u_1。也就是说，在同一周期内，u_1先于u_2到达最大值或零值。

(2) 如果$\varphi=0$，即$\varphi_1=\varphi_2$，则称这两个交流电同相。

(3) 如果$\varphi=\pm180°$，则称这两个交流电反相。

(4) 如果$\varphi=\pm90°$，则称这两个交流电正交。

4. 正弦交流电的有效值

周期电压、电流在某一瞬间的量值称为瞬时值，瞬时值是随时间变化的。周期电压、电流在变化过程中出现的最大瞬时值称为最大值。瞬时值和最大值都是表征正弦量大小的，但在应用中正弦量的大小通常用有效值来表示。

有效值是从电流热效应的角度规定的。交流电有效值的定义为：一个直流电流I与一个交流电流i分别通过阻值相等的电阻R，如图2.3-3所示，在相同时间内，若电阻R上所产生的热量相等，即

图 2.3-3 电阻热效应

$$RI^2T=\int_0^T i^2 R\mathrm{d}t$$

则

$$I=\sqrt{\frac{1}{T}\int_0^T i^2 \mathrm{d}t} \qquad (2.3-6)$$

该直流电的数值I即称为交流电的有效值。有效值用大写字母来表示，电流、电压的有效值分别用符号I、U表示。

设正弦电流 $i = I_{max}\sin(\omega t + \varphi_i)$，代入式（2.3-6），有

$$I = \sqrt{\frac{1}{T}\int_0^T I_{max}^2\sin^2(\omega t + \varphi_i)\,\mathrm{d}t} = \frac{I_{max}}{\sqrt{2}} \tag{2.3-7}$$

同理，对于正弦电压，其有效值为

$$U = \frac{U_{max}}{\sqrt{2}} \tag{2.3-8}$$

在实际应用中，对于交流电压、电流的大小，如不加以特别说明，一般指有效值。如通常使用的 220 V 照明电压、380 V 动力电压、10 A 电动机、电器铭牌所标电流、电压以及电流表、电压表所测数据等均指有效值。但是，各种器件和电气设备的耐压值应按最大值考虑。

2.3.2　正弦量的相量表示

在线性电路中，如果电路内所有的电源均为同频率的正弦量，则电路各部分的电压、电流都是与电源频率相同的正弦量。对于这样的电路，通常采用相量法进行分析。

相量法的实质是用复数来表示正弦量。设 A 是一个复数，有

$$
\begin{aligned}
A &= a + \mathrm{j}b &&\text{（代数式）}\\
&= A(\cos\varphi + \mathrm{j}\sin\varphi) &&\text{（三角式）}\\
&= A\mathrm{e}^{\mathrm{j}\varphi} &&\text{（指数式）（利用欧拉公式 } \mathrm{e}^{\mathrm{j}\varphi} = \cos\varphi + \mathrm{j}\sin\varphi\text{）}\\
&= A\angle\varphi &&\text{（极坐标式）}
\end{aligned}
$$

式中，a 为复数的实部，b 为复数的虚部，j 为虚数单位，$\mathrm{j}^2 = -1$，$|A| = \sqrt{a^2 + b^2}$ 为复数的模，$\varphi = \arctan\dfrac{b}{a}$ 为复数的幅角。

复数也可以用复平面上的有向线段来表示，如图 2.3-4 所示。

正弦量在任一时刻的瞬时值等于复平面上以角速度 ω 逆时针旋转的有向线段同一时刻在纵坐标上的投影，该有向线段的长度等于正弦量的幅值，它与实轴的初始夹角等于正弦量的初相位。即一个正弦量的瞬时值可以用一个旋转的有向线段在纵轴上的投影值来表示，如图 2.3-5 所示。

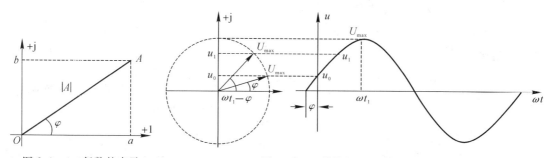

图 2.3-4　复数的表示　　　　图 2.3-5　旋转相量与正弦波的关系

旋转有向线段位于初始位置时的有向线段可用来表示正弦量，且有向线段可用复数表示，所以可用与正弦量对应的旋转有向线段在初始位置时的复数形式表示正弦量。将表示

正弦交流电的复数称为相量。

设有正弦电压 $u=\sqrt{2}U\sin(\omega t+\varphi_u)$，表示该正弦电压的有效值相量($\dot{U}$)为

$$\dot{U}=Ue^{j\varphi_u}=U\angle\varphi_u \qquad (2.3-9)$$

设有正弦电流 $i=\sqrt{2}I\sin(\omega t+\varphi_i)$，表示该正弦电流的有效值相量($\dot{I}$)为

$$\dot{I}=Ie^{j\varphi_i}=I\angle\varphi_i \qquad (2.3-10)$$

有效值相量与最大值相量($\dot{U}_{max}$)的关系为

$$\dot{U}_{max}=U_{max}\angle\varphi_u=\sqrt{2}U\angle\varphi_u=\sqrt{2}\dot{U} \qquad (2.3-11)$$

相量是为了简化运算引出的一种数学变换方法，只有在各个正弦量为同一频率时，各正弦量变换成相量进行运算才有意义。相量只是表示正弦量，不等于正弦量，由式(2.3-9)~式(2.3-11)可以看出，相量仅表示了正弦量的初相和幅值。

【例 2.3-1】 已知两同频正弦电流，$u_1=2\sqrt{2}\sin(100\pi t+60°)$(V)，$u_2=3\sqrt{2}\sin(100\pi t+30°)$，试用相量法求 $u=u_1+u_2$，并画出各电压的相量图。

解 u_1、u_2 的相量为

$$\dot{U}_1=2\angle60°\ V, \qquad \dot{U}_2=3\angle30°\ V$$

$$\dot{U}=\dot{U}_1+\dot{U}_2=2\angle60°+3\angle30°$$
$$=2\cos60°+j2\sin60°+3\cos30°+j3\sin30°$$
$$=1+j1.732+2.589+j1.5$$
$$=3.589+j3.232$$
$$=4.836\angle41.9°$$

$$u=4.836\sqrt{2}\sin(100\pi t+41.9°)\text{(V)}$$

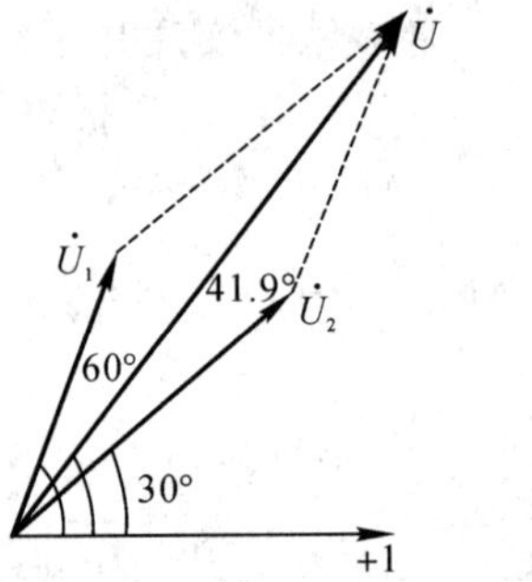

图 2.3-6 例 2.3-1 的相量图

在同一坐标系中按比例画出两电压的相量，再用平行四边形法则，得到合成电压的相量，如图 2.3-6 所示。正弦交流电的加减运算也可在相量图上进行。

2.3.3 电阻、电容、电感元件伏安关系的相量形式

1. 电阻元件

如图 2.3-7 所示，设流过 R 的电流为

$$i=\sqrt{2}I\sin(\omega t-\varphi_i) \qquad (2.3-12)$$

由欧姆定律，有

$$u=Ri=\sqrt{2}RI\sin(\omega t-\varphi_i)=\sqrt{2}U\sin(\omega t-\varphi_u) \qquad (2.3-13)$$

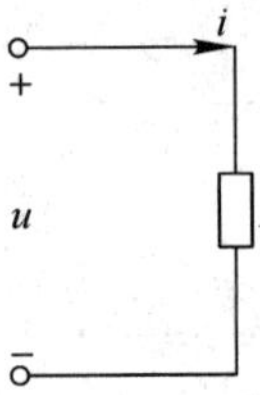

式中，

图 2.3-7 电阻电路

$$\begin{cases}U=RI\\ \varphi_u=\varphi_i\end{cases} \qquad (2.3-14)$$

由式(2.3-14)可见，电阻电压有效值等于电流有效值乘 R，电压的相位与电流的相位相同，即同相。电阻电压、电流波形如图 2.3-8(a)所示。

由式(2.3-12)得电流相量为

$$\dot{I}=I\angle-\varphi_i$$

由式(2.3-13)得电压相量为

$$\dot{U}=U\angle-\varphi_u=RI\angle-\varphi_i=R\dot{I} \tag{2.3-15}$$

电压和电流的相量图如图 2.3-8(b)所示。

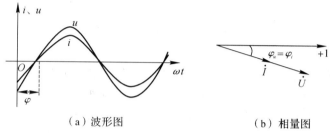

（a）波形图　　　　　　　　　（b）相量图

图 2.3-8　电阻元件上的电压、电流

2. 电感元件

如图 2.3-9 所示，设流过 L 的电流为

$$i=\sqrt{2}\,I\sin(\omega t+\varphi_i) \tag{2.3-16}$$

由电感的伏安关系有

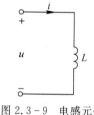

图 2.3-9　电感元件

$$u=L\frac{\mathrm{d}i}{\mathrm{d}t}=L\frac{\mathrm{d}}{\mathrm{d}t}\sqrt{2}\,I\sin(\omega t+\varphi_i)$$

$$-\sqrt{2}\,\omega LI\cos(\omega t+\varphi_i)$$

$$=\sqrt{2}\,\omega LI\sin(\omega t+\varphi_i+90°)$$

$$=\sqrt{2}\,U\sin(\omega t+\varphi_u) \tag{2.3-17}$$

式中，

$$\begin{cases}U=\omega LI\\\varphi_u=\varphi_i+90°\end{cases} \tag{2.3-18}$$

由式(2.3-16)和式(2.3-17)可知，u 和 i 是同频率正弦量。电感电压的有效值等于电流的有效值乘以 ωL，其相位超前电流 $90°$，u、i 的波形如图 2.3-10 所示。

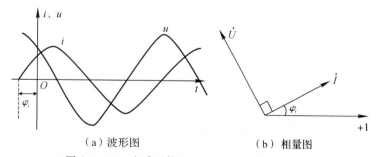

（a）波形图　　　　　　　　　（b）相量图

图 2.3-10　电感元件电压电流的波形图与相量图

由式(2.3-16)可得电流相量为

$$\dot{I}=I\angle\varphi_i \tag{2.3-19}$$

由式(2.3-17)～式(2.3-19)可得电压相量为

$$\dot{U}=U\angle\varphi_u=\omega LI\angle\varphi_i+90°=\omega L\angle90°I\angle\varphi_i=j\omega L\dot{I}=jX_L\dot{I} \qquad (2.3-20)$$

式中，

$$X_L=\omega L=2\pi fL \qquad (2.3-21)$$

式(2.3-20)为电感电压与电流的相量形式，说明了电感电压和电流有效值之间的数值关系和两者的相位关系，如图 2.3-10(b)为电感电压和电流的相量图。

由式(2.3-20)，有

$$X_L=\frac{U}{I}=\frac{U_{max}}{I_{max}}=\omega L \qquad (2.3-22)$$

式中，X_L 称为感抗，是表征电感对正弦电流所呈现"阻止"能力大小的一个参数，具有电阻的量纲，单位为欧姆(Ω)。由式(2.3-22)可见，X_L 是电压与电流有效值(或最大值)之比。对电感量一定的电感元件，X_L 正比于频率(f)。当频率为零时即直流时，感抗为零，故电感在直流稳态时相当于短路。

【例 2.3-2】 有一电阻可以忽略的电感线圈，电感量 $L=0.5$ H，将它接到电压 $u=220\sqrt{2}\cdot\sin(100\pi t+30°)$(V)的交流电源上，求线圈的感抗、线圈电流瞬时值 i，并画出相量图。

解 由交流电压的表达式可知

$$U_{max}=220\sqrt{2}\ \text{V},\ U=220\ \text{V},\ f=50\ \text{Hz},\ \varphi_u=30°,\ \dot{U}=220\angle30°\ \text{V}$$

线圈的感抗为

$$X_L=\omega L=2\pi fL=2\times3.14\times50\times0.5=157(\Omega)$$

$$\dot{I}=\frac{\dot{U}}{jX_L}=\frac{220\angle30°}{157\angle90°}\approx1.4\angle-60°(\text{A})$$

线圈电流瞬时值为

$$i=1.4\sqrt{2}\sin(100\pi t-60°)(\text{A})$$

相量图如图 2.3-11 所示。

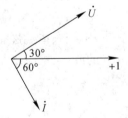

图 2.3-11 例 2.3-2 的相量图

3. 电容元件

如图 2.3-12 所示，设 C 两端的电压为

$$u=\sqrt{2}U\sin(\omega t+\varphi_u) \qquad (2.3-23)$$

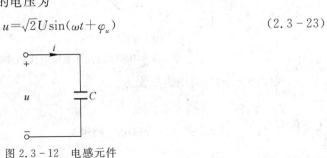

图 2.3-12 电感元件

由电容的伏安关系，有

$$i=C\frac{\mathrm{d}u}{\mathrm{d}t}=C\frac{\mathrm{d}}{\mathrm{d}t}\sqrt{2}U\sin(\omega t+\varphi_u)=\sqrt{2}\omega CU\sin(\omega t+\varphi_u+90°)$$

$$=\sqrt{2}\omega CU\sin(\omega t+\varphi_i)\qquad (2.3-24)$$

式中，

$$\begin{cases} I=\omega CU \\ \varphi_i=\varphi_u+90° \end{cases}\qquad (2.3-25)$$

由式(2.3-23)和式(2.3-24)可见，u 和 i 是同频率正弦量。电容电流的有效值等于电压的有效值乘以 ωC，其相位超前电压 $90°$，u、i 的波形如图 2.3-13 所示。

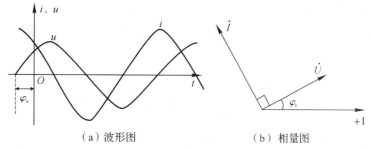

（a）波形图　　　　　　　（b）相量图

图 2.3-13　电容元件电压电流的波形图与相量图

由式(2.3-23)可得电压相量为

$$\dot{U}=U\angle\varphi_u\qquad (2.3-26)$$

由式(2.3-24)~式(2.3-26)可得电流相量为

$$\dot{I}=I\angle\varphi_i=\omega CU\angle\varphi_u+90°=\omega C\angle 90°U\angle\varphi_u=\mathrm{j}\omega C\dot{U}$$

$$=\mathrm{j}\frac{\dot{U}}{X_C}\qquad (2.3-27)$$

式(2.3-27)也可写为

$$\dot{U}=\frac{\dot{I}}{\mathrm{j}\omega C}=-\mathrm{j}X_C\dot{I}\qquad (2.3-28)$$

式中，

$$X_C=\frac{1}{\omega C}=\frac{1}{2\pi fC}\qquad (2.3-29)$$

式(2.3-27)和式(2.3-28)为电容电压和电流关系的相量形式，说明了电容电压和电流有效值之间的数值关系和相位关系。如图 2.3-13(b)所示为电容电压和电流的相量图。

由式(2.3-27)有

$$X_C=\frac{U}{I}=\frac{U_{\max}}{I_{\max}}=\frac{1}{\omega C}\qquad (2.3-30)$$

$X_C=\frac{1}{\omega C}$ 称为容抗，单位为欧姆(Ω)。由式(2.3-30)可见，X_C 是电压与电流有效值(或最大值)之比。对电容量一定的电容元件，X_C 反比于频率(f)，频率越高 X_C 越小。当频率为零时即直流时，容抗为无穷大，故电容元件在直流稳态时相当于开路。

【例 2.3 - 3】 某电容器电容量 $C=100\ \mu F$，接于 $u=220\sqrt{2}\sin(100\pi t-45°)(V)$ 的交流电源上，求电容器的容抗、流过电容的电流瞬时值 i 并画出相量图。

解 由交流电压的表达式可知

$$U_{max}=220\sqrt{2}\ V,\quad U=220\ V,\quad f=50\ Hz,\quad \varphi_u=-45°,\quad \dot{U}=220\angle-45°\ V$$

电容器的容抗为

$$X_C=\frac{1}{2\pi fC}=\frac{1}{2\times3.14\times50\times100\times10^{-6}}=31.85(\Omega)$$

$$\dot{I}=j\frac{\dot{U}}{X_C}=j\frac{220\angle-45°}{31.85}\approx6.91\angle45°$$

流过电容的电流瞬时值为

$$i=6.91\sqrt{2}\sin(100\pi t+45°)$$

相量图如图 2.3 - 14 所示。

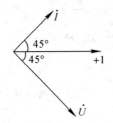

图 2.3 - 14　例 2.3 - 3 的相量图

2.3.4　正弦交流电路的计算

1. 基尔霍夫定律的相量形式

对于正弦交流电路，基尔霍夫定律同样成立。对于电路中的任一节点，有

$$i_1+i_2+\cdots+i_n=0$$

由于上式中的电流都是同频率的正弦量，用相量表示为

$$\dot{I}_1+\dot{I}_2+\cdots+\dot{I}_n=0$$

即

$$\sum \dot{I}=0 \qquad\qquad (2.3-31)$$

式(2.3 - 31)为 KCL 的相量形式。可表述为：流经电路任一节点的电流相量的代数和为零。

KVL 的相量形式为

$$\sum \dot{U}=0 \qquad\qquad (2.3-32)$$

可表述为：对电路中的任一回路，沿选定的绕行方向，各支路电压降相量的代数和为零。

2. 阻抗

在正弦交流电路中，将二端电路的端口电压相量与端口电流相量的比值称为这段电路的阻抗，用符号 Z 表示，如图 2.3 - 15 所示。当压流关联时，阻抗的表达式为

图 2.3 - 15　阻抗的压流关系

$$Z = \frac{\dot{U}}{\dot{I}} \qquad\qquad (2.3-33)$$

式(2.3-33)也称为广义欧姆定律，或欧姆定律的相量形式。欧姆定律的另两种相量形式为

$$\dot{U} = Z\dot{I} \qquad 或 \qquad \dot{I} = \frac{\dot{U}}{Z}$$

阻抗是一个复数，有

$$Z = \frac{\dot{U}}{\dot{I}} = \frac{U\angle\varphi_u}{I\angle\varphi_i} = \frac{U}{I}\angle(\varphi_u - \varphi_i) = Z\angle\varphi_Z \qquad (2.3-34)$$

式(2.3-34)说明了复阻抗的两个重要概念：

第一，阻抗的模是电压与电流有效值或振幅的比值，即

$$|Z| = \frac{U}{I} = \frac{U_{max}}{I_{max}} \qquad (2.3-35)$$

它反映了阻抗对正弦交流电流的阻碍作用，单位为欧姆。

第二，φ_Z 为阻抗的幅角，称为阻抗角，是端电压与端电流的相位差，即

$$\varphi_Z = \varphi_u - \varphi_i \qquad (2.3-36)$$

阻抗角的大小反映了电路的性质。$\varphi_Z = 0$，表明电压与电流相量同相，电路呈电阻性；$\varphi_Z > 0$，表明电压相量超前电流相量，电路呈电感性；$\varphi_Z < 0$，表明电流相量超前电压相量，电路呈电容性。

因此，阻抗不仅反映了正弦交流电压与电流间的数值关系，也反映了电压、电流间的相位关系。

Z 的代数式表示为

$$Z = R + \mathrm{j}X \qquad (2.3-37)$$

阻抗角为

$$\varphi_Z = \arctan\frac{X}{R}$$

式中，R 为电阻，X 为电抗。

【例 2.3-4】　电路如图 2.3-16 所示，求 Z_{ab} 及各阻抗上的电压相量。

解　由 KVL 有

$$\dot{U} = \dot{U}_1 + \dot{U}_2 + \cdots + \dot{U}_n$$

由式(2.3-33)有

$$Z_{ab} = \frac{\dot{U}}{\dot{I}} = \frac{\dot{U}_1 + \dot{U}_2 + \cdots + \dot{U}_n}{\dot{I}} = \frac{\dot{U}_1}{\dot{I}} + \frac{\dot{U}_2}{\dot{I}} + \cdots + \frac{\dot{U}_n}{\dot{I}}$$

$$= Z_1 + Z_2 + \cdots + Z_n \qquad (2.3-38)$$

由

$$\dot{I} = \frac{\dot{U}}{Z_{ab}}$$

第 k 个阻抗上电压相量 $\dot{U}_k$ 为

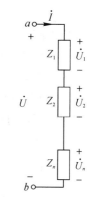

图 2.3-16　例 2.3-4 题图

$$\dot{U}_k = Z_k \dot{I} = \frac{Z_k}{Z_{ab}} \dot{U} \qquad (2.3-39)$$

由式(2.3-38)可以看出，多个阻抗串联可等效为一个阻抗。式(2.3-39)为分压公式，对于两个阻抗串联，其分压公式为

$$\begin{cases} \dot{U}_1 = \dfrac{Z_1}{Z_1 + Z_2} \dot{U} \\[2mm] \dot{U}_2 = \dfrac{Z_2}{Z_1 + Z_2} \dot{U} \end{cases} \qquad (2.3-40)$$

由式(2.3-34)不难得到电阻、电容、电感的阻抗分别为

$$\begin{cases} Z_R = R \\[2mm] Z_C = \dfrac{1}{j\omega C} = -jX_C \\[2mm] Z_L = j\omega L = jX_L \end{cases} \qquad (2.3-41)$$

在分析计算正弦交流电路时，需要首先将电路的时域模型转换成相量模型，如图 2.3-17(b)所示，然后运用 KVL、KCL 及欧姆定律的相量形式求解电路的电压、电流相量，最后写出对应的电压、电流的时域形式。当然，对于电路的相量模型，本章 2.1 节介绍的分析方法同样适用。

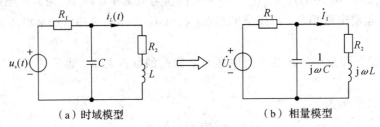

（a）时域模型　　　　　　　（b）相量模型

图 2.3-17　电路的相量模型

将图 2.3-17(a)中电压、电流用相量形式表示，电阻、电容、电感用阻抗表示，即可得到图 2.3-17(b)。

阻抗的倒数称为导纳，用 Y 表示，有

$$Y = \frac{1}{Z} = \frac{\dot{I}}{\dot{U}} = \frac{I\angle \varphi_i}{U\angle \varphi_u} = \frac{I}{U}\angle(\varphi_i - \varphi_u) = Y\angle\varphi_Y \qquad (2.3-42)$$

导纳的单位为西(S)，导纳的幅角是电流与电压的相位差，与阻抗的幅角相差一个负号。根据基尔霍夫定律的相量形式和欧姆定律的相量形式，就可以利用相量关系对正弦交流电路进行分析了。只是电路中的所有电压、电流不再是时域形式，而是相量形式。

【**例 2.3-5**】 电路如图 2.3-18 所示，求 Z_{ab} 及流经各导纳的电流相量。

解 由 KCL 的相量形式，有

$$\dot{I} = \dot{I}_1 + \dot{I}_2$$

由式(2.3-41)，有

$$Y_{ab} = \frac{\dot{I}}{\dot{U}} = \frac{\dot{I}_1}{\dot{U}} + \frac{\dot{I}_2}{\dot{U}} = Y_1 + Y_2 = \frac{1}{Z_1} + \frac{1}{Z_2}$$

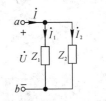

图 2.3-18　例 2.3-5 题图

$$Z_{ab}=\frac{1}{Y_{ab}}=\frac{1}{\frac{1}{Z_1}+\frac{1}{Z_2}}=\frac{Z_1 Z_2}{Z_1+Z_2} \tag{2.3-43}$$

由式(2.3-43)可以看出两个阻抗并联可以等效一个阻抗。

由欧姆定律的相量形式,有

$$\begin{cases}\dot I_1=\frac{\dot U}{Z_1}=\frac{Z_{ab}\dot I}{Z_1}=\frac{Z_2}{Z_1+Z_2}\dot I\\[2mm]\dot I_2=\frac{\dot U}{Z_2}=\frac{Z_{ab}\dot I}{Z_2}=\frac{Z_1}{Z_1+Z_2}\dot I\end{cases} \tag{2.3-44}$$

式(2.3-44)为分流公式。

Y 的代数式表示为

$$Y=G+jB \tag{2.3-45}$$

式中,G 为电导,B 为电纳。

由

$$Y=\frac{1}{Z}=\frac{1}{R+jX}=\frac{R}{R^2+X^2}-j\frac{X}{R^2+X^2}$$

比较上式与式(2.3-45),有

$$\begin{cases}G=\frac{R}{R^2+Y^2}\\[2mm]B=-\frac{X}{R^2+X^2}\end{cases}$$

上式说明了阻抗和导纳中的 R 与 G 和 X 与 B 之间的关系。

【例2.3-6】　电路如图2.3-19(a)所示,已知 $\omega=3$ rad/s,求 Z_{ab}。

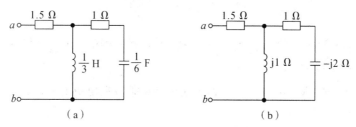

图2.3-19　例2.3-6题图

解　将图2.3-19(a)转换相量模型,如图2.3-19(b)所示,则
$$Z_{ab}=1.5+[j1//(1-j2)]=2+j1.5=2.5\angle36.9°$$
故 $\varphi_Z=36.9°>0$,该电路呈感性。

3. RLC 串联的正弦交流电路

如图2.3-20(a)所示为 RLC 串联电路,是一种常见的电路模型。图2.3-20(b)为图2.3-20(a)的相量模型。由图2.3-20(b),根据 KVL 及 VAR 相量形式有

$$\dot U=\dot U_R+\dot U_L+\dot U_C=Z_R\dot I+Z_L\dot I+Z_C\dot I$$
$$=[R+j(X_L-X_C)]\dot I=[R+jX]\dot I$$
$$=Z\dot I \tag{2.3-46}$$

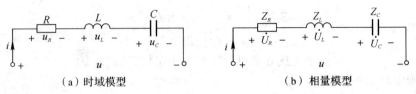

（a）时域模型　　　　　　　　　　（b）相量模型

图 2.3-20　电阻、电感、电容串联电路

1）电路特性

（1）电流关系。根据 KCL 的相量形式，电路中电流相量处处相等，即

$$\dot{I}=\frac{\dot{U}_R}{Z_R}=\frac{\dot{U}_L}{Z_L}=\frac{\dot{U}_C}{Z_C}=\frac{\dot{U}}{Z} \qquad (2.3-47)$$

（2）电压关系。根据 KVL 的相量形式，电路的总电压相量等于各分电压相量之和，即

$$\dot{U}=\dot{U}_R+\dot{U}_L+\dot{U}_C \qquad (2.3-48)$$

（3）阻抗关系。由式（2.3-46）得总阻抗为

$$Z=Z_R+Z_L+Z_C=R+j(X_L-X_C)=R+j\left(\omega L-\frac{1}{\omega C}\right) \qquad (2.3-49)$$

式中，阻抗 Z 的实部 R 表示串联电路中的等效电阻 R，虚部 X 表示串联电路中的等效电抗 $X=X_L-X_C$。

阻抗的模 $|Z|$、R、X 的关系是

$$|Z|=\sqrt{R^2+X^2}=\frac{U}{I} \qquad (2.3-50)$$

$|Z|$、R、X 三者之间构成直角三角形勾股定理关系。

阻抗的幅角 φ_Z 为

$$\varphi_Z=\arctan\frac{X}{R}=\arctan\frac{X_L-X_C}{R}=\varphi_u-\varphi_i \qquad (2.3-51)$$

① 当 $X_L>X_C$ 时，$X>0$，$\varphi_Z>0$，表示端电压 $\dot{U}$ 超前端电流 $\dot{I}$ 一个角度，此时感抗的效应大于容抗，电路呈感性。

② 当 $X_L<X_C$ 时，$X<0$，$\varphi_Z<0$，表示端电压 $\dot{U}$ 滞后端电流 $\dot{I}$ 一个角度，此时容抗的效应大于感抗，电路呈容性。

③ 当 $X_L=X_C$ 时，$X=0$，$\varphi_Z=0$，表示端电压 $\dot{U}$ 与端电流 $\dot{I}$ 同相，此时感抗的效应与容抗的效应相互抵消，电路呈阻性。

如果已知二端电路的阻抗 $Z=R+jX$，该二端电路可等效为一个电阻 R 和一个电抗 X 串联的电路模型。如果 $X>0$，则可等效为一个电阻和一个感抗串联；如果 $X<0$，则等效为一个电阻和一个容抗串联。

2）相量图

在分析较简单的正弦交流电路时，先定性画出电路中各电压、电流的相量图，便于建立各电压或各电流之间的模值关系。

对于 R、L、C 串联电路，画相量图的基本步骤是：

（1）以电流为基准相量，即设电流的初相为零画出电流相量（若已知电流的初相，也可按初相值的大小值画出）。

（2）根据各元件不同的压流相位关系，按量值比例画出各分电压相量。

（3）将各分电压相量合成为总电压相量。

如图 2.3－21 所示为三种不同情况下 R、L、C 串联电路的相量图。从相量图可以看出，$\dot{U}_L$ 与 $\dot{U}_C$ 总是反相，它们的大小决定了总电压超前或是滞后于总电流。因此，前面通过阻抗的虚部或幅角判断出的电路性质，也可由这两个电压的大小来决定。显然：若 $U_L>U_C$，电路呈感性；若 $U_L<U_C$，电路呈容性；若 $U_L=U_C$，电路呈阻性。

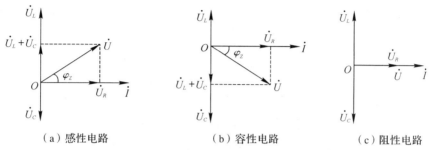

（a）感性电路　　　　　（b）容性电路　　　　　（c）阻性电路

图 2.3－21　RLC 串联电路相量图

在如图 2.3－21 所示的串联电路相量图中，电路的总电压与各元件上分电压构成一个直角三角形，称为电压三角形，如图 2.3－22(a) 所示。总电压 U 为三角形的斜边，两个直角边分别为电阻两端电压 U_R 和电感与电容两端电压的差值 U_L-U_C。

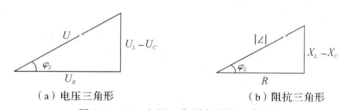

（a）电压三角形　　　　　（b）阻抗三角形

图 2.3－22　电压三角形与阻抗三角形

在电压三角形中，根据勾股定理可以得出：总电压与各元件上电压的量值关系为

$$\begin{cases} U=\sqrt{U_R^2+(U_L-U_C)^2} \\ \varphi_Z=\arctan\dfrac{U_L-U_C}{U_R} \end{cases} \quad (2.3-52)$$

可见，端电压的有效值与各分电压的有效值之间遵循勾股定理的关系。若将式(2.3－52)中各量的有效值均换成振幅值，该关系仍然成立。

将如图 2.3－22(a) 所示电压三角形每边同除以端电流的有效值 I，即得到一个与电压三角形相似的阻抗三角形，如图 2.3－22(b) 所示。阻抗三角形的斜边为总阻抗模值 $|Z|$，两个直角边分别为电阻 R 和电抗 X。$|Z|$ 与 R 边的夹角为阻抗角 φ_Z，就是电压与电流的相位差。

根据阻抗三角形也可得到以下关系式：

$$|Z|=\sqrt{R^2+X^2}=\sqrt{R^2+(X_L-X_C)^2}$$

$$\varphi_Z=\arctan\frac{X_L-X_C}{R}$$

$$R=|Z|\cos\varphi_Z,\ X=|Z|\sin\varphi_Z$$

由以上分析可以看出，分析正弦交流电路的方法一是可采用相量法，建立电路的相量模型，根据电路的相量特性计算出电压、电流的相量，再对应出它们的瞬时值表达式。二是采用相量图法，定性画出电路的相量图，根据相量图计算电压间或电流间的模值关系以及相对的相位关系。

在具体运用时，要根据已知条件和待求变量选择合适的分析方法，常常将两种方法结合运用。

【例 2.3 - 7】 电路如图 2.3 - 23(a)、(b)所示，分别求两电路的阻抗和阻抗模值，并判定电路的性质。

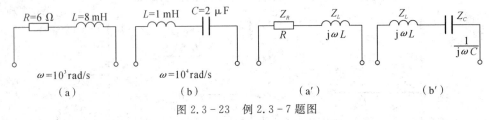

图 2.3 - 23 例 2.3 - 7 题图

解 图 2.3 - 23(a)计算各元件的阻抗 $Z_R = R = 6\ \Omega$，$Z_L = j\omega L = j10^3 \times 8 \times 10^{-3} = j8\ \Omega$，画出其电路相量模型如图 2.3 - 23(a')所示，有

$$Z = Z_R + Z_L = 6 + j8(\Omega), \quad |Z| = \sqrt{R^2 + X_L^2} = \sqrt{6^2 + 8^2} = 10(\Omega) \quad \text{（阻抗模）}$$

阻抗虚部大于零，即 $\varphi_Z > 0$，电路呈感性。

图 2.3 - 23(b) 计算各元件的阻抗 $Z_L = j\omega L = j10\ (\Omega)$，$Z_C = \dfrac{1}{j\omega C} = -j50\ (\Omega)$，画出其电路的相量模型如图 2.3 - 23(b')所示。有

$$Z = Z_L + Z_C = j10 - j50 = -j40(\Omega), \quad |Z| = \sqrt{R^2 + X^2} = \sqrt{0^2 + (-40)^2} = 40(\Omega)$$

阻抗为负纯虚数，即 $\varphi_Z < 0$，电路呈容性。

【例 2.3 - 8】 在如图 2.3 - 24(a)所示的电路中，已知电源电压 $u_s = 220\sqrt{2}\sin(314t - 30°)$(V)，$R = 30\ \Omega$，$L = 445\ \text{mH}$，$C = 32\ \mu\text{F}$。

(1) 计算电路的总阻抗并说明电路的性质；

(2) 计算 i、u_R、u_L、u_C 并画出相量图。

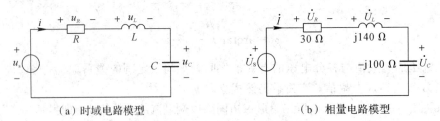

（a）时域电路模型   （b）相量电路模型

图 2.3 - 24 例 2.3 - 8 题图

解 建立相量电路模型如图 2.3 - 24(b)所示。其中，

$$\dot{U}_s = 220\angle{-30°}\ (\text{V}), \quad Z_R = R = 30\ (\Omega)$$
$$Z_L = j\omega L = j314 \times 445 \times 10^{-3} = j140\ (\Omega)$$
$$Z_C = \frac{1}{j\omega C} = \frac{1}{j314 \times 32 \times 10^{-6}} = -j100\ (\Omega)$$

(1) 由图 2.3 - 24(b)可知电路的总阻抗为

$$Z = Z_R + Z_L + Z_C = 30 + j140 - j100 = 30 + j40 = 50\angle 53°(\Omega)$$
$$\varphi_Z = 53° > 0$$

电路呈感性。

（2）由图 2.3 - 24(b)可知：

$$\dot{I} = \frac{\dot{U}_s}{Z} = \frac{220\angle -30°}{50\angle 53°} = 4.4\angle -83° \text{(A)}$$

$$\dot{U}_R = \dot{I}Z_R = 4.4\angle -83° \times 30 = 132\angle -83° \text{(V)}$$

$$\dot{U}_L = \dot{I}Z_L = 4.4\angle -83° \times j140 = 616\angle 7° \text{(V)}$$

$$\dot{U}_C = \dot{I}Z_C = 4.4\angle -83° \times (-j100) = 440\angle -173° \text{(V)}$$

对应的函数式为

$$i(t) = 4.4\sqrt{2}\sin(314t - 83°) \text{(A)}$$

$$u_R(t) = 132\sqrt{2}\sin(314t - 83°) \text{(V)}$$

$$u_L(t) = 616\sqrt{2}\sin(314t + 73°) \text{(V)}$$

$$u_C(t) = 440\sqrt{2}\sin(314t - 173°) \text{(V)}$$

相量图如图 2.3 - 25 所示。

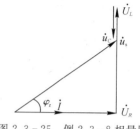

图 2.3 - 25　例 2.3 - 8 相量图

4. R、L、C 并联电路

如图 2.3 - 26(a)所示为 RLC 并联电路，图 2.3 - 26(b)为其相量模型，下面以相量法对图 2.3 - 26(b)进行分析。

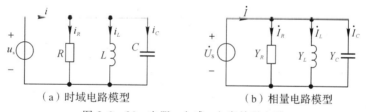

（a）时域电路模型　　　　　（b）相量电路模型

图 2.3 - 26　电阻、电感、电容并联电路

1）电路特性

（1）电压关系。根据 KVL 的相量形式，电路中电压相量处处相等。即

$$\dot{U} = \dot{I}_R Z_R = \dot{I}_L Z_L = \dot{I}_C Z_C \qquad (2.3 - 53)$$

（2）电流关系。根据 KCL 的相量形式，有

$$\dot{I} = \dot{I}_R + \dot{I}_L + \dot{I}_C \qquad (2.3 - 54)$$

（3）阻抗关系。将式(2.3 - 54)两边同时除以电压 $\dot{U}_s$，总导纳为

$$Y = Y_R + Y_L + Y_C = \frac{1}{Z_R} + \frac{1}{Z_L} + \frac{1}{Z_C} = \frac{1}{R} + \frac{1}{j\omega L} + j\omega C \qquad (2.3 - 55)$$

式(2.3 - 55)说明在并联正弦电路中，总导纳等于各元件导纳之和，或总阻抗的倒数等于各支路阻抗的倒数之和。

式(2.3 - 55)可以写为

$$Y = \frac{1}{R} + \frac{1}{j\omega L} + j\omega C = G + j(B_C - B_L) = G + jB \qquad (2.3 - 56)$$

由式(2.3 - 56)可以看出：导纳的实部 G 表示并联电路中的等效电导 G。导纳的虚部 B 表示并联电路中的等效电纳 $B = B_C - B_L$。

导纳的模 $|Y|$ 与 G、B 的关系是

$$|Y| = \sqrt{G^2 + B^2} \tag{2.3-57}$$

即 $|Y|$、G、B 三者之间构成直角三角形勾股定理关系。

导纳角 φ_Y 与 G、B 的关系是

$$\varphi_Y = \arctan \frac{B}{G} = \arctan \frac{B_C - B_L}{G} = \varphi_i - \varphi_u$$

① 当 $B_C > B_L$ 时，$B > 0$，$\varphi_Y > 0$，表示总电流超前总电压一个角度，电路呈容性。

② 当 $B_C < B_L$ 时，$B < 0$，$\varphi_Y < 0$，表示总电流滞后总电压一个角度，电路呈感性。

③ 当 $B_L = B_C$ 时，$B = 0$，$\varphi_Y = 0$，表示总电压与总电流同相，电路呈阻性。

如果已知二端电路的导纳 $Y = G + jB$，该电路就可以等效为一个电导 G 和一个电纳 B 并联的电路模型。如果 $B > 0$，则等效为一个电阻和一个电容并联；如果 $B < 0$，则等效为一个电阻和一个电感并联。

2）相量图

RLC 并联电路也可用相量图法进行分析。由于并联电路中各元件的电压相同，画相量图时应以电压为基准相量。

如图 2.3-27 所示为三种不同情况下 R、L、C 并联电路的相量图。

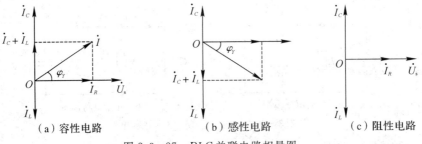

（a）容性电路　　　　　（b）感性电路　　　　　（c）阻性电路

图 2.3-27　RLC 并联电路相量图

由如图 2.3-27 所示相量图可以看出，$\dot{I}_L$ 与 $\dot{I}_C$ 总是反相，它们的大小决定了 $\dot{I}$ 是超前或是滞后于电压 $\dot{U}_s$。在并联电路的相量图中存在一个电流直角三角形和一个导纳直角三角形，如图 2.3-28 所示。

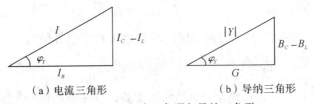

（a）电流三角形　　　　　（b）导纳三角形

图 2.3-28　电流三角形与导纳三角形

在电流三角形中，有

$$\begin{cases} I = \sqrt{I_R^2 + (I_C - I_L)^2} \\ \varphi_Y = \arctan \dfrac{I_C - I_L}{I_R} \end{cases} \tag{2.3-58}$$

可见，总电流的有效值与支路电流的有效值之间遵循勾股定理的关系。

在已知电流有效值 I 和相位差 φ_Y 时，可由直角三角形关系得到

$$\begin{cases} I_R = I\cos\varphi_Y \\ I_C - I_L = I\sin\varphi_Y \end{cases} \qquad (2.3-59)$$

根据导纳三角形也可得到以下关系式：

$$Y = \sqrt{\left(\frac{1}{R}\right)^2 + \left(\frac{1}{X_C} - \frac{1}{X_L}\right)^2} = \sqrt{G^2 + B^2}, \quad \varphi_Y = \arctan\frac{B}{G},$$

$$G = |Y|\cos\varphi_Y, \quad B = |Y|\sin\varphi_Y$$

【例 2.3 - 9】 在 RLC 并联电路中，已知电源电压 $u = 120\sqrt{2}\sin(314t + 20°)$ (V)，电阻 $R = 6\ \Omega$，$X_L = 4\ \Omega$，$X_C = 8\ \Omega$。求电路的总阻抗、总电流及各支路电流的瞬时值，并画出电路的相量图。

解 电源电压相量为

$$\dot{U} = 120\angle 20° \text{ (V)}$$

$$Y = \frac{1}{R} + \frac{1}{jX_L} + jX_C = \frac{1}{6} + \frac{1}{j4} + j\frac{1}{8} = \frac{1}{6} - j\frac{1}{8} = 0.21\angle -37° \text{(S)}$$

总阻抗为

$$Z = \frac{1}{Y} = \frac{1}{0.21\angle -37°} = 4.8\angle 37° \text{(}\Omega\text{)}$$

总电流相量为

$$\dot{I} = \dot{U}Y = 120\angle 20° \times 0.21\angle -37° = 25\angle -17° \text{(A)}$$

各支路电流相量分别为

$$\dot{I}_R = \dot{U}Y_R = 20\angle 20° \text{(A)}$$

$$\dot{I}_L = \dot{U}Y_L = 30\angle -70° \text{(A)}$$

$$\dot{I}_C = \dot{U}Y_C = 15\angle 110° \text{(A)}$$

各电流的瞬时值表达式为

$$i(t) = 25\sqrt{2}\sin(314t - 17°) \text{(A)}$$

$$i_R(t) = 20\sqrt{2}\sin(314t + 20°) \text{(A)}$$

$$i_L(t) = 30\sqrt{2}\sin(314t - 70°) \text{(A)}$$

$$i_C(t) = 25\sqrt{2}\sin(314t + 110°) \text{(A)}$$

相量图如图 2.3 - 29 所示。

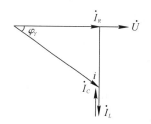

图 2.3 - 29 例 2.3 - 9 相量图

2.3.5 交流电路的功率

1. 瞬时功率

设二端网络的端口电压和端口电流分别为

$$u = \sqrt{2}U\sin(\omega t + \varphi_u)$$

$$i = \sqrt{2}I\sin(\omega t + \varphi_i)$$

有

$$p = ui = \sqrt{2}U\sin(\omega t + \varphi_u)\sqrt{2}I\sin(\omega t + \varphi_i)$$
$$= 2UI\sin(\omega t + \varphi_u)\sin(\omega t + \varphi_i)$$
$$= UI\cos(\varphi_u - \varphi_i) - UI\cos(2\omega t + \varphi_u + \varphi_i)$$
$$= UI\cos\varphi_Z - UI\cos(2\omega t + \varphi_u + \varphi_i) \tag{2.3-60}$$

瞬时功率的波形如图 2.3-30 所示，瞬时功率仍按正弦规律变化，它的变化频率是电压电流变化频率的两倍。瞬时功率为正，表示电源供给电路能量，瞬时功率为负，表示电路向电源回馈能量，因此电路与电源之间存在能量交换。

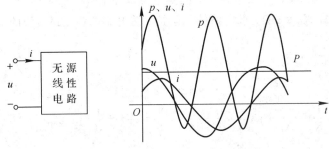

图 2.3-30 无源二端电路的功率曲线

2. 平均功率

平均功率为瞬时功率在一个周期内的平均值，用 P 表示，有

$$P = \frac{1}{T}\int_0^T p\mathrm{d}t = \frac{1}{T}\int_0^T [UI\cos\varphi_Z - UI\cos(2\omega t + \varphi_u + \varphi_i)]\mathrm{d}t = UI\cos\varphi_Z \tag{2.3-61}$$

在 RLC 串联电路中，由如图 2.3-22(a)所示电压三角形可以看出，$U_R = U\cos\varphi_Z$，代入式(2.3-61)中，得

$$P = UI\cos\varphi_Z = U_R I = I^2 R = \frac{U_R^2}{R} \tag{2.3-62}$$

在 RLC 并联电路中，由如图 2.3-28(a)所示电流三角形可以看出，$I_R = I\cos\varphi_Z$，代入式(2.3-61)中，得

$$P = UI\cos\varphi_Z = UI_R = I_R^2 R = \frac{U^2}{R} \tag{2.3-63}$$

式(2.3-62)和式(2.3-63)说明，无源二端电路的平均功率就是电路中的等效电阻 R 消耗的功率，或者是网络内各电阻元件消耗功率之和，因此平均功率也称为有功功率。它的大小只与 UI 及 φ_Z 的大小有关，而与 φ_Z 的正负(及电路性质)无关。

$\cos\varphi_Z$ 称为功率因素，用 λ 表示。阻抗角 φ_Z 也称为功率因素角。当电路为阻性时，$\varphi_Z = 0$，$\cos\varphi_Z = 1$，此时电路吸收的功率 $P = UI$。当电路由纯电抗元件构成时，$\varphi_Z = \pm 90°$，$\cos\varphi_Z = 0$，此时电路吸收的功率 $P = 0$，说明电抗元件不消耗功率。

3. 无功功率

电抗元件虽然不消耗功率，但它们与电源之间(或相互之间)时刻进行着能量交换，无功功率用来衡量这种能量交换的规模，用 Q 表示。

将(2.3-60)改写为

$$p = UI\cos\varphi_Z - UI\cos(2\omega t + \varphi_u + \varphi_i)$$
$$= UI\cos\varphi_Z - UI\cos[2(\omega t + \varphi_i) + \varphi_Z]$$
$$= UI\cos\varphi_Z[1 - \cos2(\omega t + \varphi_i)] + UI\sin\varphi_Z\sin2(\omega t + \varphi_i)$$
$$= P[1 - \cos2(\omega t + \varphi_i)] + Q\sin2(\omega t + \varphi_i)$$

式中，

$$Q = UI\sin\varphi_Z \qquad (2.3-64)$$

Q 反映了电路储能元件与外界交换能量的大小，单位为乏(var)。由于电感的电压超前电流 $90°$，电容的电压滞后电流 $90°$，因此，感性无功功率与容性无功功率可以相互补偿。

对于 RLC 串联电路，由如图 2.3-22(a)所示电压三角形可得

$$U_L - U_C = U\sin\varphi_Z$$

有

$$Q = UI\sin\varphi_Z = I(U_L - U_C) = I^2(X_L - X_C) = Q_L + Q_C$$

对于 RLC 并联电路，由如图 2.3-28(a)所示电流三角形可得

$$I_L - I_C = I\sin\varphi_Z$$
$$Q = UI\sin\varphi_Z = U(I_L - I_C) = Q_L + Q_C$$

(1) 如果无功功率 $Q>0$，φ_Z 为正值，电路呈感性。

(2) 如果无功功率 $Q<0$，φ_Z 为负值，电路呈容性。

(3) 如果无功功率 $Q=0$，φ_Z 为零值，电路呈阻性。

4. 视在功率

无源二端电路端口电压与端口电流有效值的乘积称为视在功率，用 S 表示，有

$$S = UI \qquad (2.3-65)$$

视在功率的单位为伏安(V·A)，视在功率通常用来表示电气设备的容量。

平均功率、无功功率和视在功率之间有下列关系：

$$\begin{cases} S = \sqrt{P^2 + Q^2} \\ P = UI\cos\varphi_Z \\ Q = UI\sin\varphi_Z \end{cases} \qquad (2.3-66)$$

【例 2.3-10】　求例 2.3-8 所示电路的视在功率 S、有功功率 P 和无功功率 Q。

解　已知 $\dot{U}_s = 220\angle-30° \text{ V}$，$\dot{I} = 4.4\angle-83° \text{ A}$，$\varphi_Z = \varphi_u - \varphi_i = 53°$

视在功率

$$S = UI = 220 \times 4.4 = 968(\text{V}\cdot\text{A})$$

有功功率

$$P = UI\cos\theta = 968 \times \cos53° = 581(\text{W})$$

无功功率

$$Q = UI\sin\theta = 968 \times \sin53° = 774(\text{var})$$

5. 功率因数的提高

功率因数定义为电气设备的有功功率 P 与视在功率 S 的比值，用符号 λ 表示，即

$$\lambda = \frac{P}{S} = \cos\varphi_Z \qquad (2.3-67)$$

功率因数说明了有功功率占视在功率的百分比。φ_Z 称为功率因数角，即为阻抗的幅角，也是二端电路端口电压和电流的相位差。

功率因数的大小反映了电源视在功率的利用程度，为了充分利用电气设备的容量，就要尽量提高功率因数。

例如：一台容量为 75 000 kV·A 的发电机，若负载的功率因数 λ 分别为 1、0.9、0.8 和 0.7 时，则此发电机能够输出的有功功率 P 分别为 $P_1 = 75\,000$ kW、$P_{0.9} = 75\,000 \times 0.9 = 67\,500$ kW、$P_{0.8} = 75\,000 \times 0.8 = 60\,000$ kW、$P_{0.7} = 75\,000 \times 0.7 = 52\,500$ kW。显然，功率因数 λ 越小，发电机的容量就被利用得越少。

此外，提高功率因数还能减少线路损耗，提高输电效率。这是由于在负载有功功率 P 和电压 U 一定时，功率因数越大，输电线中的电流就越小，消耗在输电线上的功率也就越小，因此提高功率因数有很大的经济价值。

提高功率因数的主要思路是减小功率因数角，常用办法是在负载两端并联一个与负载性质相反的储能元件。例如日光灯负载，由灯管和镇流器串联组成，呈感性，它本身需要的有功功率和负载的阻抗角是不能改变的。但如果在日光灯负载两端并联一个电容器，则只要电容量选择适当，就可以大大减小功率因数角，从而提高功率因数。日光灯电路图及相量图如图 2.3-31 所示。这种提高功率因数的方法实质是增强电路内部电容、电感元件间的能量交换，减少负载与电源间能量的交换，使总的无功功率减少。

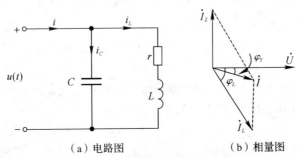

（a）电路图　　　　（b）相量图

图 2.3-31　日光灯电路提高功率因数的方法

2.3.6　三相正弦交流电路

三相交流电源是指三个频率相同、振幅相等、相位互差120°的正弦交流电源。用三相交流电源供电的电路，称为三相交流电路。与单相电路比较，三相正弦交流电路在发电、输电和用电等方面有以下显著优点：

（1）在体积相同的情况下，三相发电机比单相发电机输出功率大。

（2）在输电距离、输出电压、输送功率和线路损耗相同的条件下，三相输电比单相输电大约可节省 25% 的有色金属。

（3）单相电路的瞬时功率随时间交变，而三相对称电路的瞬时功率是恒定的，这样就使得三相电动机具有恒定转矩，比单相电动机的性能好、且结构简单和便于维护等。

因此，世界各国的电力供电系统几乎都采用三相电路供电。

1. 三相交流电源

三相交流电是由三相交流发电机产生的，在发电机中有三个相同的绕组（即线圈）。三个绕组的正极性端称为首端，分别用 A、B、C 表示(或 U、V、W 或 L_1、L_2、L_3 表示)，负极性端称为尾端，分别用 x、y、z 表示，Ax、By、Cz 三个绕组分别称为 A 相、B 相和 C 相绕组，它们满足频率相同、振幅相等、相位彼此相差 $120°$，这样的一组电源，称为对称三相电源。

按照 A、B、C 的顺序，以 A 相交流电压 u_A 作为参考正弦量，则 B 相电压 u_B 滞后 u_A $120°$，C 相电压 u_C 滞后 u_B $120°$ 或超前 $u_A 120°$，它们的函数式为

$$\begin{cases} u_A(t)=U_{\max}\cos\omega t \\ u_B(t)=U_{\max}\cos(\omega t-120°) \\ u_C(t)=U_{\max}\cos(\omega t+120°) \end{cases}$$

它们对应的相量为

$$\begin{cases} \dot{U}_A=U\angle 0° \\ \dot{U}_B=U\angle -120° \\ \dot{U}_C=U\angle 120° \end{cases} \qquad (2.3-68)$$

三相交流电的波形图和相量图如图 2.3-32 所示。

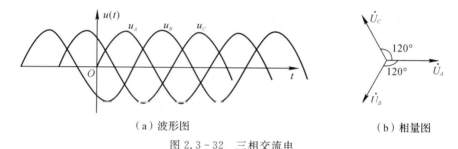

（a）波形图　　　　　　（b）相量图

图 2.3-32　三相交流电

从如图 2.3-32 所示波形图和相量图可以看出：任何瞬间对称三相电源电压的代数和为零，即

$$u_A(t)+u_B(t)+u_C(t)=0$$

用相量表示为

$$\dot{U}_A+\dot{U}_B+\dot{U}_C=0 \qquad (2.3-69)$$

三相电源中，各电源经过同一值(如最大值)的先后次序称为相序，如图 2.3-32 所示的三相电压的相序为 $A-B-C$。一般在发电厂、变电所、配电室内的供电线和配电线上，用颜色来表示各相，我国通用的颜色是：黄色表示 A 相，绿色表示 B 相，红色表示 C 相。

2. 三相电源的连接

1) 星形(Y 形)连接

将三相电源的三个尾端(x、y、z)连接起来形成一个公共点 O，三个首端(A、B、C)作为电源的输出端，这种连接方式称为星形连接。如图 2.3-33(a)所示。O 点称为三相电源的中点，O 点引出的导线称为中线或零线，在低压配电系统中，中线通常接地，也称为地线。从三相电源的三个首端(A、B、C)引出的供电线称为相线、端线或火线。

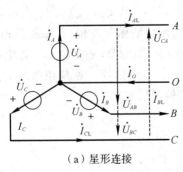

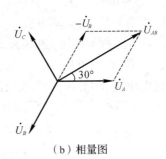

（a）星形连接　　　　　　　　　（b）相量图

图 2.3 - 33　三相电源的星形连接

在图 2.3 - 33(a)中，各相电源或负载两端的电压，即相线到中线间的电压，称为相电压，表示为 $\dot{U}_A$、$\dot{U}_B$ 和 $\dot{U}_C$，其有效值用 U_P 表示。按照相序，每两根相线间的电压称为线电压，表示为 $\dot{U}_{AB}$、$\dot{U}_{BC}$ 和 $\dot{U}_{CA}$，其有效值用 U_L 表示。相、线电压间的关系为

$$\dot{U}_{AB}=\dot{U}_A-\dot{U}_B, \quad \dot{U}_{BC}=\dot{U}_B-\dot{U}_C, \quad \dot{U}_{CA}=\dot{U}_C-\dot{U}_A$$

由如图 2.3 - 33(b)所示的相量图可以得出

$$\begin{cases} \dot{U}_{AB}=\sqrt{3}U_P\angle 30° \\ \dot{U}_{BC}=\sqrt{3}U_P\angle -90° \\ \dot{U}_{CA}=\sqrt{3}U_P\angle -210° \end{cases} \qquad (2.3-70)$$

可以看出，各线电压的有效值是相电压有效值的 $\sqrt{3}$ 倍，即 $U_L=\sqrt{3}U_P$，每个线电压都超前相应的相电压 30°。

在三相制中，把通过端线的电流称为线电流，表示为 $\dot{I}_{AL}$、$\dot{I}_{BL}$ 和 $\dot{I}_{CL}$，参考方向由电源指向负载。而通过各绕组或负载的电流称为相电流，表示为 $\dot{I}_A$、$\dot{I}_B$ 和 $\dot{I}_C$，参考方向由尾端指向首端，从图 2.3 - 33(a)中可以看出，星形连接时，相、线电流是同一个电流，即 $I_L=I_P$。由 KCL，有

$$\dot{I}_O=\dot{I}_A+\dot{I}_B+\dot{I}_C \qquad (2.3-71)$$

即中线上的电流相量为各相电流的相量和。

在实际的低压配电线路上，火线与地线间的电压为相电压，$U_P=220$ V；而火线与火线间的电压为线电压，$U_L=\sqrt{3}U_P=380$ V。

2）三角形连接

将三相电源的三个绕组按相序首尾相连接成三角形，并从 A、B、C 三端引出三根连接线，这种连接方式称为三角形连接，如图 2.3 - 34(a)所示。从图中可以看出，三角形连接时只有三根火线，没有中线。

对于对称的三角形连接，各相电压也是对称的，回路内的电压相量代数和为 0，有

$$\dot{U}_A+\dot{U}_B+\dot{U}_C=0 \qquad (2.3-72)$$

如图 2.3 - 34(b)所示的相量图也可说明这一特点。因此，三相交流电作三角形连接时，回

路内不会有环电流。

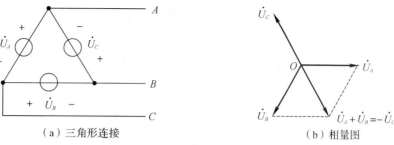

（a）三角形连接　　　　　　　　（b）相量图

图 2.3 − 34　三相电源的三角形连接

如果三相电源不对称或连接有错误，则回路内电压的相量和不为零，将产生环电流，从而可能损坏电源的绕组，造成事故，这是不允许的。在三角形连接中，因两根相线间的电压就是各相电源的电压，有 $U_L = U_P$。

3. 三相负载的连接

三相电路中，负载一般也是三相的，即由三个负载阻抗组成，每一个负载称为三相负载的一相。如果三个负载阻抗相同，则称为对称负载；否则称为不对称负载。三相负载也有星形（Y形）和三角形（△形）两种连接方式，如图 2.3 − 35 所示。

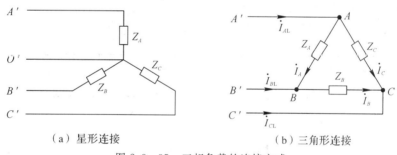

（a）星形连接　　　　　　　　　（b）三角形连接

图 2.3 − 35　三相负载的连接方式

由图 2.3 − 35（a）可知，对称三相负载连接成星形时，相、线电压的关系与三相电源作星形连接时相同。

由图 2.3 − 35（b）可知，对称三相负载连接成三角形时，每相电流不仅有效值相等，而且相位也是互差 120°，其相、线电流有以下关系：

$$I_L = \sqrt{3}\,I_P \tag{2.3 − 73}$$

由于三相电源和三相负载均有星形和三角形两种连接方式，因此当三相电源和三相负载通过供电线连接构成三相电路时，可形成如图 2.3 − 36 所示的四种连接方式。

对于如图 2.3 − 36（a）所示的 Y − Y 形连接电路而言，每相电源对每相负载单独供电，负载上得到的电压是每相电源的相电压，设 $Z_A = Z_B = Z_C = Z = |Z| \angle \varphi$，有

$$\dot{I}_{AL} = \dot{I}_{AP} = \frac{\dot{U}_A}{Z}, \quad \dot{I}_{BL} = \dot{I}_{BP} = \frac{\dot{U}_B}{Z}, \quad \dot{I}_{CL} = \dot{I}_{CP} = \frac{\dot{U}_C}{Z} \tag{2.3 − 74}$$

由于电源对称，负载平衡，因而三相负载上的电流也是对称的，满足同频率、同振幅、相位互差 120°。

中线上的电流为

$$\dot{I}_O = \dot{I}_A + \dot{I}_B + \dot{I}_C = 0 \qquad (2.3-75)$$

对于如图 2.3-36(d)所示的△-△形连接电路,同样构成每相电源对每相负载单独供电,负载上得到的电压是每相电源的相电压,有

$$\dot{I}_{AP} = \frac{\dot{U}_A}{Z}, \quad \dot{I}_{BP} = \frac{\dot{U}_B}{Z}, \quad \dot{I}_{CP} = \frac{\dot{U}_C}{Z} \qquad (2.3-76)$$

此时,线电流有效值与相电流有效值的关系为

$$I_L = \sqrt{3}\, I_P \qquad (2.3-77)$$

在如图 2.3-36(b)所示的 Y-△形连接电路中,加在负载上的电压是电源的线电压,如电源相电压是 220 V,则负载上的电压就为 380 V。

同理,在如图 2.3-36(c)所示的△-Y 形连接电路中,每相电源的相电压是两个负载上的电压相量和,根据对称性,如电源相电压是 220 V,则负载上的电压就为

$$U_Z = \frac{1}{\sqrt{3}} \times 220 = 127 (\text{V})$$

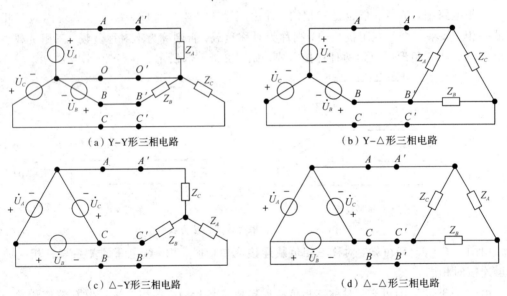

(a) Y-Y形三相电路　　　　　　　　　　(b) Y-△形三相电路

(c) △-Y形三相电路　　　　　　　　　　(d) △-△形三相电路

图 2.3-36　三相电路的四种连接方式

由此可知,三相电路采用不同的连接形式可以使负载得到不同大小的电压值,在实际应用中,我们就可以根据不同的负载灵活选用不同的连接形式。

另外,通常一个电源对外供电需用两根导线,三个电源需用六根导线,但在如图 2.3-36 所示的三相电路中,只需三根或四根导线即可,因此采用三相制供电方式可节省大量架线器材,这是三相制的一大优点。

由前面的分析可知,对于如图 2.3-36(a)所示的 Y-Y 形连接电路,在电源对称,负载平衡的条件下,中线上的电流为零,这时中线可以省去。在实际电路中,尽管可以比较均匀地分配负载,但不可能做到绝对平衡,因此,实际电路中的中线电流并不为零,也就不能省去。另外,中线的存在还可保证每相负载工作的独立性,在其中一相负载出现故障时,其余两相负载仍能不受影响,正常工作。这种供电系统也称为三相四线制系统,三相四线制中,开关和保险丝应接在火线上而不能接在中线上。

【例 2.3-11】　有一部对称三相发电机，每相绕组的相电压为 220 V，当负载分别为 380 V 的三相电动机和 220 V 的三相电炉时，发电机绕组应如何连接？

解　当负载为 380 V 的三相电动机时，要求负载端电压为 380 V，因为星形连接时，$U_L = \sqrt{3} U_P = 380$ V，故发电机绕组应接成星形，负载应接成三角形；当负载为 220 V 的三相电炉时，要求线电压为 220 V，由于三角形连接时 $U_L = U_P = 220$ V，故应采用 Y-Y 型或者 △-△ 型连接方式。

4. 三相电路的功率

在三相电路中的负载无论是星形连接还是三角形连接，负载消耗的总有功功率为

$$P = P_A + P_B + P_C = U_A I_A \cos \varphi_A + U_B I_B \cos \varphi_B + U_C I_C \cos \varphi_C \qquad (2.3-78)$$

式中，U_A、U_B、U_C 为各相相电压的有效值，I_A、I_B、I_C 为各相相电流的有效值，φ_A、φ_B、φ_C 为每相电压与电流的相位差，也是每相负载的阻抗角。若三相负载对称，则三相有功功率为

$$P = 3 U_P I_P \cos \varphi = \sqrt{3} U_L I_L \cos \varphi$$

式中，φ 为相电压 U_P 和相电流 I_P 之间的相位差，$\cos \varphi$ 为功率因数。

由于三相电路中，线电压和线电流比较容易测量，且三相设备铭牌上标注的也是线电压和线电流，因此常用线电压和线电流来计算功率。三相发电机、三相电动机铭牌上标称的有功功率，都是指三相总的有功功率。

三相电路总的无功功率也是各相无功功率之和，在对称三相电路中，有

$$Q = Q_A + Q_B + Q_C = U_A I_A \sin \varphi_A + U_B I_B \sin \varphi_B + U_C I_C \sin \varphi_C$$

$$= 3 U_P I_P \sin \varphi = \sqrt{3} U_L I_L \sin \varphi \qquad (2.3-79)$$

在对称三相电路中，总的视在功率为

$$S = \sqrt{P^2 + Q^2} = 3 U_P I_P = \sqrt{3} U_L I_L \qquad (2.3-80)$$

三相变压器铭牌上标称的视在功率，都是指总的视在功率。

由式 (2.3-78) 可以看出，三相电源或负载总的瞬时功率是一个不随时间变化的恒定值，它等于总的有功功率。因此，对称三相电路具有能量均衡传递的性能，三相电机运转时就不会像单相电机那样剧烈震动，这也是三相交流电的优点之一。

习　　题

2.1　判断题

2.1-1　两电路等效是指两电路完全相同。

2.1-2　实际电压源模型是指一个理想电压源和一个电阻并联的形式。

2.1-3　任何线性有源二端网络均可等效为一个实际电压源或实际电流源模型。

2.1-4　叠加定理可用于计算线性电路中的电压、电流、电位和功率。

2.1-5　任何线性有源二端网络均可等效为戴维南模型的形式。

2.1-6　一个电路对应的独立 KCL 方程数取决于电路的网孔数，独立 KVL 方程数取决于电路的节点数。

2.1-7　当电容元件两端的电压为零时，则通过此电容的电流就为零。

2.1-8　如果通过电感元件的电流为零，则此电感元件两端的电压不一定为零。

2.1-9　正弦交流电的有效值是 220 V，则它的振幅值为 380 V。

2.1-10　如果两同频正弦电压 u_1、u_2 的相位差为 180°，则说明 u_1 与 u_2 同相。

2.1-11　在任何情况下，两正弦交流电的相位差就是它们的初相差。

2.1-12　正弦交流电用相量表示可反映振幅和初相两个要素。

2.1-13　正弦交流电路中，压流关联时，电容电压超前电流 90°。

2.1-14　在正弦交流电路中，电容和电感元件的压流关系与频率无关。

2.1-15　感性电路是指电压超前电流 90° 的电路。

2.1-16　在 RLC 串联电路中，如果电抗为零，则感抗和容抗必定为零。

2.1-17　正弦交流电路中，如果总电压与总电流大小相等，则电路呈阻性。

2.1-18　从充分利用设备的角度考虑，应尽量提高功率因数。

2.1-19　在指标相同的情况下，单相电路比三相电路节省材料。

2.2　填空题

2.2-1　如果两个二端网络的端口压流关系完全相同，则这两个网络就相互_____。

2.2-2　和理想电压源并联的任何元件或网络对外电路而言都可以视为_____；和理想电流源并联的任何元件或网络对外电路而言都可以视为_____。

2.2-3　当实际电压源的内阻 $R_s \to 0$ 时，可将其看做_____；当实际电流源的内阻 $R_s \to \infty$ 时，可将其看做_____。

2.2-4　任何无源二端网络的最简等效形式是_____，任何有源二端网络的最简等效形式是_____。

2.2-5　叠加定理的内容是：线性电路中，所有独立电源同时作用在某一支路产生的电流或电压，等于_____时在该支路产生电流或电压的_____。

2.2-6　电压源置零应将其看做_____，电流源置零应将其看做_____。

2.2-7　戴维南定理的内容是：一个线性有源二端网络，对外电路而言，可以等效为一个理想电压源和电阻串联的形式，其中，电压源的电压 U_o 等于_____；串联电阻 R_0 等于_____。

2.2-8　电容元件具有通_____，隔_____的特性；电感元件具有通_____，阻_____的特性。

2.2-9　一般情况下，动态电路在换路瞬间，电容元件两端的_____不会跃变，通过电感元件的_____不会跃变。

2.2-10　在直流稳态电路中，电容可看做_____，电感可看做_____。

2.2-11　正弦交流电的三要素是指_____，_____和_____。

2.2-12　某正弦交流电压 $u(t)=5\sqrt{2}\cos(314t+60°)$ (V)，则它的振幅为_____，角频率为_____，频率为_____，有效值为_____，相位为_____，周期为_____，初相为_____。

2.2-13　已知正弦电压、电流相量的极坐标式 $\dot{U}=20\angle 60°$ (V)，$\dot{I}=2\angle 45°$ (A)，则将其转换成代数式的形式分别是：_____，_____。

2.2-14　已知正弦电压、电流 $\dot{U}=10-\mathrm{j}8$（V），$\dot{I}=3+\mathrm{j}4$（A），角频率为 ω，它们对应的瞬时值表示形式分别为：_____，_____。

2.2-15　某无源线性二端网络的复阻抗 $Z=3+\mathrm{j}4$（Ω），则其复导纳 $Y=$_____S。

2.2-16　某正弦稳态无源二端网络，其端口电压 $u(t)=10\cos(10t+45°)$（V），端口电流 $i(t)=2\cos(10t+35°)$（A）（u、i 关联），则该网络呈_____性。

2.2-17　电容元件和电感元件与外电路存在能量交换，用_____功率来衡量这种能量交换的程度。

2.2-18　对称三相正弦交流电源作星形连接时，相、线电压的关系是_____，相、线电流的关系是_____。

2.2-19　对称三相正弦交流电源作三角形连接时，相、线电压的关系是_____，相、线电流的关系是_____。

2.3　单项选择题

2.3-1　在以下电阻连接方式中，等效电阻最小的是（　　）。

A. 两个 1 Ω 串联　　B. 2 Ω 与 18 Ω 并联　　C. 2 Ω 与 3 Ω 串联　　D. 6 Ω 与 12 Ω 并联

2.3-2　如题 2.3-2 图所示分压器电路的 $U_i=60$ V，U_o 的调节范围为（　　）。

A. 20～40 V　　　　B. 40～60 V　　　　C. 0～20 V　　　　D. 0～40 V

2.3-3　试求如题 2.3-3 图所示电路中 a 点的电位 U_a 为（　　）。

A. -6 V　　　　B. -4 V　　　　C. 0　　　　D. 6 V

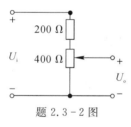
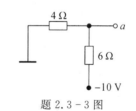

题 2.3-2 图　　　　　　　　　　题 2.3-3 图

2.3-4　电路如题 2.3-4 图所示，ab 端口电压 U 和电流 I 的关系式为（　　）。

A. $U=U_s+IR_s$

B. $U=U_s-IR_s$

C. $U=-U_s+IR_s$

D. $U=-U_s-IR_s$

2.3-5　如题 2.3-5 图所示电路中的电压 U 为（　　）。

A. 20 V　　　　B. 15 V　　　　C. 10 V　　　　D. 5 V

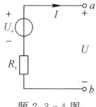
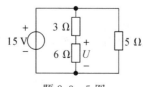

题 2.3-4 图　　　　　　　　　　题 2.3-5 图

2.3-6　动态电路暂态过程中，满足连续性的两个量是（　　）。

A. u_C 和 u_L

B. i_C 和 i_L

C. u_C 和 i_L

D. i_C 和 u_L

2.3－7 关于电容元件和电感元件的压流关系，u、i 关联时，下列关系式正确的是(   )。

A. $i_C = C \dfrac{\mathrm{d}u_C(t)}{\mathrm{d}t}$
B. $i_L = L \dfrac{\mathrm{d}u_L(t)}{\mathrm{d}t}$

C. $u_C = C i_C$
D. $u_L = L i_L$

2.3－8 如题 2.3－8 图所示电路的端口等效电容量 C_{ab} 分别为(   )。

A. 18 F,11 F
B. 4 F,1 F
C. 18 F,1 F
D. 4 F,11 F

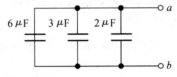

题 2.3－8 图

2.3－9 如题 2.3－9 图所示电路的端口等效电感量 L_{ab} 分别为(   )。

A. 27 H,20 mH
B. 27 H,5 mH
C. 3 H,5 mH
D. 3 H,20 mH

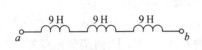
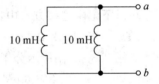

题 2.3－9 图

2.3－10 如题 2.3－10 图所示电路中，已知电流 $i(t) = 5t$ (A)($t \geqslant 0$)，则 $t \geqslant 0$ 时的电压 $u(t) = ($ $)$。

A. 5 V
B. $5t$ V
C. 10 V
D. $10t$ V

2.3－11 如题 2.3－11 图所示电路中，已知电压 $u(t) = 10t$ (V)($t \geqslant 0$)，则 $t \geqslant 0$ 时的电流 $i(t) = ($ $)$。

A. 10 μA
B. 20 μA
C. $10t$ μA
D. $20t$ μA

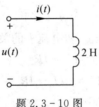
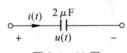

题 2.3－10 图   题 2.3－11 图

2.3－12 关于动态电路的时间常数，以下公式不正确的是(   )。

A. RC 电路：$\tau = R_0 C$
B. RL 电路：$\tau = \dfrac{L}{R_0}$

C. RC 电路：$\tau = G_0 C$
D. RL 电路：$\tau = G_0 L$

2.3－13 对于线性电阻元件而言，当正弦电压 u_R 与正弦电流 i_R 关联时，(   )。

A. u_R 超前 i_R 90°
B. i_R 超前 u_R 90°

C. u_R 与 i_R 同相
D. u_R 与 i_R 反相

2.3－14 电路如题 2.3－14 图所示，图中 O 点是正弦交流电路中的一个节点，下列关系式正确的是(   )。

A. $\dot{I}_1 - \dot{I}_2 + \dot{I}_3 = 0$
B. $I_1 - I_2 + I_3 = 0$
C. $I_{1max} - I_{2max} + I_{3max} = 0$

2.3-15   电路如题 2.3-15 图所示正弦交流电路的属性为(   )。

A. 阻性   B. 感性   C. 容性   D. 无法确定

2.3-16   电路如题 2.3-16 图所示正弦交流电路中,已知电源电压 $u_s(t) =$ $20\sqrt{2}\cos(2t+50°)$(mV),则电流 i 的有效值为(   )。

A. $10\sqrt{2}$ mA   B. 10 mA   C. 5 mA   D. 80 mA

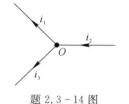
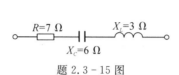
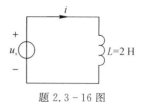

题 2.3-14 图   题 2.3-15 图   题 2.3-16 图

2.3-17   某电路的平均功率 P 为 80 W,视在功率 S 为 100 V·A,则功率因数 λ 为(   )。

A. 0.6   B. 1   C. 0.8   D. 0.2

2.3-18   一般供电系统的负载多为感性,为了提高功率因数,通常采用的办法是在感性负载两端并联(   )。

A. 电感器   B. 电阻器   C. 电容器

2.3-19   某三相电源的相电压为 220 V,如果每相负载的工作电压为 380 V,则电源需采用(   )连接方式。

A. 串联   B. 并联   C. 星形   D. 三角形

2.4   分析计算题

2.4-1   求如题 2.4-1 图所示电路的端口等效电阻 R_{ab}。

2.4-2   求如题 2.4-2 图所示电路的端口等效电阻 R_{ab}。

2.4-3   求如题 2.4-3 图所示电路的端口等效电阻 R_{ab}。

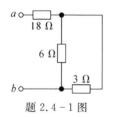
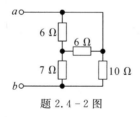
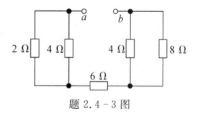

题 2.4-1 图   题 2.4-2 图   题 2.4-3 图

2.4-4   求如题 2.4-4 图示电路中的电流 I。

2.4-5   用电源互换法将如题 2.4-5 图所示各二端网络等效为最简形式。

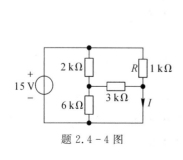
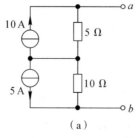
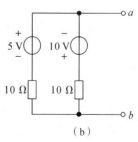

(a)   (b)

题 2.4-4 图   题 2.4-5 图

2.4-6 用端口压流法将如题 2.4-6 图示各二端网络等效为最简形式。

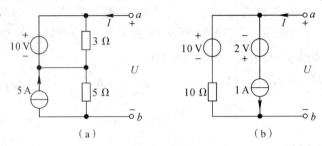

题 2.4-6 图

2.4-7 将如题 2.4-7 图所示二端网络等效为最简形式。

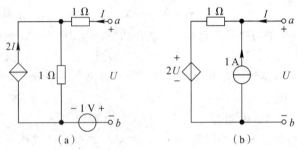

题 2.4-7 图

2.4-8 用叠加定理求如题 2.4-8 图所示电路中的电压 U、电流 I 及电阻 R 上消耗的功率。

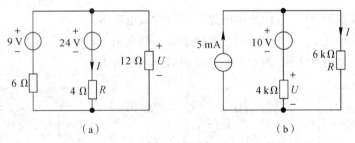

题 2.4-8 图

2.4-9 用戴维南定理化简如题 2.4-9 图所示二端网络。

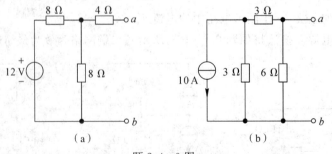

题 2.4-9 图

2.4-10 试用网孔电流法求如题 2.4-10 图所示电路中的电压 u。

2.4-11 试用网孔电流法求如题 2.4-11 图所示电路中的电流 I_1 和 I_2。

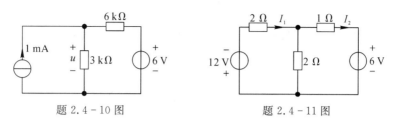

题 2.4 - 10 图　　　　　　　　　题 2.4 - 11 图

2.4 - 12　试用节点电压法求如题 2.4 - 12 图所示电路中的 U_a 和 U_b。

2.4 - 13　分别用网孔电流法和节点电压法求如题 2.4 - 13 图所示电路中的电流 I_x。

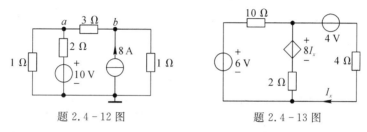

题 2.4 - 12 图　　　　　　　　　题 2.4 - 13 图

2.4 - 14　如题 2.4 - 14 图所示电路中，已知电容电压 $u_C(t) = 5t$ （V），求端口电流 $i(t)$。

2.4 - 15　如题 2.4 - 15 图所示局部电路中，已知电感电流 $i_L(t) = 3t^2$ (A)，求端口电流 $i(t)$。

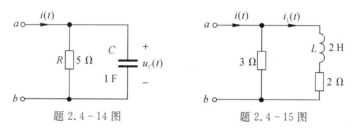

题 2.4 - 14 图　　　　　　　　　题 2.4 - 15 图

2.4 - 16　如题 2.4 - 16 图所示电路，设 $t<0$ 时电路稳定，$t=0$ 时换路(开关动作)，分别求出各图中所标电压、电流的 0^+ 值。

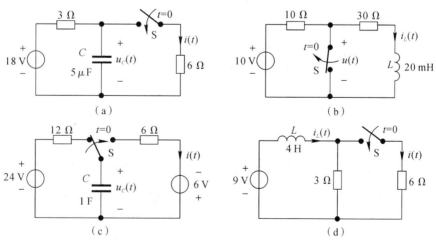

题 2.4 - 16 图

2.4 - 17　如题 2.4 - 17 图所示电路，设开关 S 断开前电路已处于稳态，$t=0$ 时开关 S

断开，求 $t \geqslant 0$ 时的电压 $u_C(t)$ 和电流 $i(t)$，并画出它们的波形图。

2.4-18　如题 2.4-18 图所示电路，已知开关 S 闭合前电路已处于稳态，开关 S 在 $t=t_1$ 时闭合，求 $t \geqslant t_1$ 时的电流 $i(t)$ 和电压 $u(t)$，并画出它们的波形图。

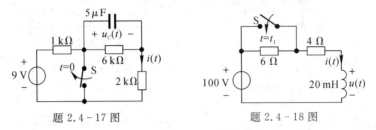

题 2.4-17 图　　　　　　题 2.4-18 图

2.4-19　已知两正弦电流 $i_1(t)=5\cos 10^3 t$ (A)，$i_2(t)=3\cos(10^3 t+60°)$ (A)，写出它们的相量式。

2.4-20　已知下列各组电压、电流均为同频率的正弦交流电，角频率为 ω，试分别写出它们的函数式，画出相量图，并判断各组电压、电流的相位关系。

(1) $\dot{U}_0=3+j4$ V，$\dot{I}_0=8-j6$ A；

(2) $\dot{U}_1=-3$ V，$\dot{I}_1=-3-j4$ A；

(3) $\dot{U}_2=-j6$ V，$\dot{I}_2=5\angle-30°$ A；

(4) $\dot{U}_3=-2\angle-30°$ V，$\dot{I}_3=j3$ A。

2.4-21　如题 2.4-21 图所示为正弦交流电压、电流的相量图，已知 $U=20$ V，$I=3$ mA，$\omega=10^3$ rad/s，写出此正弦电压、电流的函数式。

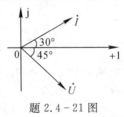

题 2.4-21 图

2.4-22　已知元件 A 为电阻、电感或电容，若其端电压和电流如下列情况所示，试确定 A 为何种元件，并求其参数。

(1) $u(t)=1600\cos(628t+20°)$ (V)，$i(t)=4\cos(628t-70°)$ (A)；

(2) $u(t)=250\cos(200t+50°)$ (V)，$i(t)=0.5\cos(200t+140°)$ (A)；

(3) $u(t)=3800\sin(400t+60°)$ (V)，$i(t)=4\cos(400t+60°)$ (A)。

2.4-23　在题 2.4-23 图(a)中，已知 $\dot{U}_1=2+j7$ (V)，$\dot{U}_2=1-j3$ (V)，求电压相量 $\dot{U}$；在题 2.4-23 图(b)中，已知 $\dot{I}=4\angle90°$ (A)，$\dot{I}_1=3-j$ (A)，求电流相量 $\dot{I}_2$。

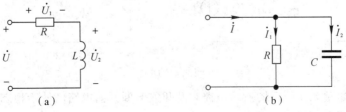

(a)　　　　　　(b)

题 2.4-23 图

2.4-24 画出下列阻抗对应的等效电路模型，判断电路端口电压、电流的相位关系。
(1) $Z=4\angle45°$（Ω）；(2) $Z=5-\mathrm{j}5$（Ω）；(3) $Z=3\angle90°$（Ω）。

2.4-25 电路如题 2.4-25 图所示，A 是电抗元件（L 或 C），已知 $u(t)=10\cos(2t+45°)$（V），$i(t)=5\sqrt{2}\cos2t$（A），试求元件 A 的参数值。

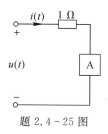

题 2.4-25 图

2.4-26 试计算如题 2.4-26 图所示电路端口的等效阻抗。

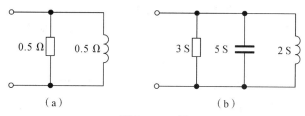

（a） （b）

题 2.4-26 图

2.4-27 如题 2.4-27 图所示正弦交流电路中，已知 $R=5$ Ω，$X_C=5$ Ω，$\dot{I}_R=1\angle0°$ A，求总电流 $\dot{I}$，并画出相量图。

2.4-28 电路如题 2.4-28 图所示，已知电流 $i_s(t)=10\sqrt{2}\cos10^3t$（A），$R=0.5$ Ω，$L=1$ mH，$C=2\times10^{-3}$ F，试求电压 u。

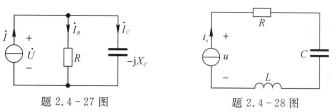

题 2.4-27 图 题 2.4-28 图

2.4-29 如题 2.4-29 图所示正弦交流电路的相量模型中，已知 $\dot{U}_s=20\angle0°$ V，求电流相量 $\dot{I}$。

2.4-30 如题 2.4-30 图所示电路中，已知电流相量 $\dot{I}=4\angle0°$ A，电压相量 $\dot{U}=80+\mathrm{j}120$ V，$\omega=10^3$ rad/s，求电容元件的电容量 C。

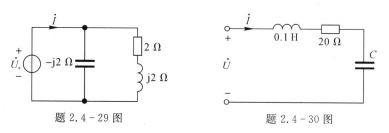

题 2.4-29 图 题 2.4-30 图

2.4-31 如题 2.4-31 图所示正弦稳态电路，$I=10$ A，$I_R=6$ A，求电流 I_C、I_R 与 I 的相位差。

2.4-32 正弦稳态电路如题 2.4-32 图所示，已知 $i_{s1}(t)=4\sqrt{2}\cos 2t$(A)，$i_{s2}(t)=\sqrt{2}\cos(2t-90°)$(A)，试用节点分析法求电压 $u_1(t)$。

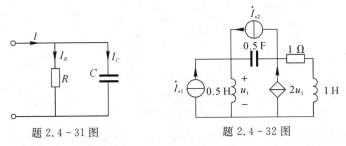

题 2.4-31 图　　　　　题 2.4-32 图

2.4-33 电路的相量模型如题 2.4-33 图所示，试用回路分析法求电流。

2.4-34 电路如题 2.4-34 图所示，$U=60$ V，电路吸收功率 $P=180$ W，功率因数 $\lambda=\cos\varphi=1$，求电流 I_C 和感抗 X_L。

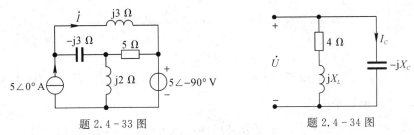

题 2.4-33 图　　　　　题 2.4-34 图

2.4-35 电路如题 2.4-35 图所示，试求 ab 右边无源单口电路的平均功率 P、功率因数 λ、无功功率 Q 和视在功率 S。

2.4-36 电路如题 2.4-36 图所示，若 $u(t)=2\sqrt{2}\cos(2t+30°)$(V)，$i(t)=10\sqrt{2}\cdot(2t-30°)$(A)，$R=2$ Ω，求：

（1）电阻 R 上消耗的平均功率；

（2）网络 N_0 吸收的有功功率和无功功率。

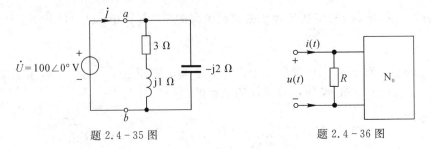

题 2.4-35 图　　　　　题 2.4-36 图

第三章 半导体器件

半导体器件是现代电子技术的重要组成部分，半导体二极管是由一个 PN 结构成的半导体器件，由于它具有体积小、重量轻、使用寿命长、输入功率小和功率转换效率高等优点，在工业上得到广泛应用。半导体三极管是一种有放大作用的半导体器件，被广泛应用于放大电路中。

3.1 半导体及 PN 结

多数现代电子器件是由性能介于导体与绝缘体之间的半导体材料制成的。半导体的导电性能介于导体与绝缘体之间。常用的半导体材料有：元素半导体，如硅（Si）、锗（Ge）等；化合物半导体，如砷化镓（GaAs）等；以及掺杂或制成其他化合物半导体材料，如硼（B）、磷（P）、铟（In）和锑（Sb）等。

3.1.1 本征半导体

1. 本征半导体

本征半导体是完全纯净的、结构完整的半导体晶体，晶体中的原子在空间形成排列整齐的点阵，称为晶格，如图 3.1-1(a)所示。当温度升高或受光照射时，价电子以热运动的形式不断地从外界获取能量，仅有少数价电子获得足够大的能量从而挣脱共价键的束缚，成为自由电子。与此同时，在共价键中留下一个空位置，称为空穴。在晶体中产生自由电子与空穴对的现象称为本征激发，如图 3.1-1(b)所示。

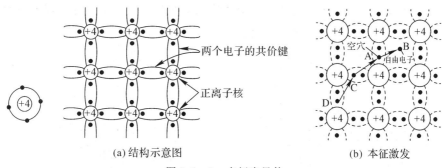

(a) 结构示意图　　　　(b) 本征激发

图 3.1-1　本征半导体

2. 两种载流子

原子外层价电子因获得能量而成为自由电子，自由电子带负电；同时，原子因失掉一个价电子带正电，或者说空穴带正电。运载电荷的粒子称之为载流子，本征半导体有两种载流子，即自由电子和空穴，自由电子电量与空穴电量相等。如图 3.1-1(b)所示，自由电子和空穴是成对出现的，所以称为自由电子与空穴对。然而，金属导体中只有一种载流子，即自由电子，这是二者的一个重要区别。

本征激发产生了自由电子和空穴对，在外加电场或其他激发方式的作用下，价电子就可填补到邻近的空位上，而在这个电子原来的位置上又留下新的空位，以后其他电子又可转移到这个新的空位。这样就使共价键中出现一定的电荷迁移。自由电子产生定向移动，形成电子电流；同时，价电子也按一定方向依次填补空穴，即空穴产生了定向移动，形成空穴电流；空穴的移动方向和电子移动的方向是相反的。但由于本征激发产生的自由电子与空穴对的数目很少，载流子浓度很低，因此本征半导体的导电能力仍然很弱。

在本征激发产生自由电子与空穴对的同时，自由电子在运动中因能量的损失有可能和空穴相遇，重新被共价键束缚起来，电子空穴成对消失，这种现象称为复合。在一定的温度下，本征激发和复合都在不停地进行，但最终将达到动态平衡。当环境温度升高时，本征激发增强，参与导电的载流子数量增多，必然使得导电性能增强；反之，若环境温度降低，则参与导电的载流子数量减少，因而导电性能变差。常温下（$T = 300$ K），纯净半导体中载流子的浓度较低，如本征硅半导体中，自由电子浓度 n_i（或空穴浓度 p_i）约为 1.48×10^{10} cm^{-3}。当温度升高到 $T = 400$ K 时，纯净硅晶体中的 n_i 可达到 7.8×10^{12} cm^{-3}，增加了 500 余倍。

综上所述，一方面本征半导体中载流子的浓度很低，故导电性能很差；另一方面载流子的浓度与环境温度有关，即其导电性能受环境温度影响。应用半导体材料对温度的敏感性可以制作热敏和光敏器件，同时，这也是造成半导体器件热稳定性差的原因。

3.1.2 杂质半导体

通过扩散工艺，在本征半导体中掺入微量合适的杂质，就会使半导体的导电性能发生显著改变，形成杂质半导体。根据掺入杂质的化合价不同，可分为 N 型半导体和 P 型半导体。

1. N 型半导体

在纯净的硅（或锗）晶体中掺入微量的 5 价元素，如磷、砷、锑等，就形成了 N 型半导体。杂质磷原子外层有 5 个价电子，其中 4 个价电子与相邻的硅原子形成 4 个共价键，多余的一个价电子将处于共价键之外。这个多余的价电子在常温下就很容易挣脱共价键的束缚而成为自由电子，而磷原子本身因失去电子变成带正电荷的离子，如图 3.1-2 所示。

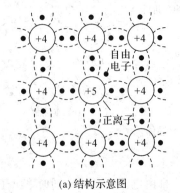

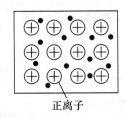

(a) 结构示意图　　　　　　(b) 正离子和多数载流子(不计本征激发)

图 3.1-2　N 型半导体

由于这种杂质原子可以提供自由电子，因此称为施主原子。通常，掺杂所产生的自由电子浓度远大于本征激发所产生的自由电子或空穴的浓度，所以杂质半导体的导电性能远超过本征半导体。在 N 型半导体中，自由电子浓度远大于空穴浓度，所以称自由电子为多数载流子(简称多子)，空穴为少数载流子(简称少子)。多子的浓度取决于所掺杂质的浓度，而少子是由本征激发产生的，因此少子的浓度与温度或光照密切相关。

2. P 型半导体

在纯净的硅(或锗)晶体中掺入微量的 3 价元素，如硼、铝、铟等，就形成了 P 型半导体。由于硼原子外层只有 3 个价电子，它与相邻的硅原子形成共价键时，因缺少一个电子而产生一个空位(即空穴)。在室温下它很容易吸引邻近硅原子的价电子来填补，于是杂质硼原子变为带负电荷的离子，而邻近硅原子的共价键中则出现了一个空穴，如图 3.1 - 3 所示。

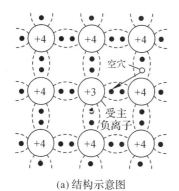
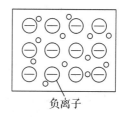

(a) 结构示意图　　　　　(b) 负离子和多数载流子(不计本征激发)

图 3.1 - 3　P 型半导体

由于这种杂质原子能吸收电子，因此称为受主原子。在 P 型半导体中，空穴是多子，而自由电子是少子。如果半导体中的同一区域既有施主杂质，又有受主杂质，则其导电类型(N 型还是 P 型)取决于浓度大的杂质。因此，若在 N 型半导体中掺入浓度更大的受主杂质，则可将其变为 P 型半导体，反之亦然。这种因杂质的相互作用而改变半导体类型的过程，称为杂质补偿，它在半导体器件的制造中得到了广泛的应用。

3.1.3　PN 结的形成

如果将 P 型半导体和 N 型半导体制作在同一块本征半导体基片上，在它们的交界面就会形成一层很薄的特殊导电层即 PN 结。PN 结是构成各种半导体器件的基础。

1. 多子的扩散运动

物质总是从浓度高的地方向浓度低的地方运动，这种由于浓度差而产生的运动称为扩散运动。由于 N 区的电子多空穴少，而 P 区则空穴多电子少，在 P 区和 N 区的交界面两侧就出现了浓度差，从而引起了多数载流子的扩散运动，如图 3.1 - 4(a)所示。N 区的电子向 P 区扩散，而 P 区的空穴也要向 N 区扩散。扩散到相反区域的载流子将被大量复合，在交界面附近载流子的浓度就会下降，仅留下不能移动的正离子和负离子，从而形成了一个很薄的空间电荷区，又称为耗尽层，如图 3.1 - 4(b)所示。

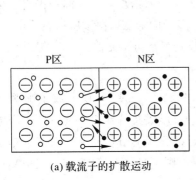
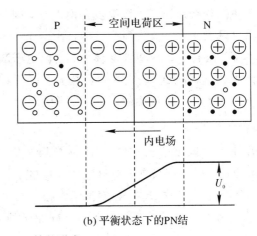

(a) 载流子的扩散运动　　　　　　　(b) 平衡状态下的PN结

图 3.1-4　PN 结的形成

2. 少子的漂移运动

空间电荷区出现的同时，也产生了一个由 N 区指向 P 区的内电场。显然，内电场将阻止多子的扩散，因此空间电荷区又称为势垒区或阻挡层。另外，在电场力的作用下，载流子的运动称为漂移运动。内电场将引起少数载流子的漂移运动，P 区的电子向 N 区运动，而 N 区的空穴向 P 区运动。

在无外电场或其他激发作用下，参与扩散运动的多子数目等于参与漂移运动的少子数目，从而扩散和漂移将达到动态平衡，空间电荷区的宽度基本保持不变，形成 PN 结。此时，扩散电流与漂移电流大小相等，方向相反，流过 PN 结的总电流为零。

3.1.4　PN 结的单向导电性

若在 PN 结两端外加电压，将破坏原来的平衡状态，PN 结中将有电流流过。而当外加电压极性不同时，PN 结表现出截然不同的导电性能，即单向导电性。

1. 正向导通

若 PN 结的 P 端接电源正极、N 端接电源负极，这种接法称为正向偏置，简称正偏，如图 3.1-5(a)所示。此时外电场方向和内电场方向相反，PN 结变窄，削弱了内电场，促进了多子的扩散运动，阻碍了少子的漂移运动。在电源的作用下，PN 结将流过较大的正向电流(主要为多子的扩散电流)，其方向由 P 区指向 N 区。此时 PN 结对外电路呈现较小的电阻，这种状态称为正向导通。

2. 反向截止

若 PN 结的 P 端接电源负极、N 端接电源正极，这种接法称为反向偏置，简称反偏，如图 3.1-5(b)所示。此时外电场方向和内电场方向一致，PN 结变宽，阻碍了多子的扩散运动，促进了少子的漂移运动，形成反向电流(主要为少子的漂移电流)，其方向由 N 区指向 P 区。此时 PN 结对外电路呈现较高的电阻，这种状态称为反向截止。

综上所述，PN 结正向导通、反向截止，这就是 PN 结的单向导电性。由于 PN 结是构成二极管的核心，因此它也决定了二极管的单向导电性。

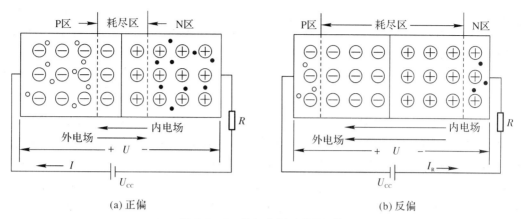

图 3.1-5　外加电压时的 PN 结

3.1.5　PN 结的伏安特性

加在 PN 结两端的电压和流过 PN 结的电流之间的关系曲线称为伏安特性曲线,如图 3.1-6 所示。$u>0$ 的部分称为正向特性,$u<0$ 的部分称为反向特性。伏安特性曲线直观形象地表示了 PN 结的单向导电性。

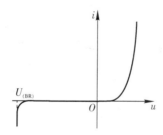

图 3.1-6　PN 结的伏安特性曲线

根据理论分析,PN 结的 $U-I$ 特性可表达为

$$i_D = I_s(e^{\frac{qu_D}{kT}}-1) = I_s(e^{\frac{u_D}{nU_T}}-1) \tag{3.1-1}$$

式中,I_s 为 PN 的反向饱和电流,e 为自然对数的底,U_T 为温度的电压当量,当 $T=300$ K 时,$U_T = \dfrac{kT}{q} = 26$ mV,k 为玻耳兹曼常数,T 为热力学温度,q 为电子电量,n 为发射系数,它与 PN 结的尺寸、材料及通过的电流有关,其值在 1~2 之间。

当 PN 结两端加正向电压时,电压 u_D 为正值,当 u_D 比 U_T 大几倍时,式(3.1-1)中的 $e^{\frac{u_D}{nU_T}} \gg 1$,括号中的 1 可以忽略。二极管的电流 i_D 与电压 u_D 成指数关系,如图 3.1-6 所示中的正向电压部分,可近似表示为

$$i_D = I_s e^{\frac{u_D}{nU_T}} \tag{3.1-2}$$

当 PN 结两端加反向电压时,电压 u_D 为负值,当 u_D 比 nU_T 大几倍时,指数项趋近于零,因此 $i_D = -I_s$,这说明反向电流几乎不随外加反向电压而变化,如图 3.1-6 所示中反向电压部分。

当 PN 结上加的反向电压增大到一定数值时,反向电流突然剧增,这种现象称为 PN 结

的反向击穿。PN结出现击穿时的反向电压称为反向击穿电压，用$U_{(BR)}$表示。反向击穿可分为雪崩击穿和齐纳击穿两类。当反向电压较高时，结内电场很强，使得在结内作漂移运动的少数载流子获得很大的动能。当少子与PN结内原子发生直接碰撞时，将原子电离，产生新的电子-空穴对。这些新的电子-空穴对，又被强电场加速再去碰撞其他原子，产生更多的电子-空穴对，载流子数量雪崩式地倍增，致使电流急剧增加，这种击穿称为雪崩击穿。显然雪崩击穿的物理本质是碰撞电离。齐纳击穿通常发生在掺杂浓度很高的PN结内。由于掺杂浓度很高，PN结很窄，这样即使施加较小的反向电压(5 V以下)，结层中的电场也会很强。在强电场作用下，共价键遭到破坏，使价电子挣脱共价键的束缚，形成电子-空穴对，从而产生大量的载流子。载流子在反向电压的作用下，形成很大的反向电流，出现了击穿。显然，齐纳击穿的物理本质是场致电离。采取适当的掺杂工艺，硅PN结的雪崩击穿电压可控制在8～1000 V，而齐纳击穿电压低于5 V，在5～8 V之间两种击穿可能同时发生。

3.1.6 PN结的电容效应

PN结具有一定的电容效应，它由两方面的因素决定。一是势垒电容C_b，二是扩散电容C_d。

1. 势垒电容C_b

势垒电容是由耗尽层形成的。耗尽层中不能移动的正、负离子具有一定的电量，当外加电压变化时，耗尽层的宽度将随之变化，电荷量也将发生改变。即耗尽层的电荷量随外加电压的变化而改变，这种现象与电容器的充放电过程相似，这种电容效应称为势垒电容，用C_b表示。势垒电容C_b不是一个常量，它不但与PN结的结面积、耗尽层宽度和半导体材料的介电常数有关，而且还取决于外加电压的大小。当PN结反偏时，反向电压越大，耗尽层越宽，C_b越小。C_b随u的变化而变化，示意图见图3.1-7。C_b为非线性电容，一般在几皮法以下。可以利用这一特性制成各种变容二极管。

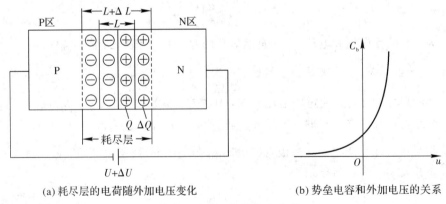

(a) 耗尽层的电荷随外加电压变化   (b) 势垒电容和外加电压的关系

图 3.1-7 PN结的势垒电容

2. 扩散电容C_d

PN结的正向电流为多子的扩散电流。在扩散过程中，载流子必须有一定的浓度梯度即浓度差，在PN结的边缘处浓度大，离PN结远的地方浓度小。当PN结的正向电压增大时，扩散运动加强，载流子的浓度增大且浓度梯度也增大，从外部看正向电流增大。当外加正向电压减小时，与上述变化过程相反。扩散过程中载流子的这种变化是电荷的积累和释放过程，与电容器的充放电过程相似，这种电容效应称为扩散电容，用 C_d 表示。扩散电容的示意图如图 3.1-8 所示。当 PN 结正偏时，C_d 较大，且正向电流越大，C_d 越大，而反偏时 C_d 可以忽略。通常 C_d 在几十皮法以下。

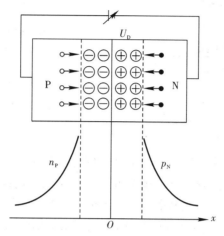

图 3.1-8　PN 结的扩散电容

势垒电容和扩散电容均是非线性电容。由此可见，PN 结的结电容 C_j 是 C_b 与 C_d 之和，即

$$C_j = C_b + C_d \tag{3.1-3}$$

当正偏时，$C_b \ll C_d$，结电容 C_j 以扩散电容为主；当反偏时，$C_b \gg C_d$，C_j 主要由势垒电容决定。由于 C_b 与 C_d 一般都很小，对于低频信号呈现很大的阻抗，其作用可忽略不计。但当信号频率较高时，高频电流将主要从结电容通过，这就破坏了二极管的单向导电性。因此，当工作频率很高时，就要考虑结电容的作用，或者说二极管的工作频率受到一定的限制。

3.2　二极管及其应用

将 PN 结用外壳封装起来，并加上电极引线就构成了二极管。常见的普通二极管器件的外形图及封装形式如图 3.2-1 所示。

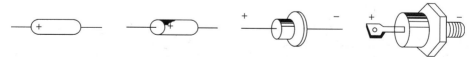

图 3.2-1　各种普通二极管外形图及封装形式

3.2.1　二极管的结构与伏安特性

1. 二极管的结构

二极管的基本结构如图 3.2-2 所示。

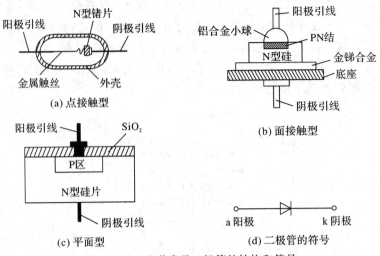

图 3.2 - 2　几种常见二极管的结构和符号

如图 3.2 - 2(a)所示的点接触型二极管由一根金属丝经过特殊工艺与半导体表面相接触形成 PN 结。点接触型二极管的特点是：结面积小，结电容小，不能承受较大的正向电流和较高的反向电压，适用于高频电路和小功率整流电路。如图 3.2 - 2(b)所示的面接触型二极管是采用合金法工业制成的。面接触型二极管的特点是：结面积大，结电容大，能流过较大的电流，因而只能在较低频率下工作，一般仅作为整流管。如图 3.2 - 2(c)所示的平面型二极管是采用扩散法制成的，是集成电路中常见的一种形式。平面型二极管的特点是：结面积大的可用于大功率整流，结面积小的可作为开关。如图 3.2 - 2(d)所示为二极管的电路符号，P 区引出的电极称为阳极，N 区引出的电极称为阴极，其箭头方向表示正向电流的方向，即由阳极指向阴极的方向。

2. 二极管的伏安特性

二极管是由 PN 结封装得到，其最基本的特性就是单向导电性，如图 3.2 - 3 所示为二极管的伏安特性曲线。由于二极管存在半导体体电阻和引线电阻，所以当外加正向电压时，在电流相同的情况，二极管的端电压大于 PN 结上的压降。在近似分析时，仍然用 PN 结的电流方程式(3.1 - 1)来描述二极管的伏安特性。

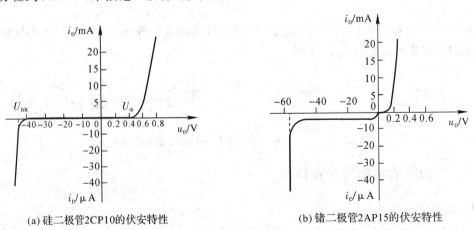

(a)硅二极管2CP10的伏安特性　　　　(b)锗二极管2AP15的伏安特性

图 3.2 - 3　二极管的伏安特性曲线

1）正向特性

当二极管两端不加电压时，其电流为零，故特性曲线从原点开始。正向特性曲线开始部分变化很平缓，表明当正向电压较小时，正向电流很小，此时二极管实际上没有导通，表明只有在正向电压超过某一数值后，电流才显著增大，这个电压称为导通电压或开启电压，用 U_{th} 表示。在室温下，硅管的 $U_{th}\approx0.5$ V，锗管的 $U_{th}\approx0.1$ V。当 $U>U_{th}$ 时，正向电流从零开始随端电压按指数规律增大，二极管处于导通状态，呈现很小的电阻。当正向电流较大时，正向特性曲线几乎与横轴垂直，表明当二极管导通时，二极管两端电压（称为管压降）变化很小。通常，硅管的管压降约为 $0.6\sim0.8$ V，锗管的管压降约为 $0.1\sim0.3$ V。

2）反向特性

反向特性曲线靠近横轴，表明当二极管外加反向电压时，反向电流很小，管子处于截止状态，呈现出很大的电阻，反向电流基本不变，即达到饱和。因此二极管的反向电流又称为反向饱和电流，用 I_s 表示。小功率硅管的反向电流一般小于 0.1 A，锗管通常为几微安。反向电流越小，二极管的单向导电性越好。如果反向电压太大，将使二极管击穿，不同型号二极管的击穿电压差别很大，从几十伏到几千伏。

3）二极管的温度特性

由于半导体材料具有热敏特性，因此二极管对温度也有一定的敏感性。在环境温度升高时，二极管的正向特性曲线左移，反向特性曲线下移，如图 3.2-4 所示。在温室下，温度每升高 1 ℃，正向压降减小 $2\sim2.5$ mV；温度每升高 10 ℃，反向电流约增大一倍。显然，二极管的反向特性受温度的影响较大。这一点对二极管的实际应用是不利的，因为不管是普通二极管还是特殊二极管均有可能工作在反向区。需要指出的是，温度对二极管的影响是不可避免的，因为温度总是存在且经常变化的。

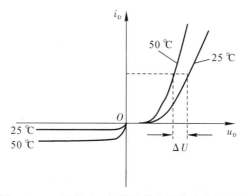

图 3.2-4 温度对二极管的伏安特性曲线的影响

3.2.2 二极管的主要参数与等效电路

1. 二极管的主要参数

电子器件的参数是用来定量描述其性能的指标，它表明了器件的应用范围。因此，参数是正确使用和合理选择元器件的依据。很多参数可以直接测量，也可以从半导体器件手册中查出。二极管的主要参数如下：

（1）最大整流电流 I_F：I_F 是指二极管正常工作时允许通过的最大正向平均电流，它与 PN 结的材料、结面积和散热条件有关。由于电流流过 PN 结要引起管子发热，因此在实际应用中流过二极管的平均电流超过 I_F，管子将过热而烧坏。

（2）最高反向工作电压 U_{Rmax}：U_{Rmax} 是指二极管在使用时所允许加的最大反向电压。为了确保二极管安全工作，通常取反向击穿电压 $U_{(BR)}$ 的一半为 U_{Rmax}。

（3）反向电流 I_R：I_R 是指二极管未击穿时的反向电流。I_R 越小，管子的单向导电性越好。由于温度升高时 I_R 将增大，因此使用时要注意温度的影响。

（4）最高工作频率 f_{max}：f_{max} 是由 PN 结的结电容大小所决定的。当工作频率超过 f_{max} 时，结电容的容抗减小到可以与反向交流电阻相比拟，二极管将逐渐失去它的单向导电性。

上述参数中的 I_F、U_R 和 f_{max} 为二极管的极限参数，在实际使用中不能超过。应当指出的是，由于制造工艺的限制，即使是同一型号的管子，参数的分散性也很大，一般手册上给出的往往是参数的范围。另外，手册上的参数是在一定的测试条件下测得的，使用时要注意这些条件，若条件改变，则相应的参数值也会发生变化。

2. 二极管的等效电路

二极管是一种非线性器件，采用非线性电路的分析方法对二极管电路进行精确分析，具有一定的困难。这里主要介绍普通二极管的等效电路分析法。

1）理想模型

二极管的 U-I 特性如图 3.2-5(a)所示，其中的虚线表示实际二极管的 U-I 特性。图 3.2-5(c)、(d)为二极管的等效电路。由图 3.2-5(a)可见，在正向偏置时，其管压降为 0 V，而当二极管处于反向偏置时，它的电阻为无穷大，电流为 0。在实际的电路中，当电源电压远大于二极管的管压降时，利用此法来近似分析是可行的。

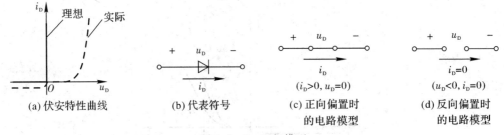

图 3.2-5　理想模型

2）恒压降模型

恒压降模型如图 3.2-6 所示，其基本思想是二极管导通后，其正向电压降为一常量，不随电流而变化，典型值为 0.7 V，截止时反向电流为零。恒压降模型提供了合理的近似，因此应用也较广。

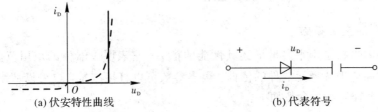

图 3.2-6　恒压降模型

3）折线模型

折线模型如图 3.2 - 7 所示，为了较真实地描述二极管的 U - I 特性，在恒压降模型的基础上作一定的修正，即认为二极管的管压降不是恒定的，而是随着二极管电流的增大而增加。折线模型通常用一个直流电源和一个电阻 r_d 来作进一步的近似。

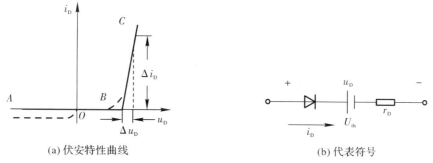

(a) 伏安特性曲线　　　　　　　　　　(b) 代表符号

图 3.2 - 7　折线模型

4）小信号模型

当二极管外加直流正向偏置电压时，将有一直流电流，在二极管的 U - I 特性曲线上可以得到相应的点，称为直流工作点或静态工作点，简称 Q 点。若在 Q 点基础上外加微小的变化量，则可以用以 Q 点为切点的直线来近似微小变化时的曲线，如图 3.2 - 8(a) 所示。即将二极管等效成一个动态电阻 r_d，如图 3.2 - 8(b) 所示，称之为二极管的微变等效电路。

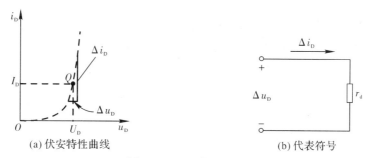

(a) 伏安特性曲线　　　　　　　　　　(b) 代表符号

图 3.2 - 8　小信号模型

需要注意的是，微变等效电路只适用于工作点附近小信号的情况，且 Q 点不同，r_d 也不同。在微变等效电路中，作为非线性器件的二极管已近似当做线性电阻来处理，即在小信号时把其非线性特性"线性化"了。

3.2.3　二极管的应用电路

各种电子电路中，二极管是应用最频繁的器件之一。应用二极管主要是利用它的单向导电性。理想情况下，二极管导通时可以等效为短路，截止时可以等效为断路。

1. 整流电路

将交流电变换成大小波动、方向不变的脉动电的过程称为整流。整流电路分为半波整流电路和全波整流电路。普通二极管也可以应用于整流电路，通常在分析整流电路时将二极管近似为理想二极管。

【例 3.2 - 1】 二极管基本电路如图 3.2 - 9(a)所示，已知 u_i 为正弦信号，VD 为理想二极管，试分析电路输出电压 u_o 的波形。

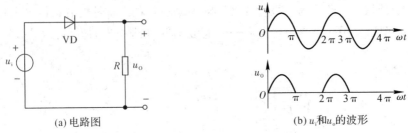

(a) 电路图　　　　　　　　　(b) u_i 和 u_o 的波形

图 3.2 - 9　单相半波整流电路

解　由于 VD 为理想二极管，可视为开关特性，二极管外加正向电压导通，反向电压截止。当输入电压 $u_i>0$ 时，$U_{D+}>U_{D-}$，二极管导通，$u_o=u_i$；当 $u_i<0$ 时，$U_{D+}<U_{D-}$，二极管截止，$u_o=0$，从而可以得到该电路的输入、输出电压波形，如图 3.2 - 9(b)所示。该电路称为半波整流电路。

2. 限幅电路

在电子电路中，常用限幅电路对信号进行处理。限幅电路的作用是把输出信号幅度限定在一定的范围内，即当输入电压超过或低于某一参考值后，输出电压将被限制在某一电平(称做限幅电平)内，且不再随输入电压变化。限幅电路可分为上限幅、下限幅以及双向限幅电路。

【例 3.2 - 2】 二极管电路如图 3.2 - 10(a)所示。已知 u_i 为正弦信号，VD 为理想二极管，电压关系为 $0<U_B<U_{max}$，试分析电路输出电压 u_o 的波形。

解　VD 为理想二极管，可视为开关特性。当 $u_i<U_B$ 时，$U_{D+}<U_{D-}$，二极管截止，$u_o=u_i$；当 $u_i>U_B$ 时，$U_{D+}>U_{D-}$，二极管导通，$u_o=U_B$。电路输入/输出波形如图 3.2 - 10(d)所示。

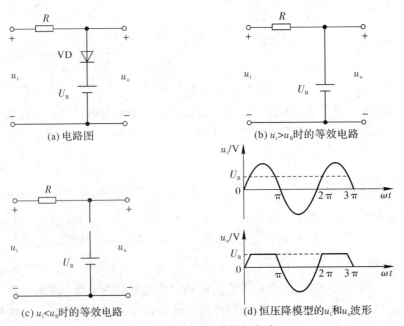

(a) 电路图　　　　　　　　　(b) $u_i>u_B$ 时的等效电路

(c) $u_i<u_B$ 时的等效电路　　　　(d) 恒压降模型的 u_i 和 u_o 波形

图 3.2 - 10　二极管限幅电路

可见，该电路将输出电压的上限电平限定在某一固定值内，所以称为上限幅电路。如将图 3.2-10(a)中二极管的极性对调，则可得到将输出信号下限电平限定在某一数值上的下限幅电路。能同时实现上、下电平限制的称为双向限幅电路。

3.2.4 其他二极管

1. 稳压二极管

稳压二极管是一种特殊的硅材料二极管，由于在一定的条件下能起到稳定电压的作用，故称稳压管，常用于基准电压、保护、限幅和电平转换电路中。

1）稳压管的符号

稳压二极管的外形图及电路符号如图 3.2-11 所示。

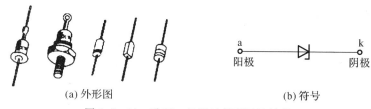

(a) 外形图   (b) 符号

图 3.2-11 稳压二极管的外形图及符号

2）稳压管的伏安特性

稳压二极管是利用二极管的反向击穿特性制成的，具有稳定电压的特点（其稳定电压 U_Z 略大于反向击穿电压 $U_{(BR)}$）。稳压二极管的反向击穿电压较低，一般在几伏到几十伏之间。稳压二极管的伏安特性与普通二极管的相似，区别在于反向击穿区的曲线很陡，几乎平行于纵轴，电流虽然在很大范围内变化，但端电压几乎不变，具有稳压特性，如图 3.2-12所示。

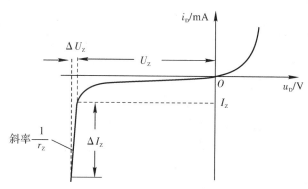

图 3.2-12 稳压管的伏安特性曲线

3）稳压管的主要参数

（1）稳定电压 U_Z：指在规定电流下稳压管的反向击穿电压。由于半导体器件参数的分散性，同一型号稳压管的 U_Z 存在一定的差别，因此一般都给出其范围。

（2）稳定电流 I_Z：指稳压管工作在稳压状态时的参考电流，电流低于此值时稳压效果变坏，甚至根本不稳压，故也称为最小工作电流 $I_{Z\,min}$，一般为毫安数量级。只要不超过稳压管的额定功率,电流愈大,稳压效果愈好。

(3)额定功耗 $P_{Z\max}$:等于稳压管的稳定电压 U_z 与最大稳定电流(I_{ZM} 或 $I_{Z\max}$)的乘积,一般为几十至几百毫瓦。稳压管的功耗若超过此值,会因 PN 结温度过高而损坏。

(4)动态电阻 r_z:指稳压管工作在稳压区时,端电压的变化量与对应的电流变化量之比,即 $r_z = \Delta U_z / \Delta I_z$。$r_z$ 愈小,表明在电流变化时 U_z 的变化愈小,即稳压管的稳压特性愈好。r_z 一般为几欧至几十欧。

(5)温度系数 α:表示温度每变化 1 ℃时稳压管稳压值的变化量,即 $\alpha = \Delta U_z / \Delta T$。稳定电压小于 4 V 的稳压管具有负温度系数,即温度升高时稳定电压值下降;稳定电压大于 7 V 的稳压管具有正温度系数,即温度升高时稳定电压值上升;而稳定电压在 4~7 V 之间的稳压管温度系数非常小,近似为零。

4)稳压管稳压电路

由稳压二极管构成的简单稳压电路如图 3.2 - 13 所示。

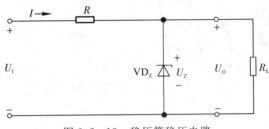

图 3.2 - 13   稳压管稳压电路

稳压管稳压是利用其在反向击穿时电流可在较大范围内变动而击穿电压却基本不变的特点实现的。当输入电压变化时,输入电流将随之变化,稳压管中的电流也将随之同步变化,但输出电压基本不变;当负载电阻变化时,输出电流将随之变化,稳压管中的电流将随之反向变化,但输出电压仍基本不变。

2. 光电二极管

1)光电二极管的符号

光电二极管又称光敏二极管,是一种能将光信号转换为电信号的器件,常用于光电转换及光控、测光等自动控制电路中。各种光电二极管器件的外形图及电路符号如图 3.2 - 14 所示。

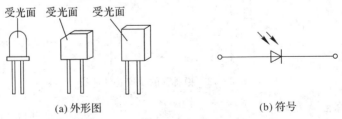

(a)外形图   (b)符号

图 3.2 - 14   光电二极管外形图及符号

2)光电二极管的原理及应用

半导体材料具有光敏特性,即半导体在受到光照射时,会产生电子-空穴对,且光照越强,受激发产生的电子-空穴对的数量越多。这对半导体中少子的浓度有很大影响,因此,普通二极管为避免光照对其反向截止特性的影响,其外壳都是不透光的。

利用二极管的光敏特性,可制成光电二极管。光电二极管也属于光电子器件,能把光信号转化为电信号。为了便于接受光照,光电二极管的管壳上有一个玻璃窗口,让光线透过窗口照射到 PN 结的光敏区。

如图 3.2 - 15(a)所示为光电二极管的伏安特性。在无光照时,与普通二极管一样,具有单向导电性。在有光照时,特性曲线下移,它们分布在第三、四象限内。在反向电压的一定范围内,即在第三象限,特性曲线是一组平行于横轴的平行线。光电二极管在反向电压下受到光照而产生的电流称为光电流,光电流受入射照度的控制。照度一定时,光电二极管可等效成恒流源。照度愈大,光电流愈大,在光电流大于几十微安时,与照度呈线性关系。这种特性可广泛用于遥控、报警及光电传感器之中。特性曲线在第四象限时呈光电池特性。

如图 3.2 - 15(b)、(c)、(d) 所示分别是光电二极管工作在特性曲线的第一、三、四象限时的原理电路。如图 3.2 - 15(b)所示电路与普通二极管加正向电压的情况相同。图 3.2 - 15(c)中的电流仅取决于光电二极管受光面的入射照度,电阻 R 将电流的变化转换成电压的变化,$u_R = i_R$。图 3.2 - 15(d)中,当 R 一定时,入射照度愈大,i 愈大,R 上获得的能量也愈大,此时光电二极管作为微型电光池。

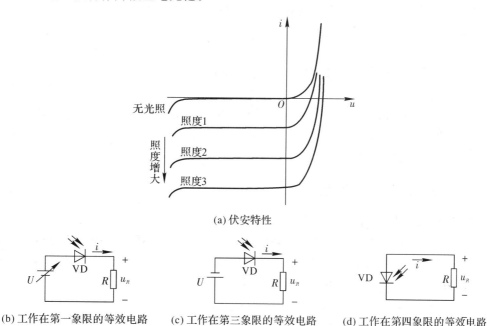

(a) 伏安特性

(b) 工作在第一象限的等效电路   (c) 工作在第三象限的等效电路   (d) 工作在第四象限的等效电路

图 3.2 - 15 光电二极管的伏安特性

3. 发光二极管

1) 发光二极管的符号

发光二极管简称 LED,是一种能将电能转换成光能的半导体器件,当它通过一定的电流时就会发光。发光二极管具有体积小、工作电压低、工作电流小、发光均匀稳定、响应速度快和寿命长等特点,常用作显示器件,如指示灯、七段显示器、矩阵显示器等。

各种发光二极管器件的外形图及电路符号如图 3.2 - 16 所示。

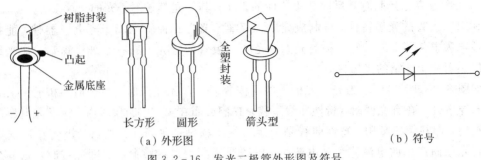

（a）外形图　　　　　　　　　　　　　（b）符号

图 3.2-16　发光二极管外形图及符号

2）发光二极管的原理及应用

二极管中的 PN 结在加正向偏压时，N 区的电子和 P 区的空穴都穿过 PN 结进行扩散运动，若在运动中复合，就会有能量释放出来。由硅、锗半导体材料制成的 PN 结主要以热的形式释放出载流子复合时的能量，而由磷、砷、镓等化合物半导体材料制成的 PN 结则是以光的形式释放出这部分能量。

利用二极管的上述特性，可制成发光二极管。发光二极管是由磷化镓、砷化镓等化合物半导体材料制成的，属于光电子器件，正常工作时处于正偏状态，能把电能转化为光能。发光二极管的发光颜色取决于所用材料，目前有红、黄、绿、橙等颜色。发光二极管也具有单向导电性，只有在外加正向电压及正向电流达到一定值时才能发光。

3.3　三　极　管

双极型三极管(Bipolar Junction Transistor，BJT)通常简称为三极管，也称为晶体管和半导体三极管。由于内部结构的特点，使三极管表现出放大作用和开关作用，这就促使电子技术有了质的飞跃。

3.3.1　三极管的结构及类型

三极管是采用光刻、扩散等工艺在同一块半导体硅(锗)片上掺杂形成三个区、两个 PN 结，并引出三个电极。三极管按结构不同可分为 NPN 管和 PNP 管；按照制造材料分为锗管和硅管；按照电路中的工作频率可分为低频管和高频管；按照允许耗散的功率大小分为小功率管和大功率管。常见三极管外形如图 3.3-1 所示。

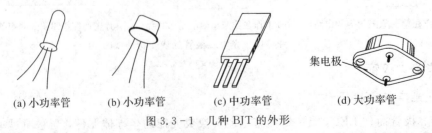

(a)小功率管　　　(b)小功率管　　　(c)中功率管　　　(d)大功率管

图 3.3-1　几种 BJT 的外形

图 3.3-2(a)为 NPN 型三极管结构示意图，它是由 2 个 N 型半导体和 1 个 P 型半导体构成，在 N 型和 P 型半导体的交界处形成两个 PN 结；图 3.3-2(c)为 PNP 型三极管结构示意图，它是由 2 个 P 型半导体和 1 个 N 型半导体构成，在 N 型和 P 型半导体的交界处形

成两个 PN 结。无论是 NPN 型还是 PNP 型都分为三个区，分别称为发射区、基区和集电区，由三个区各引出一个电极，分别称为发射极 e、基极 b 和集电极 c，发射区和基区之间的 PN 结称为发射结，集电区和基区之间的 PN 结称为集电结。三极管电路符号如图 3.3-2(d)所示，其中箭头方向表示发射结正偏时发射极电流的实际方向。在电路中，晶体管用字符 VT 表示。具有电流放大作用的三极管，制造工艺的特点：发射区掺杂浓度远大于集电区掺杂浓度，集电区掺杂浓度大于基区掺杂浓度；基区很薄，一般只有几微米；在几何尺寸上，集电区的面积最大。这些结构上的特点是三极管具有电流放大作用的内在依据。

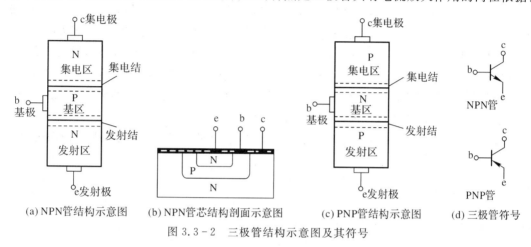

图 3.3-2 三极管结构示意图及其符号

(a) NPN管结构示意图　(b) NPN管芯结构剖面示意图　(c) PNP管结构示意图　(d) 三极管符号

3.3.2 三极管电流关系及输入/输出特性

1. 工作原理

要使三极管能正常放大信号，除了需要满足内部条件外，还需要满足外部条件：发射结外加正向电压（正偏），集电结外加反向电压（反偏），对于 NPN 管，$U_{BE}>0$，$U_{BC}<0$；对于 PNP 管，$U_{BE}<0$，$U_{BC}>0$。为此，可用两个电源 U_{BB}、U_{CC} 来实现正确偏置，如图 3.3-3 所示。

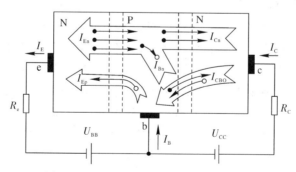

图 3.3-3 三极管内部载流子运动示意图

1）发射区的电子向基区运动

如图 3.3-3 所示，发射结外加正向电压，多子的扩散运动增强，自由电子从发射区不断越过发射结扩散到基区，形成了发射区电流 I_{En}（电流的方向与电子运动方向相反）。与此同时，基区的空穴也会向发射区扩散，形成空穴电流 I_{Ep}。但由于基区掺杂浓度低，空穴浓度小，I_{Ep} 很小，可忽略不计，故 I_{En} 基本上等于发射极电流 I_E。

2）电子在基区的扩散与复合

当发射区的电子到达基区后，由于浓度的差异，且基区很薄，电子很快运动到集电区。在扩散过程中有一部分电子与基区的空穴相遇而复合，因此，在电源 U_{BB} 的作用下，电子与空穴的复合运动将源源不断地进行，形成基区复合电流 I_{Bn}。由于基区掺杂浓度低且薄，故复合的电子很少，即 I_{Bn} 很小。

3）集电区收集发射区扩散过来的电子

因为集电结加反向电压，有利于少子的漂移运动，所以基区中扩散到集电结边缘的非平衡少子（自由电子），在 U_{CC} 的作用下，几乎全部过集电结漂移到集电区，形成集电极电流 I_{Cn}。同时，集电区少子（空穴）和基区本身的少子（自由电子），也在进行漂移运动，形成反向饱和电流 I_{CBO}。I_{CBO} 的数值很小，一般可忽略。I_{CBO} 是由少子形成的电流，称为集电结反向饱和电流，方向与 I_{Cn} 一致，该电流与外加电压关系不大，但受温度影响很大，易使三极管工作不稳定，所以在制造三极管时应设法减小 I_{CBO}。

图3.3-3是将三极管连接成共发射极组态时，内部载流子运动的示意图，由图可得

$$I_E \approx I_{En} = I_{Bn} + I_{Cn} \tag{3.3-1}$$

$$I_C = I_{Cn} + I_{CBO} \tag{3.3-2}$$

$$I_B = I_{Bn} - I_{CBO} \tag{3.3-3}$$

将式（3.3-2）和式（3.3-3）代入式（3.3-1）中，可得

$$I_E = I_B + I_{CBO} + I_C - I_{CBO} = I_B + I_C \tag{3.3-4}$$

即发射极的电流等于基极电流与集电极电流之和。

综上所述，三极管发射结在正偏电压、集电结在反偏电压的作用下，形成 I_B、I_C 和 I_E，其中 I_C 和 I_E 主要由发射区的多数载流子从发射区运动到集电区而形成，I_B 主要是电子和空穴在基区复合形成的电流。可见，三极管内部电流由两种载流子共同参与导电而形成，因此称之为"双极型三极管"。

2. 三极管的电流分配关系

三极管有三个电极，可视为一个二端口网络，其中两个电极构成输入端口、两个电极构成输出端口，输入、输出端口公用某一个电极，即分别把基极、发射极、集电极作为输入和输出端口的公共端，如图3.3-4所示。三极管组成的放大电路有三种连接方式，通常称为放大电路的三种组态，即共基极、共发射极和共集电极电路组态。无论是哪种连接方式，要使三极管有放大作用，都必须保证发射结正偏、集电结反偏，才能使三极管内部载流子的运动和分配过程，以及各电极的电流不随连接方式的变化而变化。

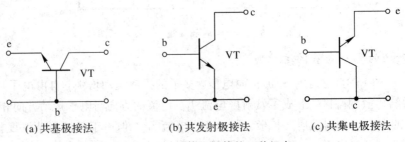

(a) 共基极接法　　　　　　(b) 共发射极接法　　　　　　(c) 共集电极接法

图3.3-4　晶体三极管的三种组态

根据图 3.3-4 中三极管的三种组态，可分别用三个电流放大系数来表示它们之间的关系。

1）共基极直流电流放大系数 $\bar{\alpha}$

将集电极电流 I_C 与发射极电流 I_E 之比称为共基极直流电流放大系数，即

$$\bar{\alpha} = \frac{I_C}{I_E} \tag{3.3-5}$$

$\bar{\alpha}$ 的值小于 1 但接近 1，一般为 0.95～0.99，即意味着 $I_C \approx I_E$。晶体三极管的基区越薄，掺杂浓度越低，发射区发射到基区的电子复合的机会就越少，$\bar{\alpha}$ 的值就越接近 1。

2）共发射极直流电流放大系数 $\bar{\beta}$

将集电极电流 I_C 与基极电流 I_B 之比称为共发射极直流电流放大系数，即

$$\bar{\beta} = \frac{I_C}{I_B} \tag{3.3-6}$$

$\bar{\beta}$ 的值远大于 1，一般在 10～100 左右，说明 $I_C \gg I_B$。此值表示了三极管对直流电流的放大能力，它也表示了基极电流对集电极电流的控制能力，就是以小的 $I_B(\mu A)$，控制大的 $I_C(mA)$。三极管是一个电流控制的电流型器件，利用这一性质可以实现放大作用。

由式(3.3-4)和式(3.3-6)可得

$$I_C = \bar{\beta} I_B \tag{3.3-7}$$

$$I_E = I_B + I_C = I_B + \bar{\beta} I_B = (1+\bar{\beta}) I_B \tag{3.3-8}$$

需要指出的是，放大电路实质上是放大器件对能量控制和转换的作用，三极管就是一个电流控制电流器件，由微弱的基极电流，控制大的集电极电流，放大的能量是由直流电源 U_{CC} 供给。

3. 三极管的特性曲线

三极管的特性曲线是指其各电极间电压和电流之间的关系曲线，包括输入特性曲线和输出特性曲线，它们是三极管内部特性的外部表现，是分析放大电路的重要依据。这两组特性曲线可通过晶体管特性图示仪测得，也可通过实验的方法得到。由于三极管在不同组态时具有不同的端电压和电流，因此，它们的伏安特性曲线也各不相同。而共集电极和共发射极组态的特性曲线类似，这里主要讨论共发射极的特性曲线。

1）输入特性曲线

如图 3.3-5 所示为共发射极放大电路，输入特性曲线是指在集射极电压 u_{CE} 为一定值时，基极输入电流 i_B 与基射极输入电压 u_{BE} 之间的关系曲线，即

$$i_B = f(u_{BE})|_{u_{CE}=常数} \tag{3.3-9}$$

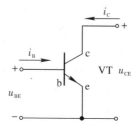

图 3.3-5　三极管特性测试电路示意图

图 3.3-6(a)是 NPN 型硅三极管的输入特性曲线。实际上输入特性曲线和二极管的正向伏安特性曲线很相似，也存在死区电压。当 u_{BE} 小于死区电压时，三极管截止，$i_B = 0$。一般硅三极管的死区电压典型值为 0.5 V，锗三极管的死区电压典型值为 0.1 V。当 u_{BE} 大于死区电压时，基极电流随着 u_{BE} 的增加迅速增大，此时三极管导通。在图 3.3-6(a)中只给出三条曲线：$u_{CE} = 0$ V、$u_{CE} = 1$ V 和 $u_{CE} > 1$ V，u_{CE} 增大曲线右移。这是由于在 $u_{CE} = 0$ V 时，集电结处于正向偏置，集电区没有收集电子的能力或很弱，此时发射区发射的电子在基区复合的多，$u_{CE} > 1$ V 后，集电结处于反向偏置，集电区收集电子的能力增强，更多的发射区电子被"收集"到集电区，因此在相同的 u_{BE} 的情况下，基极电流较 $u_{CE} = 0$ V 时的小。

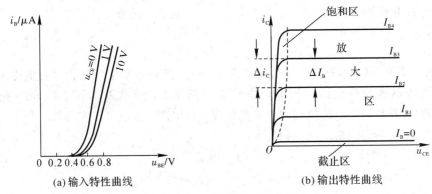

(a) 输入特性曲线　　　　(b) 输出特性曲线

图 3.3-6　三极管的特性曲线

此外，$u_{CE} > 1$ V 以后，只要 u_{BE} 一定，发射区发射到基区的电子数目就一定，这时 u_{CE} 已足以把基区大部分的电子收集到集电区，再增大 u_{CE} 基极电流 i_B 也不再随之明显变化，$u_{CE} > 1$ V 以后的输入特性曲线基本重合。

对于小功率管，可以近似地用 $u_{CE} > 1$ V 的任何一条曲线来表示 $u_{CE} > 1$ V 的所有曲线。三极管导通后，发射结的导通电压和二极管基本一致，工程计算典型值一般硅管取 $|U_{BE}| = 0.7$ V，锗管取 $|U_{BE}| = 0.2$ V。

2）输出特性曲线

如图 3.3-5 所示为共发射极放大电路，三极管输出特性是指当 i_B 为定值时，集电极电流 i_C 与集射极之间电压 u_{CE} 的关系曲线，即

$$i_C = f(u_{CE})|_{i_B = 常数} \qquad (3.3-10)$$

不同的基极电流 i_B 对应的曲线不同，因此，三极管的输出特性实际上是一族曲线，图 3.3-6(b)为典型的 NPN 硅三极管的输出特性曲线。一般将输出特性分成三个区：放大区、饱和区和截止区。

(1) 放大区：当三极管工作在放大区时，输出特性曲线的特点是各条曲线几乎与横坐标轴平行。三极管发射结正向偏置，集电结处于反向偏置，集电极电流基本不随 u_{CE} 而变，故 i_C 具有恒流特性，利用这个特点，三极管在集成电路中，被广泛用作恒流源和有源负载。在放大区满足 $i_C = \beta i_B$ 关系，理想情况下，当 I_B 按等差变化时，输出特性是一族与横轴平行的等距离直线。

(2) 饱和区：在饱和区时，输出特性曲线的特点是 i_C 随 u_{CE} 变化。三极管发射结和集电结均正偏，一般有 $u_{BE} > U_{th}$，$u_{CE} < u_{BE}$。三极管进入饱和区后，i_C 不仅与 i_B 有关，还随 u_{CE} 变

化，因此 $i_C < \beta i_B$。图 3.3-6(b) 中虚线是饱和区与放大区的分界线，称为临界饱和线。对于小功率管，可以认为 $u_{CE} = u_{BE}$，即当 $u_{CB} = 0$ 时，晶体管处于临界状态，也称为临界饱和或临界放大状态。估算小功率管电路时，硅管典型值一般取 $|U_{CES}| = 0.3$ V，锗管典型值取 $|U_{CES}| = 0.1$ V。

（3）截止区：一般将 $I_B \leqslant 0$ 的区域称为截止区，此区域内发射结电压小于开启电压，且集电结反偏，即 $u_{BE} < U_{th}$ 且 $u_{CE} > u_{BE}$。为了使三极管可靠截止，常设置发射结处于反向偏置状态。此时发射结和集电结均反偏，$I_B = 0$，$i_C = I_{CEO}$。穿透电流 I_{CEO} 通常很小，小功率硅管一般在 1 μA 以下，锗管一般小于几十微安。在近似分析时，截止区可以认为晶体管的 $I_B = 0$，$i_C \approx 0$。

【例 3.3 - 1】 某人在检修一台电子设备时，由于三极管标号不清，于是利用测量三极管各电极电位的方法判断管子的电极、类型及材料，测得三个电极对地的电位分别为 $U_A = -6$ V，$U_B = -2.3$ V，$U_C = -2.0$ V，试判断出三个管脚的电极、三极管的类型和材料。

解 第 1 步，根据所给数据可知 $U_C > U_B > U_A$，可初步判定三极管工作在放大区；

第 2 步，根据 $|U_{BE}|$ 的值判断基极和发射极。因为三极管处于放大状态时，发射结正偏，硅管 $|U_{BE}| = 0.7$ V 或锗管 $|U_{BE}| = 0.3$ V，由题意得 $|U_{BE}| = |U_B - U_C| = |-2.3 - (-2.0)| = 0.3$ V，故 A 为集电极，且电压最低，所以三极管为 PNP 管；

第 3 步，因为 $|U_{BE}| = 0.3$ V，所以三极管应为锗管。PNP 管在放大电路中 $U_C < U_B < U_E$，故 B 为基极，C 为发射极。

【例 3.3 - 2】 图 3.3 - 7 中的三极管均为硅管，开启电压为 0.7 V，试判断其工作状态。

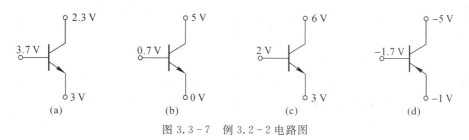

图 3.3 - 7 例 3.2 - 2 电路图

解 （1）图 3.3 - 7(a) 中三极管为 NPN 管，$U_{BE} = 3.7$ V $- 3$ V $= 0.7$ V，发射结正偏；$U_{BC} = 3.7$ V $- 2.3$ V $= 1.4$ V，集电结正偏，三极管工作在饱和状态。

（2）图 3.3 - 7(b) 中三极管为 NPN 管，$U_{BE} = 0.7$ V $- 0$ V $= 0.7$ V，发射结正偏；$U_{BC} = 0.7$ V $- 5$ V $= -4.3$ V，集电结反偏，三极管工作在放大状态。

（3）图 3.3 - 7(c) 中三极管为 NPN 管，$U_{BE} = 2$ V $- 3$ V $= -1$ V，发射结反偏；$U_{BC} = 2$ V $- 6$ V $= -4$ V，集电结反偏，三极管工作在截止状态。

（4）图 3.3 - 7(d) 中三极管为 PNP 管，$U_{BE} = -1.7$ V $- (-1$ V$) = -0.7$ V，发射结正偏；$U_{BC} = -1.7$ V $- (-5$ V$) = 3.3$ V，集电结反偏，三极管工作在放大状态。

3.3.3 三极管主要参数及温度对三极管的影响

三极管的参数是表示其性能和使用依据的数据，主要有以下参数：

1. 电流放大倍数

1）直流电流放大系数 $\overline{\beta}$

在如图 3.3-5 所示的共发射极放大电路中，当 $u_i=0$ 时，把集电极直流电流 I_C 和基极直流电流 I_B 的比值，称为共发射极直流电流放大系数，即 $\overline{\beta}=I_C/I_B$。

2）交流电流放大系数 β

在如图 3.3-5 所示共发射极放大电路中，当 u_{CE} 为定值时，集电极电流的变化量 Δi_C 与基极电流变化量 Δi_B 的比值，即 $\beta=\Delta i_C/\Delta i_B$，称为共发射极交流电流放大系数。

尽管 $\overline{\beta}$ 和 β 的意义不同，但由于三极管的集射极穿透电流 I_{CEO} 很小，可以忽略不计，故两者的数值比较接近，在一般工程估算中，$\overline{\beta}$ 可用 β 来替代，其数值在几十到几百之间。

2. 极间反向电流

1）集电极-基极之间的反向饱和电流 I_{CBO}

集电极-基极之间的反向饱和电流 I_{CBO} 是在发射极开路情况下，集电极-基极之间的反向电流，I_{CBO} 是由集电结反偏时，集电区和基区中的少数载流子漂移运动所形成的。在一定温度下，I_{CBO} 数值和集电结的反偏电压无关，基本上是常数，故称为反向饱和电流。I_{CBO} 的数值很小，但受温度的影响大。对于一般小功率硅管的 I_{CBO} 小于 $1\ \mu A$，锗管约为几微安至几十微安。由于 I_{CBO} 是集电极电流的一部分，会影响三极管的放大性能，因此它是衡量晶体管温度稳定性的参数，其数值越小越好。

2）集电极-发射极之间的穿透电流 I_{CEO}

集电极-发射极之间的穿透电流 I_{CEO} 是在基极开路情况下，集电极-发射极之间的电流。穿透电流 $I_{CEO}=(1+\overline{\beta})I_{CBO}$，对晶体三极管的温度稳定性影响较大。小功率硅管一般 I_{CEO} 在几微安以下，而小功率锗管的 I_{CEO} 约为几十微安以下。

3. 集电极最大允许电流 $I_{C\,max}$

当三极管的集电极电流增大到一定程度时，电流放大系数 β 值明显下降，说明三极管的输出特性曲线随着集电极电流的增加而增密。β 下降到一定值时的 i_C 即为 $I_{C\,max}$，i_C 超过此值时，三极管不一定会损坏，但特性会变差。一般小功率管的 $I_{C\,max}$ 约为几十毫安，大功率管可达几安培。

4. 集电极最大允许功率损耗 $P_{C\,max}$

集电极的功率损耗等于集电极电流 i_C 与集电极-发射极之间的电压 u_{CE} 的乘积，即 $P_{C\,max}=i_C\cdot u_{CE}$。因为集电极电流流过集电结会产生热量，使结温升高，而管子的结温是有一定限制的，所以 $P_{C\,max}$ 就是集电结的结温达到极限时的功耗。在输出特性曲线中画出允许的最大功率损耗线，如图 3.3-8 所示。一般来说，锗管的允许结温约为 70～90 ℃，硅管约为 150 ℃。

值得注意的是，环境的不同对集电极最大

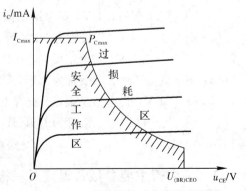

图 3.3-8 晶体管的功率极限损耗线

允许功率损耗的要求不同，如果环境温度增高，则 $P_{C\,max}$ 会下降。如果三极管加散热片，则 $P_{C\,max}$ 可得到很大的提高。一般在环境温度为 25 ℃ 以下，把 $P_{C\,max}<1$ W 的三极管称为小功率管，$P_{C\,max}>10$ W 的三极管称为大功率管，功率介于两者之间的三极管称为中功率管。

5. 极间反向击穿电压

（1）发射极-基极之间反向击穿电压 $U_{(BR)EBO}$：集电极开路时，加在发射极与基极之间的反向击穿电压。小功率管的 $U_{(BR)EBO}$ 一般为几伏。

（2）集电极-基极之间反向击穿电压 $U_{(BR)CBO}$：发射极开路时，加在集电极与基极之间的反向击穿电压。$U_{(BR)CBO}$ 的数值较高，通常为几十伏到上千伏。

（3）集电极-发射极之间反向击穿电压 $U_{(BR)CEO}$：指基极开路时，加在集电极与发射极之间的反向击穿电压。

在实际电路中，晶体管的发射极-基极间常接有电阻 R_B，这时集电极-发射极的反向击穿电压用 $U_{(BR)CER}$ 表示。$R_B=0$ 时的反向击穿电压用 $U_{(BR)CES}$ 表示。上述的几种反向击穿电压的大小有如下关系：

$$U_{(BR)CBO}>U_{(BR)CES}>U_{(BR)CER}>U_{(BR)CEO}>U_{(BR)EBO}$$

6. 温度对三极管参数的影响

三极管和二极管一样也是由半导体材料制成，温度对晶体管的特性有着不容忽视的影响。

（1）温度对 β 的影响：晶体管的 β 随温度的升高而增大，温度每上升 1 ℃，β 值约增大 0.5%～1%，使得在 i_B 不变时，集电极电流 i_C 随温度的升高而增大。

（2）温度对 I_{CBO} 的影响：I_{CBO} 是由集电结反偏时，基区和集电区的少数载流子漂移运动形成的，因此对温度非常敏感。温度每升高 10 ℃，I_{CBO} 约增加一倍。反之，当温度下降时 I_{CBO} 将减小。穿透电流 I_{CEO} 也会随温度变化而变化。

7. 温度对三极管特性曲线的影响

1）温度对输入特性的影响

当温度升高时，三极管的输入特性曲线将左移，反之将右移，如图 3.3-9 所示。这就说明在 i_B 不变时，u_{BE} 将减小。u_{BE} 随温度变化的规律与二极管正向导通规律相类似，即温度每上升 1 ℃，u_{BE} 将下降 2～2.5 mV。若视 u_{BE} 不变时，温度升高，i_B 将增大，反之 i_B 将减小。

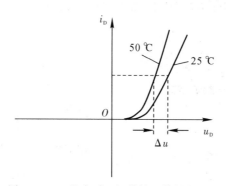

图 3.3-9　温度对三极管输入特性的影响

2）温度对输出特性的影响

当温度升高时，三极管的 I_{CBO}、I_{CEO} 和 β 都将增大，将使输出特性曲线上移，曲线间的距离随温度升高而增大，集电极电流 i_C 将增大。温度对输出特性的影响如图 3.3-10 所示，图 3.3-10 中虚线为温度升高后的特性曲线。

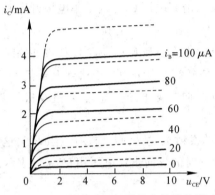

图 3.3-10　温度对三极管输出特性的影响

3.4　场　效　应　管

场效应管(FET)是利用输入回路的电场效应来控制输出回路电流的一种半导体器件。由于它仅靠半导体中的多数载流子导电，因此又称单极型晶体管。场效应管不但具备双极型晶体管体积小、重量轻、寿命长等优点，而且输入回路的内阻高达 $10^7 \sim 10^{12}$ Ω，噪声低，热稳定性好，抗辐射能力强，这些优点使之从 20 世纪 60 年代诞生起就被广泛地应用于各种电子电路之中。

场效应管分为结型和绝缘栅型两种不同的结构，本节将讨论它们的工作原理、特性及主要参数。

3.4.1　结型场效应管

1. 结型场效应管的结构

结型场效应管分为 N 沟道和 P 沟道两种类型，下面主要讨论 N 沟道结型场效应管。图 3.4-1(a)是 N 沟道管的实际结构图，图 3.4-1(b)为其符号。

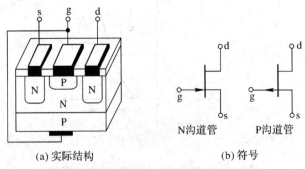

(a) 实际结构　　　　　　　　(b) 符号

图 3.4-1　结型场效应管的实际结构和符号

在一块 N 型半导体材料的两边各扩散一个高杂质浓度的 P 型区，就形成两个不对称的 PN 结。把两个 P 区并联在一起，引出一个电极，称为栅极 g，在 N 型半导体的两端各引出一个电极，分别称为源极 s 和漏极 d。夹在两个 PN 结中间的 N 区是电流的通道，称为导电沟道（简称沟道）。这种结构的半导体器件称为 N 沟道结型场效应管，其结构示意图如图 3.4−2 所示。

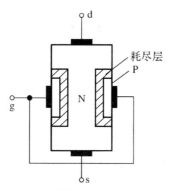

图 3.4−2　N 沟道结型场效应管的结构示意图

2. 结型场效应管工作原理

为使 N 沟道结型场效应管正常工作，应在其栅-源之间加负向电压（即 $u_{GS} < 0$），以保证耗尽层承受反向电压；在漏-源之间加正向电压 u_{DS}，以形成漏极电流 i_D。$u_{GS} < 0$ 既保证了栅-源之间内阻很高的特点，又实现了 u_{GS} 对沟道电流的控制。

下面通过栅-源电压 u_{GS} 和漏-源电压 u_{DS} 对导电沟道的影响，来说明结型场效应管的工作原理。

1）当 $u_{DS} = 0$（即 D、S 短路）时，u_{GS} 对导电沟道的控制作用

当 $u_{DS} = 0$ 且 $u_{GS} = 0$ 时，耗尽层很窄，导电沟道很宽，如图 3.4−3(a) 所示。当 $|u_{GS}|$ 增大时，耗尽层加宽，沟道变窄，如图 3.4−3(b) 所示，沟道电阻增大。当 $|u_{GS}|$ 增大到某一数值时，耗尽层闭合，沟道消失，如图 3.4−3(c) 所示，沟道电阻趋于无穷大，称此时 u_{GS} 的值为夹断电压 $U_{GS(off)}$。

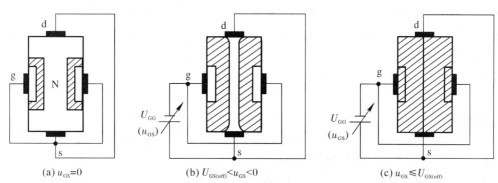

(a) $u_{GS} = 0$　　　　　(b) $U_{GS(off)} < u_{GS} < 0$　　　　　(c) $u_{GS} \leqslant U_{GS(off)}$

图 3.4−3　当 $u_{DS} = 0$ 时，u_{GS} 对导电沟道的控制作用

2）当 u_{GS} 为 $u_{GS(off)} \sim 0$ 中某一固定值时，u_{DS} 对漏极电流 i_D 的影响

当 u_{GS} 为 $U_{GS(off)} \sim 0$ 中某一固定值时，若 $u_{DS} = 0$，则虽然存在由 u_{GS} 所确定的一定宽度

的导电沟道，但由于栅-源间电压为 0，多子不会产生定向移动，因而漏极电流 $i_D=0$。

若 $u_{DS}>0$，则有电流 i_D 从漏极流向源极，从而使沟道中各点与栅极间的电压不再相等，而是沿沟道从源极到漏极逐渐增大，造成靠近漏极一边的耗尽层比靠近源极一边的宽，如图 3.4-4 所示。

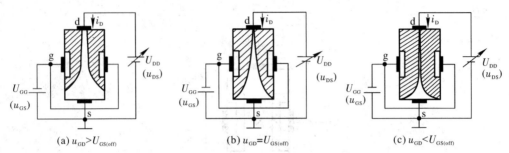

$$\text{(a) } u_{GD}>U_{GS(off)} \qquad \text{(b) } u_{GD}=U_{GS(off)} \qquad \text{(c) } u_{GD}<U_{GS(off)}$$

图 3.4-4 $U_{GS(off)}<u_{GS}<0$ 且 $u_{DS}>0$ 的情况

因为栅-漏电压 $u_{GD}=u_{GS}-u_{DS}$，所以当 u_{DS} 从零逐渐增大时，u_{GD} 逐渐减小，靠近漏极一边的导电沟道必将随之变窄。但是，只要栅-漏间不出现夹断区域，沟道电阻仍将基本上决定于栅-源电压 u_{GS}，因此，电流 i_D 将随 u_{DS} 的增大而线性增大，漏-源间呈现电阻特性。而一旦 u_{DS} 的增大使 $u_{GD}=U_{GS(off)}$，则漏极一边的耗尽层就会出现夹断区，如图 3.4-4(b) 所示，称 $u_{GD}=U_{GS(off)}$ 为预夹断。若 u_{DS} 继续增大，则 $u_{GD}<U_{GS(off)}$，耗尽层闭合部分将沿沟道方向延伸，夹断区加长，如图 3.4-4(c) 所示。这时，一方面自由电子从漏极向源极定向移动所受阻力加大（只能从夹断区的窄缝以较高速度通过），从而导致 i_D 减小；另一方面，随着 u_{GS} 的增大，使漏-源间的纵向电场增强，也必然导致 i_D 增大。实际上，上述 i_D 的两种变化趋势相抵消，u_{DS} 的增大几乎全部降落在夹断区，用于克服夹断区对 i_D 形成的阻力。因此，从外部看，在 $u_{GD}<U_{GS(off)}$ 的情况下，当 u_{DS} 增大时，i_D 几乎不变，即 i_D 几乎仅仅决定于 u_{GS}，表现出 i_D 的恒流特性。

3）当 $u_{GD}<U_{GS(off)}$ 时，u_{GS} 对 i_D 的控制作用

在 $u_{GD}=u_{GS}-u_{DS}<U_{GS(off)}$，即 $u_{DS}>u_{GS}-U_{GS(off)}$ 的情况下，当 u_{DS} 为一常量时，对应于确定的 u_{GS}，就有确定的 i_D。此时，可以通过改变 u_{GS} 来控制 i_D 的大小。由于漏极电流受栅-源电压的控制，故称场效应管为电压控制元件。与晶体管用 β 来描述动态情况下基极电流对集电极电流的控制作用相类似，场效应管用 g_m 来描述动态的栅-源电压对漏极电流的控制作用，g_m 称为低频跨导，即

$$g_m=\frac{\Delta i_D}{\Delta u_{GS}} \tag{3.4-1}$$

由以上分析可知：

（1）在 $u_{GD}=u_{GS}-u_{DS}>U_{GS(off)}$ 的情况下，即当 $u_{DS}<u_{GS}-U_{GS(off)}$（即栅-漏间未出现夹断）时，对应于不同的 u_{GS}，漏-源间等效成不同阻值的电阻。

（2）当 u_{DS} 使 $u_{GD}=U_{GS(off)}$ 时，漏-源之间出现预夹断。

（3）当 u_{DS} 使 $u_{GD}<U_{GS(off)}$ 时，i_D 几乎仅仅取决于 u_{GS}，而与 u_{DS} 无关。此时可以把 i_D 近似看成是受 u_{GS} 控制的电流源。

3.4.2 结型场效应管的特性曲线

1. 输出特性曲线

输出特性曲线描述：当栅-源电压 u_{GS} 为常量时，漏极电流 i_D 与漏-源电压 u_{DS} 之间的函数关系，即

$$i_D = f(u_{DS})\big|_{U_{GS}=常数} \tag{3.4-2}$$

对应于一个 u_{GS}，就有一条曲线，因此输出特性为一簇曲线，如图 3.4-5 所示。

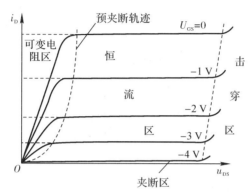

图 3.4-5 场效应管的输出特性

场效应管有三个工作区域：

(1) 可变电阻区(也称非饱和区)：图 3.4-5 中的虚线为预夹断轨迹，它是由每条曲线上使 $u_{DS} = u_{GS} - U_{GS(off)}$ 的点连接而成。u_{GS} 越大，预夹断时的 u_{DS} 值也越大。预夹断轨道的左边区域称为可变电阻区，该区域中曲线近似为不同斜率的直线。当 u_{GS} 确定时，直线的斜率也唯一被确定，直线斜率的倒数为漏-源间等效电阻。因而在此区域中，可以通过改变 u_{GS} 的大小(即压控的方式)来改变漏-源电阻的阻值，故称之为可变电阻区。

(2) 恒流区(也称饱和区)：图 3.4-5 中预夹断轨迹的右边区域为恒流区。当 $u_{DS} > u_{GS} - U_{GS(off)}$ 时，各曲线近似为横轴的一组平行线。当 u_{DS} 增大时，i_D 略有增大。因而可将 i_D 近似为电压 u_{GS} 控制的电流源，故称该区域为恒流区。利用场效应管作放大管时，应使场效应管工作在恒流区域。

(3) 夹断区：当 $u_{DS} < U_{GS(off)}$ 时，导电沟道被夹断，$i_D = 0$，即图 3.4-5 中靠近横轴的部分，称为夹断区。一般将使 i_D 等于某一个很小电流(如 5 μA)时的 u_{GS} 定义为夹断电压 $U_{GS(off)}$。

另外，当 u_{DS} 增大到一定程度时，漏极电流会骤然增大，管子将被击穿。由于这种击穿是因栅-漏间耗尽层破坏而造成的，因而若栅-源击穿电压为 $U_{(BR)GD}$，则漏-源击穿电压 $U_{(BR)DS} = u_{GS} - U_{(BR)GD}$，所以当 u_{GS} 增大时，漏-源击穿电压将增大。

2. 转移特性曲线

转移特性曲线描述：当漏-源电压 U_{DS} 为常数时，漏极电流 i_D 与栅-源电压 u_{GS} 之间的函数关系，即

$$i_D = f(u_{GS})\big|_{U_{DS}=常数} \tag{3.4-3}$$

当场效应管工作在恒流区时，由于输出特性曲线可近似为横轴的一组平行线，因此可

以用一条转移特性曲线代替恒流区的所有曲线。在输出特性曲线的恒流区中做横轴的垂线，读出垂线与各曲线交点的坐标值，建立 u_{GS}、i_D 坐标系，连接各点所得曲线就是转移特性曲线，如图 3.4-6 所示。可见转移特性曲线与输出特性曲线有严格的对应关系。

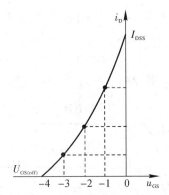

图 3.4-6 场效应管的转移特性曲线

根据半导体物理中对场效应管内部载流子的分析可以得到恒流区中的 i_D 的近似表达式为

$$i_D = I_{DSS} \left(1 - \frac{u_{GS}}{U_{GS(off)}} \right)^2 \qquad (U_{GS(off)} < u_{GS} < 0) \tag{3.4-4}$$

当场效应管工作在可变电阻区时，对于不同的 U_{DS}，转移特性曲线将有很大差别。

应当指出的是，为保证结型场效应管栅-源间的耗尽层加反向电压，对于 N 沟道管，$u_{GS} \leqslant 0$；对于 P 沟道管，$u_{GS} \geqslant 0$。

3.4.3 绝缘栅型场效应管

绝缘栅型场效应管（Insulated Gate Field Effect Transistor，IGFET）的栅极与源极、栅极与漏极之间均采用 SiO_2 绝缘层隔离，因此而得名，又因栅极为金属铝，故又称为 MOS 管（Metal Oxide Semiconductor，MOS）。绝缘栅场效应管的栅-源间电阻比结型场效应管大得多，可达 10^{10} Ω 以上，它比结型场效应管温度稳定性好、集成工艺简单，被广泛用于大规模和超大规模集成电路之中。MOS 管也有 N 沟道和 P 沟道两类，且每一类又分为增强型和耗尽型两种，因此 MOS 管的四种类型为：N 沟道增强型管、N 沟道耗尽型管、P 沟道增强型管和 P 沟道耗尽型管。凡栅-源电压 u_{GS} 为零时漏极电流也为零的管子，均属于增强型管；凡栅-源电压 u_{GS} 为零时漏极电流不为零的管均属于耗尽型管。下面以 N 沟道为例讨论其工作原理及特性。

1. N 沟道增强型 MOS 管工作原理

N 沟道增强型 MOS 管结构示意图如图 3.4-7(a) 所示。以一块低掺杂的 P 型硅片为衬底，利用扩散工艺制作两个高掺杂的 N^+ 区，并引出两个电极，分别为源极 s 和漏极 d，在半导体之上制作一层 SiO_2 绝缘层，再在 SiO_2 之上制作一层金属铝，引出电极，作为栅极 g。通常将衬底与源极接在一起使用，这样，栅极和衬底各相当于一个极板，中间是绝缘层，形成电容。当栅-源电压变化时，将改变衬底靠近绝缘层处感应电荷的多少，从而控制漏极电流的大小。可见，MOS 管与结型场效应管导电机理和对电流控制的原理均不相同。如图 3.4-7(b) 所示为 N 沟道和 P 沟道两种增强型管的符号。

当栅-源之间不加电压时，漏-源之间是两只背向的 PN 结，不存在导电沟道，因此即使漏-源之间加电压,也不会有漏极电流。

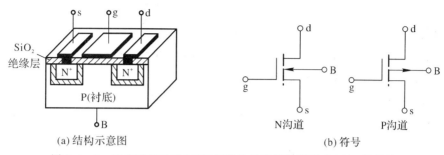

(a) 结构示意图 （b) 符号

图 3.4-7 N 沟道增强型 MOS 管结构示意图及增强型 MOS 管符号

当 $u_{DS}=0$ 且 $u_{GS}>0$ 时,由于 SiO_2 的存在,栅极电流为零。但栅极金属层将聚集正电荷,它们排斥 P 型衬底靠近 SiO_2 一侧的空穴,使之剩下不能移动的负离子区,形成耗尽层,如图 3.4-8(a)所示。当 u_{GS} 增大时,一方面耗尽层增宽,另一方面电场将衬底的自由电子吸引到耗尽层与绝缘层之间,形成一个 N 型薄层,称为反型层,如图 3.4-8(b)所示。这个反型层就构成了漏-源之间的导电沟道。将沟道刚刚形成的栅-源电压称为开启电压 $U_{GS(th)}$。u_{GS} 越大,反型层越厚,导电沟道电阻越小。

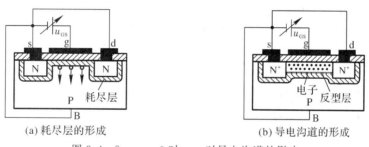

(a) 耗尽层的形成 （b) 导电沟道的形成

图 3.4-8 $u_{DS}=0$ 时,u_{GS} 对导电沟道的影响

当 u_{GS} 是大于 $U_{GS(th)}$ 的一个确定值时,若在漏-源之间加正向电压,则将产生一定的漏极电流。此时,u_{DS} 的变化对导电沟道的影响与结型场效应管相似。即当 u_{DS} 较小时,u_{DS} 的增大使 i_D 线性增大,沟道沿源-漏方向逐渐变窄,如图 3.4-9(a)所示。一旦 u_{DS} 增大到使 $u_{GD}=U_{GS(th)}$（即 $u_{DS}=u_{GS}-U_{GS(th)}$）时,沟道在漏极一侧出现夹断点,称为预夹断,如图 3.4-9(b)所示。如果 u_{DS} 继续增大,夹断区随之延长,如图 3.4-9(c)所示,而且 u_{DS} 的增大部分几乎全部用于克服夹断区对漏极电流的阻力。从外部看,i_D 几乎不因 u_{DS} 的增大而变化,MOS 管进入恒流区,i_D 几乎仅取决于 u_{GS}。

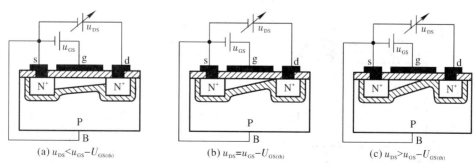

(a) $u_{DS}<u_{GS}-U_{GS(th)}$ (b) $u_{DS}=u_{GS}-U_{GS(th)}$ (c) $u_{DS}>u_{GS}-U_{GS(th)}$

图 3.4-9 当 $u_{GS}>U_{GS(th)}$ 时,u_{DS} 对 i_D 的影响

在 $u_{DS} > u_{GS} - U_{GS(th)}$ 时，对应于每一个 u_{GS} 就有一个确实的 i_D。此时，可将 i_D 视为电压 u_{GS} 控制的电流源。

2. 特性曲线与电流方程

如图 3.4-10(a)、(b)所示分别为 N 沟道增强型 MOS 管的转移特性曲线和输出特性曲线。与结型场效应管一样，MOS 管也有三个工作区域：可变电阻区、恒流区及夹断区，如图 3.4-10(b)所示中标注。

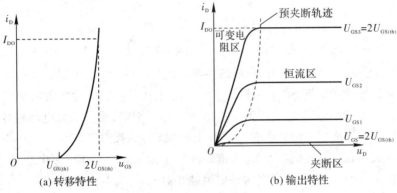

(a) 转移特性   (b) 输出特性

图 3.4-10 N 沟道增强型 MOS 管的特性曲线

与结型场效应管相类似，i_D 与 u_{GS} 的近似关系式为

$$i_D = I_{DO} \left(\frac{u_{GS}}{U_{GS(th)}} - 1 \right)^2 \tag{3.4-5}$$

式中，I_{DO} 是当 $u_{GS} = 2U_{GS(th)}$ 时的 i_D。

3. N 沟道耗尽型 MOS 管

如果在制造 MOS 管时，在 SiO_2 绝缘层中掺入大量正离子，那么即使 $u_{GS} = 0$，在正离子作用下 P 型衬底表层也存在反型层，即漏-源之间存在导电沟道，只要在漏-源间加正向电压，就会产生漏极电流，如图 3.4-11(a)所示。当 u_{GS} 为正时，反型层加宽，沟道电阻变小，i_D 增大；反之，当 u_{GS} 为负时，反型层变窄，沟道电阻变大，i_D 减小。而当 u_{GS} 从零减小到一定值时，反型层消失，漏-源之间导电沟道消失，$i_D = 0$，此时的 u_{GS} 称为夹断电压 $U_{GS(off)}$。与 N 沟道结型场效应管相同，N 沟道耗尽型 MOS 管的夹断电压也为负值；但是，前者只能在 $u_{GS} < 0$ 的情况下工作，而后者的 u_{GS} 可以在正、负值的一定范围内实现对 i_D 的控制，且仍然保持栅-源间非常大的绝缘电阻。

耗尽型 MOS 管的结构示意图及符号如图 3.4-11(b)所示。

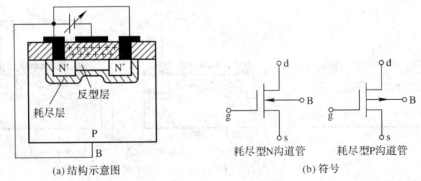

(a)结构示意图   (b)符号

图 3.4-11 N 沟道耗尽型 MOS 管结构示意图及符号

3.4.4 场效应管的主要参数

1. 直流参数

（1）开启电压 $U_{GS(th)}$：$U_{GS(th)}$ 是当 U_{DS} 为一常量时，使 i_D 大于零所需的最小 $|u_{GS}|$ 值。$U_{GS(th)}$ 是增强型 MOS 管的参数。

（2）夹断电压 $U_{GS(off)}$：与 $U_{GS(th)}$ 相类似，$U_{GS(off)}$ 是在 U_{DS} 为常量情况下，i_D 为规定的微小电流（如 5 μA）时的 u_{GS}，它是结型场效应管和耗尽型 MOS 管的参数。

（3）饱和漏极电流 I_{DSS}：对于耗尽型管，在 $U_{GS}=0$ 情况下将产生预夹断时的漏极电流定义为 I_{DSS}。

（4）直流输入电阻 $R_{GS(DC)}$：$R_{GS(DC)}$ 等于栅-源电压与栅极电流之比。结型管的 $R_{GS(DC)}>10^7\ \Omega$，而 MOS 管的 $R_{GS(DC)}>10^9\ \Omega$。

2. 交流参数

（1）低频跨导 g_m：g_m 数值的大小表示 u_{DS} 对 i_D 控制作用的强弱。在场效应管工作在恒流区且 u_{DS} 为常量的条件下，i_D 的微小变化量 Δi_D 与引起它变化的 Δu_{GS} 之比，称为低频跨导，即

$$g_m=\frac{\Delta i_D}{\Delta u_{GS}}\bigg|_{u_{DS}=常数} \qquad (3.4-6)$$

式中，g_m 单位是 S（西门子）或 mS。g_m 是转移特性曲线上某一点的切线的斜率，可通过对式(3.4-4)或式(3.4-5)求导而得。g_m 与切点的位置密切相关，由于转移特性曲线的非线性，因而 i_D 越大，g_m 也越大。

（2）极间电容：场效应管的三个极之间均存在极间电容。通常，栅-源电容 C_{gs} 和栅-漏电容 C_{gd} 为 1~3 pF，而漏-源电容 C_{ds} 为 0.1~1 pF。在高频电路中，应考虑极间电容的影响。管子的最高工作频率 f_{max} 是综合考虑了三个电容的影响而确定的工作频率的上限值。

3. 极限参数

（1）最大漏极电流 $I_{D\,max}$：$I_{D\,max}$ 是场效应管正常工作时漏极电流的上限值。

（2）击穿电压：场效应管进入恒流区后，使 i_D 骤然增大的 u_{DS} 称为漏-源击穿电压 $U_{(BR)DS}$，u_{DS} 超过此值会使管子烧坏。

对于结型场效应管，使栅极与沟道间 PN 结反向击穿的 u_{GS} 为栅-源击穿电压 $U_{(BR)GS}$；对于绝缘栅型场效应管，使绝缘层击穿的 u_{GS} 为栅-源击穿电压 $U_{(BR)GS}$。

（3）最大耗散功率 $P_{D\,max}$：$P_{D\,max}$ 取决于场效应管允许的温升。$P_{D\,max}$ 确定后，便可在场效应管的输出特性上画出临界最大功耗线；再根据 $I_{D\,max}$ 和 $U_{(BR)DS}$，便可得到场效应管的安全工作区。

对于 MOS 管，栅-衬之间的电容容量很小，只要有少量的感应电荷就可产生很高的电压。而由于 $R_{GS(DC)}$ 很大，感应电荷难于释放，以至于感应电荷所产生的高压会使很薄的绝缘层击穿，造成 MOS 管的损坏。因此，无论是在存放还是在工作电路之中，都应为栅-源之间提供直流通路，避免栅极悬空；同时在焊接时，要将电烙铁良好接地。

4. 场效应管与晶体管的比较

场效应管的栅极 g、源极 s、漏极 d 对应于晶体管的基极 b、发射极 e、集电极 c，它们的

作用相类似。

（1）场效应管用栅-源电压 u_{GS} 控制漏极电流 i_D，栅极基本不取电流；而晶体管工作时基极总要索取一定的电流。因此，要求输入电阻高的电路应选用场效应管；而信号源可以提供一定的电流，则可选用晶体管。利用晶体管组成的放大电路可以得到比场效应管更大的电压放大倍数。

（2）场效应管只有多子参与导电；晶体管内既有多子又有少子参与导电，而少子数目受温度、辐射等因素影响较大，因而场效应管比晶体管的温度稳定性好、抗辐射能力强。在环境条件变化很大的情况下应选用场效应管。

（3）因为场效应管的噪声系数很小，所以低噪声放大器的输入级和要求信噪比较高的电路应选场效应管。当然也可选用特制的低噪声晶体管。

（4）场效应管的漏极与源极可以互换使用，互换后特性变化不大；由于晶体管的发射极与集电极互换后特性差异很大，因此只在特殊需要时才互换。

（5）场效应管比晶体管的种类多，特别是耗尽型 MOS 管，栅-源电压 u_{GS} 可正、可负、可零，均能控制漏极电流。因而在组成电路时场效应管比晶体管有更大的灵活性。

（6）场效应管和晶体管均可用于放大电路和开关电路，它们构成了品种繁多的集成电路。由于场效应管集成工艺更简单，且具有耗电小、工作电源电压范围宽等优点，因此场效应管越来越多地被应用于大规模和超大规模集成电路之中。

3.5 晶 闸 管

晶体闸流管简称晶闸管（Thyristor），也称为硅可控元件（SCR），是由三个 PN 结构成的一种大功率半导体器件，多用于可控整流、逆变、调压等电路，也作为无触点开关。

3.5.1 晶闸管的等效模型

由于晶闸管是大功率器件，一般均用在较高电压和较大电流的电路中，常常需要安装散热片，因此其外形都制造得便于安装和散热。常见的晶闸管外形有螺栓形和平板形，如图 3.5-1 所示。此外，其封装形式有金属外壳和塑封外壳等。

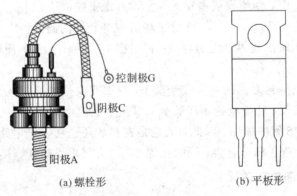

(a) 螺栓形   (b) 平板形

图 3.5-1 晶闸管的外形

晶闸管的内部结构示意图如图 3.5-2(a)所示,它由四层半导体材料组成,四层材料由 P 型半导体和 N 型半导体交替组成,分别为 P_1、N_1、P_2 和 N_2,它们的接触面形成三个 PN 结,分别为 J_1、J_2 和 J_3,故晶闸管也称为四层器件或 PNPN 器件。P_1 区的引出线为阳极 A,N_2 区的引出线为阴极 C,P_2 区的引出线为控制极 G。为了更好地理解晶闸管的工作原理,常将其 N_1 和 P_2 两个区域分解成两部分,使得 $P_1 - N_1 - P_2$ 构成一只 PNP 型管,$N_1 - P_2 - N_2$ 构成一只 NPN 型管,如图 3.5-2(b)所示;用晶体管的符号表示等效电路,如图 3.5-2(c)所示;晶闸管的符号如图 3.5-2(d)所示。

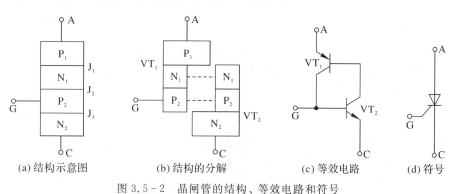

(a) 结构示意图　　(b) 结构的分解　　(c) 等效电路　　(d) 符号

图 3.5-2　晶闸管的结构、等效电路和符号

3.5.2　晶闸管工作原理及伏安特性

1. 工作原理

当晶闸管的阳极 A 和阴极 C 之间加正向电压而控制极不加电压时,J_2 处于反向偏置,晶闸管不导通,称为阻断状态。

当晶闸管的阳极 A 和阴极 C 之间加正向电压且控制极和阴极之间也加正向电压时,如图 3.5-3 所示,J_3 处于导通状态。若 VT_2 管的基极电流为 I_{B2},则其集电极电流为 $\beta_2 I_{B2}$;VT_1 管的基极电流 I_{B1} 等于 VT_2 管的集电极电流 $\beta_2 I_{B2}$,因而 VT_1 管的集电极电流 I_{C1} 为 $\beta_1 \beta_2 I_{B2}$;该电流又作为 VT_2 管的基极电流,再一次进行上述放大过程,形成正反馈。在很短的时间内(一般不超过几微秒),两只晶闸管均进入饱和状态,使晶闸管完全导通,这个过程称为触发导通过程。晶闸管一旦导通,控制极就失去控制作用,晶闸管依靠内部的正反馈始终维持导通状态。晶闸管导通后,阳极和阴极之间的电压一般为 $0.6 \sim 1.2$ V,电源电压几乎全部加在负载电阻 R 上;阳极电流 I_A 因型号不同可达几十安到几千安。

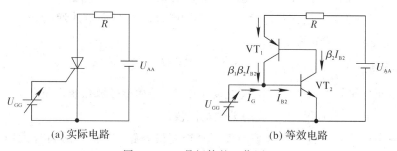

(a) 实际电路　　　　　　　　(b) 等效电路

图 3.5-3　晶闸管的工作原理

晶闸管如何从导通变为阻断呢? 如果能够使阳极电流 I_A 减小到小于一定数值 I_H, 导致晶闸管不能维持正反馈过程, 晶闸管将关断, 这种关断称为正向阻断, I_H 称为维持电流; 如果在阳极和阴极之间加反向电压, 晶闸管也将关断, 这种关断称为反向阻断。控制极只能通过加正向电压控制晶闸管从阻断状态变为导通状态; 而要使晶闸管从导通状态变为阻断状态, 则必须通过减小阳极电流或改变 A-C 间电压极性的方法实现。

2. 伏安特性

以晶闸管的控制极电流 I_G 为参变量, 阳极电流 I 与 A-C 间电压 u 的关系称为晶闸管的伏安特性, 即

$$i = f(u) \big|_{I_G} \tag{3.5-1}$$

如图 3.5-4 所示为晶闸管的伏安特性曲线。

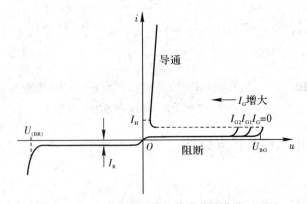

图 3.5-4　晶闸管的伏安特性曲线

当 $u > 0$ 时的伏安特性称为正向特性。从如图 3.5-4 所示的伏安特性曲线可知, 当 $I_G = 0$ 时, u 逐渐增大, 在一定限度内, 由于 J_2 处于反向偏置, i 为很小的正向漏电流, 曲线与二极管的反向特性类似; 当 u 增大到一定数值后, 晶闸管导通, i 骤然增大, u 迅速下降, 曲线与二极管的正向特性类似; 电流的急剧增大容易造成晶闸管损坏, 应当在 A-C 所在回路加电阻(通常为负载电阻)限制阳极电流。

使晶闸管从阻断到导通的 A-C 间电压 u 称为转折电压 U_{BO}。正常工作时, 应在控制极和阴极间加触发电压, 因而 I_G 大于零; 而且, I_G 愈大, 转折电压愈小, 如图 3.5-4 所示。

当 $u < 0$ 时的伏安特性称为反向特性。从如图 3.5-4 所示的伏安特性曲线可知, 晶闸管的反向特性与二极管的反向特性相似。当晶闸管的阳极和阴极之间加反向电压时, 由于 J_1 和 J_3 均处于反向偏置, 因而只有很小的反向电流 I_R; 当反向电压增大到一定数值时, 反向电流骤然增大, 晶闸管击穿。

3. 主要参数

(1) 额定正向平均电流 I_F: 在环境温度小于 40 ℃ 和标准散热条件下, 允许连续通过晶闸管阳极的工频(50 Hz)正弦波半波的平均电流值。

(2) 维持电流 I_H: 在规定的环境温度下且控制极开路, 晶闸管维持导通时的最小阳极电流。当正向电流小于 I_H 时, 晶闸管自动阻断。

（3）触发电压 U_G 和触发电流 I_G：室温下，当 $u=6$ V 时，使晶闸管从阻断到完全导通所需最小的控制极直流电压和电流。一般 U_G 为 $1\sim5$ V，I_G 为几十至几百毫安。

（4）正向重复峰值电压 U_{DRM}：控制极开路的条件下，允许重复作用在晶闸管上的最大正向电压。一般 $U_{DRM}=U_{BO}\times80\%$，U_{BO} 是晶闸管在 I_G 为零时的转折电压。

（5）反向重复峰值电压 U_{RRM}：控制极开路的条件下，允许重复作用在晶闸管上的最大反向电压。一般 $U_{RRM}=U_{BO}\times80\%$。

除以上参数外，晶闸管的参数还有正向平均电压、控制极反向电压等。

晶闸管具有体积小、重量轻、耐压高、效率高、控制灵敏和使用寿命长等优点，使半导体器件的应用从弱电领域进入强电领域，广泛应用于整流、逆变和调压等大功率电子电路中。

习　题

3.1　单项选择题

3.1-1　在本征半导体中，加入_____元素可形成 N 型半导体，加入_____元素可形成 P 型半导体。

A. 5 价　　　　　　　B. 4 价　　　　　　　C. 3 价

3.1-2　PN 结外加正向电压时，空间电荷区_____。

A. 变宽　　　　　　　B. 变窄　　　　　　　C. 不变

3.1-3　二极管正向电压从 0.7 V 增大 10% 时，流过的电流增大_____。

A. 10%　　　　　　　B. 大于 10%　　　　　C. 小于 10%

3.1-4　温度升高时，二极管的反向伏安特性曲线_____。

A. 上移　　　　　　　B. 下移　　　　　　　C. 不变

3.1-5　稳压二极管的稳压区是其工作在_____。

A. 正向导通　　　　　B. 反向截止　　　　　C. 反向击穿

3.1-6　三极管本质上是一个_____器件。

A. 电流控制的电压源　　　　　　　　B. 电压控制的电压源

C. 电流控制的电流源　　　　　　　　D. 电压控制的电流源

3.1-7　当三极管工作在放大区时，发射结电压和集电极电压应为_____。

A. 前者反偏、后者也反偏

B. 前者正偏、后者反偏

C. 前者正偏、后者也正偏

3.1-8　在某放大电路中，测得三极管处于放大状态时三个电极的电位分别为 0 V，-10 V，-9.3 V，则这只三极管是_____。

A. NPN 型硅管　　B. NPN 型锗管　　C. PNP 型硅管　　D. PNP 型锗管

3.1-9　工作在放大区的某三极管，如果当 I_B 从 12 μA 增大到 22 μA 时，I_C 从 1 mA 变为 2 mA，那么它的 β 约为_____。

A. 83　　　　　　　　B. 91　　　　　　　　C. 100

3.1-10 场效应晶体管是用_____控制漏极电流的。

A. 栅-源电流   B. 栅-源电压   C. 漏-源电流   D. 漏-源电压

3.1-11 结型场效应管发生预夹断后，场效应管_____。

A. 断开   B. 进入恒流区   C. 进入饱和区   D. 进入可变电阻区

3.1-12 场效应管的低频跨导 g_m 是_____。

A. 常数   B. 不是常数

C. 与栅-源电压有关   D. 与栅-源电压无关

3.1-13 场效应管靠_____导电。

A. 一种载流子   B. 两种载流子   C. 电子   D. 空穴

3.1-14 增强型 PMOS 管的开启电压_____。

A. 大于零   B. 小于零   C. 等于零   D. 或大于零或小于零

3.2 分析计算题

3.2-1 能否将 1.5 V 的干电池以正向接法接到二极管两端？为什么？

3.2-2 二极管电路如题 3.2-2 图所示，试判断各图中的二极管是导通还是截止，并求输出电压 U_O。

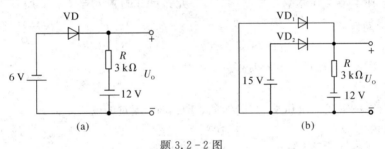

题 3.2-2 图

3.2-3 如题 3.2-3 图所示电路中二极管正向导通时的压降为 0.7 V，反向电流为零。试判断该电路中二极管是导通还是截止，并确定流过二极管的电流 I_D。

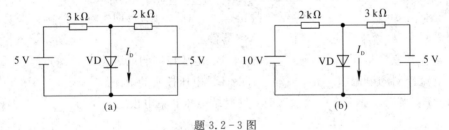

题 3.2-3 图

3.2-4 电路如题 3.2-4 图所示，已知 $u_I = 56\sin\omega t \,(\text{V})$，试画出 u_I 和 u_O 的波形。设二极管是理想的。

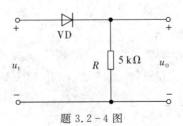

题 3.2-4 图

3.2－5 电路如题 3.2－5 图所示，已知 $u_1 = 5\sin\omega t (\text{V})$，二极管正向导通时的压降为 0.7 V。试画出输出电压的波形，并标出幅值。

3.2－6 二极管组成的单相桥式全波整流电路如题 3.2－6 图所示，它由带中心抽头的电源变压器和两只二极管构成。当输入 u_1 为正弦波时，定性分析电路的工作原理，并绘出输出 u_L 的波形。

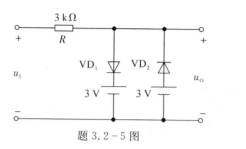 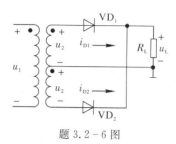

题 3.2－5 图   题 3.2－6 图

3.2－7 现有两只稳压管，它们的稳定电压分别为 6 V 和 8 V，正向导通电压为 0.7 V。试问：

（1）若将它们串联连接，可得到几种稳压值？各为多少？

（2）若将它们并联连接，又可得到几种稳压值？各为多少？

3.2－8 在如题 3.2－8 图所示稳压管稳压电路中，已知稳压管的稳定电压 $U_Z = 6$ V，最小稳定电流 $I_{Z\min} = 5$ mA，最大稳定电流 $I_{Z\max} = 25$ mA，负载电阻 $R_L = 600$ Ω。求限流电阻 R 的取值范围。

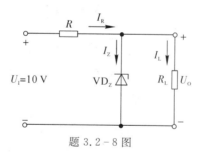

题 3.2－8 图

3.2－9 电路如题 3.2－9 图所示，设 $u_1 = 10\sin\omega t (\text{V})$，稳压管的稳定电压 $U_Z = 8$ V，正向压降为 0.7 V，R 为限流电阻，试近似画出 u_O 的波形。

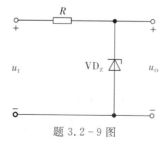

题 3.2－9 图

3.2－10 设计一稳压电路，要求输出电压 $U_O = 6$ V，输出电流 $I_O = 20$ mA，若输入直流电压 $U_1 = 9$ V，试选用稳压管型号和合适的限流电阻值，并检验它们的功率额定。

3.2－11 测得各三极管静态时三个电极对地的电位如题 3.2－11 图所示，试判断它们分别工作在什么状态（饱和、放大、截止）。设所有的三极管和二极管均为硅管。

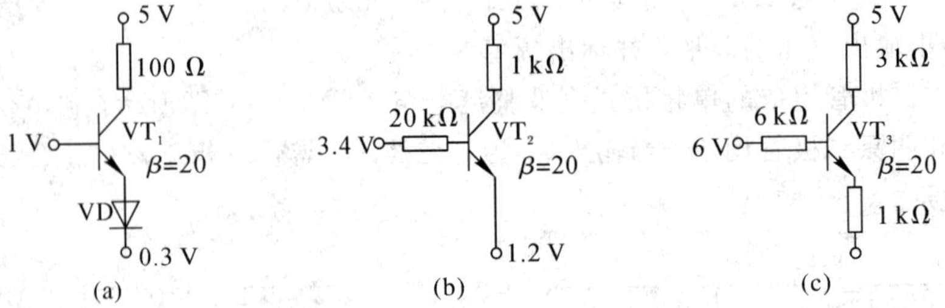

题 3.2-11 图

3.2-12 电路如题 3.2-12 图所示,晶体管导通时 $U_{BE}=0.7$ V,$\beta=50$。试分析 U_{BB} 为 0 V、1 V 和 1.5 V 三种情况下 VT 的工作状态及输出电压 u_o 的值。

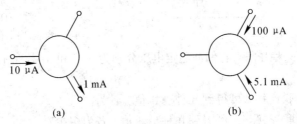

(a)   (b)

题 3.2-12 图

3.2-13 在三极管放大电路中,测得三个三极管的各个电极的电位如题 3.2-13 图所示,试判断各三极管的类型(NPN 管还是 PNP 管,硅管还是锗管),并区分 e、b、c 三个电极。

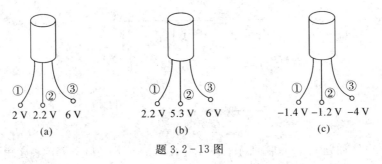

(a)   (b)   (c)

题 3.2-13 图

第四章　放　大　电　路

所谓放大，是指将信号电压、电流放大，也就是能量的放大。根据能量守恒定律，三极管并不能将信号的能量加以放大，但是，三极管放大电路确实将小的输入信号，转化为大的信号输出了，这是为什么呢？实际上，在这里晶体三极管是将直流电源的能量转换为交流信号的能量输出了，也就是三极管放大电路在这里只起到能量的控制和转换的作用，三极管是一种控制型器件。

4.1　放大电路的基本概念

4.1.1　放大电路的符号

放大现象存在于各种场合，例如，利用放大镜放大微小物体，这是光学中的放大；利用杠杆原理用小力移动重物，这是力学中的放大；利用变压器将低电压变换为高电压，这是电学中的放大。

利用扩音机放大声音，是电子学中的放大，其原理框图如图 4.1-1 所示。话筒（传感器）将微弱的声音转换成电信号，经放大电路放大成足够强的电信号后，驱动扬声器（执行机构），使其发出较原来强得多的声音。这种放

图 4.1-1　扩音机示意图

大与上述放大的相同之处是放大的对象均为变化量（差异），不同之处在于扬声器所获得的能量（或输出功率）远大于话筒送出的能量（或输入功率）。可见，放大电路放大的本质是能量的控制和转换，是在输入信号作用下，通过放大电路将直流电源的能量转换成负载所获得的能量，使负载从电源获得的能量大于信号源所提供的能量。因此，电子电路放大的基本特征是功率放大，即负载上总是获得比输入信号大得多的电压或电流，有时兼而有之。这样，在放大电路中必须存在能够控制能量的元件，即有源元件，如晶体管和场效应管等。

放大的前提是不失真，即只有在不失真的情况下放大才有意义。晶体管和场效应管是放大电路的核心元件，只有它们工作在合适的区域（晶体管工作在放大区、场效应管工作在恒流区），才能使输出量与输入量始终保持线性关系，即电路不会产生失真。

由于任何稳态信号都可分解为若干不同频率正弦信号（谐波）的叠加，因此放大电路常以正弦波作为测试信号。

如图 4.1-2 所示为放大电路的示意图。任何一个放大电路都可以看成一个二端口网络。左边为输入端口，当内阻为 R_s 的正弦波信号源 $\dot{U}_s$ 作用时，放大电路得到输入电压 $\dot{U}_i$，

同时产生输入电流 $\dot{I}_i$；右边为输出端口，输出电压为 $\dot{U}_o$，输出电流为 $\dot{I}_o$，R_L 为负载电阻。

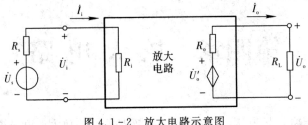

图 4.1-2 放大电路示意图

4.1.2 放大电路的主要性能指标

如图 4.1-2 所示，不同放大电路在 $\dot{U}_s$ 和 R_L 相同的条件下，$\dot{I}_i$、$\dot{U}_o$、$\dot{I}_o$ 将不同，说明不同放大电路从信号源索取的电流不同，且对同样的信号的放大能力也不同；同一放大电路在幅值相同、频率不同的 $\dot{U}_s$ 作用下，$\dot{U}_o$ 也将不同，即对不同频率的信号同一放大电路的放大能力也存在差异。为了反映放大电路各方面的性能，引出如下主要指标：

1. 放大倍数

放大倍数是直接衡量放大电路放大能力的重要指标，其值为输出量 $\dot{X}_o$ 与输入量 $\dot{X}_i$ 之比。对于小功率放大电路，人们常常只关心电路单一指标的放大倍数，如电压放大倍数，而不研究其功率放大能力。

(1) 电压放大倍数为输出电压 $\dot{U}_o$ 和输入电压 $\dot{U}_i$ 的比值，即

$$\dot{A}_{uu} = \dot{A}_u = \frac{\dot{U}_o}{\dot{U}_i} \qquad (4.1-1)$$

(2) 电流放大倍数是输出电流 $\dot{I}_o$ 与输入电流 $\dot{I}_i$ 之比，即

$$\dot{A}_{ii} = \dot{A}_i = \frac{\dot{I}_o}{\dot{I}_i} \qquad (4.1-2)$$

(3) 电压对电流的放大倍数是输出电压 $\dot{U}_o$ 与输入电流 $\dot{I}_i$ 之比，即

$$\dot{A}_{ui} = \dot{A}_r = \frac{\dot{U}_o}{\dot{I}_i} \qquad (4.1-3)$$

因其量纲为电阻，有些文献也称其为互阻放大倍数。

(4) 电流对电压的放大倍数是输出电流 $\dot{I}_o$ 与输入电压 $\dot{U}_i$ 之比，即

$$\dot{A}_{iu} = \dot{A}_g = \frac{\dot{I}_o}{\dot{U}_i} \qquad (4.1-4)$$

因其量纲为电导，有些文献也称其为互导放大倍数。本章重点研究电压放大倍数 $\dot{A}_u$。

2. 输入电阻

放大电路与信号源相连接就成为信号源的负载，必然从信号源索取电流，该电流的大

小表明放大电路对信号源的影响程度。输入电阻 R_i 是从放大电路输入端看进去的等效电阻，定义为输入电压有效值 U_i 和输入电流有效值 I_i 之比，即

$$R_i = \frac{U_i}{I_i} \qquad (4.1-5)$$

R_i 越大，表明放大电路从信号源索取的电流越小，放大电路所得到的输入电压 U_i 越接近信号源电压 U_s；即信号源内阻上的电压越小，信号电压损失越小。然而，如果信号源内阻 R_s 为一常量，那么为了使输入电流大一些，则应使 R_i 小一些。因此，放大电路输入电阻的大小要视需要而定。

3. 输出电阻

任何放大电路的输出都可以等效成一个有内阻的电压源，从放大电路输出端看进去的等效内阻称为输出电阻 R_o，如图 4.1-2 所示。$\dot{U}_o'$ 为空载时的输出电压有效值，$\dot{U}_o$ 为带负载后的输出电压有效值，因此有

$$\dot{U}_o = \frac{R_L}{R_o + R_L} \cdot \dot{U}_o'$$

则输出电阻为

$$R_o = \left(\frac{\dot{U}_o'}{\dot{U}_o} - 1 \right) R_L \qquad (4.1-6)$$

R_o 愈小，负载电阻 R_L 变化时，U_o 的变化愈小，称为放大电路的带负载能力愈强。

4. 通频带

通频带用于衡量放大电路对不同频率信号的放大能力。由于放大电路中电容、电感及半导体器件结电容等电抗元件的存在，在输入信号频率较低或较高时，放大倍数的数值会下降并产生相移。一般情况，放大电路只适用于放大某一个特定频率范围内的信号。如图 4.1-3 所示为某放大电路放大倍数与信号频率的关系曲线，称为幅频特性曲线，图 4.1-3 中 $\dot{A}_m$ 为中频放大倍数。

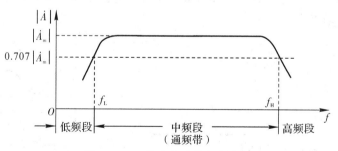

图 4.1-3　放大电路的频率指标

在信号频率下降到一定程度时，放大倍数的数值明显下降，使放大倍数的数值等于 0.707 倍 $\dot{A}_m$ 的频率称为下限截止频率 f_L。信号频率上升到一定程度，放大倍数数值也将减小，使放大倍数的数值等于 0.707 倍 $\dot{A}_m$ 的频率称为上限截止频率 f_H。f 小于 f_L 的部分称为放大电路的低频段，f 大于 f_H 的部分称为高频段，而 f_L 与 f_H 之间形成的频带称为中频段，也称为放大电路的通频带 f_{BW}。

$$f_{BW} = f_H - f_L \qquad (4.1-7)$$

通频带越宽，表明放大电路对不同频率信号的适应能力越强。当频率趋近于零或无穷大时，放大倍数的数值趋近于零。对于扩音机，其通频带应宽于音频（20 Hz～20 kHz）范围，才能完全不失真地放大声音信号。在实用电路中有时也希望频带尽可能窄，比如选频放大电路，从理论上讲，希望它只对单一频率的信号放大，以避免干扰和噪声的影响。

5. 最大输出功率与效率

在输出信号不失真的情况下，负载上能够获得的最大功率称为最大输出功率 $P_{o\,max}$。此时，输出电压达到最大不失真输出电压。在放大电路中，输入信号的功率通常很小，但经放大电路的控制和转换后，负载从直流电源获得的信号功率 $P_{o\,max}$ 却较大。直流电源能量的利用率称为效率 η。设电源消耗的功率为 P_V，则效率 η 等于最大输出功率 $P_{o\,max}$ 与 P_V 之比，即

$$\eta = \frac{P_{o\,max}}{P_V} \qquad (4.1-8)$$

在测试上述指标参数时，对于 A、R_i、R_o，应给放大电路输入中频段小幅值信号；对于 f_L、f_H、f_{BW}，应给放大电路输入小幅值频率范围宽的信号；对于 U_{om}、$P_{o\,max}$ 和 η，应给放大电路输入中频段大幅值信号。

4.2 基本放大电路

三极管放大电路利用三极管的电流控制作用，把微弱的电信号不失真地放大，实现将直流电源的能量转换为按输入信号规律变换的较大能量的输出信号。所以说放大的本质是实现了能量的控制和转换。

4.2.1 共发射极放大电路的组成

共发射极放大电路如图 4.2-1(a)所示，它是阻容耦合的单管共发射极放大电路，图 4.2-1(b)是其工作波形。共发射极放大电路通常由三极管 VT、电阻 R_b 和 R_c 以及集电极直流电源 U_{CC} 组成。u_i 为信号源的端电压，也是放大电路的输入电压，u_o 为放大电路的输出电压，R_L 为负载电阻。

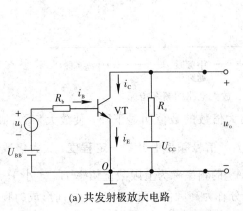

(a) 共发射极放大电路

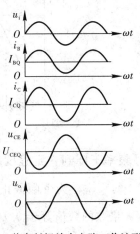

(b) 共发射极放大电路工作波形

图 4.2-1 共发射极基本放大电路

1. 放大电路组成原则

为了使放大电路正常工作，其组成要满足下面的条件：

（1）三极管工作在放大区，要求管子的发射结处于正向偏置，集电结处于反向偏置。

（2）由于三极管的各极电压和电流均有直流分量（$u_i = 0$ 时），也称为静态值或静态工作点，因此被放大的交流信号叠加在直流分量上，要使电路能不失真地放大交流信号，必须选择合适的静态值，可以通过选用合适的电阻 R_b、R_c 和三极管参数来实现。

（3）要使放大电路能不失真地放大交流信号，放大器必须有合适的交流信号通路，以保证输入、输出信号能有效、顺利地传输。

（4）放大电路必须满足一定的性能指标要求。

2. 各元器件的作用

（1）三极管 VT：放大电路的核心器件，其作用是利用输入信号产生微弱的电流 i_b，控制集电极 i_c 变化，i_c 由直流电源 U_{CC} 提供并通过电阻 R_c（或带负载 R_L 时的 $R'_L = R_c \ /\!/ \ R_L$）转换成交流输出电压。

（2）基极直流电源 U_{BB}：通过 R_b 为晶体三极管发射结提供正向偏置电压。

（3）基极偏置电阻 R_b：U_{BB} 通过它给三极管发射结提供正向偏置电压以及合适的基极直流偏置电流，使放大电路能正常工作在放大区，R_b 也称偏置电阻。

（4）集电极负载电阻 R_c：其作用是将放大的集电极电流转换成电压信号。

（5）集电极直流电源 U_{CC}：通过 R_c 为晶体三极管的集电结提供反偏电压，也为整个放大电路提供能量。通常 U_{BB} 和 U_{CC} 为同一个电源，习惯性画成如图 4.2-2（a）所示电路。电路中信号源与放大电路，放大电路与负载均为直接相连，故称为"直接耦合"。在图 4.2-2（b）中，信号与放大电路间由电容 C_1 连接，放大电路与负载间由电容 C_2 连接，故称为"阻容耦合"。阻容耦合形式是单管放大电路常采取的耦合方式。

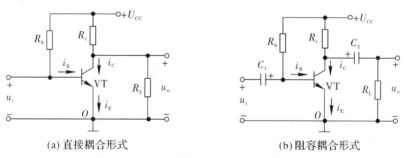

(a) 直接耦合形式　　　　　　　　　　(b) 阻容耦合形式

图 4.2-2　共发射极放大电路的习惯性画法

（6）耦合电容 C_1 和 C_2：对于直流信号起到隔直作用，视为开路。C_1 是防止直流电流进入信号源，C_2 是防止直流电流流到负载中。而对于交流信号，电容视为短路，起到耦合作用，即交流信号可以顺利通过 C_1 和 C_2，耦合电容一般取电容量较大的电解电容。对于 NPN 管和 PNP 管，要注意电容极性的正确连接，应该将电容的正极连在直流电位较高的一端。

4.2.2　共发射极放大电路的静态分析

1. 估算法

当输入信号 $u_i = 0$ 且放大电路只有直流电源的作用时称为静态。静态时，电路中只有直流电源作用,三极管的直流量 I_{BQ}、U_{BEQ} 和 I_{CQ}、U_{CEQ} 分别对应于输入、输出特性曲线上的一个点,称为静态工作点 Q。

静态分析时直流电流流经的通路称为放大电路的直流通路,直流通路为放大电路提供直流偏置,建立合适的静态工作点。

画直流通路时,令交流信号源为零(交流电压源短路,交流电流源开路),保留其内阻;相关电容器视为开路;电感线圈视为短路。根据以上原则可将如图 4.2-3(a)所示的共发射极放大电路的直流通路画出,如图 4.2-3(b)所示。在如图 4.2-3(b)所示电路中,根据回路方程,便可得到静态工作点的表达式。

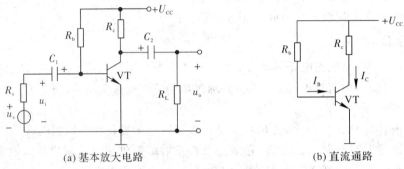

(a) 基本放大电路   (b) 直流通路

图 4.2-3 共发射极基本放大电路及其直流通路

(1)由基极-发射极回路得

$$U_{CC} = I_{BQ}R_b + U_{BEQ}$$

化简后为

$$I_{BQ} = \frac{U_{CC} - U_{BEQ}}{R_b} \tag{4.2-1}$$

(2)由三极管电路分配关系可得

$$I_{CQ} = \beta I_{BQ} \tag{4.2-2}$$

(3)由集电极-发射极回路得

$$U_{CEQ} = U_{CC} - I_{CQ}R_c \tag{4.2-3}$$

由上式可见,在 U_{CC} 和 R_b 选定后,I_B 的值就近似为一定值,由于 I_B 被称为直流偏置电流,故图 4.2-3(a)的放大电路称为固定偏置放大电路。

2. 图解法

在已知放大管的输入特性、输出特性以及放大电路中其他各元件参数的情况下,利用作图的方法对放大电路进行分析即为图解法。将如图 4.2-3(a)所示电路改画成图 4.2-4 的形式,并用虚线把电路分成三部分:三极管、输入回路和输出回路。

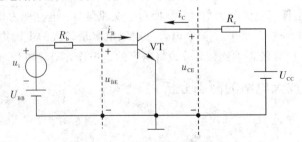

图 4.2-4 基本共发射极放大电路

当静态时 $u_i=0$，放大电路只有直流电源作用，对直流通路的分析称为静态分析。静态工作点既应在三极管的特性曲线上，又应该满足外电路的回路方程，因此可用作图的方法求得 Q 点的值。分析步骤如下：

（1）给定三极管的输入特性和输出特性，在放大电路的输入回路中求得 i_B 和 u_{BE} 的方程，并在输入特性曲线上作出这条直线。根据图 4.2-4，由 KVL 得

$$u_{BE}=U_{BB}-i_B R_b \qquad (4.2-4)$$

这是一条直线，令 $i_B=0$，在横轴上得到交点 $(U_{BB}，0)$；令 $u_{BE}=0$，在纵轴上得到交点 $(0，U_{BB}/R_b)$，斜率为 $-1/R_b$。连接两点，直线与晶体管输入特性曲线的交点就是静态工作点 Q，其对应坐标值为 I_{BQ} 和 U_{BEQ}，如图 4.2-5(a) 所示，式 (4.2-4) 的直线称为输入直流负载线。

（2）在输出回路中求得 i_C 和 u_{CE} 的方程，并在输出特性曲线上作出这条直线。根据图 4.2-4，由 KVL 得

$$u_{CE}=U_{CC}-i_C R_c \qquad (4.2-5)$$

这是一条直线，令 $i_C=0$，在横轴上得到交点 $(U_{CC}，0)$；令 $u_{CE}=0$，在纵轴上得到交点 $(0，U_{CC}/R_c)$，斜率为 $-1/R_c$。连接两点，直线与晶体管输出特性曲线的交点就是静态工作点 Q，其对应坐标值为 I_{CQ} 和 U_{CEQ}，如图 4.2-5(b) 所示。式 (4.2-5) 的直线称为直流负载线。

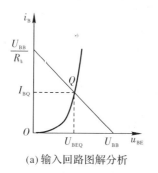 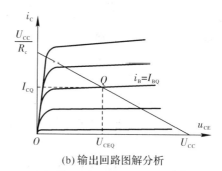

(a) 输入回路图解分析　　　　　　(b) 输出回路图解分析

图 4.2-5　图解法分析三极管静态工作点

【例 4.2-1】　在如图 4.2-6(a) 所示的共发射极放大电路中，已知 $U_{CC}=12$ V，$R_b=240$ kΩ，$R_c=3$ kΩ，$\beta=40$，$U_{BE}=0.7$ V，其直流通路如图 4.2-6(b) 所示。

（1）确定静态工作点，并求 I_{BQ}、I_{CQ} 和 U_{CEQ} 的值；

（2）若使 $U_{CEQ}=3$ V，试计算 R_b 的大小；

（3）若使 $I_{CQ}=1.5$ mA，R_b 又应该多大。

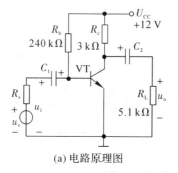 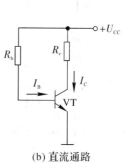

(a) 电路原理图　　　　　　　　(b) 直流通路

图 4.2-6　例 4.2-1 电路图

解 (1) 由图 4.2-6(b)的直流通路可得直流负载线为

$$u_{CE} = U_{CC} - i_{CQ}R_c = 12 - 3i_{CQ}$$

可在输出特性曲线上作出这条直线。

由直流通路得

$$I_{BQ} = \frac{U_{CC} - U_{BEQ}}{R_b} = \frac{12 - 0.7}{240 \times 10^3} \approx \frac{12}{240 \times 10^3} \approx 50(\mu A)$$

故直流负载线与 $I_{BQ} = 50\ \mu A$ 对应的那条输出特性的交点即为静态工作点 Q，由图得 $I_{CQ} = 2\ mA$，$U_{CEQ} = 6\ V$。

(2) 当 $U_{CEQ} = 3\ V$ 时，则由直流通路可得集电极电流为

$$I_{CQ} = \frac{U_{CC} - U_{CEQ}}{R_c} = \frac{12 - 3}{3} = 3(mA)$$

那么基极电流为

$$I_{BQ} = \frac{I_{CQ}}{\beta} = 75(\mu A)$$

故

$$R_b = \frac{U_{CC} - U_{BEQ}}{I_{BQ}} = \frac{12 - 0.7}{75} \approx 150(k\Omega)$$

为了实现 $U_{CEQ} = 3\ V$，基极电阻 R_b 应该设置为 150 kΩ。

(3) 若使 $I_{CQ} = 1.5\ mA$，则

$$I_{BQ} = \frac{I_{CQ}}{\beta} = \frac{1.5}{40} = 37.5(\mu A)$$

故

$$R_b = \frac{U_{CC} - U_{BEQ}}{I_{BQ}} = \frac{12 - 0.7}{37.5} \approx 301(k\Omega)$$

4.2.3 共发射极放大电路的动态分析

当输入信号 $u_i \neq 0$ 时，放大电路的工作状态称为动态。当动态时，电路中的直流电源和交流信号源同时存在，晶体管的 u_{BE}、u_{CE}、i_B 和 i_C 都是直流和交流分量叠加后的总量。

当动态分析时，交流电流流经的通路称为放大器的交流通路。当画交流通路时，直流电源视为零(直流电压源短路，直流电流源开路)，保留其内阻；容量大的电容(如耦合电容)视为短路；小电感视为短路。根据以上原则可将如图 4.2-6(a)所示的共发射极放大电路的交流通路画出，如图 4.2-7(b)所示。

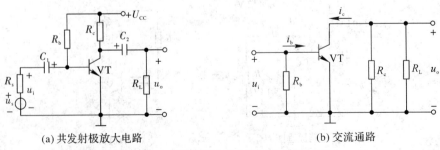

(a) 共发射极放大电路　　　　　　　　　(b) 交流通路

图 4.2-7　共发射极放大电路及交流通路

如前所述，三极管的各极电压和电流中都是直流分量与交流分量共存的，因此，三极管放大电路中的电流通路分为直流通路和交流通路。

1. 图解法

在 $u_i \neq 0$ 的情况下对放大电路进行分析，称为放大电路的动态分析。动态图解分析能够直观地显示出在输入信号作用下，放大电路中各电压及电流波形的幅值大小和相位关系，可对动态工作情况有较全面的了解。具体分析步骤如下：

1）由输入电压 u_i 求得基极电流 i_b

设 $u_i = U_{max} \sin \omega t$(V)，当它加到输入端时，三极管发射结电压是在直流电压 U_{BE} 的基础上叠加了一个交流量 u_{be}。根据放大电路的交流通路可知 $u_{BE} = U_{BB} + u_i - i_B R_b$，此时发射结的电压 u_{BE} 的波形如图 4.2-8 所示。由 u_{BE} 的波形和三极管的输入特性可以作出基极电流 i_B 的波形图。输入电压 u_i 的变化将产生基极电流的交流分量 i_b，由于输入电压 u_i 幅度很小，其动态变化范围小，在 $Q' \sim Q''$ 段可以看成是线性的，基极电流的交流分量 i_b 也是按正弦规律变化的，即 $i_b = I_{max} \sin \omega t$。

2）由 i_b 求得 i_c 和 u_{ce}

当三极管工作在放大区时，集电极电流 $i_c = \beta i_b$，基极电流的交流分量 i_b 在直流分量 I_B 基础上按正弦规律变化，集电极电流的交流分量 i_c 也是在直流分量 I_{CQ} 的基础上按正弦规律变化的。由于集射极的交流分量为 $u_{ce} = -i_c R_c$，u_{ce} 也会在直流分量 U_{CE} 的基础上按正弦规律变化。很显然动态工作点将在交流负载线上的 Q' 和 Q'' 之间移动，根据动态工作点移动的轨迹可画出 i_c 和 u_{ce} 的波形，如图 4.2-8 所示。

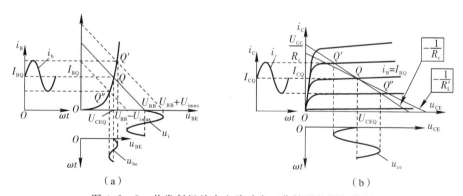

图 4.2-8 共发射极放大电路动态工作情况的图解分析

3）交流负载线

由如图 4.2-7(b)所示阻容耦合放大电路的交流通路可以看出，当电路带上负载电阻 R_L 时，输出电压由集电极电流 i_c 与电阻 R_L'($R_L' = R_c /\!/ R_L$)决定。此时交流负载线斜率为 $-1/R_L'$，而不是 $-1/R_c$，交流负载线和直流负载线不再重合。交流负载线有两个特点：第一，当 $u_i = 0$ 时，三极管的集电极电流应为 I_{CQ}，管压降应为 U_{CEQ}，所以它必过 Q 点；第二，其斜率为 $-1/R_L'$。

4）非线性失真

若放大电路的输出电压波形和输入波形形状不同，则放大电路产生了失真。如果放大电路的静态工作点设置得不合适（偏低或偏高），出现了在正弦输入信号 u_i 作用下，静态三极管进入截止区或饱和区，使得输出电压不是正弦波，这种失真称为非线性失真，它包括饱和失真和截止失真两种。

（1）饱和失真：当放大器输入信号幅度足够大时，若静态工作点 Q 偏高到 Q' 处，i_b 不失真，但 i_c 和 u_{ce}（或 u_o）失真，i_c 的正半周削顶，而 u_{ce} 的负半周削顶，如图 4.2-9(b) 所示波形，这种失真为饱和失真。为了消除饱和失真，对于如图 4.2-9 所示共发射极放大电路失真图，应该增大电阻 R_b，使 I_{BQ} 减小，从而使静态工作点下移到放大区域中心。

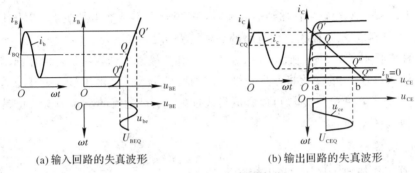

（a）输入回路的失真波形　　　（b）输出回路的失真波形

图 4.2-9　饱和失真的波形

（2）截止失真：当放大器输入信号幅度足够大时，若静态工作点 Q 偏低到 Q'' 处，i_b、i_c 和 u_{ce}（或 u_o）都失真，i_b、i_c 的负半周削顶，而 u_{ce} 的正半周削顶，如图 4.2-10(b) 中所示波形，这种失真为截止失真。为了消除截止失真，对于如图 4.2-10 所示共发射极放大电路失真图，应该减小电阻 R_b，使 I_{BQ} 增大，从而使静态工作点上移到放大区域中心。

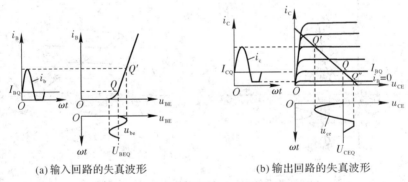

（a）输入回路的失真波形　　　（b）输出回路的失真波形

图 4.2-10　共发射极放大电路的截止失真

5）双向失真

当静态工作点合适但输入信号幅度过大时，在输入信号的正半周三极管会进入饱和区；而在负半周三极管进入截止区，于是在输入信号的一个周期内，输出波形正负半周都被切削，输出电压波形近似梯形波，这种情况为双向失真。为了消除双向失真，应减小输入信号的幅度。

6）输出电压不失真的最大幅度

为了减小和避免非线性失真，必须合理设置静态工作点 Q 的位置，当输入信号较大时，应把 Q 点设在输出交流负载线的中点，这时可得到输出电压的最大动态范围。当输入信号较小时，为了降低电路的功率损耗，在不产生截止失真的前提下，可以把 Q 点选择偏低一些。

图解法是分析放大电路最基本的方法之一，特别适用于分析信号幅度较大而工作频率不太高的情况，它直观形象，有助于一些重要概念的建立和理解。图解法能全面地分析放大电路的静态工作情况，有助于理解和正确选择电路参数、合理设置静态工作点的重要性，以及直观地观察放大电路的饱和失真和截止失真的现象。但图解法不能分析信号幅值太小或工作频率较高时的电流工作状态，也不能分析放大电路的输入电阻和输出电阻等动态参数。

2. 微变等效模型分析法

三极管是一个非线性器件，由三极管组成的放大电路属于非线性电路，不能简单地直接采用线性电路的分析方法进行分析。由图 4.2-8 可见，当输入交流信号时，工作点在 $Q'\sim Q''$ 之间移动，若该信号为低频小信号，则 $Q'\sim Q''$ 将在三极管特性曲线的线性范围内移动，因此可将三极管视为一个线性二端口网络，并采用线性网络的 H 参数表示三极管输入、输出电流和电压的关系，从而把包含三极管的非线性电路变成线性电路，然后采用线性电路的分析方法分析三极管放大电路。这种方法称为 H 参数等效电路分析法，又称为微变等效电路分析法。

微变等效电路法的分析步骤：

（1）认识电路。包括电路中各元器件的作用、放大器的组态和直流偏置电路等，这是电子线路读图的基础。

（2）正确画出放大器的交流、直流通路图。

（3）在直流通路的基础上，求静态工作点。

（4）在交流通路图的基础上，画出小信号等效（如 H 参数）电路图。

（5）根据定义计算电路的动态性能参数，其中关键在于用电路中的已知量表示待求量。

（6）三极管的 H 参数等效模型。

如图 4.2-11(a) 所示，将三极管视为二端口网络，当 $u_i \neq 0$，且为低频小信号时，对于输入端 u_{be} 和 i_b 的关系，描述了三极管的输入特性；而对于输出端 i_c 和 u_{ce}，则描述了三极管的输出特性，用函数表示为

$$\begin{cases} u_{BE}=f_1(i_B,\ u_{CE}) \\ i_C=f_2(i_B,\ u_{CE}) \end{cases} \tag{4.2-6}$$

式中，i_B、i_C、u_{BE}、u_{CE} 均为总瞬时值，而小信号模型是指三极管在交流低频小信号工作状态下的模型，这时要考虑的是电压、电流间的微变关系。对上述方程取全微分得

$$\begin{cases} du_{BE}=\dfrac{\partial u_{BE}}{\partial i_B}di_B+\dfrac{\partial u_{BE}}{\partial u_{CE}}du_{CE} \\ di_C=\dfrac{\partial i_C}{\partial i_B}di_B+\dfrac{\partial i_C}{\partial u_{CE}}du_{CE} \end{cases} \tag{4.2-7}$$

式中，du_{BE} 和 du_{CE} 为电压增量，di_B 和 di_C 为电流增量。在输入信号为低频小信号的情况下，可以用交流分量代替相应的电流和电压增量，则式(4.2-7)可改写为

$$\begin{cases} u_{be}=h_{ie}i_b+h_{re}u_{ce} \\ i_c=h_{fe}i_b+h_{oe}u_{ce} \end{cases} \tag{4.2-8}$$

式中，$h_{ie} = \dfrac{\partial u_{BE}}{\partial i_B}\bigg|_{u_{CE}}$ 为晶体管输出端交流短路时晶体管的输入电阻，单位为欧姆（Ω）；

$h_{re} = \dfrac{\partial u_{BE}}{\partial u_{CE}}\bigg|_{I_B}$ 为晶体管输入端交流开路时反向电压传输比，无量纲，它表示晶体管输出的集

射极电压 u_{ce} 对输入发射结电压 u_{be} 的控制作用；$h_{fe} = \dfrac{\partial i_C}{\partial i_B}\bigg|_{u_{CE}}$ 为晶体管输出端交流短路时的

电流放大系数，无量纲，它表示晶体管输入的基极电流 i_b 对集电极电流 i_c 的控制作用；

$h_{oe} = \dfrac{\partial i_C}{\partial u_{CE}}\bigg|_{I_B}$ 为晶体管输入端交流开路时的输出导纳，其单位为西门子（S）。

根据式（4.2-8）方程组可画出如图 4.2-11（b）所示的等效电路，称为三极管的 H 参数等效电路，又叫微变等效电路。

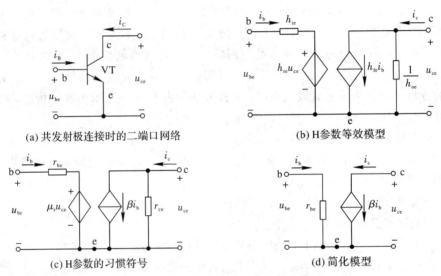

(a) 共发射极连接时的二端口网络　　　　(b) H参数等效模型

(c) H参数的习惯符号　　　　(d) 简化模型

图 4.2-11　三极管 H 参数及等效模型

由于 H 参数是三极管在低频小信号条件下的交流等效参数，放大电路分析过程中，常用 r_{be} 代替 h_{ie}，其数量级为 10^3 Ω；用 u_r 代替 h_{re}，其数量级为 $10^{-3} \sim 10^{-4}$，数值很小可忽略；用 β 代替 h_{fe}，其数量级为 10^2；用 $1/r_{ce}$ 代替 h_{oe}，其数量级为 10^{-5} S，可忽略其影响，则如图 4.2-11（a）所示三极管的微变等效电路可简化成如图 4.2-11（c）所示。

通常在 H 参数中，μ_r 的数值很小，在 $10^{-3} \sim 10^{-5}$ Ω 之间，而 r_{ce} 的数值在 10^5 Ω 以上，$\mu_r u_{ce}$ 比 u_{be} 小很多，r_{ce} 比输出回路中的电阻 R_c（或 R_L）大得多。因此，在三极管微变等效模型中常认为 $\mu_r \approx 0$，$r_{ce} \approx \infty$，可得到三极管的简化等效模型如图 4.2-11（d）所示。

三极管的参数 β 可利用晶体管特性图示仪测得，r_{be} 也可利用下面公式进行估算：

$$r_{be} = r_{bb'} + (1+\beta)\frac{U_T}{I_{EQ}} = r_{bb'} + (1+\beta)\frac{26}{I_{EQ}} \tag{4.2-9}$$

式中，$r_{bb'}$ 为基区体电阻，如图 4.2-12 所示，r_e' 为发射区体电阻，因为 $r_{bb'}$ 和 r_e' 仅与掺杂浓度和制造工艺有关，基区掺杂浓度比发射区低很多，所以 $r_e' \gg r_{bb'}$，$r_{bb'}$ 通常为几十到几百欧；U_T 为绝对温度下的电压当量，一般取 26 mV；I_{EQ} 为当放大电路静态时的发射极电流。值得注意的是，r_{be} 是三极管的交流参数，但它的值与静态工作点和温度等参数有关。

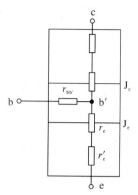

图 4.2 - 12 三极管内部交流电阻示意图

3. 放大电路的微变等效电路

在画放大电路的微变等效电路时，首先令如图 4.2 - 13(a)所示放大电路中的耦合电容、交流旁路电容交流短路，令其直流电压源短路，得到交流通路，然后将三极管用如图 4.2 - 11(d)所示的 H 参数等效电路来代替三极管符号，即可得到如图 4.2 - 13(b)所示放大电路的微变等效电路。

由于被放大的交流输入信号 u_i 为正弦量，若已选择了合适的静态工作点，则三极管工作在线性区域，各电极交流电压和电流均为同频率的正弦信号，且用相量表示。

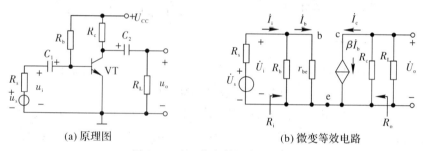

(a) 原理图   (b) 微变等效电路

图 4.2 - 13 共发射极放大电路

放大电路动态性能参数的计算如下：

电压增益
$$\dot{A}_u = \frac{\dot{U}_o}{\dot{U}_i} \qquad (4.2-10)$$

由图 4.2 - 13(b)可得输出电压为

$$\dot{U}_o = -\dot{I}_c(R_c /\!/ R_L) = -\beta \dot{I}_b R'_L$$

输入电压为

$$\dot{U}_i = \dot{I}_b r_{be}$$

故电压放大倍数为

$$\dot{A}_u = \frac{\dot{U}_o}{\dot{U}_i} = \frac{-\beta \dot{I}_b R'_L}{\dot{I}_b r_{be}} = -\frac{\beta R'_L}{r_{be}} \qquad (4.2-11)$$

式(4.2 - 11)中的负号表明共发射极放大电路的输出电压和输入电压相位相反。当负载开路，即 $R_\text{L}=\infty$ 时，放大倍数为 $\dot{A}_\text{u}\approx-\dfrac{\beta R_\text{c}}{r_\text{be}}$。接入负载 R_L 后，电压放大倍数也随 R_L 变化。

在如图 4.2-14(a)所示的电路中，放大电路相对于信号源而言相当于负载，可用电阻 R_i 代替，即放大电路的输入电阻。放大电路相对于负载而言相当于信号源，可用戴维南（或诺顿）定理等效为电压源和内阻串联（或电流源和内阻并联）的形式，其内阻即为放大电路的输出电阻。放大电路的输入电阻为

$$R_\text{i}=\frac{\dot{U}_\text{i}}{\dot{I}_\text{i}}=\frac{\dot{U}_\text{i}}{\dot{I}_1+\dot{I}_\text{b}}=R_\text{b}/\!/r_\text{be} \qquad (4.2-12)$$

由于微变等效电路中存在受控电源，输出电阻的求法应采用外加电压法。如图 4.2-14(b)所示电路，视负载开路和信号源为零（$\dot{U}_\text{s}=0$，保留内阻），在输出端外加一电压 $\dot{U}_\text{T}$，将产生电流 $\dot{I}_\text{T}$，则可得输出电阻为

$$R_\text{o}=\left.\frac{\dot{U}_\text{T}}{\dot{I}_\text{T}}\right|_{\substack{\dot{U}_\text{s}=0\\R_\text{L}=\infty}}=r_\text{ce}/\!/R_\text{c}\approx R_\text{c} \qquad (4.2-13)$$

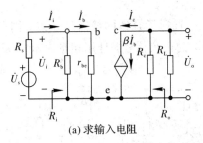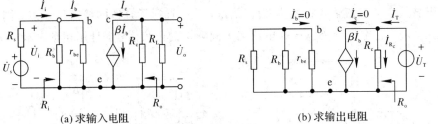

(a) 求输入电阻 　　(b) 求输出电阻

图 4.2-14　共发射极放大电路

【例 4.2-2】　电路如图 4.2-13(a)所示，已知 $U_\text{CC}=12$ V，$R_\text{s}=300$ Ω，$R_\text{b}=510$ kΩ，$R_\text{c}=3$ kΩ，$R_\text{L}=3$ kΩ，三极管的 $\beta=80$，$r_\text{bb'}=200$，$U_\text{BEQ}=0.7$ V。试计算：

(1) 电路的静态工作点 Q，并说明三极管的工作状态；

(2) 电压增益 $\dot{A}_\text{u}$，信号源的电压增益 $\dot{A}_\text{us}$，输入电阻 R_i，输出电阻 R_o。

解　(1) 画出直流通路，如图 4.2-3(b)所示，根据直流通路求解静态工作点 Q。

$$I_\text{BQ}=\frac{U_\text{CC}-U_\text{BEQ}}{R_\text{b}}=\frac{12-0.7}{510}\approx22.16(\mu\text{A})$$

$$I_\text{CQ}=\beta I_\text{BQ}\approx1.77(\text{mA})$$

$$U_\text{CEQ}=U_\text{CC}-I_\text{CQ}R_\text{c}=12-1.77\times3\approx6.69(\text{V})$$

可得 $U_\text{CEQ}>U_\text{BEQ}$，因此有 $U_\text{C}>U_\text{B}>U_\text{E}$，发射结正偏、集电结反偏，说明三极管工作在放大状态。

(2) 画出小信号等效电路，如图 4.2-13(b)所示，先计算 r_be，再计算其余各参数。

$$r_\text{be}=r_\text{bb'}+(1+\beta)\frac{26}{I_\text{EQ}}=200+(1+80)\frac{26}{1.77}\approx1.39(\text{k}\Omega)$$

因为 $R_\text{i}\gg r_\text{be}$，所以有

$$R_\text{i}=R_\text{b}/\!/r_\text{be}\approx R_\text{b}$$

$$R_{\rm o}=R_{\rm c}=3\ {\rm k\Omega}$$

$$\dot{A}_{\rm u}=\frac{\dot{U}_{\rm o}}{\dot{U}_{\rm i}}=\frac{-\beta\dot{I}_{\rm b}R'_{\rm L}}{\dot{I}_{\rm b}r_{\rm be}}=-\frac{\beta R'_{\rm L}}{r_{\rm be}}=-\frac{80\times(3/\!/3)}{1.39}\approx-86$$

$$\dot{A}_{\rm us}=\frac{\dot{U}_{\rm o}}{\dot{U}_{\rm s}}=\frac{\dot{U}_{\rm o}}{\dot{U}_{\rm i}}\cdot\frac{\dot{U}_{\rm i}}{\dot{U}_{\rm s}}=\dot{A}_{\rm u}\frac{R_{\rm i}}{R_{\rm i}+R_{\rm s}}=-86\ \frac{1.39}{1.39+0.3}\approx-70.7$$

通常 $|\dot{A}_{\rm us}|<|\dot{A}_{\rm u}|$，当 $R_{\rm i}$ 越大时，$|\dot{U}_{\rm i}|$ 越接近 $|\dot{U}_{\rm s}|$，$|\dot{A}_{\rm us}|$ 也就越接近 $|\dot{A}_{\rm u}|$。信号内阻的存在将使源电压放大倍数下降，若输入电阻越小，源电压放大倍数下降得越多。因此，当信号源为电压源时，要求电压源内阻尽量小。

4.2.4 基极分压-射极偏置电路

1. 温度对静态工作点的影响

对于如图 4.2-3(a)所示的共发射极放大电路，电路的优点是电路组件少、电路简单、易于调整。由于

$$I_{\rm BQ}=\frac{U_{\rm CC}-U_{\rm BEQ}}{R_{\rm b}}$$

在电源电压 $U_{\rm CC}$ 和偏置电阻 $R_{\rm b}$ 确定后，基极电流 $I_{\rm BQ}$ 就为某一常数。因此，当环境温度变化、电源电压波动或组件参数变化时，静态工作点将不稳定，尤其是温度变化引起 Q 点漂移。这是由于晶体三极管的一些参数，如反向穿透电流 $I_{\rm CEO}$、电流放大系数 β 和发射结电压 $U_{\rm BEQ}$ 都会随着环境稳定变化而变化，使静态工作点随之移动，放大电路的波形就可能进入非线性区，产生非线性失真。

温度对晶体管参数的影响最终表现为使集电极电流增大。当温度升高时，反向穿透电流 $I_{\rm CEO}$ 增大，晶体管的输出特性曲线上移，如图 4.2-15 所示。常温下，静态工作点为 Q 点，负载开路情况下，交直流负载线重合。若环境温度升高，使得 $I_{\rm CEO}$ 增大，电流从 $I_{\rm CQ}$ 增加到 $I'_{\rm CQ}$，电压从 $U_{\rm CE}$ 减小到 $U'_{\rm CE}$，晶体管输出特性曲线为图 4.2-15 中虚线部分，则静态工作点从 Q 点移到 Q'。

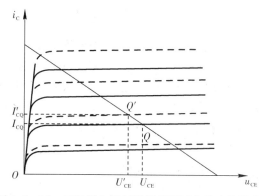

图 4.2-15 三极管在不同温度环境下的输出特性曲线

因此，稳定静态工作点关键是稳定集电极电流 $I_{\rm CQ}$，使 $I_{\rm CQ}$ 尽可能不受温度的影响而保持稳定。由此可见，稳定 Q 点，是指当环境温度发生变化时静态集电极电流 $I_{\rm CQ}$ 和管压降

U_{CEQ} 基本不变。为此，通常将图 4.2-3(a)所示的共发射极放大电路改成基极分压-射极偏置电路，如图 4.2-16 所示。

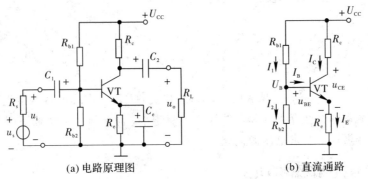

(a) 电路原理图   (b) 直流通路

图 4.2-16 基极分压-射极偏置电路

2. 射极偏置电路

如图 4.2-16(a)所示电路是在如图 4.2-3(a)所示的共发射极放大电路基础上，引入发射极电阻 R_e 和基极偏置电阻 R_{b2}，构成分压偏置式共发射极放大电路。电容 C_e 为交流旁路电容，其容量应选得足够大，它对直流量相当于开路，而对于交流信号相当于短路。

1) 静态工作点的估算

如图 4.2-16(a)所示分压偏置式共发射极放大电路的直流通路如图 4.2-16(b)所示。根据 KCL 可得 $I_1 = I_2 + I_B$，若合理选择电路参数，使得 $I_1 \approx I_2 \gg I_B$，则有

$$I_1 \approx I_2 = \frac{U_{\text{CC}}}{R_{b1} + R_{b2}} \tag{4.2-14}$$

基极电位为

$$U_{\text{BQ}} \approx I_2 \cdot R_{b2} = \frac{R_{b2}}{R_{b1} + R_{b2}} U_{\text{CC}} \tag{4.2-15}$$

上式表明，只要选择 $I_1 \approx I_2 \gg I_B$，则基极电位 U_B 近似由电源电压 U_{CC}、分压电阻 R_{b1} 和 R_{b2} 决定，而与晶体管的参数无关，基本不随温度变化而变化。

由直流通路可知

$$I_{\text{CQ}} = I_{\text{EQ}} = \frac{U_{\text{BQ}} - U_{\text{BEQ}}}{R_e} \tag{4.2-16}$$

上式中 U_{BQ} 和 R_e 为固定值，当 $U_{\text{BQ}} \gg U_{\text{BEQ}}$ 时，I_{CQ} 不随温度而变化，可以近似认为集电极电路 I_{CQ} 与温度无关，放大电路的静态工作点得以稳定。若使 I_{CQ} 固定不变，要满足 $U_{\text{BQ}} \gg U_{\text{BEQ}}$，但 U_{BQ} 太高，会使发射极电位 U_{EQ} 也随之增大，这样使得 U_{CEQ} 下降，从而减少输出电压的线性动态范围，一般对于硅管取 $U_{\text{BQ}} = (3 \sim 5) U_{\text{BEQ}}$，锗管取 $U_{\text{BQ}} = (1 \sim 3) U_{\text{BEQ}}$。如图 4.2-16 所示放大电路的静态工作点稳定的效果较好，通常需要满足 $(1+\beta)R_e \gg 10 (R_{b1} // R_{b2})$。

根据三极管电流分配原理，可得基极电流为

$$I_{\text{BQ}} = \frac{I_{\text{CQ}}}{\beta} \tag{4.2-17}$$

集射极电压为

$$U_{\text{CEQ}} = U_{\text{CC}} - I_{\text{CQ}}(R_c + R_e) \tag{4.2-18}$$

2) 静态工作点的稳定过程

基极分压-射极偏置电路静态工作点稳定是因为引入了电阻 R_e，其两端电压与集电极电流有关，即 $U_{EQ}=I_{CQ}R_e$，当由于环境温度的变化使得集电极电流 I_{CQ} 增大时，U_{EQ} 随之提高，使得 U_{BEQ} 减小，从而使 I_{BQ} 减小，I_{CQ} 也随之下降，集电极电流近似不变。当温度降低时，各物理量向相反方向变化，同样可以稳定 Q 点。上述的调节过程如下：

$$T\uparrow \rightarrow I_{CQ}\uparrow \rightarrow U_{EQ}=I_{CQ}R_e\uparrow \rightarrow U_{BEQ}=U_{BQ}-U_{EQ}\downarrow \rightarrow I_{BQ}\downarrow$$

$$I_{CQ}\downarrow \longleftarrow$$

在稳定的过程中，电阻 R_e 起着关键作用，当 I_{CQ} 变化时，通过电阻 R_e 上产生电压的变化来影响 b-e 间电压，从而使 I_{BQ} 向相反方向变化，达到稳定 Q 点的目的。这种将输出量（I_{CQ}）通过一定的形式（电压或电流）引回到输入回路来影响输入量的过程称为反馈。反馈使输入量减小，最终使得输出量减小，故称为负反馈。由于反馈是存在于直流通路中，稳定静态工作点，故称为直流负反馈。

3) 动态参数的计算

如图 4.2-16(a) 所示放大电路的微变等效电路如图 4.2-17(a) 所示。

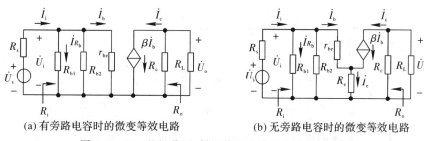

(a) 有旁路电容时的微变等效电路　　(b) 无旁路电容时的微变等效电路

图 4.2-17　基极分压-射极偏置电路的交流等效电路

（1）电压放大倍数。由图可得

$$\dot{U}_o=-\dot{I}_c(R_c /\!/ R_L)=-\beta \dot{I}_b R'_L$$

$$\dot{U}_i=\dot{I}_b r_{be}$$

$$\dot{A}_u=\frac{\dot{U}_o}{\dot{U}_i}=\frac{-\beta \dot{I}_b R'_L}{\dot{I}_b r_{be}}=-\frac{\beta R'_L}{r_{be}} \tag{4.2-19}$$

（2）输入电阻。

$$R_i=\frac{\dot{U}_i}{\dot{I}_i}=\frac{\dot{U}_i}{\dot{I}_1+\dot{I}_2+\dot{I}_b}=R_{b1} /\!/ R_{b2} /\!/ r_{be} \tag{4.2-20}$$

（3）输出电阻。

$$R_o=\frac{\dot{U}}{\dot{I}}\bigg|_{\substack{\dot{U}_s=0 \\ R_L=\infty}}=r_{ce} /\!/ R_c \approx R_c \tag{4.2-21}$$

（4）旁路电容 C_e 的影响。

如果将图 4.2-16(a) 的旁路电容 C_e 断开，其直流通路没有变化，微变等效电路如图

4.2-17(b)所示。此时电路的电压放大倍数为

$$\dot{A}_u=\frac{\dot{U}_o}{\dot{U}_i}=\frac{-\beta\dot{I}_bR'_L}{\dot{I}_br_{be}+(1+\beta)\dot{I}_bR_e}=-\frac{\beta R'_L}{r_{be}+(1+\beta)R_e} \tag{4.2-22}$$

由式(4.2-22)可见,发射极电阻R_e的存在使得电压放大倍数下降,可通过旁路电容C_e将R_e交流短路,同时对直流信号C_e视为开路,R_e仍然能起到稳定静态工作点的作用。

由图4.2-17(b)可得无旁路电容时的输入电阻和输出电阻分别为

$$R_i=\frac{\dot{U}_i}{\dot{I}_i}=R_{b1}/\!/R_{b2}/\!/[r_{be}+(1+\beta)R_e] \tag{4.2-23}$$

$$R_o=R_c \tag{4.2-24}$$

【例4.2-3】 放大电路如图4.2-18(a)所示,已知$U_{CC}=12$ V,$R_c=6$ kΩ,$R_{e1}=300$ Ω,$R_{e2}=2.7$ kΩ,$R_{b1}=60$ kΩ,$R_{b2}=20$ kΩ,$R_L=6$ kΩ,晶体管$\beta=50$,$U_{BE}=0.7$ V,试求:

(1) 静态工作点I_{BQ}、I_{CQ}及U_{CEQ};

(2) 画出微变等效电路;

(3) 输入电阻R_i,R_0及$\dot{A}_u$。

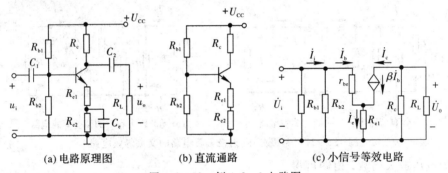

(a) 电路原理图　　　　(b) 直流通路　　　　(c) 小信号等效电路

图4.2-18　例4.2-3电路图

解 (1)直流通路如图4.2-18(b)所示,先估算基极电位为

$$U_{BQ}\approx\frac{R_{b2}}{R_{b1}+R_{b2}}U_{CC}=\frac{20}{60+20}\times12=3(\text{V})$$

写出基极-射极回路方程得

$$I_{CQ}\approx I_{EQ}=\frac{U_{BQ}-U_{BEQ}}{R_e}=\frac{3-0.7}{3}=0.8(\text{mA})$$

$$I_{BQ}\approx\frac{I_{CQ}}{\beta}=\frac{0.8}{50}=16(\mu\text{A})$$

写出集电极-射极回路方程得

$$U_{CEQ}=U_{CC}-I_{CQ}R_c-I_{EQ}(R_{e1}+R_{e2})\approx12-0.8\times6-0.8\times3=4.8(\text{V})$$

(2) 该电路的小信号等效电路如图4.2-18(c)所示。

(3) 计算H参数,r_{be}为

$$r_{be}=300+(1+\beta)\frac{26}{I_{EQ}}=300+51\times\frac{26}{0.8}\approx1.96(\text{kΩ})$$

输入电阻R_i为

$$R_i = R_{b1} /\!/ R_{b2} /\!/ [r_{be} + (1+\beta)R_{e1}] = 15 /\!/ (1.96 + 51 \times 0.3) \approx 8.03 (\text{k}\Omega)$$

输出电阻 R_o 为

$$R_o = R_c \approx 6 \ (\text{k}\Omega)$$

电压增益 $\dot{A}_u$ 为

$$\dot{A}_u = -\frac{\beta(R_c /\!/ R_L)}{r_{be} + (1+\beta)R_{e1}} = -\frac{50 \times 6 /\!/ 6}{1.96 + 51 \times 0.3} \approx -8.69$$

4.2.5 共集电极和共基极放大电路

1. 共集电极放大电路的结构与特性

共集电极放大电路如图 4.2-19(a)所示，由于输出取自集电极，故也称射极输出器。从其交流通路来看，从基极输入发射极输出，输入输出公用集电极，故称为共集电极放大电路。

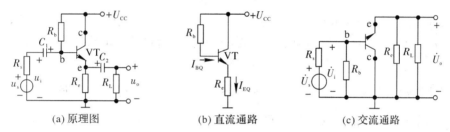

(a) 原理图   (b) 直流通路   (c) 交流通路

图 4.2-19 共集电极放大电路

1) 静态分析

由如图 4.2-19(b)所示直流通路，求解静态工作点 Q 为

$$U_{CC} = I_{BQ}R_b + U_{BEQ} + I_{EQ}R_e$$

$$I_{BQ} = \frac{U_{CC} - U_{BEQ}}{R_b + (1+\beta)R_e} \tag{4.2-25}$$

$$I_{EQ} = (1+\beta)I_{BQ} \tag{4.2-26}$$

$$U_{CEQ} = U_{CC} - I_{EQ}R_e \tag{4.2-27}$$

至此，可确定放大电路的静态工作点。

2) 动态分析

由图 4.2-19(c)的交流通路可得放大电路的微变等效电路如图 4.2-20(a)所示，则电压放大倍数为

$$\dot{A}_u = \frac{\dot{U}_o}{\dot{U}_i} = \frac{(1+\beta)\dot{I}_b R_e /\!/ R_L}{\dot{I}_b r_{be} + \dot{I}_e R_e /\!/ R_L} - \frac{(1+\beta)\dot{I}_b R_L'}{\dot{I}_b r_{be} + (1+\beta)\dot{I}_b R_L'} = \frac{(1+\beta)R_L'}{r_{be} + (1+\beta)R_L'} \tag{4.2-28}$$

由上式可以看出，共集电极放大电路的输出电压和输入电压的相位相同，并且由于 $(1+\beta)R_L' \gg r_{be}$，则 $\dot{A}_u \approx 1$，因而又称为电压跟随器。虽然共集电极放大电路的电压放大倍数小于1，不具有电压放大能力，但是输出电流 $i_e = (1+\beta)i_b$，可见该放大电路仍具有电流放大能力和功率放大能力。

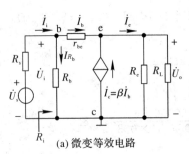 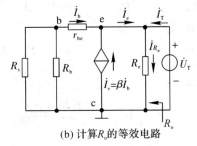

(a) 微变等效电路　　　　　　(b) 计算 R_o 的等效电路

图 4.2 - 20　共集电极放大电路

根据定义有输入电阻 $R_i = \dfrac{\dot{U}_i}{\dot{I}_i}$，由图 4.2 - 20(a) 可得

$$R_i = \frac{\dot{U}_i}{\dot{I}_i} = \frac{\dot{U}_i}{\dot{I}_{R_b} + \dot{I}_b} = \frac{1}{\dfrac{1}{R_b} + \dfrac{1}{r_{be} + (1+\beta)R_L'}} = R_b \, /\!/ \, [r_{be} + (1+\beta)R_L'] \qquad (4.2 - 29)$$

一般 R_b 为几十千欧到几百千欧的电阻，$R_L' = R_c \, /\!/ \, R_L$ 为几千欧的电阻，故共集电极放大电路的输入电阻为几十千欧甚至上百千欧，要比共发射极放大电路的输入电阻（$R_i \approx r_{be}$）大得多。

为了计算输出电阻，令图 4.2 - 20(a) 中的 $\dot{U}_s = 0$，并保留其内阻，同时将负载 R_L 开路，然后在输出的两端加一电压 $\dot{U}_T$，则会产生电流 $\dot{I}_T$，如图 4.2 - 20(b) 所示，可得

$$\dot{I}_T = \dot{I}_{R_e} - (\dot{I}_b + \dot{I}_c) = \dot{I}_{R_e} - (1+\beta)\dot{I}_b = \frac{\dot{U}_T}{R_e} - (1+\beta)\left(-\frac{\dot{U}_T}{R_s \, /\!/ \, R_b + r_{be}} \right)$$

$$= \left[\frac{1}{R_e} - (1+\beta)\left(-\frac{1}{R_s \, /\!/ \, R_b + r_{be}} \right) \right] \dot{U}_T$$

共集电极放大电路的输出电阻为

$$R_o = \frac{\dot{U}_T}{\dot{I}_T} = R_e \, /\!/ \, \frac{R_s \, /\!/ \, R_b + r_{be}}{1+\beta} \qquad (4.2 - 30)$$

通常 $R_b \gg R_s$，所以 $R_o \approx R_e \, /\!/ \, \dfrac{R_s + r_{be}}{1+\beta}$，式 (4.2 - 30) 中，$r_{be}$ 的数值在 $1\,k\Omega$ 左右，R_s 为几百欧姆，$\beta \gg 1$，故共集电极放大电路的输出电阻很低，为几十欧姆到几百欧姆。

3）共集电极放大电路的应用

共集电极放大电路的特点是：电压增益小于 1 而接近于 1，输出电压与输入电压同相；输入电阻高、输出电阻低。共集电极放大电路常被用于多级放大电路的输入极和输出极。为了消除共发射极放大电路的相互影响，实现阻抗匹配，共集电极放大电路也用在多级放大电路的中间级，这时可称其为缓冲级。

2. 共基极放大电路的结构与特性

共基极放大电路如图 4.2 - 21(a) 所示，其输入信号由发射极输入，输出电压取自集电极。由如图 4.2 - 22(a) 所示交流通路可见，输入回路和输出回路共用基极，故称为共基极放大电路。

1) 静态分析

共基极放大电路的直流通路如图 4.2 - 21(b)所示，与基极分压-射极偏置放大电路的直流通路的电路形式相同，可按照相同方法求解静态工作点。

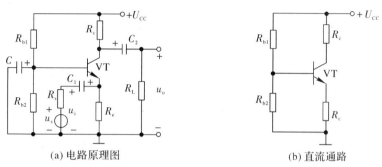

(a) 电路原理图　　　　　　　(b) 直流通路

图 4.2 - 21　共基极放大电路

2) 动态分析

共基极放大电路的微变等效电路如图 4.2 - 22(b)所示。

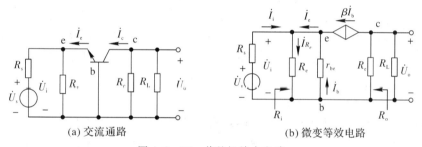

(a) 交流通路　　　　　　　(b) 微变等效电路

图 4.2 - 22　共基极放大电路

(1) 电压放大倍数。

$$\dot{A}_{u}=\frac{\dot{U}_{o}}{\dot{U}_{i}}=\frac{-\dot{I}_{c}R_{c}}{-\dot{I}_{b}r_{be}}=\frac{\beta\dot{I}_{b}R_{c}}{\dot{I}_{b}r_{be}}=\frac{\beta R_{c}}{r_{be}} \tag{4.2-31}$$

由上式可以看出，输出电压和输入电压同相位，大小和共发射极放大电路的放大倍数相当。

(2) 输入电阻。

$$R_{i}=\frac{\dot{U}_{i}}{\dot{I}_{i}}=\frac{\dot{U}_{i}}{\dot{I}_{e}-\dot{I}_{b}-\beta\dot{I}_{b}}=\frac{\dot{U}_{i}}{\frac{\dot{U}_{i}}{R_{e}}-(1+\beta)\frac{\dot{U}_{i}}{r_{be}}}=\frac{1}{\frac{1}{R_{e}}-\frac{1}{r_{be}/1+\beta}}=R_{e}/\!/\frac{r_{be}}{1+\beta} \tag{4.2-32}$$

由式(4.2-32)可见，共基极放大电路的输入电阻很小。

(3) 输出电阻。

$$R_{o}=R_{c} \tag{4.2-33}$$

综上分析说明，共基极放大电路的特点是：电压放大倍数较高、输入电阻低、输出电阻高，主要用于高频电路和恒流源电路。

4.2.6　三种基本放大电路性能的比较

(1) 共发射极放大电路对输入电压和电流都有放大作用，但输出电压与输入电压相位相反。输入电阻在三种组态中居中，输出电阻较大。共发射极放大电路适用于低频情况下，作多级放大电路的中间级。

（2）共集电极放大电路有电流放大，没有电压放大，有电压跟随作用。在三种组态中，输入电阻最大，输出电阻最小，频率特性好。共集电极放大电路常用于放大电路的输入级、输出级和缓冲器。

（3）共基极放大电路有电压放大作用和电流跟随作用，输入电阻小，输出电阻与共发射极放大电路相当。共基极放大电路高频特性较好，常用于高频或宽频带低输入阻抗的场合。

4.3 多级放大电路

单管基本放大电路的电压放大倍数通常只能达到几十到几百。然而在实际工作中，加到放大电路输入端的信号往往都非常微弱，要将其放大到能推动负载工作的程度，仅通过单级放大电路难以满足实际要求，这时就必须通过多个单级放大电路级联，才可满足实际要求。

4.3.1 多级放大电路的耦合方式

多级放大电路是由两级或两级以上的单级放大电路级联而成。在多级放大电路中，将级与级之间的连接方式称为耦合方式，而级与级之间耦合，必须满足以下三点：

（1）耦合后各级电路仍具有合适的静态工作点。

（2）保证信号在级与级之间能够顺利地传输。

（3）耦合后多级放大电路的性能指标必须满足实际的要求。

为了满足上述要求，一般常用的耦合方式有：阻容耦合、直接耦合、变压器耦合。

1. 直接耦合

为了避免在信号传输过程中，耦合电容对缓慢变化的信号带来不良影响，也可以把级与级之间直接用导线连接起来，这种连接方式称为直接耦合。从图 4.3-1(a)中可以看出，当静态时，VT_1 管的管压降 U_{CEQ1} 等于 VT_2 的 U_{BEQ2}。若 VT_1、VT_2 为硅管，$U_{BEQ2}=0.7$ V，则 VT_1 管的静态工作点靠近饱和区，容易引起饱和失真。因此，为了使第一级有合适的静态工作点，就要抬高 VT_2 管的基极电位。如图 4.3-1(b)、(c)所示电路是提高 VT_2 管的基极电位的两种方式。为了解决各级有合适静态工作点的问题，直接耦合多级放大电路常采用 NPN 型和 PNP 型管混合使用的方法解决上述问题，如图 4.3-1(d)所示。

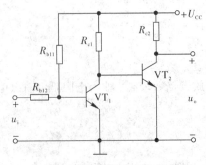

(a) 两级共发射极放大电路直接耦合

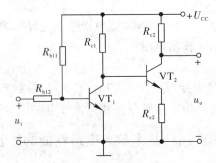

(b) 采用提高后级射极电位实现级间电位匹配

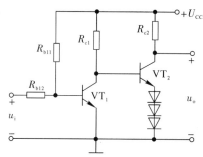
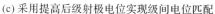
(c) 采用提高后级射极电位实现级间电位匹配

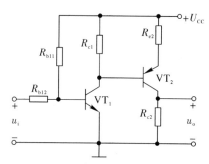
(d) NPN管和PNP管混合使用

图 4.3 - 1 直接耦合放大电路静态工作点的设置

多级放大电路的直接耦合是指前一级放大电路的输出端直接和下一级放大电路的输入端相连接，如图 4.3 - 1(a)所示为两级直接耦合放大电路。很显然直接耦合放大电路的各级静态工作点相互影响，即当输入电压 $u_i = 0$ 时，受环境温度等因素的影响，输出电压 u_o 将在静态工作点的基础上漂移。若输入信号比较微弱，零点漂移信号就可能会掩盖住真正要放大的信号，使电路无法正常工作，因此要抑制零点漂移，使漂移电压和有用信号相比可以忽略。

直接耦合的优点是：既可以放大交流信号，也可以放大直流和变化非常缓慢的信号，低频特性好；电路简单，便于集成，所以集成电路中多采用这种耦合方式。

直接耦合的缺点是：各级放大电路之间直接耦合相连，各级静态工作点彼此不独立，相互影响，给计算、测试带来不便；前级放大电路工作点的温度漂移逐级放大，造成零点漂移这个问题。

2. 阻容耦合

将放大器级与级之间通过电容连接的方式称为阻容耦合方式，电路如图 4.3 - 2 所示。第一级为共集电极放大电路，第二级为共发射极放大电路，VT_1 的发射极通过电容 C_2 连接到 VT_2 的基极，构成两级放大电路。

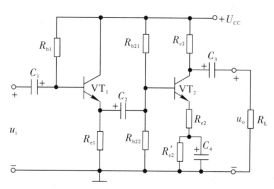

图 4.3 - 2 两级阻容耦合放大电路

阻容耦合放大电路的特点：

（1）因为电容对直流量的电抗无穷大，各级之间的直流通路各不相通，耦合电容就具有"隔直"作用，所以各级电路的静态工作点相互独立、互不影响。这给放大电路的分析、设计和调试带来了很大的方便。此外，还具有体积小、重量轻等优点。

（2）电容对交流信号具有一定的容抗，若电容量不是足够大，则在信号传输过程中会受到一定的衰减。阻容耦合放大电路低频特性差,不能放大变化缓慢的信号。此外,因为在集成电路中制造大容量的电容很困难,所以这种耦合方式下的多级放大电路不便于集成。

3. 变压器耦合

放大器的级与级之间通过变压器相连接的方式称为变压器耦合,其电路如图 4.3-3 所示。变压器耦合电路多用于低频放大电路中,变压器可以通过电磁感应进行交流信号的传输,并且可以进行阻抗匹配,以使负载得到最大功率。由于变压器不能传输直流,故各级静态工作点互不影响,可分别计算和调整。另外,由于可以根据负载选择变压器的匝比,以实现阻抗匹配,故变压器耦合放大电路在大功率放大电路中得到广泛的应用。变压器耦合的缺点是重量太大、成本高,且存在电磁干扰,不便于集成。

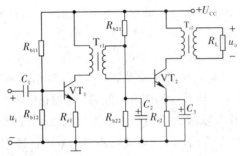

图 4.3-3 两级变压器耦合放大电路

4. 光电耦合

光电耦合器件是把发光器件(如发光二极管)和光敏器件(如光敏三极管)组装在一起,通过光实现耦合构成电—光和光—电的转换器件。如图 4.3-4(a)所示为常用的三极管型光电耦合器(4N25)原理图。输入端加入电信号,发光二极管通过电流而发光,光敏三极管受到光照后饱和导通,产生电流 i_C;当输入端无信号,发光二极管不亮,光敏三极管截止。如图 4.3-4(b)所示电路是一个光电耦合开关电路。当输入信号 u_i 为低电平时,三极管 VT 处于截止状态,光电耦合器 4N25 中发光二极管的电流近似为零,输出端 Q_1、Q_2 呈高阻性,相当于开关"断开";当 u_i 为高电平时,VT 导通,发光二极管发光,Q_1、Q_2 间的电阻值变小,相当于开关"接通"。该电路因 u_i 为低电平时,开关不通,故为高电平导通状态。

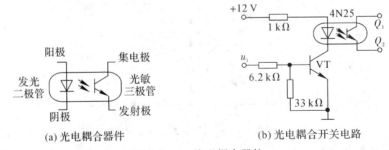

(a) 光电耦合器件　　　　　　　　(b) 光电耦合开关电路

图 4.3-4 光电耦合器件

光电耦合器主要有以下特点:

(1) 光电耦合器的输入阻抗很小,只有几百欧姆,具有较强的抗干扰能力。

(2) 光电耦合器具有较好的电隔离。光电耦合器输入回路与输出回路之间没有电气联系,也没有共地;两者之间的分布电容极小,而绝缘电阻又很大,因此避免了共阻抗耦合的干扰信号的产生。

（3）光电耦合器的响应速度极快，其响应延迟时间只有 $10~\mu s$ 左右，适于对响应速度要求很高的场合。

此外，光电耦合器具有体积小、使用寿命长、工作温度范围宽、输入与输出在电气上完全隔离等特点，因而在各种电子设备上得到广泛的应用。

如图 4.3-5 所示为光电耦合放大电路，信号源部分可以是真实的信号源，也可以是前级放大电路。当动态信号为零时，输入回路有静态电流 I_{DQ}，输出回路有静态电流 I_{CQ}，从而确定出静态管压降 U_{CEQ}。当有动态信号时，随着 i_D 的变化，i_C 将产生线性变化，电阻 R_c 将电流的变化转换成电压的变化。当然，u_{CE} 也将产生相应的变化。由于传输比的数值较小，所以一般情况下，输出电压还需进一步放大。实际上，目前已有集成光电耦合放大电路，具有较强的放大能力。

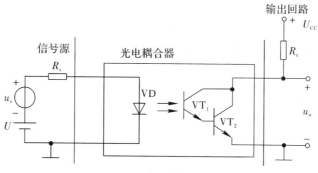

图 4.3-5　光电耦合放大电路

4.3.2　多级放大电路的分析方法

1. 静态分析

直接耦合多级放大电路，由于各级静态工作点不独立，各级直流通路相互联系，所以计算时应综合考虑前后级电压、电流间的影响。直接耦合形式多用在集成电路里，在这里不作讨论。而阻容耦合多级放大电路中，由于各级的静态工作点相互独立，所以其计算可以按照单级放大电路的方法进行。单级放大电路静态工作点的计算方法在前面已介绍。

2. 动态分析

一个 n 级级联的放大器的交流等效电路可用如图 4.3-6 所示框图表示。多级放大电路的分析和计算与单级放大器的分析方法基本相同。从交流参数上看，前级的输出信号 $\dot{U}_{o1}$，即为后一级的输入信号 $\dot{U}_{i2}$；而后一级的输入电阻 R_{i2} 即为前一级的交流负载 R_{L1}，即 $\dot{U}_{o1} = \dot{U}_{i2}$，$R_{L1} = R_{i2}$。

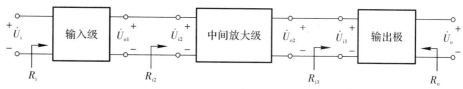

图 4.3-6　三级放大电路方框图

1) 电压增益

对一个 n 级级联的放大器，假设各级的电压放大系数分别为 $\dot{A}_{u1}$、$\dot{A}_{u2}$、$\dot{A}_{u3}$ … $\dot{A}_{un}$，则总的电压放大系数为

$$\dot{A}_{un} = \frac{\dot{U}_o}{\dot{U}_i} = \frac{\dot{U}_{o1}}{\dot{U}_{i1}} \cdot \frac{\dot{U}_{o2}}{\dot{U}_{i2}} \cdot \frac{\dot{U}_{o3}}{\dot{U}_{i3}} \cdots \frac{\dot{U}_{on}}{\dot{U}_{in}} = \dot{A}_{u1} \cdot \dot{A}_{u2} \cdot \dot{A}_{u3} \cdots \dot{A}_{un} \qquad (4.3-1)$$

在计算每级电压增益时，必须考虑前后级之间的影响，即前级放大器作为后级放大器的信号源，后级放大器是前级放大器的负载，例如 $R_{L1} = R_{i2}$，$R'_{L1} = R_{c1} /\!/ R_{i2}$。

2) 输入电阻和输出电阻

多级放大电路的输入电阻 R_i 就是第一级放大电路的输入电阻，即

$$R_i = R_{i1} \qquad (4.3-2)$$

多级放大电路的输出电阻 R_o 就是末级放大电路的输出电阻，即

$$R_o = R_{on} \qquad (4.3-3)$$

【例 4.3-1】 共射-共集两级阻容耦合放大电路如图 4.3-7 所示，已知三极管 $\beta_1 = \beta_2 = 50$，$U_{BE1} = U_{BE2} = 0.7$ V，$r_{be1} = 1.2$ kΩ，$r_{be2} = 1$ kΩ。求电路的输入电阻 R_i、输出电阻 R_o 及电压放大倍数 $\dot{A}_u$。

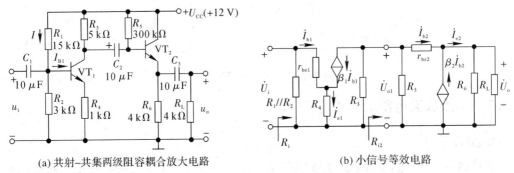

(a) 共射-共集两级阻容耦合放大电路　　　　　(b) 小信号等效电路

图 4.3-7　例 4.3-1 电路图

解 画出如图 4.3-7(a) 所示电路的小信号等效电路如图 4.3-7(b) 所示。电路的输入电阻 R_i 为

$$R_i = R_1 /\!/ R_2 /\!/ [r_{be1} + (1 + \beta_1)R_4] \approx 2.4(\text{k}\Omega)$$

电路的输出电阻 R_o 为

$$R_o = R_6 /\!/ \frac{r_{be2} + R_3 /\!/ R_5}{1 + \beta_2} \approx 0.113(\text{k}\Omega) = 113(\Omega)$$

电路的电压放大倍数 $\dot{A}_u = \dot{A}_{u1} \cdot \dot{A}_{u2}$，为了求出第一级的电压放大倍数 $\dot{A}_{u1}$，首先应求出第二级的输入电阻 R_{i2}

$$R_{i2} = R_5 /\!/ [r_{be2} + (1 + \beta_2)(R_6 /\!/ R_L)] \approx 77(\text{k}\Omega)$$

$$\dot{A}_{u1} = -\frac{\beta_1(R_3 /\!/ R_{i2})}{r_{be1}} = -\frac{50 \times (5 /\!/ 77)}{1.2} \approx -195$$

第二级的电压放大倍数应接近 1，根据电路可得

$$\dot{A}_{u2} = \frac{(1 + \beta_2)(R_6 /\!/ R_L)}{r_{be2} + (1 + \beta_2)(R_6 /\!/ R_L)} \approx 1$$

可得总电压放大倍数为

$$\dot{A}_{\mathrm{u}}=\dot{A}_{\mathrm{u1}}\cdot\dot{A}_{\mathrm{u2}}\approx\dot{A}_{\mathrm{u1}}=-195$$

4.4　放大电路中的反馈

如今，反馈理论在许多领域(如电子技术、控制科学、生物科学和人类社会学等)获得了广泛应用。在放大器中引入负反馈，虽然增益有所降低，但其性能指标在多方面得到改善。因此，在电子电路中，反馈的应用极为普遍。

按照反馈极性的不同，反馈分为正反馈和负反馈两种，它们在电子电路中所起到的作用不同。引入正反馈会造成放大电路的工作不稳定，但在波形产生(即振荡)电路中需要引入正反馈，以构成自激振荡的条件，使电路正常工作；引入负反馈可以使放大电路的性能指标得到改善，因此现代电子设备中的放大器几乎都采用负反馈放大器。

4.4.1　反馈的基本概念和类型

1. 反馈的基本概念

在电子电路中，反馈是指将输出量(输出电压或输出电流)的一部分或全部通过一定的电路形式回送到输入回路，用来影响其输入量(放大电路的输入电压或输入电流)。因此，反馈体现了输出信号对输入信号的反作用。

什么是电子电路中的反馈呢？在前面各章中虽然没有具体地介绍反馈，但讨论工作点稳定时，已经用到了反馈的概念。如图 4.2－16 所示的发射极电阻 R_e 就是起反馈作用的。

2. 反馈的框图

图 4.4－1 是负反馈放大电路的反馈网络框图。$\dot{X}_{\mathrm{i}}$ 为输入量，$\dot{X}_{\mathrm{f}}$ 为反馈量，$\dot{X}_{\mathrm{i}}'$ 为净输入量，$\dot{X}_{\mathrm{o}}$ 为输出量。图中连线的箭头表示信号的流通方向，近似分析时可以认为方框图中的信号是单向流通的，即输入信号 $\dot{X}_{\mathrm{i}}$ 仅通过基本放大电路传递到输出，而输出信号 $\dot{X}_{\mathrm{o}}$ 仅通过反馈网络传递到输入，输入端上的圆圈 $\otimes$ 表示信号 $\dot{X}_{\mathrm{i}}$ 和 $\dot{X}_{\mathrm{f}}$ 在此叠加。

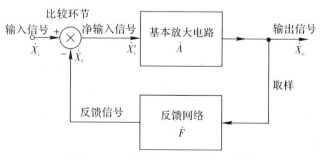

图 4.4－1　负反馈放大电路的方框图

由图 4.4－1 可知在框图中定义基本放大电路的放大倍数为

$$\dot{A}=\frac{\dot{X}_{\mathrm{o}}}{\dot{X}_{\mathrm{i}}} \tag{4.4－1}$$

反馈系数为

$$\dot{F} = \frac{\dot{X}_f}{\dot{X}_o} \qquad (4.4-2)$$

净输入量

$$\dot{X}_i' = \dot{X}_i - \dot{X}_f \qquad (4.4-3)$$

负反馈放大电路的放大倍数(也称闭环放大倍数)为

$$\dot{A}_f = \frac{\dot{X}_o}{\dot{X}_i} \qquad (4.4-4)$$

将式(4.4-1)~式(4.4-3)代入式(4.4-4)可得

$$\dot{A}_f = \frac{\dot{X}_o}{\dot{X}_i} = \frac{\dot{X}_o}{\dot{X}_i' + \dot{X}_f'} = \frac{\dot{A}\dot{X}_i'}{\dot{X}_i' + \dot{A}\dot{F}\dot{X}_i'} = \frac{\dot{A}}{1 + \dot{A}\dot{F}} \qquad (4.4-5)$$

3. 反馈深度 $|1+\dot{A}\dot{F}|$

负反馈放大电路性能的改善程度与 $|1+\dot{A}\dot{F}|$ 值有关, $|1+\dot{A}\dot{F}|$ 越大, 反馈越深。 $|1+\dot{A}\dot{F}|$ 是衡量负反馈程度的一个重要指标, 称为反馈深度。

反馈所起的作用可概括为如下三种情况:

(1) 当 $|1+\dot{A}\dot{F}|>1$ 时, 则 $|\dot{A}_f|<|\dot{A}|$, 即引入反馈后增益下降了, 这时反馈是负反馈。

(2) 当 $|1+\dot{A}\dot{F}|<1$ 时, 则 $|\dot{A}_f|>|\dot{A}|$, 即加入反馈后放大倍数增加了, 这说明已从原来的负反馈变成了正反馈。

(3) 当 $|1+\dot{A}\dot{F}|=0$ 时, 则 $|\dot{A}_F|\rightarrow\infty$, 这就是说, 当放大电路在没有输入信号时, 也会有输出信号, 产生了自激振荡, 使放大电路不能正常工作。在负反馈放大电路中, 自激振荡现象是必须设法消除的。

特别的, 若 $|1+\dot{A}\dot{F}|\gg1$(即电路引入深度负反馈), 则

$$\dot{A}_f = \frac{\dot{A}}{1 + \dot{A}\dot{F}} \approx \frac{\dot{A}}{\dot{A}\dot{F}} = \frac{1}{\dot{F}} \qquad (4.4-6)$$

式(4.4-6)表明当电路引入深度负反馈时, 放大倍数几乎仅仅决定于反馈网络, 而与基本放大电路无关。由于反馈网络通常采用无源网络, 受环境温度的影响极小, 因而放大倍数具有很高的稳定性。从深度负反馈的条件可知, 反馈网络的参数确定后, 基本放大电路的放大能力越强, 即 $\dot{A}$ 的数值越大, 反馈越深, $\dot{A}_f$ 与 $1/\dot{F}$ 的近似程度越好。

4. 反馈的类型

1) 直流反馈与交流反馈

根据反馈信号中包含的交、直流成分(即反馈信号的交、直流性质)分类, 反馈分为直流反馈和交流反馈。存在于放大电路直流通路中的反馈称为直流反馈, 存在于交流通路中的反馈称为交流反馈。

放大电路中既含有直流分量,也含有交流分量,故必然有直流、交流反馈之分。直流反馈影响放大电路的直流性能,如静态工作点;交流反馈影响放大电路的交流性能,如增益、输入电阻、输出电阻和带宽等。

2)正反馈和负反馈

根据反馈极性的不同,反馈分为正反馈和负反馈。如果引入的反馈信号使放大电路的净输入信号增强,使电路的电压放大倍数增加,该反馈称为正反馈;反之,如果引入的反馈信号使放大电路净输入信号减小,使电路的电压放大倍数降低,则称为负反馈。

3)电压反馈和电流反馈

根据反馈信号从输出端的采样方式不同,反馈分为电压反馈和电流反馈。若反馈信号取自输出电压或与输出电压成正比,称为电压反馈;若反馈信号取自输出电流或与输出电流成正比,则称为电流反馈。电压反馈稳定输出电压,电流反馈稳定输出电流。

4)串联反馈和并联反馈

根据反馈信号与输入信号在放大电路输入端连接方式的不同,反馈分为串联反馈和并联反馈。若反馈信号与输入信号在输入回路中以电压形式相加减(即反馈信号与输入信号串联),称为串联反馈;若反馈信号与输入信号在输入回路中以电流形式相加减(即反馈信号与输入信号并联输入),称为并联反馈。

除了以上列举的几种反馈的分类方法外,还可以有其他的分类。例如,还可以分为局部反馈和级间反馈。局部反馈表示反馈信号从某一个放大的输出信号取样,只引回到本级放大电路的输入回路;级间反馈表示反馈信号从后面放大级的输出信号取样,引回到前面另一个放大级的输入回路中去。

4.4.2　反馈的组态

在分析放大电路有关反馈的问题时,首先要看放大电路中有无反馈存在,下面对反馈的类型和判别进行阐述。反馈网络在放大电路输出端有电压和电流两种取样方式,在放大电路输入端有串联和并联两种求和方式。因此,负反馈放大电路有四种组态(或称类型),分别为电压串联负反馈、电压并联负反馈、电流串联负反馈和电流并联负反馈。

1. 直流反馈和交流反馈的判断

根据直流反馈与交流反馈的定义,可以通过判断反馈是存在于放大电路的直流通路之中还是交流通路之中,来判断放大电路引入的是直流反馈还是交流反馈。例如,如图 4.2 - 16 所示电路中 R_e 上的电压为直流电压,因而电路引入的是直流反馈;如去掉旁路电容 C_e,那么电阻 R_e 上的电压就既有直流分量又有交流分量,因而电路中既引入了直流反馈又引入了交流反馈。

2. 反馈极性的判断

反馈极性的判别通常采用瞬时极性判别法。具体方法是:首先假定在放大电路的输入端加入一个瞬时正极性信号(对地),然后根据各级电路输出端与输入端的相位关系(同相或反相)逐级判断电路中各相关点电位的极性,得到反馈信号的极性,最后判断反馈信号的极性是增强还是削弱净输入信号,如果是削弱,便可判定是负反馈;反之则为正反馈。

应用瞬时极性法应当注意以下几点：

(1) 共发射极放大电路晶体管发射极和基极的瞬时电位极性相同，集电极和基极的瞬时电位极性相反。

(2) 集成运算放大器同相输入端和输出端的瞬时电位极性相同，反相输入端和输出端的瞬时电位极性相反。

(3) 对于电路中的其他器件（如电阻和电容等），认为两端的瞬时电位极性相同。

如图 4.2-16 所示电路中，设输入信号 u_i 的瞬时极性为正，经晶体三极管反相放大后，其集电极电位为负，发射极电位 u_e（即反馈信号 u_f）为正，因而使该放大电路的净输入信号电压 $u_{BE}=u_i-u_f$ 比没有反馈时的 $u_{BE}=u_i$ 减小。所以，由 R_e 引入的交流反馈是负反馈。

3. 电压反馈和电流反馈的判断

判断反馈是电压反馈还是电流反馈，通常采用输出端交流短路法。具体方法是：假设输出短路，使得负反馈放大电路的输出电压为零，若反馈信号也为零，则为电压反馈；若反馈信号不为零，则为电流反馈。

如图 4.2-16 所示电路中，交流反馈信号是电阻 R_e 上的电压信号，且有 $u_f=i_E R_e \approx i_C R_e$。采用输出短路法，令输出短路（即 R_L 短路），则 $u_o=0$，但 $i_C \neq 0$（因 i_C 受 i_B 控制），故 u_f 不等于零，即反馈信号仍然存在，说明反馈信号与输出电流成比例。因此，引入的反馈是电流反馈。

4. 串联反馈和并联反馈的判断

判断反馈是串联反馈还是并联反馈，通常采用输入短路法。具体方法是：将输入端口短接，若反馈信号被旁路掉，则为并联反馈；若反馈信号存在，则为串联反馈。

在如图 4.2-16 所示电路中，净输入信号电压 $u_{BE}=u_i-u_f$，即反馈输入信号在输入回路中以电压形式相加，故该反馈为串联反馈。

【例 4.4-1】 判断如图 4.4-2 所示电路中反馈的极性和组态。

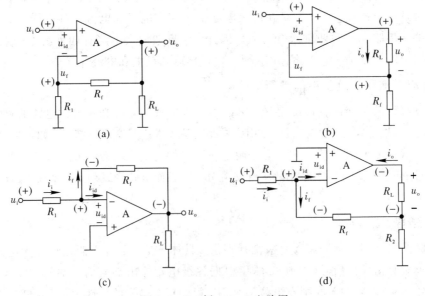

图 4.4-2 例 4.4-1 电路图

解　采用瞬时极性法判断反馈的极性，经判断图 4.4－2 电路中的反馈均为负反馈。

（1）由图 4.4－2(a)可见，反馈电压取自放大电路的输出电压，而在输入回路中，外加输入信号与反馈信号以电压的形式求和。因此，反馈的组态是电压串联负反馈。

（2）由图 4.4－2(b)可见，由于反馈信号取自输出回路的电流，在放大电路的输入回路中与外加输入信号以电压的形式求和。因此，反馈的组态是电流串联负反馈。

（3）由图 4.4－2(c)可见，反馈信号是从输出电压采样，在放大电路的输入回路中与外加输入信号以电流形式求和。因此，反馈的组态是电压并联负反馈。

（4）由图 4.4－2(d)可见，反馈信号取自输出回路的非输出端，而在输入回路中外加输入信号与反馈信号以电流的形式求和。因此，反馈的组态是电流并联负反馈。

4.4.3　负反馈对放大电路性能的影响

放大电路中引入直流负反馈后，可以稳定电路的静态工作点。放大电路中引入交流负反馈后，其性能会得到多方面的改善。例如，可以稳定放大倍数，改变输入电阻和输出电阻，展宽频带，减小非线性失真等。

1. 提高闭环增益 A_f 的稳定性

由于电路元器件参数的变化、环境温度的变化、电源电压的变化、负载大小的变化，放大电路的增益可能受到影响而不稳定。引入适当的负反馈以后，可提高闭环增益的稳定性。

在中频段，各参数均为实数，表达式可写为

$$A_f = \frac{A}{1+AF} \approx \frac{1}{F}$$

这就是说，引入深度负反馈后，放大电路的增益决定于反馈网络的系数，而与基本放大电路几乎无关。反馈网络一般由稳定性能优于半导体三极管的无源线性元件（如 R、C）组成。因此，闭环增益是比较稳定的。在一般情况下，增益的稳定性常用有、无反馈时增益的相对变化量之比来衡量。用 dA/A 和 dA_f/A_f 分别表示开环和闭环增益的相对变化量。将 $A_f = \frac{A}{1+AF}$ 求 A 导数，得

$$dA_f = \frac{dA}{(1+AF)^2} \tag{4.4-7}$$

将式(4.4-7)两边分别除以 $A_f = \frac{A}{1+AF}$，得

$$\frac{dA_f}{A_f} = \frac{1}{1+AF} \frac{dA}{A} \tag{4.4-8}$$

该式表明，引入负反馈后，增益的相对变化量为开环增益相对变化量的 $\frac{1}{1+AF}$，即闭环增益的相对稳定度提高了，$1+AF$ 越大，即负反馈越深，dA_f/A_f 越小，闭环增益的稳定性越好。

注意：

（1）负反馈不能使输出量保持不变，只能使输出量趋于不变，而且只能减小由开环增

益变化而引起的闭环增益的变化。如果反馈系数发生变化而引起闭环增益变化，则负反馈是无能为力的。所以，反馈网络一般都由无源元件组成。

（2）不同类型的负反馈能稳定的增益不同，如电压串联负反馈只能稳定闭环电压增益，而电流串联负反馈只能稳定闭环互导增益。

2. 对输入输出电阻的影响

负反馈对输入电阻的影响与输入端的连接方式有关，即取决于输入端引入的是串联负反馈还是并联负反馈；负反馈对输出电阻的影响与输出端的连接方式有关，即取决于输出端采用的是电压负反馈还是电流负反馈。

1）对输入电阻的影响

如图 4.4-3 所示的串联负反馈放大电路中，反馈信号总是以电压的方式叠加在输入端，引入串联负反馈将增大输入电阻，串联负反馈放大电路输入电阻 r_{if} 的表达式为

$$r_{if}=(1+\dot{A}\dot{F})r_i \tag{4.4-9}$$

如图 4.4-4 所示的并联负反馈放大电路中，反馈信号总是以电流的方式叠加在输入端，引入并联负反馈将减小输入电阻，并联负反馈放大电路输入电阻 r_{if} 的表达式为

$$r_{if}=\frac{r_i}{1+\dot{A}\dot{F}} \tag{4.4-10}$$

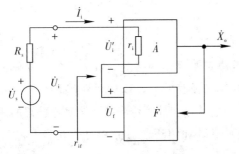
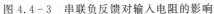
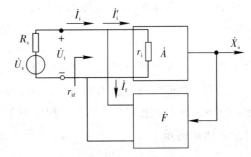

图 4.4-3　串联负反馈对输入电阻的影响　　　图 4.4-4　并联负反馈对输入电阻的影响

2）对输出电阻的影响

放大电路输出端引入电压负反馈，可以使输出电压基本保持恒定，因此对于负载而言，可将电压负反馈放大电路近似看做恒压源，其输出电阻（恒压源内阻）必然很小，说明电压负反馈电路使输出电阻减小。如图 4.4-5 所示，电压负反馈放大电路输出电阻的表达式为

$$r_{of}=\frac{r_o}{1+\dot{A}\dot{F}} \tag{4.4-11}$$

放大电路输出端引入电流负反馈，可以使输出电流基本保持恒定。因此，对于负载而言，可以把电流负反馈放大电路近似看做恒流源，则输出电阻（恒流源内阻）必然很大，说明电流负反馈使输出电阻增大。

如图 4.4-6 所示，电流负反馈放大电路输出电阻的表达式为

$$r_{of}=(1+\dot{A}\dot{F})r_o \tag{4.4-12}$$

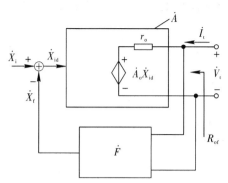

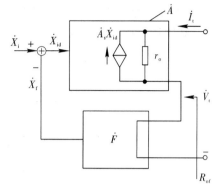

图 4.4－5 电压负反馈对输入电阻的影响　　　图 4.4－6 电流负反馈对输入电阻的影响

3. 展宽通频带，减小频率失真

放大电路引入负反馈后，各种原因引起的放大倍数的变化都将减小，当然也包括因信号频率变化而引起的放大倍数的变化。因此，通频带得到了展宽。

为了简化问题，设反馈网络为纯电阻网络，且在放大电路波特图的低频段和高频段各仅有一个拐点。基本放大电路的中频放大倍数为 $\dot{A}_M$，上限频率为 f_H，下限频率为 f_L，因此高频段放大倍数的表达式为

$$\dot{A}_H = \frac{\dot{A}_M}{1+j\dfrac{f}{f_H}}$$

引入负反馈后，电路的高频段放大倍数为

$$\dot{A}_{Hf} = \frac{\dot{A}_H}{1+\dot{A}_H\dot{F}} = \frac{\dfrac{\dot{A}_M}{1+j\dfrac{f}{f_H}}}{1+\dfrac{\dot{A}_M}{1+j\dfrac{f}{f_H}}\times\dot{F}} = \frac{\dot{A}_M}{1+j\dfrac{f}{f_H}+\dot{A}_M\dot{F}}$$

将分子和分母均除以 $1+A_M F$，可得

$$\dot{A}_{Hf} = \frac{\dfrac{\dot{A}_M}{1+\dot{A}_M\dot{F}}}{1+j\dfrac{f}{(1+\dot{A}_M\dot{F})f_H}} = \frac{\dot{A}_{Mf}}{1+j\dfrac{f}{f_{Hf}}}$$

式中，A_{Mf} 为负反馈放大电路的中频放大倍数，f_{Hf} 为其上限频率，故

$$f_{Hf} = (1+\dot{A}_M\dot{F})f_H \qquad (4.4-13)$$

利用上述推导方法可以得到负反馈放大电路下限频率的表达式

$$f_{Lf} = \frac{1}{1+\dot{A}_M\dot{F}}f_L \qquad (4.4-14)$$

可见，引入负反馈后，下限频率减小到基本放大电路的 $1/(1+AF)$。与上限频率的分析相

类似，对于不同的反馈组态，$\dot{A}_M$ 的物理意义不同，因而式(4.4-14)的含义也不同。图4.4-7为开环增益和闭环增益的幅频响应。

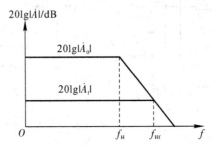

图 4.4 - 7 开环增益和闭环增益的幅频响应

一般情况下，$f_H \gg f_L \gg f_{Hf} \gg f_{Lf}$。因此，基本放大电路和负反馈放大电路的通频带分别可近似表示为

$$f_{BWf} = f_{Hf} - f_{Lf} \approx f_{Hf} \qquad (4.4-15)$$

即引入负反馈使频带展宽到基本放大电路的 $1+AF$ 倍。

当放大电路的波特图中有多个拐点，且反馈网络不是纯电阻网络时，问题就比较复杂了，但是频带展宽的趋势不变。

4. 减小环内的非线性失真，抑制干扰及噪声

对于理想的放大电路，其输出信号与输入信号应完全呈线性关系。但是，由于组成放大电路的半导体器件(如晶体管和场效应管)均具有非线性特性，当输入信号为幅值较大的正弦波时，输出信号却往往不是正弦波。经谐波分析，输出信号中除含有与输入信号频率相同的基波外，还含有其他谐波，因而产生失真。怎样才能消除这种失真呢？看看图4.4-8。

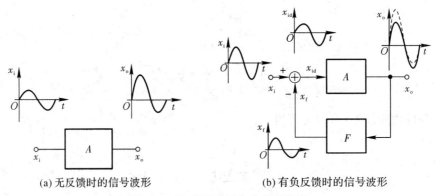

(a) 无反馈时的信号波形　　　　　(b) 有负反馈时的信号波形

图 4.4 - 8 负反馈减小非线性失真

注意：

(1) 只有信号源有足够的潜力，能使电路闭环后基本放大电路的净输入电压与开环时相等，即输出量在闭环前、后保持基波成分不变，非线性失真才能减小到基本放大电路的 $(1+\dot{A}\dot{F})$ 分之一。

(2) 非线性失真产生于电路内部，引入负反馈后才被抑制。换而言之，当非线性信号混入输入量或干扰来源于外界时，引入负反馈将无济于事，必须采用信号处理(如有源滤波)或屏蔽等方法才能解决。

4.5　差分放大电路

差分放大电路利用电路参数的对称性有效地稳定静态工作点，以放大差模信号抑制共模信号为显著特征，广泛应用于直接耦合电路、测量电路和集成运输放大器的输入级。

差分放大电路的基本组成如图 4.5-1 所示。

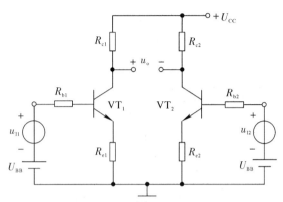

图 4.5-1　差分放大电路的组成

当所加信号 u_{I1} 与 u_{I2} 为大小相等极性相同的输入信号（称为共模信号）时，由于电路参数对称，VT_1 管和 VT_2 管所产生的电流变化相等，即 $\Delta i_{B1} = \Delta i_{B2}$，$\Delta i_{C1} = \Delta i_{C2}$；因此集电极电位的变化也相等，即 $\Delta u_{C1} = \Delta u_{C2}$。因为输出电压是 VT_1 管和 VT_2 管集电极电位差，所以输出电压 $u_O = u_{C1} - u_{C2} = 0$，说明差分放大电路对共模信号具有很强的抑制作用，在参数完全对称的情况下，共模输出为零。当 u_{I1} 与 u_{I2} 所加信号为大小相等极性相反的输入信号（称为差模信号）时，即 $\Delta u_{I1} = -\Delta u_{I2}$，由于电路参数对称，$VT_1$ 管和 VT_2 所产生的电流的变化大小相等而变化方向相反，即 $\Delta i_{B1} = -\Delta i_{B2}$，$\Delta i_{C1} = -\Delta i_{C2}$；因此集电极电位的变化也是大小相等变化方向相反，即 $\Delta u_{C1} = -\Delta u_{C2}$，这样得到的输出电压 $\Delta u_O = \Delta u_{C1} - \Delta u_{C2} = 2\Delta u_{C1}$，从而可以实现电压放大。但是，由于 R_{e1} 和 R_{e2} 的存在使电路的电压放大能力变差，当它们数值较大时，甚至不能放大。

差分放大电路又称为差动放大电路。所谓"差动"，是指只有当两个输入端 u_{I1} 与 u_{I2} 之间有差别（即变化量）时，输出电压才有变动（即变化量）的意思。对于差分放大电路的分析，多是在理想情况下，即电路参数理想对称情况下进行的。所谓电路参数理想对称，是指在对称位置的电阻值绝对相等，两只晶体管在任何温度下输入特性曲线与输出特性曲线都完全重合。应当指出的是，由于电阻的阻值误差各不相同，特别是晶体管特性的分散性，实际的电路参数不可能理想对称。

4.5.1　长尾式差分放大电路

当研究差模输入信号作用时，观察 VT_1 管和 VT_2 管发射极电流的变化，不难发现，它们与基极电流一样，变化量的大小相等方向相反，即 $\Delta i_{E1} = -\Delta i_{E2}$。若将 VT_1 管和 VT_2 管发射极连在一起，将 R_{e1} 和 R_{e2} 合二为一，成为一个电阻 R_e，则在差模信号作用下 R_e 中的电流变化为零，也就是说 R_e 对差模信号相当于短路，因此大大提高了对差模信号的放大能力。

如图 4.5 - 2 所示为长尾式差分放大电路。电路参数理想对称 $R_{b1} = R_{b2} = R_b$，$R_{c1} = R_{c2} = R_c$，VT_1 管和 VT_2 管的特性相同，$\beta_1 = \beta_2 = \beta$，$r_{be1} = r_{be2} = r_{be}$，$R_e$ 为公共的发射极电阻。

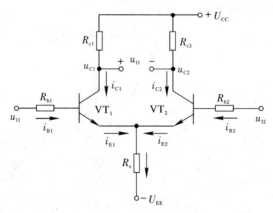

图 4.5 - 2　长尾式差分放大电路

1. 静态分析

当输入信号 $u_{I1} = u_{I2} = 0$ 时，电阻 R_e 中的电流等于 VT_1 管和 VT_2 管的发射极电流之和，即 $I_{R_e} = I_{EQ1} + I_{EQ2} = 2I_{EQ}$，根据基极回路方程，有

$$I_{BQ}R_b + U_{BEQ} + 2I_{EQ}R_e = U_{EE} \tag{4.5 - 1}$$

可以求出基极电流 I_{BQ} 或发射极电流 I_{EQ}，从而解出静态工作点。在通常情况下，R_b 阻值很小，而且 I_{BQ} 也很小，所以 R_b 上的电压可忽略不计，发射极电位 $U_{EQ} \approx -U_{BEQ}$，因而发射极的静态电流为

$$I_{EQ} \approx \frac{U_{EE} - U_{BEQ}}{2R_e} \tag{4.5 - 2}$$

只要合理地选择 R_e 的阻值，并与电源 U_{EE} 相配合，就可以设置合适的静态工作点。由 I_{EQ} 可得 I_{BQ} 和 U_{CEQ} 为

$$I_{BQ} = \frac{I_{EQ}}{1 + \beta} \tag{4.5 - 3}$$

$$U_{CEQ} = U_{CQ} - U_{EQ} \approx U_{CC} - I_{CQ}R_C + U_{BEQ} \tag{4.5 - 4}$$

由于 $U_{CQ1} = U_{CQ2}$，因此 $U_O = U_{CQ1} - U_{CQ2} = 0$。

2. 对共模信号的抑制作用

从差分放大电路组成的分析可知，电路参数的对称性起了相互补偿的作用，抑制了温度漂移。当电路输入共模信号时，如图 4.5 - 3 所示，基极电流和集电极电流的变化量相等，因此，集电极电位的变化也相等，从而使得输出电压 $u_O = 0$。由于电路参数的理想对称性，温度变化时晶体管的电流变化完全相同，故可以将温度漂移等效成共模信号，差分放大电路对共模信号有很强的抑制作用。同时，还利用了射极电阻 R_e 对共模信号的负反馈作用，抑制了每只晶体管集电极电流的变化，从而抑制集电极电位的变化。

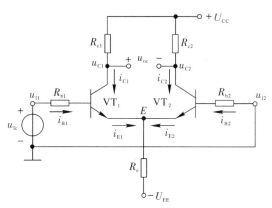

图 4.5 - 3　差分放大电路输入共模信号

从图 4.5 - 3 中可以看出，当共模信号作用于电路时，两只晶体管发射极电流的变化量相等，即 $\Delta i_{E1} = \Delta i_{E2} = \Delta i_E$；显然，$R_e$ 上电流的变化量为 2 倍的 Δi_E，因而发射极电位的变化量 $\Delta u_E = 2\Delta i_E R_e$。不难理解，$\Delta u_E$ 的变化方向与输入共模信号的变化方向相同，因而使 b—e 间电压的变化方向与之相反，导致基极电流变化，从而抑制了集电极电流的变化。为了描述差分放大电路对共模信号的抑制能力，引入一个新的参数——共模放大倍数 A_c：

$$A_c = \frac{\Delta u_{Oc}}{\Delta u_{Ic}} \tag{4.5 - 5}$$

式中，Δu_{Ic} 为共模输入电压；Δu_{Oc} 为 Δu_{Ic} 作用下的输出电压。它们可以是缓慢变化的信号，也可以是正弦交流信号。在如图 4.5 - 3 所示差分放大电路中，在电路参数理想对称的情况下，$A_c = 0$。

3. 对差模信号的放大作用

当给差分放大电路输入一个差模信号 u_{Id} 时，由于电路参数的对称性，u_{Id} 经分压后，加在 VT_1 管一边的为 $+\dfrac{u_{Id}}{2}$，加在 VT_2 管一边的为 $-\dfrac{u_{Id}}{2}$，如图 4.5 - 4 所示。

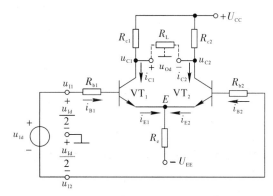

图 4.5 - 4　差分放大电路加差模信号

由于 E 点电位在差模信号作用下不变，相当于接"地"；又由于负载电阻的中点电位在差模信号作用下也不变，也相当于接"地"，因而 R_L 被分成相等的两部分，分别接在 VT_1 管和 VT_2 管的 ce 之间，所以，如图 4.5 - 4 所示电路在差模信号作用下的等效电路如图

4.5 - 5所示。

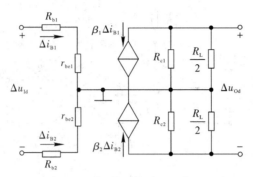

图 4.5 - 5　差模信号作用下的等效电路

输入差模信号时的放大倍数称为差模放大倍数，记作 A_d，定义为

$$A_d = \frac{\Delta u_{Od}}{\Delta u_{Id}} \tag{4.5-6}$$

式中，Δu_{Od} 为在 Δu_{Id} 作用下的输出电压。从图 4.5 - 5 可以看出

$$\Delta u_{Id} = 2\Delta i_{B1}(R_b + r_{be})$$

$$\Delta u_{Od} = -2\Delta i_{C1}\left(R_c /\!/ \frac{R_L}{2}\right) \tag{4.5-7}$$

$$A_d = -\frac{\beta\left(R_c /\!/ \dfrac{R_L}{2}\right)}{R_b + r_{be}} \tag{4.5-8}$$

由此可见，虽然差分放大电路用了两只晶体管，但它的电压放大能力只相当于单管共射放大电路。因而差分放大电路是以牺牲一只管子的放大倍数为代价，换取了低温漂的效果。根据输入电阻的定义，从图 4.5 - 5 可以看出

$$R_i = 2(R_b + r_{be}) \tag{4.5-9}$$

它是单管共射放大电路输入电阻的两倍。

电路的输出电阻

$$R_o = 2R_c \tag{4.5-10}$$

也是单管共射放大电路输出电阻的两倍。

为了综合考察差分放大电路对差模信号的放大能力和对共模信号的抑制能力，特引入了一个指标参数——共模抑制比，记作 K_{CMR}，定义为

$$K_{CMR} = \left|\frac{A_d}{A_c}\right| \tag{4.5-11}$$

其值愈大，说明电路性能愈好。对于如图 4.5 - 4 所示电路，在电路参数理想对称的情况下，$K_{CMR} = \infty$。

4. 电压传输特性

放大电路输出电压与输入电压之间的关系曲线称为电压传输特性，如图 4.5 - 6 所示，关系式为

$$u_O = f(u_I) \tag{4.5-12}$$

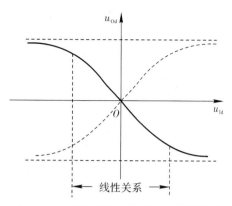

图 4.5 - 6 差分放大电路的电压传输特性

将差模输入电压 u_{Id} 按图 4.5 - 4 接到输入端，当其幅值由零逐渐增加时，输出端的 u_{Od} 也将出现相应的变化，画出二者的关系，如图 4.5 - 6 所示中的实线。可以看出，只有在中间一段二者才是线性关系，斜率就是式(4.5 - 8)所表示的差模电压放大倍数。当输入电压幅值过大时，输出电压就会产生失真，若再加大 u_{Id}，则 u_{Od} 将趋于不变，其数值取决于电源电压 U_{CC}。若改变 u_{Id} 的极性，则可得到另一条如图 4.5 - 6 所示中虚线的曲线，它与实线完全对称。

4.5.2　差分放大电路的四种接法

在如图 4.5 - 3 所示电路中，输入端与输出端均没有接"地"点，称为双端输入、双端输出电路。在实际应用中，为了防止干扰，常将信号源的一端接地，或者将负载电阻的一端接地。根据输入端和输出端接地情况不同，除上述双端输入、双端输出电路外，还有双端输入、单端输出，单端输入、双端输出和单端输入、单端输出，共四种接法。下面分别介绍单端输出与单端输入电路的特点。

1. 双端输入、单端输出电路

如图 4.5 - 7 所示为双端输入、单端输出差分放大电路。与如图 4.5 - 3 所示电路相比，仅输出方式不同，它的负载电阻 R_L 的一端接 VT_1 管的集电极，另一端接地，因而输出回路已不对称，故影响了静态工作点和动态参数。

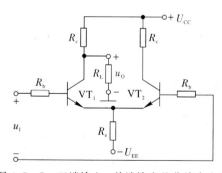

图 4.5 - 7　双端输入、单端输出差分放大电路

在差模信号作用下，由于 VT_1 管与 VT_2 管中电流大小相等方向相反，所以发射极相

当于接地。输出电压 $\Delta u_{Od} = -\Delta i_C(R_c /\!/ R_L)$，输入电压 $\Delta u_{Id} = 2\Delta i_{B1}(R_b + r_{be})$，如图 4.5-8 所示，其差模放大倍数为

$$A_d = \frac{\Delta u_{Od}}{\Delta u_{Id}} = -\frac{1}{2} \cdot \frac{\beta(R_c /\!/ R_L)}{R_b + r_{be}} \qquad (4.5-13)$$

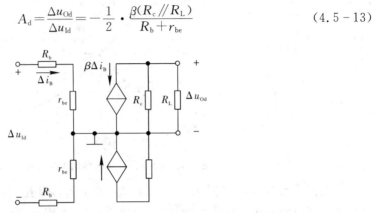

图 4.5-8　双端输入、单端输出电路对差模信号的等效电路

当输入共模信号时，由于两边电路的输入信号大小相等极性相同，所以发射极电阻 R_e 上的电流变化量为 $2\Delta i_E$，发射极电位的变化量 $\Delta u_E = 2\Delta i_E \cdot R_e$；对于每只管子而言，可以认为是 Δi_E 流过阻值为 $2R_e$ 的发射极电阻，如图 4.5-9 所示。从图上可以求出 A_c 为

$$\dot{A}_c = \frac{\Delta u_{Oc}}{\Delta u_{Ic}} = -\frac{\beta(R_c /\!/ R_L)}{R_b + r_{be} + 2(1+\beta)R_e} \qquad (4.5-14)$$

共模抑制比为

$$K_{CMR} = \left| \frac{A_d}{A_c} \right| = \frac{R_b + r_{be} + 2(1+\beta)R_e}{2(R_b + r_{be})} \qquad (4.5-15)$$

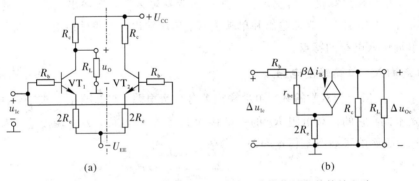

(a)　　　　　　　　　　　　　　　(b)

图 4.5-9　双端输入、单端输出电路输入共模信号及其等效电路

从式(4.5-14)和式(4.5-15)可以看出，R_e 越大，A_c 越小，K_{CMR} 越大，电路性能就越好，可见增大 R_e 是改善共模抑制比的基本措施。

2. 单端输入、双端输出电路

如图 4.5-10(a)所示为单端输入、双端输出电路，两个输入端中有一个接地，输入信号加在另一端与地之间。因为电路对于差模信号是通过发射极相连的方式将 VT_1 管的发射极电流传递到 VT_2 管的发射极的，故称这种电路为发射极耦合电路。为了说明这种输入方式的特点，不妨将输入信号进行如下的等效变换。在加信号一端，可将输入信号分为两个

串联的信号源,它们的数值均为 $u_1/2$,极性相同;在接地一端,也可将输入信号等效为两个串联的信号源,它们的数值均为 $u_1/2$,但极性相反,如图 4.5 - 10(b)所示。不难看出,左、右两边分别获得的差模信号为 $+u_1/2$、$-u_1/2$;同时,两边输入了 $+u_1/2$ 的共模信号。分析方法等同于双端输入、双端输出电路。

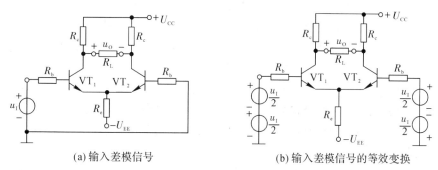

(a) 输入差模信号　　　　　　　　　(b) 输入差模信号的等效变换

图 4.5 - 10　单端输入、双端输出电路

3. 单端输入、单端输出电路

如图 4.5 - 11 所示为单端输入、单端输出电路,对于单端输出电路,常将不输出信号一边的 R_c 省掉,该电路对 Q 点、A_d、A_c、R_i、R_o 的分析与图 4.5 - 7 所示电路相同,对输入信号作用的分析与图 4.5 - 10 所示电路相同。

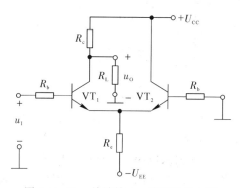

图 4.5 - 11　单端输入、单端输出电路

4.6　集成运算放大电路

集成放大电路最初多用于各种模拟信号的运算(如比例、求和、求差、积分、微分)上,故被称为集成运算放大电路,简称集成运放。集成运放广泛用于模拟信号的处理和发生电路之中,因其高性能、低价位,在大多数情况下,已经取代了分立元件放大电路。

4.6.1　集成运算放大电路的组成与电压传输特性

1. 集成运算放大电路的结构特点

在集成电路中,相邻元器件的参数具有良好的一致性;纵向晶体管的 β 大,横向晶体管的耐压高;电阻的阻值和电容的容量均有一定的限制;便于制作互补式 MOS 电路等特点,这些特点就使得集成放大电路与分立元件放大电路在结构上有较大的差别。观察它们的电路图可以发现,分立元件放大电路除放大管外,其余元件多为电阻、电容、电感等;而集成放大电路以晶体管和场效应管为主要元件,电阻与电容的数量很少。归纳起来,集成运放有如下特点:

(1) 因为硅片上不能制作大电容,所以集成运放均采用直接耦合方式。

(2) 因为相邻元件具有良好的对称性,而且受环境温度和干扰等影响后的变化也相同,所以集成运放中大量采用各种差分放大电路(作输入级)和恒流源电路(作偏置电路或有源负载)。

(3) 因为制作不同形式的集成电路,只是所用掩模不同,增加元器件并不增加制造工序,所以集成运放允许采用复杂的电路形式,以达到提高各方面性能的目的。

(4) 因为硅片上不宜制作高阻值电阻,所以在集成运放中常用有源元件(晶体管或场效应管)取代电阻。

(5) 集成晶体管和场效应管因制作工艺不同,性能上有较大差异,所以在集成运放中常采用复合形式,以得到各方面性能俱佳的效果。

2. 集成运算放大电路的组成

集成运放电路由四部分组成,包括输入级、中间级、输出级和偏置电路,如图 4.6-1 所示。

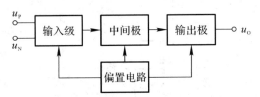

图 4.6-1 集成运放电路方框图

(1) 输入级:又称前置级,它往往是一个双端输入的高性能差分放大电路。一般要求其输入电阻高,差模放大倍数大,抑制共模信号的能力强,静态电流小。输入级的好坏直接影响集成运放的大多数性能参数,如输入电阻、共模抑制比等。

(2) 中间级:中间级是整个放大电路的主放大器,其作用是使集成运放具有较强的放大能力,多采用共射(或共源)放大电路。而且为了提高电压放大倍数,经常采用复合管做放大管,以恒流源做集电极负载。其电压放大倍数可达千倍以上。

(3) 输出级:输出级应具有输出电压线性范围宽、输出电阻小(即带负载能力强)、非线性失真小等特点。集成运放的输出级多采用互补对称输出电路。

(4) 偏置电路:偏置电路用于设置集成运放各级放大电路的静态工作点。与分立元件不同,集成运放采用电流源电路为各级提供合适的集电极(或发射极、漏极)静态工作电流,从而确定了合适的静态工作点。

3. 集成运算放大电路的电压传输特性

集成运放的两个输入端分别为同相输入端和反相输入端,这里的"同相"和"反相"是指运放的输入电压与输出电压之间的相位关系,其符号如图 4.6-2(a)所示。从外部看,可以认为集成运放是一个双端输入、单端输出、具有高差模放大倍数、高输入电阻、低输出电阻、能较好地抑制温漂的差动放大电路。

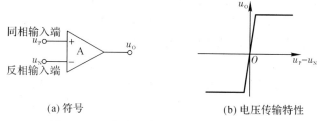

(a) 符号   (b) 电压传输特性

图 4.6-2 集成运放的符号和电压传输特性

集成运放的输出电压 u_O 与输入电压(即同相输入端与反相输入端之间的差值电压)之间的关系曲线称为电压传输特性,即

$$u_O = f(u_P - u_N) \tag{4.6-1}$$

对于正、负两路电源供电的集成运放,电压传输特性如图 4.6-2(b) 所示。从图示曲线可以看出,集成运放有线性放大区域(称为线性区)和饱和区域(称为非线性区)两部分。在线性区,曲线的斜率为电压放大倍数;在非线性区,输出电压只有两种可能的情况,$+U_{O\,max}$ 或 $-U_{O\,max}$。由于集成运放放大的对象是差模信号,而且没有通过外电路引入反馈,故称其电压放大倍数为差模开环放大倍数,记作 A_{od},因而当集成运放工作在线性区时,有

$$u_O = A_{od}(u_P - u_N) \tag{4.6-2}$$

通常 A_{od} 非常高,可达几十万倍,因此集成运放电压传输特性中的线性区非常窄。

4.6.2 集成运算放大电路的主要性能指标

当考察集成运放的性能时,常用下列参数来描述:

(1)开环差模增益 A_{od}:当集成运放无外加反馈时的差模放大倍数称为开环差模增益,记作 A_{od}。$A_{od} = \Delta u_O / \Delta(u_P - u_N)$,常用分贝(dB)表示,其分贝数为 $20\lg|A_{od}|$。通用型集成运放的 A_{od} 通常在 10^5 左右,即 100 dB 左右。

(2)共模抑制比 K_{CMR}:共模抑制比等于差模放大倍数与共模放大倍数之比的绝对值,即 $K_{CMR} = |A_{od}/A_{oc}|$,也常用分贝表示,其数值为 $20\lg K_{CMR}$。

(3)差模输入电阻 r_{id}:r_{id} 是集成运放在输入差模信号时的输入电阻。r_{id} 越大,从信号源索取的电流越小。

(4)输入失调电压 U_{IO} 及其温漂 dU_{IO}/dT:由于集成运放的输入级电路参数不可能绝对对称,所以当输入电压为零时,u_O 并不为零。U_{IO} 是使输出电压为零时在输入端所加的补偿电压,其数值是 $u_I = 0$ 时,输出电压折合到输入端电压的负值,即 $U_{IO} = -\dfrac{U_O|_{u_I=0}}{A_{od}}$。$U_{IO}$ 越小,表明电路参数对称性愈好。对于有外接调零电位器的运放,可以通过改变电位器滑动端的位置使得当零输入时输出为零。dU_{IO}/dT 是 U_{IO} 的温度系数,是衡量集成运放温漂的重要参数,其值越小,表明运放的温漂越小。

(5)输入失调电流 I_{IO} 及其温漂 dI_{IO}/dT:I_{IO} 反映输入级差放管输入电流的不对称程度。dI_{IO}/dT 与 dU_{IO}/dT 的含义相类似,只不过研究的对象为 I_{IO}。显然,I_{IO} 和 dI_{IO}/dT 越小,运放的质量愈好。

(6)输入偏置电流 I_{IB}:I_{IB} 是输入级差放管的基极(栅极)偏置电流的平均值,I_{IB} 越小,信号源内阻对集成运放静态工作点的影响也就越小,而且通常 I_{IB} 愈小,往往 I_{IO} 也愈小。

（7）最大共模输入电压 $U_{\text{Ic max}}$：$U_{\text{Ic max}}$ 为输入级能正常工作的情况下允许输入的最大共模信号。当共模输入电压高于最大共模输入电压时，集成运放便不能对差模信号进行放大。因此，在实际应用时，要特别注意输入信号中共模信号部分的大小。

（8）最大差模输入电压 $U_{\text{Id max}}$：当集成运放所加差模信号大到一定程度时，输入级至少有一个 PN 结承受反向电压，$U_{\text{Id max}}$ 是不至于使 PN 结反向击穿所允许的最大差模输入电压。当输入电压大于此值时，输入级将损坏。运放中 NPN 型管的 b-e 间耐压值只有几伏，而横向 PNP 型管的 b-e 间耐压值可达几十伏。

4.6.3 集成运算放大电路的线性应用

利用集成运放作为放大电路，引入各种不同的反馈，就可以构成具有不同功能的实用电路。在分析各种实用电路时，通常都将集成运放的性能指标理想化，即将其看成为理想运放。尽管集成运放的应用电路多种多样，但其工作区域却只有两个：线性区和非线性区。

1. 理想运算放大器的两个工作区

理想集成运放的理想化参数是：$A_{\text{od}}=\infty$，$R_{\text{id}}=\infty$，$R_{\text{o}}=0$、U_{IO}，I_{IO} 和 $dU_{\text{IO}}/dT(\text{℃})$、$dI_{\text{IO}}/dT(\text{℃})$ 均为零，$K_{\text{CMR}}=\infty$，$f_{\text{H}}=\infty$，且无任何内部噪声。

实际上，集成运放的技术指标均为有限值，理想化后必然带来分析误差。但是，在一般的工程计算中，这些误差都是允许的。而且，随着新型运放的不断出现，性能指标越来越接近理想，误差也就越来越小。因此，只有在进行误差分析时，才考虑实际运放有限的增益、带宽、共模抑制比、输入电阻和失调因素等所带来的影响。

1）理想运放在线性工作区

如图 4.6-3 所示，设集成运放同相输入端和反相输入端的电位分别为 u_{P}、u_{N}，电流分别为 i_{P}、i_{N}。当集成运放工作在线性区时，输出电压应与输入差模电压呈线性关系，即应满足 $u_{\text{O}}=A_{\text{od}}(u_{\text{P}}-u_{\text{N}})$。由于 u_{O} 为有限值，对于理想运放 $A_{\text{od}}=\infty$，因而净输入电压 $u_{\text{P}}-u_{\text{N}}=0$，即

$$u_{\text{P}}=u_{\text{N}} \tag{4.6-3}$$

称两个输入端"虚短路"。所谓"虚短路"是指集成运放的两个输入端电位无穷接近，但又不是真正短路的特点。因为净输入电压为零，并且理想运放的输入电阻为无穷大，所以两个输入端的输入电流也均为零，即

$$i_{\text{P}}=i_{\text{N}} \tag{4.6-4}$$

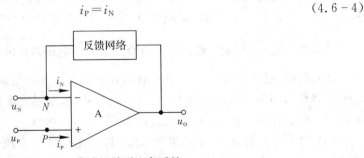

图 4.6-3 集成运放引入负反馈

换而言之，从集成运放输入端看进去两个输入端相当于断路，称两个输入端"虚断路"。所谓"虚断路"是指集成运放两个输入端的电流趋于零，但又不是真正断路的特点。应当特别指出的是，"虚短"和"虚断"是非常重要的概念。

2）理想运放的非线性工作区

在电路中，若集成运放不是处于开环状态（即没有引入反馈），就是只引入了正反馈，则表明集成运放工作在非线性区。

对于理想运放，由于差模增益无穷大，只要同相输入端与反相输入端之间有无穷小的差值电压，输出电压就将达到正的最大值或负的最大值，即输出电压 u_O 与输入电压 $u_P - u_N$ 不再是线性关系，称集成运放工作在非线性工作区，其电压传输特性如图 4.6 - 4 所示。

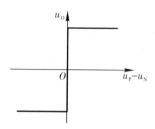

图 4.6 - 4 集成运放工作在非线性区时的电压传输特性

理想运放工作在非线性区的两个特点如下：

（1）输出电压 u_O 只有两种可能的情况，分别为 $\pm U_{O\,max}$。当 $u_P > u_N$ 时，$u_O = + U_{O\,max}$；当 $u_P < u_N$ 时，$u_O = - U_{O\,max}$。

（2）由于理想运放的差模输入电阻无穷大，故净输入电流为零，即 $i_P = i_N = 0$。可见，理想运放仍具有"虚断"的特点，但其净输入电压不再为零，而取决于电路的输入信号。对于运放工作在非线性区的应用电路，上述两个特点是分析其输入信号和输出信号关系的基本出发点。

2. 比例运算电路

1）反相比例运算电路

反相比例运算电路如图 4.6 - 5 所示。输入电压 u_I 通过电阻 R 作用于集成运放的反相输入端，故输出电压 u_O 与 u_I 反相。电阻 R_f 跨接在集成运放的输出端和反相输入端。同相输入端通过电阻 R' 接地，R' 为补偿电阻，以保证集成运放输入级差分放大电路的对称性；其值为当 $u_I = 0$ 时反相输入端总等效电阻，即各支路电阻的并联，$R' = R /\!/ R_f$。由于理想运放的净输入电压和净输入电流均为零，故 R' 中电流为零，所以 $u_P - u_N = 0$、$i_P - i_N = 0$。集成运放两个输入端的电位均为零，但由于它们并没有接地，故称之为"虚地"。

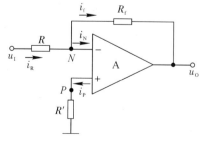

图 4.6 - 5 反相比例运算电路

节点 N 的电流方程为 $i_R = i_f$, 即 $\dfrac{u_1 - u_N}{R} = \dfrac{u_N - u_O}{R_f}$。由于 N 点为虚地，整理得出

$$u_O = -\frac{R_f}{R}u_1 \tag{4.6-5}$$

u_O 与 u_1 成正比例关系，比例系数为 $-\dfrac{R_f}{R}$，负号表示 u_O 与 u_1 反相。比例系数的数值可以是大于、等于和小于 1 的任何值。

2）同相比例运算电路

将如图 4.6-5 所示电路中的输入端和接地端互换，就得到同相比例运算电路，如图 4.6-6 所示。根据"虚短"和"虚断"的概念，集成运放的净输入电压为零，即

$$u_P - u_N = u_1 \tag{4.6-6}$$

净输入电流为零，$i_R = i_f$，即 $\dfrac{u_N - 0}{R} = \dfrac{u_N - u_O}{R_f}$，可得

$$u_O = \left(1 + \frac{R_f}{R}\right)u_1 \tag{4.6-7}$$

式(4.6-7)表明 u_O 与 u_1 同相且 u_O 大于 u_I。

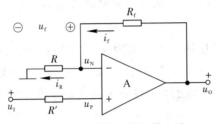

图 4.6-6　同相比例运算电路

3）电压跟随器

在同相比例运算电路中，若将输出电压的全部反馈到反相输入端，就构成如图 4.6-7 所示的电压跟随器。

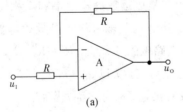
(a)

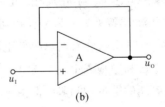
(b)

图 4.6-7　电压跟随器

【例 4.6-1】 电路如图 4.6-8 所示，已知 $R_2 \gg R_4$，试求解当 $R_1 = R_2$ 时，u_O 与 u_1 的比例系数。

解　由于 $u_N = u_P = 0$，有 $i_2 = i_1 = \dfrac{u_1}{R_1}$

M 点的电位为

$$u_M = -i_2 \cdot R_2 = -\frac{R_2}{R_1}u_1$$

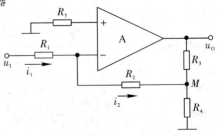

图 4.6-8　例 4.6-1 电路图

由于 $R_2 \gg R_4$，可以认为

$$u_O \approx \left(1 + \frac{R_3}{R_4}\right) u_M$$

$$u_O \approx -\frac{R_2}{R_1}\left(1 + \frac{R_3}{R_4}\right) u_1$$

在上式中，由于 $R_1 = R_2$，故 u_O 的关系式为

$$u_O \approx -\left(1 + \frac{R_3}{R_4}\right) u_1$$

所以，u_O 与 u_1 的比例系数约为 $-(1 + R_3/R_4)$。

4）反相求和运算电路

反相求和运算电路的多个输入信号均作用于集成运放的反相输入端，如图 4.6-9 所示。

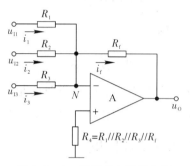

图 4.6-9 反相求和运算电路

根据"虚短"和"虚断"的原则，$u_P = u_N = 0$，节点 N 的电流方程为 $i_1 + i_2 + i_3 = i_f$，即 $\frac{u_{I1}}{R_1} + \frac{u_{I2}}{R_2} + \frac{u_{I3}}{R_3} = -\frac{u_O}{R_f}$。整理可得 u_O 的表达式为

$$u_O = -R_f\left(\frac{u_{I1}}{R_1} + \frac{u_{I2}}{R_2} + \frac{u_{I3}}{R_3}\right) \qquad (4.6-8)$$

从反相求和运算电路的分析中可知，每个输入端的输入电阻各不相同，因此，各信号源所提供的输入电流也就各不相同。

5）同相求和运算电路

当多个输入信号同时作用于集成运放的同相输入端时，就构成了同相求和运算电路，如图 4.6-10 所示。

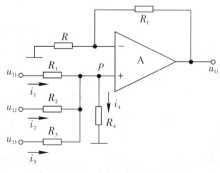

图 4.6-10 同相求和运算电路

节点 P 的电流方程为 $i_1 + i_2 + i_3 = i_4$，即 $\dfrac{u_{I1} - u_P}{R_1} + \dfrac{u_{I2} - u_P}{R_2} + \dfrac{u_{I3} - u_P}{R_3} = \dfrac{u_P}{R_4}$，整理可得 $\left(\dfrac{1}{R_1} + \dfrac{1}{R_2} + \dfrac{1}{R_3} + \dfrac{1}{R_4}\right) u_P = \dfrac{u_{I1}}{R_1} + \dfrac{u_{I2}}{R_2} + \dfrac{u_{I3}}{R_3}$，同相输入端电位为

$$u_P = R_P\left(\frac{u_{I1}}{R_1} + \frac{u_{I2}}{R_2} + \frac{u_{I3}}{R_3}\right) \tag{4.6-9}$$

式中，$R_P = R_1 /\!/ R_2 /\!/ R_3 /\!/ R_4$。

$$
\begin{aligned}
u_O &= \left(1 + \frac{R_f}{R}\right) u_P = \left(1 + \frac{R_f}{R}\right) \cdot R_P\left(\frac{u_{I1}}{R_1} + \frac{u_{I2}}{R_2} + \frac{u_{I3}}{R_3}\right) \\
&= \left(\frac{R + R_f}{R \cdot R_f}\right) R_f \cdot R_P\left(\frac{u_{I1}}{R_1} + \frac{u_{I2}}{R_2} + \frac{u_{I3}}{R_3}\right) \\
&= R_f \cdot \frac{R_P}{R_N}\left(\frac{u_{I1}}{R_1} + \frac{u_{I2}}{R_2} + \frac{u_{I3}}{R_3}\right)
\end{aligned}
\tag{4.6-10}
$$

式中，$R_N = R /\!/ R_f$，若 $R_N = R_P$，则

$$u_O = R_f\left(\frac{u_{I1}}{R_1} + \frac{u_{I2}}{R_2} + \frac{u_{I3}}{R_3}\right) \tag{4.6-11}$$

式 (4.6-11) 与式 (4.6-8) 相比，仅差符号。应当说明的是，只有在 $R_N = R_P$ 的条件下，式 (4.6-11) 才成立，否则应利用式 (4.6-10) 求解。若 $R /\!/ R_f = R_1 /\!/ R_2 /\!/ R_3$，则可省去 R_4。

4.6.4　集成运算放大电路的非线性应用

理想运算放大器非线性区的典型应用就是电压比较器。电压比较器是对输入信号进行鉴幅与比较的电路，是组成非正弦波发生电路的基本单元电路，在测量和控制等技术领域中有着相当广泛的应用。

1. 过零比较器

过零比较器，顾名思义其阈值比较电压 $U_T = 0$。电路如图 4.6-11(a) 所示。

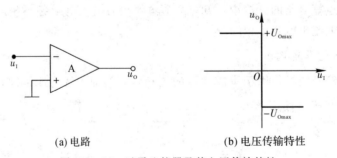

(a) 电路　　　　　　(b) 电压传输特性

图 4.6-11　过零比较器及其电压传输特性

集成运放工作在开环状态，其输出电压为 $+U_{O\max}$ 或 $-U_{O\max}$。当输入电压 $u_1 < 0$ 时，$U_O = +U_{O\max}$；当 $u_1 > 0$ 时，$U_O = -U_{O\max}$。电压传输特性如图 4.6-11(b) 所示。若想获得 u_O 跃变方向相反的电压传输特性，则应在如图 4.6-11(a) 所示电路中将反相输入端接地，而在同相输入端接输入电压。

为了限制集成运放的差模输入电压，保护其输入级，可加二极管限幅电路，如图 4.6-12 所示。

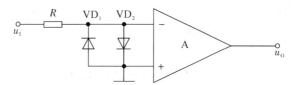

图 4.6 - 12　电压比较器输入级的保护电路

在实用电路中为了满足负载的需要，常在集成运放的输出端加稳压管限幅电路，从而获得合适的 U_{OL} 和 U_{OH}，如图 4.6 - 13(a)所示。

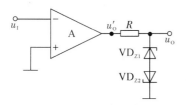
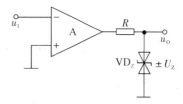

(a) 两只稳压管稳压值不同　　　　　　　(b) 两只稳压管的稳压值相同

图 4.6 - 13　电压比较器的输出限幅电路

图 4.6 - 13 中，R 为限流电阻，两只稳压管的稳定电压均应小于集成运放的最大输出电压 $U_{O\,max}$。设稳压管 VD_{Z1} 的稳定电压为 U_{Z1}，VD_{Z2} 的稳定电压为 U_{Z2}，VD_{Z1} 和 VD_{Z2} 的正向导通电压均为 U_D。若要求 $U_{Z1}=U_{Z2}$，则可以采用两只特性相同而又制作在一起的稳压管，其符号如图 4.6 - 13(b)所示，稳定电压标为 $\pm U_Z$。当 $u_I<0$ 时，$u_O=U_{OH}=+U_Z$；当 $u_I>0$时，$u_O=U_{OL}=-U_Z$。

2. 单限比较器

如图 4.6 - 14(a)所示为单限比较器，U_{ref} 为外加参考电压。根据叠加原理，集成运放反相输入端的电位为 $u_N=\dfrac{R_1}{R_1+R_2}u_I+\dfrac{R_2}{R_1+R_2}U_{ref}$，令 $u_P=u_N=0$，则求出阈值电压为

$$U_T=-\frac{R_2}{R_1}U_{ref} \tag{4.6-12}$$

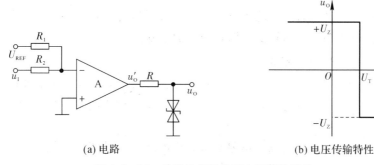

(a) 电路　　　　　　　　　　　　(b) 电压传输特性

图 4.6 - 14　单限比较器及其电压传输特性

当 $u_I<U_T$ 时，$u_N<u_P$，有 $u_O'=+U_{O\,max}$，$u_O=U_{OH}=+U_Z$；当 $u_I>U_T$ 时，$u_N>u_P$，有 $u_O'=-U_{O\,max}$，$u_O=U_{OL}=-U_Z$。若 $U_{ref}<0$，则电压传输特性如图 4.6 - 14(b)所示。

根据式(4.6 - 12)可知，只要改变参考电压的大小和极性，以及电阻 R_1 和 R_2 的阻值，

就可以改变阈值电压的大小和极性。若要改变 u_I 过 U_T 时 u_O 的跃变方向，则应将集成运放的同相输入端和反相输入端所接外电路互换。

4.7 功率放大电路

电压放大电路的要求是，使负载得到不失真的电压波形，讨论的主要指标是电压增益、输入阻抗和输出阻抗等，而对输出功率没有特定要求。对功率放大电路则不同，它主要要求获得一定的不失真（或轻度失真）的输出功率，因此，功率放大电路包含着一系列的电压放大电路中没有出现过的特殊问题。

4.7.1 功率放大电路的特点和组成

1. 主要技术指标

功率放大电路的主要技术指标为最大输出功率和转换效率。

（1）最大输出功率 $P_{o\max}$：功率放大电路提供给负载的信号功率称为输出功率。在输入为正弦波且输出基本不失真条件下，输出功率是交流功率，表达式为 $P_o = I_o U_o$，式中，I_o 和 U_o 均为交流有效值。最大输出功率 $P_{o\max}$ 是在电路参数确定的情况下负载上可能获得的最大交流功率。

（2）转换效率 η：功率放大电路的最大输出功率与电源所提供的功率之比称为转换效率。电源提供的功率是直流功率，其值等于电源输出电流平均值及其电压之积。通常功放输出的功率大，电源消耗的直流功率也就多。因此，在一定的输出功率下，减小直流电源的功耗，就可以提高电路的效率。

2. 功率放大电路中的晶体管

在功率放大电路中，为使输出功率尽可能大，要求晶体管工作在极限状态，即当晶体管集电极电流最大时接近 $I_{C\max}$，当管压降最大时接近 $U_{(BR)CEO}$，当耗散功率最大时接近 $P_{C\max}$。$I_{C\max}$、$U_{(BR)CEO}$ 和 $P_{C\max}$ 分别是晶体管的极限参数：最大集电极电流、c-e 间能承受的最大管压降和集电极最大耗散功率。因此，在选择功放管时，要特别注意极限参数的选择，以保证晶体管安全工作。

应当指出的是，因功放管通常为大功率管，查阅手册时要特别注意其散热条件，使用时必须安装合适的散热片，有时还要采取各种保护措施。

3. 功率放大电路的分析方法

因为功率放大电路的输出电压和输出电流幅值均很大，并且功放管的非线性特性不可忽略，所以当分析功率放大电路时，不能采用仅适用于小信号的交流等效电路法，而应采用图解法。

此外，由于功率放大电路的输入信号较大，输出波形容易产生非线性失真，电路中应采用适当方法改善输出波形，如引入交流负反馈。

4. 功率放大电路的组成

1）共发射极放大电路不宜用作功率放大电路

如图 4.7-1(a)所示为小功率共发射极放大电路，其图解分析如图 4.7-1(b)所示。当静态时，若晶体管的基极电流可忽略不计，直流电源提供的直流功率约为 $I_{CQ}U_{CC}$，即图中矩形 $ABCO$ 的面积；集电极电阻 R_c 的功率损耗为 $I_{CQ}^2R_c$，即矩形 $QBCD$ 的面积；晶体管集电极耗散功率为 $I_{CQ}U_{CEQ}$，即矩形 $AQDO$ 的面积。

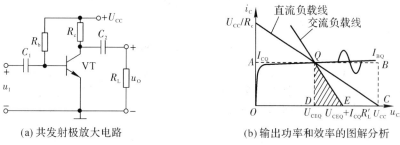

(a) 共发射极放大电路　　(b) 输出功率和效率的图解分析

图 4.7 - 1　小功率共发射极放大电路的输出功率和效率的分析

当输入信号为正弦波时，若集电极交流电流也为正弦波，如图 4.7 - 1(b) 中所画，则电源输出的平均电流为 I_{CQ}，因而电源提供的功率不变。交流负载线如图中所画，集电极电流交流分量的最大幅值为 I_{CQ}，管压降交流分量的最大幅值为 $I_{CQ}(R_c /\!/ R_L)$，有效值为 $I_{CQ}(R_c /\!/ R_L)/\sqrt{2}$，所以 $R'_L(=R_c /\!/ R_L)$ 上可能获得的最大交流功率 $P'_{o\,max}=\left(\dfrac{I_{CQ}}{\sqrt{2}}\right)^2 R'_L=\dfrac{1}{2}I_{CQ}(I_{CQ}R'_L)$，即图 4.7 - 1(b) 中三角形 QDE 的面积。负载电阻 R'_L 上所获得的功率(即输出功率)P_o 仅为 P'_o 的一部分。从图解分析可知，若 R_L 数值很小，比如扬声器，仅为几欧，交流负载线很陡，则 $I_{CQ}R'_L$ 必然很小，因而如图 4.7 - 1(a) 所示电路不但输出功率很小，而且由于电源提供的功率始终不变，使得效率也很低，可见其不宜作为功率放大电路。

2) 变压器耦合功率放大电路

如图 4.7 - 2(a) 所示为单管变压器耦合功率放大电路，因为变压器原边线圈电阻可忽略不计，所以直流负载线是垂直于横轴且过 $(U_{CC}, 0)$ 的直线，如图 4.7 - 2(b) 所示中所画。若忽略晶体管基极回路的损耗，则电源提供的功率为 $P_{U_{CC}}=I_{CQ}U_{CC}$，此时，电源提供的功率全部消耗在晶体管上。

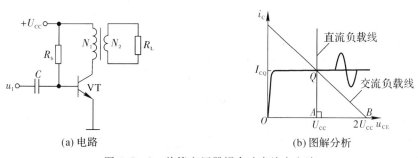

(a) 电路　　　(b) 图解分析

图 4.7 - 2　单管变压器耦合功率放大电路

从变压器原边向负载方向看的交流等效电阻为 $R'_L=(N_1/N_2)^2 R_L$，故交流负载线的斜率为 $-1/R'_L$，且过 Q 点，如图 4.7 - 2(b) 所示中所画。通过调整变压器原、副边的匝数比 N_1/N_2，实现阻抗匹配。可使交流负载线与横轴的交点约为 $2U_{CC}$。此时，R'_L 中交流电源的最大幅值为 I_{CQ}，交流电压的最大幅值约为 U_{CC}。因此，在理想变压器的情况下，最大输出

功率为 $P_{o\,max}=\dfrac{I_{CQ}}{\sqrt{2}}\cdot\dfrac{U_{CC}}{\sqrt{2}}=\dfrac{1}{2}I_{CQ}U_{CC}$，即三角形 QAB 的面积。当输入正弦波电压时，集电极动态电源的波形如图 4.7-2(b)所示中所画。在不失真的情况下，集电极电流平均值仍为 I_{CQ}，故电源提供的功率 $P_{U_{CC}}=I_{CQ}U_{CC}$。可见，电路的最大效率 $P_{o\,max}/P_{U_{CC}}$ 为 50%。

3）无输出变压器的功率放大电路

变压器耦合功率放大电路的优点是可以实现阻抗变换，缺点是体积庞大、笨重、消耗有色金属，且效率较低，低频和高频特性均较差。无输出变压器的功率放大电路（简称为 OTL 电路）用一个大容量电容取代了变压器，如图 4.7-3 所示。虽然图中 VT_1 为 NPN 型管，VT_2 为 PNP 型管，但是它们的特性对称。

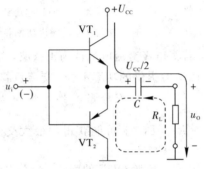

图 4.7-3　OTL 电路

当静态时，前级电路应使基极电位为 $U_{CC}/2$，由于 VT_1 和 VT_2 特性对称，发射结电位也为 $U_{CC}/2$，故电容上的电压为 $U_{CC}/2$，极性如图 4.7-3 所示标注。设电容容量足够大，对交流信号可视为短路；晶体管 b—e 间的开启电压可忽略不计；输入电压为正弦波。当 $u_i>0$ 时，VT_1 管导通，VT_2 管截止，电流如图 4.7-3 中实线所示，由 VT_1 和 R_L 组成的电路为发射极输出形式，$u_O\approx u_i$；当 $u_i<0$ 时，VT_2 管导通，VT_1 管截止，电流如图 4.7-3 中虚线所示，由 VT_2 和 R_L 组成的电路也为发射极输出形式，$u_O\approx u_i$；故电路输出电压跟随输入电压。

由于一般情况下功率放大电路的负载电流很大，电容容量常选为几千微法，且为电解电容。电容容量愈大，电路低频特性将愈好。但是，当电容容量增大到一定程度时，由于两个极板面积很大，且卷制而成，电解电容不再是纯电容，而存在漏阻和电感效应，使得低频特性不会明显改善。

4）无输出电容的功率放大电路

如图 4.7-4 所示的电路称为无输出电容的功率放大电路，简称 OCL 电路。

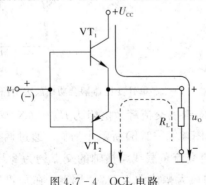

图 4.7-4　OCL 电路

在 OCL 电路中，VT_1 和 VT_2 特性对称，采用了双电源供电。当静态时，VT_1 和 VT_2 均截止，输出电压为零。设晶体管 b-e 间的开启电压可忽略不计；输入电压为正弦波。当 $u_i > 0$ 时，VT_1 管导通，VT_2 管截止，正电源供电，电流如图 4.7-4 中实线所示，电路为发射极输出形式，$u_O \approx u_i$；当 $u_i < 0$ 时，VT_2 管导通，VT_1 管截止，负电源供电，电流如图 4.7-4 中虚线所示，电路也为发射极输出形式，$u_O \approx u_i$；可见电路实现了"VT_1 和 VT_2 交替工作，正、负电源交替供电，输出与输入之间双向跟随"。不同类型的两只晶体管（VT_1 和 VT_2）交替工作、且均组成发射极输出形式的电路称为"互补"电路，两只晶体管的这种交替工作方式称为"互补"工作方式。

综上所述，OTL 和 OCL 电路中晶体管均工作在乙类状态，它们各有优缺点，且均有集成电路，使用时应根据需要合理选择。在电源电压确定后，输出尽可能大的功率和提高转换效率始终是功率放大电路要研究的主要问题。因而围绕这两个性能指标的改善，可组成不同功率放大形式的电路。

4.7.2　互补功率放大电路

1. 电路组成

对于基本 OCL 电路，若考虑晶体管 b-e 间的开启电压 U_{on}，则当输入电压的数值 $|u_i| < U_{on}$ 时，VT_1 和 VT_2 均处于截止状态，输出电压 $u_O = 0$；只有当 $|u_i| > U_{on}$ 时，VT_1 或 VT_2 才导通，它们的基极电流失真，如图 4.7-5 所示，因而输出电压波形产生交越失真。

为了消除交越失真，应当设置合适的静态工作点，使两只晶体管均工作在临界导通或微导通状态。消除交越失真的 OCL 电路如图 4.7-6 所示。

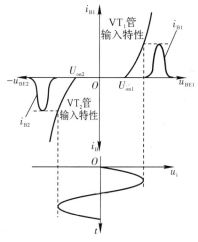

图 4.7-5　交越失真的产生

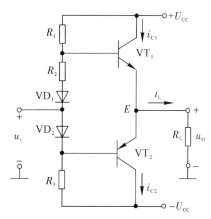

图 4.7-6　消除交越失真的 OCL 电路

2. 工作原理

在如图 4.7-6 所示电路中，当静态时，从 $+U_{CC}$ 经过 R_1、R_2、VD_1、VD_2、R_3 到 $-U_{CC}$ 有一个直流电流，它在 VT_1 和 VT_2 管两个基极之间所产生的电压为 $U_{B1B2} = U_{R1} + U_{D1} + U_{D2}$，使 U_{B1B2} 略大于 VT_1 管发射结和 VT_2 管发射结开启电压之和，从而使两只晶体管均处

于微导通状态，即都有一个微小的基极电流，分别为 I_{B1} 和 I_{B2}。当静态时，应调节 R_2，使发射极电位 $U_E=0$，即输出电压 $u_O=0$。

当所加信号按正弦规律变化时，由于二极管 VD_1、VD_2 的动态电阻很小，而且 R_2 的阻值也较小，所以可以认为 VT_1 管基极电位的变化与 VT_2 管基极电位的变化近似相等，即 $u_{B1} \approx u_{B2} \approx u_i$。也就是说，可以认为两只晶体管基极之间电位差基本是一恒定值，两个基极的电位随 u_i 产生相同变化。这样，当 $u_i>0$ 且逐渐增大时，u_{BE1} 增大，VT_1 管基极电流 I_{B1} 随之增大，发射极电流 I_{E1} 也必然增大，负载电阻 R_L 上得到正方向的电流；与此同时，u_i 的增大使 u_{BE2} 减小，当减小到一定数值时，VT_2 管截止。同样道理，当 $u_i<0$ 且逐渐减小时，使 u_{BE2} 逐渐增大，VT_2 管的基极电流 I_{B2} 随之增大，发射极电流 I_{E2} 也必然增大，负载电阻 R_L 上得到负方向的电流；与此同时，u_i 的减小，使 u_{BE1} 减小，当减小到一定数值时，VT_1 管截止。这样，即使 u_i 很小，总能保证至少有一只晶体管导通，因而消除了交越失真。VT_1 和 VT_2 管在 u_i 作用下，其输入特性的图解分析如图 4.7-5 所示。

综上所述，输入信号的正半周主要是 VT_1 管发射极驱动负载，而负半周主要是 VT_2 管发射极驱动负载，而且两只晶体管的导通时间都比输入信号的半个周期长，即在信号电压很小时，两只晶体管同时导通，因而它们工作在甲乙类状态。

3. OCL 电路的输出功率及效率

功率放大电路最重要的技术指标是电路的最大输出功率 $P_{o\,max}$ 及效率 η。为了求解 $P_{o\,max}$，需首先求出负载上能够得到的最大输出电压幅值。当输入电压足够大，且又不产生饱和失真时，电路的图解分析如图 4.7-7 所示。

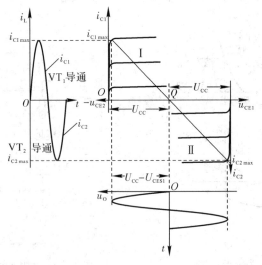

图 4.7-7　OCL 电路的图解分析

图 4.7-7 中 Ⅰ区为 VT_1 管的输出特性曲线，Ⅱ区为 VT_2 管的输出特性曲线。因两只晶体管的静态电流很小，所以可以认为静态工作点在横轴上，如图 4.7-7 中所标注，因而最大输出电压幅值等于电源电压减去晶体管的饱和管压降，即 $U_{CC}-U_{CES1}$。实际上，即使不画出图来，也能得到同样的结论。可以想象，若输出功率最大，则在正弦波信号的正半

周，当 u_i 从零逐渐增大时，输出电压随之逐渐增大，VT_1 管管压降必然逐渐减小，当管压降下降到饱和管压降时，输出电压达到最大幅值，其值为 $U_{CC}-U_{CES1}$，因此最大不失真输出电压的有效值 $U_{o\,max}=(U_{CC}-U_{CES})/\sqrt{2}$，最大输出功率为

$$P_{o\,max}=\frac{U_{o\,max}^2}{R_L}=\frac{(U_{CC}-U_{CES})^2}{2R_L} \tag{4.7-1}$$

在忽略基极回路电流的情况下，电源 U_{CC} 提供的电流 $i_C=\dfrac{U_{CC}-U_{CES}}{R_L}\sin\omega t$，当电源在负载上获得最大交流功率时所消耗的平均功率等于其平均电流与电源电压之积，其表达式为

$P_{U_{CC}}=\dfrac{1}{\pi}\displaystyle\int_0^\pi \dfrac{U_{CC}-U_{CES}}{R_L}\sin\omega t\cdot U_{CC}\mathrm{d}\omega t$，整理后可得

$$P_{U_{CC}}=\frac{2}{\pi}\cdot\frac{U_{CC}(U_{CC}-U_{CES})}{R_L} \tag{4.7-2}$$

因此，转换效率为

$$\eta=\frac{P_{o\,max}}{P_{U_{CC}}}=\frac{4}{\pi}\cdot\frac{U_{CC}-U_{CES}}{U_{CC}} \tag{4.7-3}$$

在理想情况下，即饱和管压降可忽略不计的情况下，有

$$P_{o\,max}=\frac{U_{o\,max}^2}{R_L}=\frac{U_{CC}^2}{2R_L}$$

$$P_{U_{CC}}=\frac{2}{\pi}\cdot\frac{U_{CC}^2}{R_L} \tag{4.7-4}$$

$$\eta=\frac{\pi}{4}\approx78.5\%$$

应当指出的是，大功率管的饱和管压降常为 $2\sim3$ V，因而一般情况下都不能忽略饱和管压降，即不能用式(4.7-4)计算电路的最大输出功率和效率。

【例 4.7-1】　在如图 4.7-6 所示电路中，已知 $U_{CC}=15$ V，输入电压为正弦波，晶体管的饱和管压降 $|U_{CES}|=3$ V，电压放大倍数约为 1，负载电阻 $R_L=4$ Ω。

(1) 求解负载上可能获得的最大功率和效率；

(2) 若输入电压最大有效值为 8 V，则负载上能够获得的最大功率为多少？

解：(1) 根据式(4.7-1)有

$$P_{o\,max}=\frac{(U_{CC}-U_{CES})^2}{2R_L}=\frac{(15-3)^2}{2\times4}=18(\text{W})$$

根据式(4.7-3)有

$$\eta=\frac{4}{\pi}\cdot\frac{U_{CC}-U_{CES}}{U_{CC}}\approx\frac{15-3}{15}\times78.5\%=62.8\%$$

(2) 因为 $U_o\approx U_i$，所以 $U_{o\,max}\approx8$ V。最大输出功率为

$$P_{o\,max}=\frac{(U_{o\,max})^2}{R_L}=16(\text{W})$$

从例 4.7-1 的分析可知，功率放大电路的最大输出功率除了决定于功率放大电路自身的参数外，还与输入电压是否足够大有关。

习 题

4.1 单项选择题

4.1-1 在放大电路的共射、共基、共集三种组态中，（   ）。

A. 都有电压放大作用   B. 都有功率放大作用

C. 都有电流放大作用   D. 只有共射电路有功率放大作用

4.1-2 三极管 H 参数 r_{be}（   ）。

A. 是一个固定值   B. 随静态 I_E 电流增大而减小

C. 随静态 I_E 电流增大而减小   D. 与静态工作点 Q 无关

4.1-3 某放大电路当负载开路时的输出电压为 4 V，接入 3 kΩ 的负载电阻后输出电压降为 3 V。这说明放大电路的输出电阻为（   ）。

A. 10 kΩ   B. 2 kΩ   C. 1 kΩ   D. 0.5 kΩ

4.1-4 已知如题 4.1-4 图所示电路中 $U_{CC} = 12$ V，$R_C = 3$ kΩ，静态管压降 $U_{CEQ} = 6$ V，在输出端加负载电阻 R_L，其阻值为 3 kΩ。选择一个合适的答案填入空内。

（1）该电路的最大不失真输出电压有效值 $U_{o\,max} \approx$（   ）。

A. 2 V   B. 3 V   C. 6 V

（2）当 $u_i = 1$ mV 时，若在不失真的条件下，减小 R_w，则输出电压的幅值将（   ）。

A. 减小   B. 不变   C. 增大

（3）当 $u_i = 1$ mV 时，将 R_w 调到使输出电压最大且刚好不失真。若此时增大输出电压，则输出电压波形将（   ）。

A. 顶部失真   B. 底部失真   C. 为正弦波

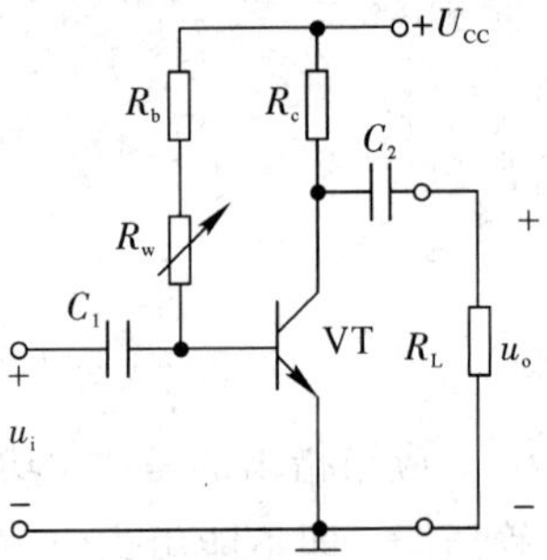

（4）若发现电路出现饱和失真，则为消除失真，可将（   ）。

A. R_w 减小   B. R_c 减小   C. U_{CC} 减小

题 4.1-4 图

4.1-5 使用差动放大电路的目的是为了提高（   ）。

A. 输入电阻   B. 电压放大倍数

C. 抑制零点漂移能力   D. 电流放大倍数

4.1-6 差动放大器抑制零点漂移的效果取决于（   ）。

A. 两个晶体管的静态工作点   B. 两个晶体管的对称程度

C. 各个晶体管的零点漂移   D. 两个晶体管的放大倍数

4.1-7 集成运放的增益越高，运放的线性区越（   ）。

A. 宽   B. 窄

4.1-8 反相比例运算电路的输入电流基本上（   ）流过反馈电阻 R_f 上的电流。

A. 大于   B. 小于   C. 等于

4.1-9 功率放大电路的转换效率是指（   ）。

A. 输出功率与晶体管所消耗的功率之比

B. 输出功率与电源提供的平均功率之比

C. 晶体管所消耗的功率与电源提供的平均功率之比

4.1-10 乙类功率放大电路的输出电压信号波形存在（　　）。

A. 饱和失真　　　　　B. 交越失真　　　　　C. 截止失真

4.1-11 乙类双电源互补对称功率放大电路中，若最大输出功率为 2 W，则电路中功放管的集电极最大功耗约为（　　）。

A. 0.1 W　　　　　B. 0.4 W　　　　　C. 0.2 W

4.1-12 在选择功放电路中的晶体管时，应当特别注意的参数有（　　）。

A. β　　B. I_{max}　　C. I_{CBO}　　D. $U_{(BR)CEO}$　　E. P_{Cmax}

4.1-13 乙类双电源互补对称功率放大电路的转换效率理论上最高可达到（　　）。

A. 25%　　　　　B. 50%　　　　　C. 78.5%

4.1-14 乙类互补功放电路中的交越失真，实质上就是（　　）。

A. 线性失真　　　　　B. 饱和失真　　　　　C. 截止失真

4.1-15 功放电路的能量转换效率主要与（　　）有关。

A. 电源供给的直流功率　　　B. 电路输出信号最大功率　　　C. 电路的类型

4.1-16 功率放大电路的最大输出功率是当输入电压为正弦波时，输出基本不失真情况下，负载上可能获得的最大（　　）。

A. 交流功率　　　　　B. 直流功率　　　　　C. 平均功率

4.1-17 为了消除交越失真，应当使功率放大电路工作在（　　）状态。

A. 甲类　　　B. 乙类　　　C. 甲乙类　　　D. 丙类

4.2 分析计算题

4.2-1 画出如题 4.2-1 图所示各电路的直流通路和交流通路，设所有电容对交流信号均可视为短路。

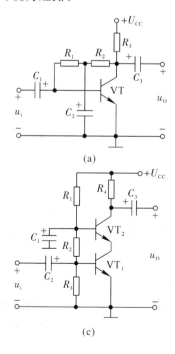

(a)

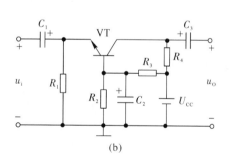

(b)

(c)

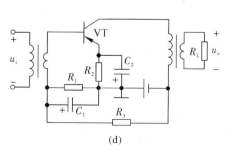

(d)

题 4.2-1 图

4.2-2 电路如题4.2-2图所示,已知三极管$\beta=50$,在下列情况下,用直流电压表测三极管的集电极电位,应分别为多少?设$U_{CC}=15$ V,三极管饱和管压降$U_{CES}=0.5$ V。

(1) 正常情况;(2) R_{b1}短路;(3) R_{b1}开路;(4) R_{b2}开路;(5) R_c短路。

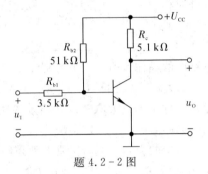

题 4.2-2 图

4.2-3 电路如题4.2-3图所示,三极管的$U_{BEQ}=0.65$ V,$\beta=100$,求静态工作点I_{BQ}、I_{CQ}、I_{EQ}、U_{CEQ}。

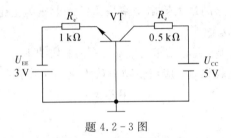

题 4.2-3 图

4.2-4 如题4.2-4图所示的放大电路,当参数分别发生下列变化时,试分析直流负载线和Q点会发生什么变化,并在输出特性曲线上画出示意图。

(1) 当R_b减小;

(2) 当R_c减小;

(3) 当U_{CC}增加。

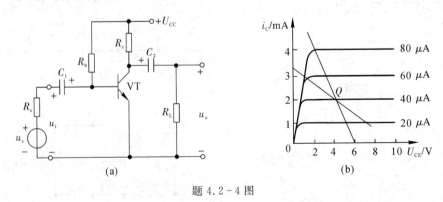

题 4.2-4 图

4.2-5 在如题4.2-5(a)图所示电路中,由于电路参数不同,当信号源电压为正弦波时,测得输出波形如题4.2-5(b)、(c)、(d)图所示,试说明电路分别产生了什么失真,如何消除。

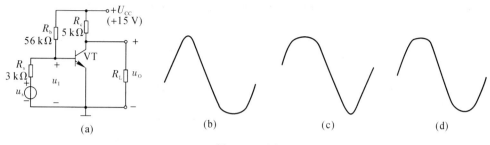

题 4.2-5 图

4.2-6 电路如题 4.2-6 图所示，已知 $\beta=50$，$r_{be}=1\ k\Omega$，$U_{CC}=12\ V$，$R_{b1}=20\ k\Omega$，$R_{b2}=10\ k\Omega$，$R_c=3\ k\Omega$，$R_e=2\ k\Omega$，$R_s=1\ k\Omega$，$R_L=3\ k\Omega$。

（1）计算 Q 点；

（2）画出小信号等效电路；

（3）计算电路的电压增益 $\dot{A}_u=\dot{U}_o/\dot{U}_i$ 和源电压增益 $\dot{A}_{us}=\dot{U}_o/\dot{U}_s$；

（4）计算输入电阻 R_i 和输出电阻 R_o。

4.2-7 电路如题 4.2-7 图所示，设所加输入电压 u_i 为正弦波。

（1）分别计算电压增益 $\dot{A}_{u1}=\dot{U}_{o1}/\dot{U}_i$ 和 $\dot{A}_{u2}=\dot{U}_{o2}/\dot{U}_i$；

（2）画出输入电压 u_i 和输出电压 u_{o1}、u_{o2} 的波形。

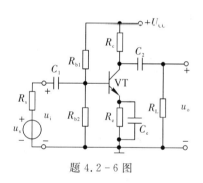

题 4.2-6 图

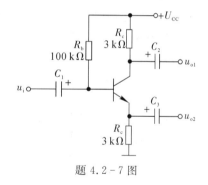

题 4.2-7 图

4.2-8 电路如题 4.2-8 图所示，试求：

（1）输入电阻；

（2）比例系数。

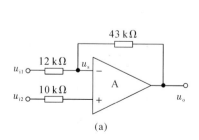

(a)

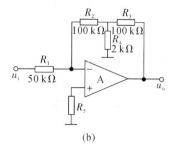

(b)

题 4.2-8 图

4.2-9 试求如题4.2-9图所示各电路输出电压与输入电压的运算关系式。

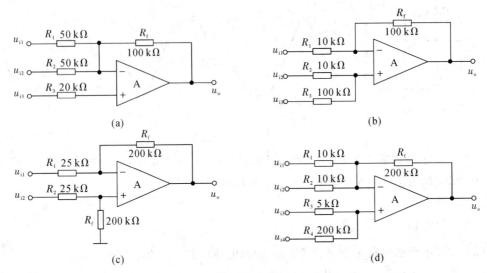

题 4.2-9 图

4.2-10 为使反馈效果好，对信号源内阻 R_s 和负载电阻有何要求？

4.2-11 如题4.2-11图所示各电路，

（1）判断是否引入了反馈，是直流反馈还是交流反馈，是正反馈是负反馈；

（2）各电路中引入了哪种组态的交流负反馈；

（3）如果电路引入负反馈，满足深度负反馈，试求负反馈电路的反馈系数、闭环增益和闭环电压增益（设图中所有电容对交流信号均可视为短路）。

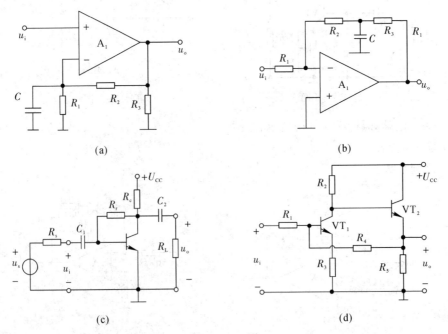

题 4.2-11 图

4.2-12　如题 4.2-12 图所示电路中,设晶体管的 $\beta=100$,$U_{BE}=0.7$ V,$U_{CES}=0.5$ V,$I_{CEO}=0$,电容 C 对交流可视为短路。输入信号 u_i 为正弦波。

(1) 计算电路可能达到的最大不失真输出功率 $P_{o\,max}$?

(2) 此时 R_B 应调节到什么数值?

(3) 此时电路的效率 $\eta=$?

4.2-13　一双电源互补对称功率放大电路如题 4.2-13 图所示,已知 $U_{CC}=12$ V,$R_L=8$ Ω,u_i 为正弦波。

在晶体管的饱和管压降 $U_{CES}=0$ 的条件下,负载上可能得到的最大输出功率 $P_{o\,max}$ 为多少?每个晶体管允许的管耗 $P_{C\,max}$ 至少应为多少?每个晶体管的耐压 $|U_{(BR)CEO}|$ 至少应大于多少?

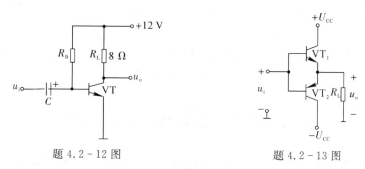

题 4.2-12 图　　　　　　　　题 4.2-13 图

4.2-14　在如题 4.2-14 图所示电路中,已知 $U_{CC}=16$ V,$R_L=4$ Ω,VT_1 和 VT_2 管的饱和管压降 $|U_{CES}|=2$ V,输入电压足够大。

(1) 最大输出功率 $P_{o\,max}$ 和效率 η 各为多少?

(2) 晶体管的最大功耗 $P_{T\,max}$ 为多少?

4.2-15　2030 集成功率放大器的一种应用电路如题 4.2-15 图所示,双电源供电,电源电压为正负 15 V,假定其输出级晶体管的饱和管压降 U_{CES} 可以忽略不计,u_i 为正弦电压。

(1) 指出该电路属于 OTL 还是 OCL 电路?

(2) 求理想情况下最大输出功率 $P_{o\,max}$?

(3) 求电路输出级的效率 η?

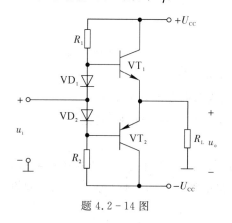
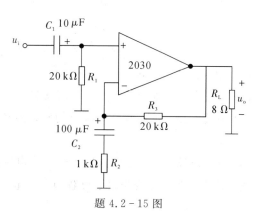

题 4.2-14 图　　　　　　　　题 4.2-15 图

第五章　直流稳压电源

　　工业生产中的电解、电镀、电池充电和直流电动机等都需要直流电源供电，电子设备和自动控制装置中也需要稳定的直流电源供电。直流电源可以由直流发电机和干电池来提供，但是在大多数情况下都是将交流电经过整流、滤波和稳压后获得所需的直流电源。随着集成电路技术的发展，集成电路在直流稳压电源中得到了广泛的应用。本章介绍如何将交流电变换为所需要的稳定直流电源。

　　根据所提供的功率大小，可以将直流电源分为小功率稳压电源和开关稳压电源。本章根据稳压电源的组成原理，对其各个组成部分进行详细的阐述。

5.1　直流稳压电源的组成

　　直流稳压电源由电源变压器、整流电路、滤波电路和稳压电路四部分组成，其组成方框及其各个部分的输出波形如图 5.1-1 所示。

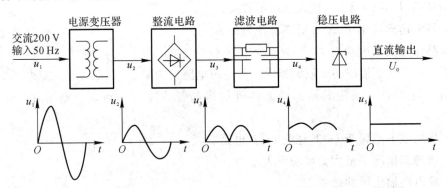

图 5.1-1　直流稳压电源的组成框图

　　图 5.1-1 中各组成部分的功能如下：

　　(1) 电源变压器：将电网提供的交流电压变换到电子线路所需要的交流电压范围，同时还可以起到隔离直流电源与电网的作用，可升压也可降压。

　　(2) 整流电路：将变压器变换后的交流电压变为单向脉动直流电压。

　　(3) 滤波电路：对整流电路输出的脉动直流电压进行平滑处理，使之成为一个含纹波成分很小的直流电压。

　　(4) 稳压电路：对滤波电路输出的直流电压进行调节，以保持输出电压的基本稳定。由于滤波后输出直流电压受温度、负载和电网电压波动等因素的影响很大，所以需要设置稳压电路。

5.2 全波整流电路

5.2.1 单相全波整流电路

1. 电路结构

单相半波整流的缺点是只利用了电源的半个周期。若将两个半波整流电路组合起来，便可形成一个全波整流电路。单相全波整流电路如图 5.2-1(a)所示，电路由带中心抽头的变压器和两个二极管组成。令 $u_2 = \sqrt{2}U_2\sin\omega t$（$u_2$ 为输入正弦信号的有效值）。在 u_2 的正半周，VD_1 正向导通，电流 i_{D1} 经 VD_1 流过 R_L 回到变压器的中心抽头，此时 VD_2 因反偏而截止；在 u_2 的负半周，VD_2 正向导通，电流 i_{D2} 经 VD_2 流过 R_L 回到变压器的中心抽头，此时 VD_1 因反偏而截止。由此可见全波整流电路在 u_2 的正、负半周中，VD_1 和 VD_2 轮流导通，负载 R_L 在 u_2 的正、负半波中均有电流通过，其电压波形如图 5.2-1(b)所示。

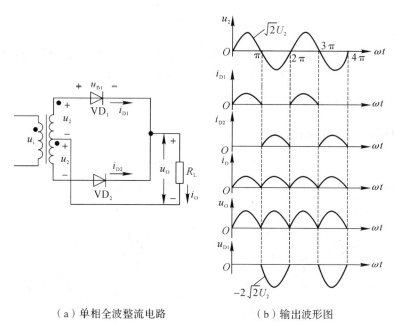

（a）单相全波整流电路　　　　（b）输出波形图

图 5.2-1　单相全波整流电路图及其输出波形

2. 主要参数计算

由输出波形可以看出，全波整流输出波形是半波整流时的 2 倍，所以输出电压的平均值 $U_{O(av)}$ 也为半波时的 2 倍，即

$$U_{O(av)} = \frac{1}{T}\int_0^{2\pi} u_2 \,\mathrm{d}(\omega t) = \frac{1}{2\pi} \times 2\int_0^{\pi} \sqrt{2}U_2\sin\omega t \,\mathrm{d}(\omega t)$$

$$= \frac{2\sqrt{2}}{\pi}U_2 = 0.9U_2 \tag{5.2-1}$$

负载中通过的电流平均值为

$$I_O = \frac{U_O}{R_L} = 0.9 \frac{U_2}{R_L} \tag{5.2-2}$$

单相全波整流电路输出电压的脉动系数 S 为

$$S = \frac{U_{o\,max}}{U_{O(AV)}} = \frac{\dfrac{4\sqrt{2}U_2}{3\pi}}{\dfrac{2\sqrt{2}U_2}{\pi}} = \frac{2}{3} \approx 0.67 \tag{5.2-3}$$

与单相半波整流电路相比,单相全波整流电路的输出脉动减小了很多。

3. 二极管的选择

由于单相全波整流电路整流效率比单相半波整流电路高 1 倍,所以二极管所承受的最大反向电压 U_{Rmax} 比单相半波整流电路要高 1 倍,即二极管的最大反向工作电压大于变压器次级电压 u_2 的最大幅值的 2 倍,即

$$U_{R\,max} > 2\sqrt{2}U_2 \tag{5.2-4}$$

二极管的最大整流电流 I_F 应大于负载电流 I_O 的一半,即

$$I_F > \frac{1}{2}I_O \tag{5.2-5}$$

从上面的分析可以看出,单相全波整流电路整流电压的平均值比半波整流电压增加了1倍,变压器利用率也提高了 1 倍,输出脉动也减小了很多。但是,二极管所承受的最大反向电压增大为变压器次级电压信号幅值的 $\sqrt{2}$ 倍。

5.2.2 单相桥式整流电路

在全波整流电路中,最常用的是单相桥式整流电路,它由四只二极管接成电桥的形式。桥式整流电路如图 5.2-2(a)所示,图 5.2-2(b)是它常用的简化画法。

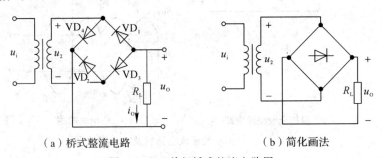

(a)桥式整流电路 (b)简化画法

图 5.2-2 单相桥式整流电路图

令变压器次级电压 $u_2 = \sqrt{2}U_2 \sin\omega t$,那么在信号电压的正半周,极性为上正、下负,则二极管 VD_1 与 VD_2 导通,VD_3 与 VD_4 截止,这时负载电阻上得到一个上正、下负的半波电压;在变压器次级电压的负半周,其极性为上负、下正,即二极管 VD_3 与 VD_4 导通,VD_1 与 VD_2 截止,这时负载电阻上仍得到一个上正、下负的半波电压,其输出波形如图 5.2-3 所示。此时,变压器次级绕组不需要中心抽头,而且在信号正、负两个半周期内都有电流通过,提高了变压器的利用率。从图 5.2-3 中可以看出,经过整流后,负载电阻上电流的方

向不变，但其大小仍发生周期性变化，故仍为脉动直流电压。

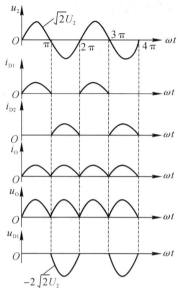

图 5.2 - 3　单相桥式整流电路的电压与电流波形

二极管所承受的最大反向电压大于变压器次级电压信号的幅值，即

$$U_{R \max} > \sqrt{2} U_2 \qquad (5.2 - 6)$$

二极管的最大整流电流 I_F 仍然应大于负载电流 I_O 的一半，即与式(5.2 - 5)相同。

综上所述，单相半波整流电路只用到一个二极管，结构简单，但是整流输出波形脉动大，直流输出电压低，变压器半周不导电，利用率低；单相全波整流电路输出波形中脉动成分相对较小，直流输出电压相对较高，但要求变压器有中心抽头，每个线圈只有半周导电，且二极管承受的反向电压高；单相桥式整流电路需要用到四个整流二极管，其输出电压与全波整流电路相同，但不需要变压器中心抽头，且二极管承受的反向电压不高，总体性能优于单相半波整流电路和单相全波整流电路，所以广泛用于直流电源之中。

5.3　滤　波　电　路

前面分析的整流电路虽然都可以把交流电转换为直流电，但是所得到的输出电压都是单向脉动电压。在一些设备的使用过程中可以允许这种脉动电压的存在，但是对大多数电子设备来说，该脉动电压必须进行滤波处理后，才能正常工作。下面介绍几种常用的滤波电路。

利用电抗性元件对交、直流显现的阻抗不同可实现滤波。电容器 C 对直流开路，对交流阻抗小，所以 C 应该并联在负载两端。电感器 L 对直流阻抗小，对交流阻抗大，因此应与负载串联。经过滤波电路后，保留直流分量，滤掉一部分交流分量，减小电路的脉动系数，达到改善直流电压质量的目的。

5.3.1　电容滤波电路

图 5.3 - 1 中与负载并联的电容器就是一个简单的滤波电路，它利用了电容两端电压在

电路状态发生改变时不能突变的原理。下面分析该电路的工作情况。

当空载($R_L \rightarrow \infty$)时，设电容 C 两端的初始电压为零。在接入交流电源后，当 u_2 为正半周时，VD_1、VD_2 导通，则 u_2 通过 VD_1、VD_2 对电容充电；当 u_2 为负半周时，VD_3、VD_4 导通，u_2 通过 VD_3、VD_4 对电容充电。由于充电回路等效电阻很小，因此充电很快，电容 C 迅速被充到交流电压 u_2 的最大值。此时二极管两端的正向电压差始终小于或等于零，故二极管均截止，电容不可能放电，故输出电压 u_2 恒为 $\sqrt{2}U_2$，其波形如图 5.3-2(a)所示。

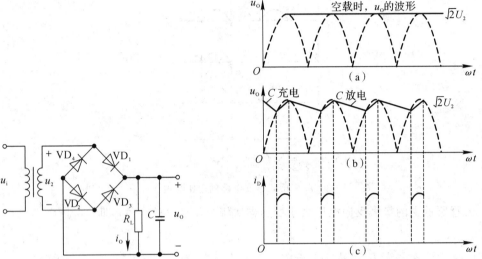

图 5.3-1 单相桥式电容滤波整流电路　图 5.3-2 单相桥式电容滤波整流电路的电压、电流波形

在接入负载 R_L 后，设变压器次级电压 u_2 从 0 开始上升(即正半周开始)，接入负载 R_L，由于电容在负载未接入前充满了电，故当刚接入负载时，$u_2 < u_C$(电容两端电压)，二极管受反向电压作用而截止，电容 C 经 R_L 放电，此时，输出电压 $u_o = u_C$。电容放电过程的快慢取决于电路时间常数 $\tau_d(\tau_d = R_L C)$ 的大小，τ_d 越大，放电过程越慢，输出电压越平稳。与此同时，交流电压 u_2 按正弦规律上升。当 $u_2 > u_C$ 时，二极管 VD_1、VD_2 受正向电压作用而导通，此时，u_2 经二极管 VD_1、VD_2 向电容 C 充电，并且向负载 R_L 提供电流，该充电时间常数很小(因为二极管的正向电阻很小)，充电很快。充电进行的同时，u_2 按正弦规律下降，当 $u_2 < u_C$ 时，二极管被反向截止，电容 C 又经 R_L 放电，如此反复进行，在负载上得到如图 5.3-2(b)所示的一个近似锯齿波的电压，使负载电压的波动大为减少。

由以上分析可知，电容滤波电路具有如下特点：

(1) 在电容滤波电路中，整流二极管的导电时间缩短了，导电角小于 $180°$，且放电时间常数越大，导电角越小。由于电容滤波后输出直流电压的平均值提高了，而导电角却减小了，故整流二极管在短暂的导电时间内将流过一个很大的冲击电流，如图 5.3-2(c)所示，这样易损坏整流管，所以当选择整流二极管时，管子的最大整流电流应留有充分的裕量。

(2) 负载上输出的平均电压的高低和纹波特性都与放电时间常数密切相关。$R_L C$ 越大，电容放电速度越慢，纹波越小，负载平均电压越高。一般地，当 $R_L C > (3 \sim 7)T/2$ 时，$U_{O(AV)} = 1.2U_2$，其中，T 为电源交流电压周期。

负载上获得的平均电压 U_L 随负载电流 I_L 的变化关系称为输出特性或外特性，桥式整流电路的外特性如图 5.3-3 所示。负载电流 I_L 随着电压 U_L 的增大而出现较大的下降。可见，电容滤波电路的输出特性较差，适合于负载电流较小且变动范围不大的场合。

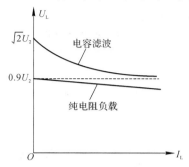

图 5.3 - 3   电容滤波整流电路及纯电阻负载的输出特性

5.3.2   电感滤波电路

电容滤波在大电流工作时滤波效果较差，当一些电气设备需要脉动小、输出电流大的直流电时，往往利用储能元件电感器 L 上电流不能突变的性质，把电感 L 与整流电路的负载 R_L 相串联，即采用电感滤波电路，也可以起到滤波的作用，如图 5.3 - 4 所示。

当忽略电感 L 的电阻时，负载上输出的电压平均值和纯电阻（不加电感时）负载时的是基本相同的，即 $U_{O(AV)} \approx 0.9U_2$，其滤波波形如图 5.3 - 5 所示。

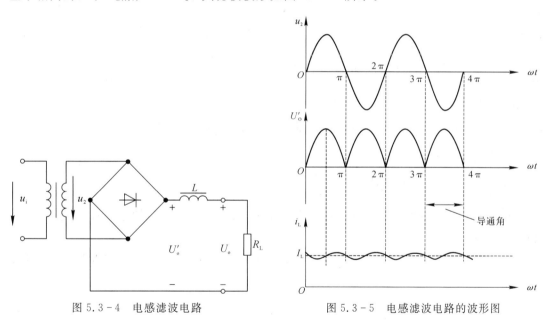

图 5.3 - 4   电感滤波电路   图 5.3 - 5   电感滤波电路的波形图

与电容滤波相比，电感滤波的特点是：整流管的导电角较大（电感 L 的反电势使整流管导电角增大），峰值电流很小，输出特性比较平坦。其缺点是：体积大，易引起电磁干扰。因此，电感滤波一般只适用于低电压、大电流的场合。

5.3.3   复合滤波电路

当单独使用电容或电感进行滤波，效果依然不理想时，可以采用复合滤波电路。利用电容和电感对直流量和交流量呈现不同电抗特点，将电容和电感合理接入电路都可以达到滤波的目的。

表 5.3-1 列出了几种滤波电路的结构、特点以及使用场合。

表 5.3-1　各种滤波电路性能的比较

形式	优点	缺点	适用场合
电容滤波	(1) 输出电压高； (2) 对小电流滤波效果好	电源接通瞬间因充电电流很大，整流管要承受很大正向浪涌电流	适宜于负载电流较小的场合
电感滤波	(1) 负载能力较好； (2) 对变动的负载滤波效果较好； (3) 整流管不会受到浪涌电流的损害	(1) 负载电流大时扼流圈铁芯要很大才能有较好的滤波作用 (2) 电感的反电动势可能击穿半导体器件	适宜于负载变动大、负载电流大的场合
T 形滤波	(1) 输出电流较大； (2) 负载能力较好； (3) 滤波效果好	电感线圈体积大、成本高	适宜于负载变动大、负载电流较大的场合
Ⅱ形 LC 滤波	(1) 输出电压高； (2) 滤波效果好	(1) 输出电流较小； (2) 负载能力差	适宜于负载电流较小、要求稳定的场合
Ⅱ形 RC 滤波	(1) 滤波效果较好； (2) 结构简单； (3) 能兼起降压限流作用	(1) 输出电流较小 (2) 负载能力差	适宜于负载电流小的场合

5.4　稳　压　电　路

5.4.1　稳压电路的性能指标

稳压电路的性能指标是用来衡量输出直流电压稳定程度的，包括稳压系数、输出电阻和温度系数等。

(1) 稳压系数 γ：当负载一定时，稳压电路输出电压相对变化量与其输入电压相对变化量之比。其定义式为

$$\gamma = \frac{\Delta U_O / U_O}{\Delta U_I / U_I} \bigg|_{\substack{\Delta I_O = 0 \\ \Delta T = 0}} \qquad (5.4-1)$$

γ 表明电网电压波动对输出电压的影响，其值越小，当电网电压变化时输出电压的变化越小。

(2) 输出电阻 r_O：当稳定电路输入电压一定时，输出电压变化量与输出电流变化量之比。其定义式为

$$r_O = \frac{\Delta U_O}{\Delta I_O} \bigg|_{\substack{\Delta U_I = 0 \\ \Delta T = 0}} \qquad (5.4-2)$$

r_O 表明负载电阻对稳压性能的影响。

（3）温度系数 S_T：当稳压电路输入电压一定时，输出电压变化量与温度变化量之比。其定义式为

$$S_T = \frac{\Delta U_O}{\Delta T}\bigg|_{\substack{\Delta U_I = 0 \\ \Delta I_O = 0}} \tag{5.4-3}$$

S_T 表明温度变化对输出电压的影响，其值越小，温度变化时输出电压的变化越小。

5.4.2 稳压管稳压电路

1. 电路结构与工作原理

稳压管稳压电路是一种最简单的直流稳压电路，在图 5.4-1 中，稳压电路由稳压限流电阻 R 和稳压管 VD_Z 构成。当电源电压出现波动或者负载电阻（电流）变化时，该稳压电路能自动维持负载电压 U_O 的基本稳定。

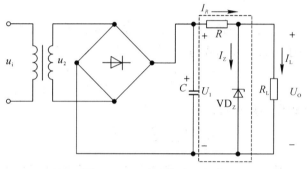

图 5.4-1 稳压管稳压电路

假设负载不变，当交流电源电压突然增加时，整流输出电压 U_I 增加，负载电压 U_O 也随着增大。但是对于稳压管而言，U_O 即加在稳压管两端的反向电压，该电压的微小变化将会使流过稳压管的 I_Z 显著变化。因此，I_Z 将随着 U_O 的增大而显著增加，使流过电阻 R 的电流增大，导致 R 两端的压降增加，使得 U_I 增加的电压绝大部分降落在 R 上，负载电压 U_O 保持近似不变。上述过程可简单表述为

电网电压：$\uparrow \rightarrow U_I \uparrow \rightarrow U_O(U_Z) \uparrow \rightarrow I_Z \uparrow \rightarrow I_R \uparrow \rightarrow U_R \uparrow \rightarrow U_O \downarrow$

当交流电源电压降低时，上述电压电流的变化过程刚好相反，负载电压 U_O 亦可以保证基本不变。

由此可见，当电网电压变化时，稳压电路通过限流电阻 R 上电压的变化来抵消 U_I 的变化，从而使 U_O 基本不变。

假设整流输出电压 U_I 不变，当负载电流 I_L 突然增大（负载降低）时，电阻 R 上的压降增大，导致负载电压 U_O 下降，流过稳压管的电流 I_Z 显著减小，从而使 I_R 基本不变，电阻 R 上的压降近似不变，负载电压 U_O 因此保持稳定。上述过程可简单表述为

$R_L \downarrow \rightarrow I_L \uparrow \rightarrow I_R \uparrow \rightarrow U_O \downarrow \rightarrow I_Z \downarrow \rightarrow I_R \downarrow \rightarrow U_O$ 　　基本不变

相反情况时，即当负载电流减小时，稳压过程的分析与之类似。

由此可见，在电路中只要能使流过稳压管的电流 I_Z 的变化量和负载电流 I_L 的变化量近似相等，就可保证当负载变化时输出电压基本不变。

2. 电路元件的选择

由上面的分析可以看出，在由稳压二极管组成的稳压电路中，利用稳压管所起的电流

调节作用，通过限流电阻 R 上电压或电流的变化进行补偿，可以达到稳压的目的。限流电阻 R 的作用首先是限制稳压管中的电流使其正常工作，其次是与稳压管相匹配来达到稳压的目的，所以电阻 R 是不可缺少的元件。通常在电路中如果有稳压管存在，就一定有与之相匹配的限流电阻。

如果要设计一个稳压管稳压电路，在选择元件时，应知道负载所要求的输出电压 U_O，负载电流 I_L 的最小值和最大值（或者是负载电阻的最小值和最大值），输入电压 U_I 的波动范围（一般为 10%）。

（1）输出电压 U_O 的选择。根据经验值，一般选择：

$$U_I = (2 \sim 3)U_O \tag{5.4-4}$$

（2）稳压管的选择。稳压管的选择一般按照以下规则来执行：

$$U_Z = U_O \tag{5.4-5}$$

$$I_{Z\,max} = (1.5 \sim 3)I_{L\,max} \tag{5.4-6}$$

（3）限流电阻 R 的选择。当输入电压最小，负载电流最大时，流过稳压二极管的电流最小。此时 I_Z 不应小于 $I_{Z\,min}$，表达式为

$$\frac{U_{I\,min} - U_Z}{R} - I_{L\,max} \geqslant I_Z \tag{5.4-7}$$

由此，可计算出稳压电阻的最大值，即

$$R_{max} = \frac{U_{I\,min} - U_Z}{I_{Z\,min} + I_{L\,max}} \tag{5.4-8}$$

当输入电压最大，负载电流最小时，流过稳压二极管的电流最大。此时 I_Z 不应超过 $I_{Z\,max}$，表达式为

$$\frac{U_{I\,max} - U_Z}{R} - I_{L\,min} = I_{Z\,max} \tag{5.4-9}$$

由此，可计算出稳压电阻的最小值为

$$R_{min} = \frac{U_{I\,max} - U_Z}{I_{Z\,max} + I_{L\,min}} \tag{5.4-10}$$

所以，限流电阻 R 的取值范围为

$$\frac{U_{I\,max} - U_Z}{I_{Z\,max} + I_{L\,min}} \leqslant R \leqslant \frac{U_{I\,min} - U_Z}{I_{Z\,min} + I_{L\,max}} \tag{5.4-11}$$

【例 5.4-1】 稳压管稳压电路如图 5.4-1 所示，假设输入电压 $U_{I\,max} = 15$ V，$U_{I\,min} = 12$ V；负载电阻 $R_{L\,max} = 600$ Ω，$R_{L\,min} = 300$ Ω；负载工作电压为 6 V。试选择限流电阻及其稳压管。

解 由于负载的工作电压为 6 V，所以必须选择稳压值 $U_Z = 6$ V 的稳压管。负载电流的最大值为

$$I_{L\,max} = \frac{U_Z}{R_{L\,min}} = \frac{6}{300} = 0.02 \text{（A）}$$

负载电流的最小值为

$$I_{L\,min} = \frac{U_Z}{R_{L\,max}} = \frac{6}{600} = 0.01 \text{（A）}$$

要使稳压管稳压电路能正常工作必须满足式（5.4-7），代入数据，推导可得

$$I_{Z\max} > \frac{3}{2}I_{Z\min} + 0.02 \text{ A}$$

这是选择稳压管的参考数据。此处选择 $I_{Z\max} = 40$ mA，$I_{Z\min} = 5$ mA，$U_Z = 6$ V 的稳压二极管。将数据代入式(5.4-11)可得

$$180\ \Omega < R < 240\ \Omega$$

取 R = 200 Ω。

稳压管稳压电路虽然电路结构简单，所用元件数量少，但是由于受稳压管自身参数的限制，其输出电流较小，输出电压不可调节。因此，稳压管稳压电路只适用于负载电流较小、负载电压不变的场合。

5.4.3　串联型稳压电源

串联型稳压电源的工作电流较大，输出电压一般可连续调节，稳压性能优越。目前这种稳压电源已经制成单片集成电路，广泛应用在各种电子仪器和电子电路之中。

1. 工作原理

1）电路结构

如图 5.4-2 所示为典型的串联型稳压电路，其中图 5.4-2(a)为原理图，图 5.4-2(b)为组成方框图，它由取样电路、基准电压电路、比较放大电路及调整管四个基本部分组成。

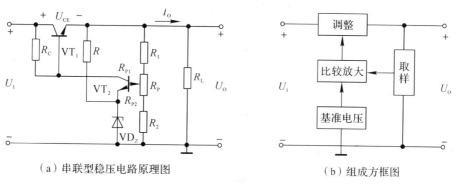

（a）串联型稳压电路原理图　　　（b）组成方框图

图 5.4-2　串联型稳压电路及方框图

（1）取样电路：由 R_1、R_2 和 R_P 组成分压电路，它的主要功能是对输出电压变化量分压取样，然后送至比较放大系统，同时为 VT_2 提供一个合适的静态偏置电压，以保证 VT_2 工作于放大区。此外，取样电路引入电位器 R_P 还可以调节输出电压 U_o 值。

（2）基准电压电路：由稳压管 VD_Z 和限流电阻 R 组成的稳压电路，提供一个稳定的基准电压。

（3）比较放大电路：一个由 VT_2 构成的直流放大电路，R_c 是 VT_2 的集电极负载电阻（同时又是调整管 VT_1 的偏流电阻），它的作用是将输出取样电压与基准电压进行比较，并将误差电压放大，然后去控制调整管。为了提高稳压性能，实际中采用差分放大或集成运放作为比较放大电路。

（4）调整电路：一般由功率管 VT_1 组成，是稳压电路的核心部分，输出电压的稳定最

终要依赖 VT_1 调整作用来实现。为了有效地起到电压调整作用,必须保证它在任何情况下都工作在放大区。因为调整管与负载串联,故称它为串联型晶体管直流稳压电路。

2)工作原理

如果由于 U_I 升高或负载电阻 R_L 增大等原因的影响而使输出电压 U_O 升高,这时 U_{B2} 也相应升高(忽略 VT_2 管基极电流),而 VT_2 管的射极电压 $U_{E2}=U_Z$ 固定不变,所以 U_{BE2} 增加,于是 I_{C2} 增大,集电极电位 U_{C2} 下降,由于 VT_1 基极电位 $U_{B1}=U_{C2}$,因此 VT_1 的 U_{BE1} 减小,I_{C1} 随之减小,U_{CE1E1} 增大,迫使 U_O 下降,即维持 U_O 基本不变。这一自动调整过程可简单表示为

$$\frac{U_I\uparrow \to U_O\uparrow \to U_{B2}=(R_{P2}+R_2)U_O}{(R_1+R_P+R_2)\uparrow \to U_{BE2}=U_{B2}-U_{E2}\uparrow \to I_{C2}\uparrow}$$

$$U_O\downarrow \leftarrow U_{CE1}\uparrow \leftarrow I_{C1}\downarrow \leftarrow U_{BE1}\downarrow \leftarrow U_{C2}(U_{B1})\downarrow$$

同理,如果由于某种原因使 U_O 下降时,可通过上述类似负反馈过程,迫使 U_O 上升,从而维持 U_O 基本不变。

3)输出电压与调节范围

由图 5.4-2(a)可得 U_2 基极电压为

$$U_{B2}=\frac{R_{P2}+R_2}{R_1+R_P+R_2}U_O\approx U_{BE2}+U_Z \tag{5.4-12}$$

所以,输出电压为

$$U_O\approx \frac{R_{+}1+R_P+R_2}{R_{P2}+R_2}(U_{BE2}+U_Z) \tag{5.4-13}$$

当 R_P 滑动端调至最上端时,$R_{P2}=R_P$,此时输出电压 U_O 最小,即

$$U_{O\,min}\approx \frac{R_1+R_P+R_2}{R_P+R_2}(U_{BE2}+U_Z) \tag{5.4-14}$$

当 R_P 滑动端调至最下端时,$R_P=0$,此时输出电压 U_O 最大,即

$$U_{O\,max}\approx \frac{R_1+R_P+R_2}{R_2}(U_{BE2}+U_Z) \tag{5.4-15}$$

由此可见,调整 R_P 的阻值即可调整 U_O 的大小。

4)调整管的选择

调整管是串联稳压电路中的核心元件,它一般为大功率管,因而选用原则与功率放大电路中的功放管相同,主要考虑其极限参数 $I_{C\,max}$、$P_{C\,max}$ 和 $U_{(BR)CEO}$。调整管极限参数的确定必须考虑输入电压 U_I 变化、输出电压 U_O 的调节以及负载电流变化的影响。

由图 5.4-2 可知,当负载电流最大时,流过调整管发射极的电流最大,在忽略 R_1 上电流的前提下,调整管的集电极电流最大。所以在选择调整管时,应保证其最大集电极电流

$$I_{C\,max}>I_{L\,max} \tag{5.4-16}$$

当晶体管的集电极(发射极)电流最大,且管压降最大时,调整管的功率损耗最大。所

以，在选择调整管时，应保证其最大集电极耗散功率

$$P_{\mathrm{C\,max}} \geqslant I_{\mathrm{L\,max}}(U_{\mathrm{I\,max}} - U_{\mathrm{O\,min}}) \tag{5.4-17}$$

当输入电压最高，同时输出电压又最低时，调整管集-射极承受的管压降最大。所以在选择调整管时，应保持其集-射极之间的反向击穿电压

$$U_{\mathrm{(BR)(CEO)}} > U_{\mathrm{I\,max}} - U_{\mathrm{O\,min}} \tag{5.4-18}$$

在实际选用时，不仅要考虑一定的裕量，还要按照手册上的规定采取散热措施。

2. 三端集成稳压器

1）固定输出电压的三端集成稳压器

固定输出电压的三端集成稳压器中的三端是指输入端、输出端和接地（公共）端。固定输出电压的三端集成稳压器有 W7800 系列（输出正电压）和 W7900 系列（输出负电压），各有七个品种，输出电压分别为 ± 5 V、± 6 V、± 9 V、± 12 V、± 15 V、± 18 V 和 ± 24 V；对于具体的器件，符号中的"00"用数字代替，表示输出电压值。W7800 系列输出固定的正电压有多种，例如，W7815 的输出电压为 $+15$ V，最高输入电压为 35 V，最小的输入、输出电压差为 $2 \sim 3$ V，最大输出电流可达 1.5 A，输出电阻为 $0.03 \sim 0.15$ Ω，电压变化率为 $0.1\% \sim 0.2\%$。W7900 系列输出固定的负电压，参数与 W7800 系列基本相同。

使用时应当注意，在根据稳定电压值选择稳压器的型号时，要求经整流滤波后的电压要高于三端集成稳压器的输出电压 $2 \sim 3$ V，即输入电压应至少高于输出电压 $2 \sim 3$ V，但不宜过大。这是由于输入与输出电压差等于加在调整管上的 u_{CE}，若过小，则调整管容易工作在饱和区，降低稳压效果，甚至失去稳压作用；若过大，则功耗过大。图 5.4-3 是 W7800 系列稳压器的外形和电路符号。使用时只需在其输入端和输出端与公共端之间各并联一个电容即可。图 5.4-4 是 W7800 系列稳压器的使用接线图，其中 C_{i} 用以抵消输入端较长接线的电感效应，防止产生自激振荡，当接线较短时也可不用，C_{i} 电容值一般可取 $0.1 \sim 1$ μF，为了防止当负载电流瞬时增减时输出电压产生较大的波动，输出可接 1 μF 左右的电容 C_{o}。

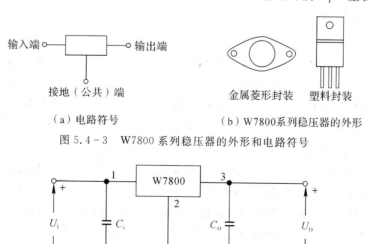

（a）电路符号　　　　　　（b）W7800系列稳压器的外形

图 5.4-3　W7800 系列稳压器的外形和电路符号

图 5.4-4　W7800 系列的典型接线图

2）可调输出电压的三端集成稳压器

可调输出电压的三端集成稳压器有 W×17 系列（输出正电压）和 W×37 系列（输出负电压），它既保持了三端的简单结构，又实现了输出电压连续可调。它以一种通用、标准化稳压器的形式用于各种电子设备的电源中。可调输出电压的三端集成稳压器的外形和电路符号与固定输出的三端集成稳压器很相似，只是它们没有接地（公共）端，只有输入、输出和调整三个引线，是悬浮式电路结构，其内部具有过流保护、短路保护、调整管安全区保护和稳压器芯片过热保护等电路，使用安全可靠。以 W317、W337 为例，W317、W337 输出电压 1.2～35 V，−1.2～−35 V 连续可调，输出电流为 0.5～1.5 A，最小负载电流为 5 mA，输出端与调整端之间的基准电压为 1.25 V，调整端静态电流为 50 μA。

三端输出电压可调的应用电路如图 5.4-5 所示。图中，最大输入电压不超过 40 V，固定电阻 R（240 Ω）接在输出端与调整端之间，其两端电压为 1.25 V。通过调节可调电位器 R_P（0～6.8 kΩ），就可以在输出端获得 1.2～35 V 连续可调的输出电压。

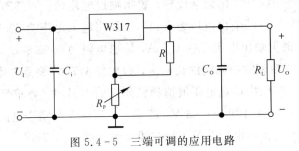

图 5.4-5　三端可调的应用电路

由于 W317 可以维持输出电压不变，所以 R 的最大值，即 $R_{max} = 1.25/0.005 = 250$ Ω，实际取值可略小于 250 Ω，如 240 Ω。由图 5.4-5 可知，输出电压为

$$U_O \approx 1.25 \times \left(1 + \frac{R_P}{R}\right) \qquad (5.4-19)$$

5.4.4　开关稳压电路

串联型稳压电路虽然具有电路结构简单、输出电压稳定性高、调节方便、纹波电压小、工作可靠等优点，但是调整管必须工作在线性放大状态。当负载电流增大时，调整管就会产生较大的功耗，这会使电路的转换效率降低至 40%～60%，有时甚至仅为 30%。为了解决散热问题，还必须安装散热装置，这样会增加电源的体积、重量和成本。

为了克服上述缺点，可使调整管工作在开关状态，在这种情况下，无论调整管工作在截止区还是饱和区，其管耗很小，这就大大提高了电路的转换效率，其效率可达 75%～95%。这种调整管工作在开关状态的稳压电路称为开关稳压电路，有时称这样的调整管为开关调整管，简称开关管。开关稳压电路省去了电源变压器和调整管的散热装置，具有体积小、重量轻等优点，适用于功率较大且负载固定、输出电压调节范围不大的场合。开关型稳压电路的不足之处是输出电压中所含纹波较大；控制调整管反复通、断的高频开关信号对子设备会造成一定的干扰；控制电路复杂，对元器件要求较高。随着开关电源技术的不断发展，开关稳压电路的应用也日益广泛。

开关稳压电路种类繁多，主要有以下分类方式：

（1）按调整管与负载的连接方式可分为串联型和并联型。串联型开关稳压电路中调整管与负载串联连接，输出端通过调整管及整流二极管与电网相连，电网隔离性差，且只有一路电压输出。并联型开关稳压电路中输出端与电网间由开关变压器进行电气上的隔离，安全性好，通过开关变压器的次级可以做到多路电压输出，但是电路复杂，对调整管要求高。

（2）按调整管是否参与振荡可分为自激式和他激式稳压电路。自激式由开关内部电路来启动调整管，他激式由开关稳压电路外的激励信号来启动调整管。

（3）按稳压的方式可分为脉冲宽度调制型（PWM）和脉冲频率调制型（PFM）。脉冲宽度调制型是利用调整管脉冲宽度的不同，控制调整管的导通时间达到稳定输出的目的。脉冲频率调制型是通过控制调整管通断周期，来达到稳定输出的目的的。

由于开关型稳压电路输出功率一般较大，尽管调整管功耗相对较小，但是绝对功耗仍然较大，因此在实际运用时，必须加装散热片。本节只介绍用晶体管作为调整管的脉冲宽度调制式串联型开关稳压电路。

1. 电路结构

脉冲宽度调制式串联型开关稳压电路如图 5.4-6 所示。图 5.4-6 中，U_I 为开关稳压电路的输入电压，是电网电压经整流滤波后的输出电压；R_1、R_2 组成取样单元，取样电压即为反馈电压 U_f；A_1 为比较放大器，同相输入端接基准电压 U_{ref}，反相输入端接 U_f，将两者差值进行放大；A_2 为脉冲宽度调制式电压比较器，同相端接 A_1 的输出电压 u_A，反相端与振荡器输出电压 u_T 相连，A_2 输出的矩形波电压 u_B 就是驱动调整管通、断的开关信号；VT 是开关调整管；L、C 构成 T 形滤波器，VD 为续流二极管；R_L 为负载，U_O 为稳压电路输出电压。

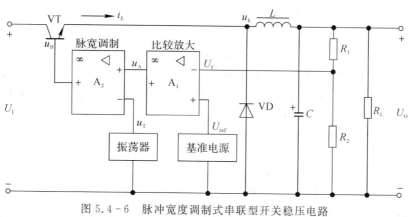

图 5.4-6　脉冲宽度调制式串联型开关稳压电路

2. 工作原理

由于 A_2 为脉冲宽度调制式电压比较器，所以当 $u_A > u_T$ 时，u_B 为高电平；当 $u_A < u_T$ 时，u_B 为低电平。当 u_B 为高电平时，开关调整管 VT 饱和导通，输入电压 U_I 经滤波电感 L 加在滤波电容 C 和负载 R_L 两端，在此期间，电感两端的电流 i_L 增长，L 和 C 存储能量，续流二极管 VD 截止。当 u_B 为低电平时，开关调整管 VT 由饱和转为截止，由于电感两端的电流 i_L 不能突变，i_L 经负载 R_L 和续流二极管 VD 衰减而释放能量，此时滤波电容 C 也向 R_L 放电，因而 R_L 两端仍能获得连续的输出电压。当开关调整管在 u_B 的作用下又进入饱和导通时，L 和 C 再一次充电，以后 VT 又截止，L 和 C 又放电，如此循环往复。开关稳压电源的

电压、电流波形图如图 5.4 - 7 所示。

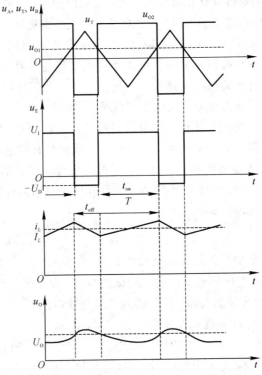

图 5.4 - 7　开关稳压电源的电压、电流波形图

输出电压 U_O 与输入电压 U_I 之间的关系为

$$U_O = \frac{1}{T}\int_0^T u_E \mathrm{d}t = \frac{1}{T}\int_0^{t_{on}} U_I \mathrm{d}t = \frac{t_{on}}{T}\times U_I = DU_I \qquad (5.4-20)$$

式(5.4-20)中，D 称为占空比，表示调整管的导通时间 t_{on} 与开关周期 T 之比。由式(5.4-20)可知，在一定的直流输入电压 U_I 下，改变占空比 D 就可改变输出电压，占空比 D 越大，开关电源的输出电压 U_O 越高。显然有 $D \leqslant 1$，则 $U_O \leqslant U_I$。

3. 稳压过程

当输入的交流电源电压波动或负载电波发生改变时，都将引起输出电压 U_O 的改变，电路能通过负反馈自动调整使得 U_O 基本上维持稳定不变。

当 U_O 升高时，取样电压会同时增大，并作用于 A_1 的反相输入端，与同相输入端的基准电压比较放大，使放大电路的输出电压减小，经过 A_2 使得 u_B 的占空比变小。因此，输出电压随之减小，调节结果使 U_O 基本不变。变化过程简述如下：

$$U_O \uparrow \to U_f \uparrow \to u_A \downarrow \to D \uparrow \to U_O \downarrow$$

当 U_O 减小时，与上述变化正好相反。

由上述分析可以看出，控制过程是在保持调整管开关周期 T 不变的情况下，通过改变开关管导通时间 t_{on} 来调节脉冲占空比，从而达到稳压的效果，故称之为脉冲宽度调制型开关稳压电路。需要注意的是，由于当负载电阻变化时会影响 LC 滤波电路的滤波效果，因此开关型稳压电路不适用于负载变化较大的场合。

习 题

5.1 简答题

5.1-1 直流电源通常由哪几部分组成？各部分的作用是什么？

5.1-2 电容和电感为什么能起滤波作用？它们在滤波电路中应如何与 R_2 相连？

5.1-3 串联型稳压电路主要由哪几部分组成？它实质上依靠什么原理来稳压？

5.1-4 串联型稳压电路为何采用复合管作为调整管？为了提高温度稳定性，组成复合管采取了什么措施？

5.2 分析计算题

5.2-1 在如题 5.2-1 图所示电路中，已知输出电压平均值 $U_{O(AV)} = 15$ V，负载电流平均值 $I_{L(AV)} = 100$ mA。

（1）变压器次级电压有效值 $U_2 \approx$?

（2）设电网电压波动范围为 $\pm 10\%$。在选择二极管的参数时，其最大整流平均电流 I_F 和最高反向电压 $U_{R\,max}$ 的下限值约为多少？

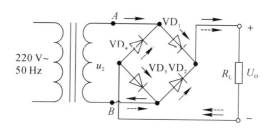

题 5.2-1 图

5.2-2 电路如题 5.2-2 图所示，变压器次级电压有效值为 $2U_2$。

（1）画出 u_2、u_{D1} 和 u_o 的波形；

（2）求出输出电压平均值 $U_{O(AV)}$ 和输出电流平均值 $I_{L(AV)}$ 的表达式；

（3）求出二极管的平均电流 $I_{D(AV)}$ 和所承受的最大反向电压 $U_{R\,max}$ 的表达式。

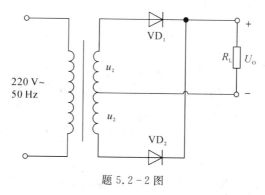

题 5.2-2 图

5.2-3 单向桥式整流电路如题 5.2-3 图所示。变压器初级侧接 220 V 交流电压。

（1）已知变压器次级侧电压为 18 V，负载电阻为 9 Ω。试求输出的直流电压 U_O、直流电流和整流管的平均整流电流 I_D、最大反向峰值电压 $U_{R\,max}$。

（2）若要求负载电阻上得到的直流电压为 9 V，试确定变压器的次级电压和初级、次级侧的匝数比。

5.2-4 能输出两组直流电压的桥式整流电路如题 5.2-4 图所示。

（1）试分析二极管的导电情况，标出 u_{o1} 和 u_{o2} 的实际极性。

（2）当 $U_{21}=U_{22}=7.5$ V、VD 为理想二极管时，计算电路的输出电压平均值 U_{O1} 和 U_{O2}。

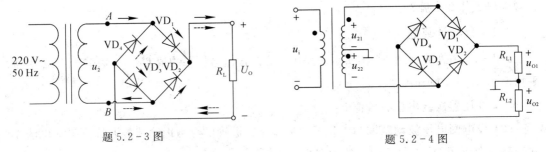

题 5.2-3 图   题 5.2-4 图

5.2-5 分别判断如题 5.2-5 图所示各电路能否作为滤波电路，简述理由。

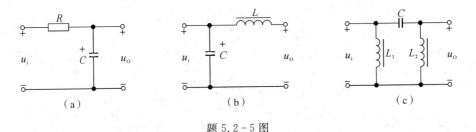

（a）   （b）   （c）

题 5.2-5 图

5.2-6 桥式整流、电容滤波电路如题 5.2-6 图所示，已知交流电源电压 $U_1=220$ V（50 Hz），$R_L=50$ Ω，要求输出直流电压为 24 V，纹波较小。

（1）选择整流管的型号；

（2）选择滤波电容器（容量和耐压）；

（3）确定电源变压器的次级电压和电流。

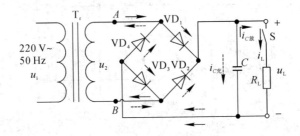

题 5.2-6 图

5.2-7 在如题 5.2-7 图所示桥式整流、电容滤波电路中，设滤波电容 $C=1000\ \mu\text{F}$，交流电源频率为 50 Hz，$R_L=5.1\ \text{k}\Omega$。

（1）要求输出电压 $U_o = 17$ V，问 U_2 需要多少伏？

（2）若 R_L 减小，则输出电压 U_o 是增大还是减小？二极管导电角是增大还是减小？

（3）若电容 C 虚焊（相当于 C 未接入），则输出电压 U_o 是增大还是减小？

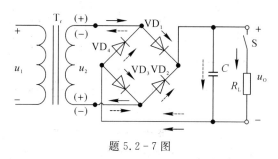

题 5.2 - 7 图

5.2 - 8　在如题 5.2 - 8 图所示串联反馈型稳压电源中，设 $U_Z = 8$ V，$R_1 = 3$ kΩ，$R_2 = 2$ kΩ，试计算其输出电压。

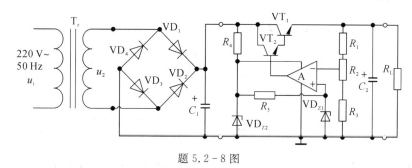

题 5.2 - 8 图

5.2 - 9　电路如题 5.2 - 9 图所示，稳压管的稳定电压 $U_Z = 4.3$ V，晶体管的 $U_{BE} = 0.7$ V，$R_1 = R_2 = R_3 = 300$ Ω，$R_0 = 5$ Ω。

（1）试估算输出电压的可调范围；

（2）试估算调整管发射极允许的最大电流；

（3）若 $U_1 = 25$ V，波动范围为 ±10%，则调整管的最大功耗为多少？

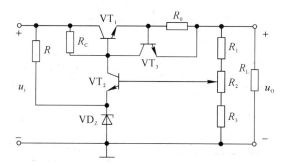

题 5.2 - 9 图

5.2 - 10　直流稳压电源如题 5.2 - 10 图所示。

（1）说明电路的整流电路、滤波电路、调整管、基准电压电路、比较放大电路、取样电路等部分由哪些元件组成；

（2）标出集成运放的同相输入端和反相输入端；

（3）写出输出电压的表达式。

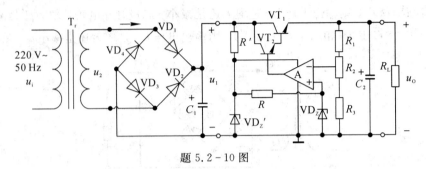

题 5.2-10 图

5.2-11 在如题 5.2-11 图所示电路中，$R=240\ \Omega$，$R_P=3\ \text{k}\Omega$，W117 输入端和输出端电压允许范围为 $3\sim40\ \text{V}$，输出端和调整端之间的电压 U_{ref} 为 1.25 V。试求解

（1）输出电压的调节范围；

（2）输入电压允许的范围。

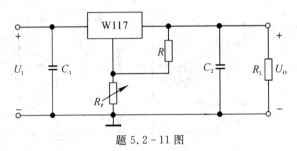

题 5.2-11 图

5.2-12 试分别求出如题 5.2-12 图所示各电路输出电压的表达式。

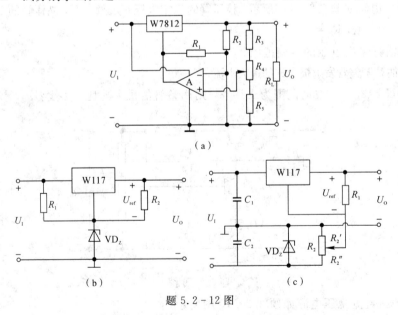

（a）

（b）   （c）

题 5.2-12 图

第六章　数字电路基础

随着电子科技的快速发展，数字电子技术已经广泛应用在各种电子设备和系统中，如计算机、电视机、通信系统、电子测量系统和自动控制系统等，数字电路是数字电子技术的核心。

电子电路中的信号分为两类：一类为模拟信号，是指该信号具有时间和数值都连续变化的特点，如温度、压力等，处理模拟信号的电路称为模拟电路；另一类为数字信号，是指无论在时间上还是数值上都是离散变化的，如学生个数、元件个数等，处理数字信号的电路称为数字电路。与模拟电路相比数字电路有精度高、可靠性高、易处理、保密性高、快速和经济性高等特点。

本章主要介绍逻辑代数及门电路，组合逻辑电路的分析与设计，时序逻辑电路的分析与设计。

6.1　基本逻辑运算及门电路

6.1.1　数制与常用编码

1. 数制

所谓数制，是进位计数制度的简称。常见的数制有十进制、二进制、八进制和十六进制。权和基数是数制的两个要素，利用权和基数可以把任何一个数按权展开为多项式的形式。

1）十进制

十进制有 0，1，2，3，4，5，6，7，8，9 共 10 个基本数码，基数为 10，它的计数规则是"逢十进一，借一当十"。第 n 位十进制整数的位权值是 10^{n-1}，第 m 位十进制小数的位权值是 10^{-m}。可以用位权值展开的方法来描述任意十进制数。

$$
\begin{aligned}
(N)_{10} &= (a_{n-1}a_{n-2}\cdots a_1 a_0. \ a_{-1}a_{-2}\cdots a_{-m}) \\
&= a_{n-1}\times 10^{n-1} + a_{n-2}\times 10^{n-2} + \cdots + a_1\times 10^1 + a_0\times 10^0 \\
&\quad + a_{-1}\times 10^{-1} + a_{-2}\times 10^{-2} + \cdots + a_{-m}\times 10^{-m} \\
&= \sum_{i=-m}^{n-1} a_i \times 10^i
\end{aligned}
\tag{6.1-1}
$$

如

$$(98.02)_{10} = 9\times 10^1 + 8\times 10^0 + 0\times 10^{-1} + 2\times 10^{-2}$$

通常对十进制数的表示，可以在数字的右下角标注 10 或 D，也可以省略。

2）二进制

二进制是最简单的数制，只有 0，1 两个基本数码，它的基数是 2，它的计数规则是"逢二进一，借一当二"。第 n 位二进制整数的位权值是 2^{n-1}，第 m 位二进制小数的位权值是 2^{-m}。可以用位权值展开的方法来描述任意二进制数。

$$
\begin{aligned}
(N)_2 &= (a_{n-1}a_{n-2}\cdots a_1 a_0. \, a_{-1}a_{-2}\cdots a_{-m}) \\
&= a_{n-1} \times 2^{n-1} + a_{n-2} \times 2^{n-2} + \cdots + a_1 \times 2^1 + a_0 \times 2^0 \\
&\quad + a_{-1} \times 2^{-1} + a_{-2} \times 2^{-2} + \cdots + a_{-m} \times 2^{-m} \\
&= \sum_{i=-m}^{n-1} a_i \times 2^i
\end{aligned}
\tag{6.1-2}
$$

通常对二进制的表示，可以在数字的右下角标注 2 或 B。

数字系统常用二进制来表示数和运算，二进制的优点如下：

（1）二进制只有两个计数符号 0 和 1，在数字电路中常采用两个稳定开关状态的开关元件来表示一位二进制数，因此采用二进制数的电路容易实现，且规则稳定可靠。

（2）二进制的基本运算规则简单，只需定义"加"和"乘"两种运算就能实现其他各种运算。

加法运算：$0+0=0$，$0+1=1$，$1+0=1$，$1+1=10$

乘法运算：$0 \times 0=0$，$0 \times 1=0$，$1 \times 0=0$，$1 \times 1=1$

3）八进制

八进制有 0，1，2，3，4，5，6，7 共 8 个基本数码，基数为 8，它的计数规则是"逢八进一，借一当八"。第 n 位十进制整数的位权值是 8^{n-1}，第 m 位八进制小数的位权值是 8^{-m}。可以用位权值展开的方法来描述任意八进制数。

$$
\begin{aligned}
(N)_8 &= (a_{n-1}a_{n-2}\cdots a_1 a_0. \, a_{-1}a_{-2}\cdots a_{-m}) \\
&= a_{n-1} \times 8^{n-1} + a_{n-2} \times 8^{n-2} + \cdots + a_1 \times 8^1 + a_0 \times 8^0 \\
&\quad + a_{-1} \times 8^{-1} + a_{-2} \times 8^{-2} + \cdots + a_{-m} \times 8^{-m} \\
&= \sum_{i=-m}^{n-1} a_i \times 8^i
\end{aligned}
\tag{6.1-3}
$$

通常对八进制的表示，可以在数字的右下角标注 8 或 O。

4）十六进制

十六进制有 0，1，2，3，4，5，6，7，8，9，A，B，C，D，E，F 共 16 个基本数码，基数为 16，其中 A～F 分别表示十六进制数的 10～15，它的计数规则是"逢十六进一，借一当十六"。第 n 位十六进制整数的位权值是 16^{n-1}，第 m 位十六进制小数的位权值是 16^{-m}。可以用位权值展开的方法来描述任意十六进制数。

$$
\begin{aligned}
(N)_{16} &= (a_{n-1}a_{n-2}\cdots a_1 a_0. \, a_{-1}a_{-2}\cdots a_{-m}) \\
&= a_{n-1} \times 16^{n-1} + a_{n-2} \times 16^{n-2} + \cdots + a_1 \times 16^1 + a_0 \times 16^0 \\
&\quad + a_{-1} \times 16^{-1} + a_{-2} \times 16^{-2} + \cdots + a_{-m} \times 16^{-m} \\
&= \sum_{i=-m}^{n-1} a_i \times 16^i
\end{aligned}
\tag{6.1-4}
$$

通常对十六进制的表示，可以在数字的右下角标注 16 或 H。

2. 数制间的转换

同一个数值可以用不同数制表示，一个数从一种数制变成另一种数制称为数制转换。本书仅讨论二进制、八进制、十进制和十六进制直接的相互转换。

1）R 进制数转换为十进制数

R(二、八、十六)进制数转换为十进制数，采用"按位权展开法"。就是将 R 进制数的各位位权值乘以系数后相加求和，得到与之相等值的十进制数。

【例 6.1－1】　$(101.01)_2 = (?)_{10}$

解　　　　　　　$(101.01)_2 = 1\times2^2 + 0\times2^1 + 1\times2^0 + 0\times2^{-1} + 1\times2^{-2}$
　　　　　　　　　　　$= (5.25)_{10}$

【例 6.1－2】　$(207.04)_8 = (?)_{10}$

解　　　　　　　$(207.04)_8 = 2\times8^2 + 0\times8^1 + 7\times8^0 + 0\times8^{-1} + 4\times8^{-2}$
　　　　　　　　　　　$= (135.0625)_{10}$

【例 6.1－3】　$(D8.A)_{16} = (?)_{10}$

解　　　　　　　$(D8.A)_{16} = 13\times16^1 + 8\times16^0 + 10\times16^{-1}$
　　　　　　　　　　　$= (216.625)_{10}$

2）十进制数转换成 R 进制数

十进制数转换成 R 进制数采用的方法为"基数连除和小数连乘法"。

将十进制数的整数部分和小数部分分别进行转换，然后合并起来。十进制数整数转换成 R 进制数，采用逐次除以基数 R 取余数的方法，其步骤如下：

（1）将给定的十进制数除以 R，余数作为 R 进制数的最低位(Least Significant Bit，LSB)。

（2）把前一步的商再除以 R，余数作为次低位。

（3）重复(2)步骤，记下余数，直至最后商为 0，最后的余数为 R 进制的最高位(Most Significant Bit，MSB)。

【例 6.1－4】　$(44.375)_{10} = (?)_2$

解

$$(44.375)_{10} = (101100.011)_2$$

3）二进制、八进制与十六进制数的相互转换

由于 3 位二进制数构成 1 位八进制数，4 位二进制数构成 1 位十六进制数，以二进制数为桥梁，即可方便地完成基数 R 为 2^k 各进制之间的互相转换。

（1）二进制转换成八进制、十六进制的方法：以二进制数的小数点为起点，分别向左、

向右，每3位(或四位)分一组。对于小数部分，当最低位一组不足3位(或4位)时，必须在有效位右边补0，使其足位。然后，把每一组二进制数转换成八进制(或十六进制)数，并保持原排序。对于整数部分，最高位一组不足位时，可在有效位的左边补0，也可不补。

(2) 八进制、十六进制转换成二进制的方法：当八进制(或十六进制)数转换成二进制数时，只要把八进制(或十六进制)数的每一位数码分别转换成3位(或4位)的二进制数，并保持原排序即可。整数最高位一组左边的0，及小数最低位一组右边的0，可以省略。

3. 常用编码

1) 自然二进制码

自然二进制码形式与四位二进制数相同，但它已经没有数的大小概念，只是作为代表"0～15"的16个四位二进制符号而已。

2) BCD码

在数字设备中，常采用二进制码表示十进制数。通常把用一组4位二进制码来表示一位十进制数编码方法称为二-十进制，或 BCD(Binary Coded Decimal)码。若某种代码的每一位都有固定的"权值"则称这种代码为有权代码；否则，称为无权代码。所以，判断一种代码是否为有权代码，只需检验这种代码的每个码组的各位是否具有固定的权值。如果发现一种代码中至少有1个码组的权值不同，这种代码就是无权代码。表6.1-1为几种常用的 BCD码。

表 6.1-1　几种常用的 BCD 码

十进制数	8421 码	5421 码	2421 码	余 3 码	余 3 循环码
0	0000	0000	0000	0011	0010
1	0001	0001	0001	0100	0110
2	0010	0010	0010	0101	0111
3	0011	0011	0011	0110	0101
4	0100	0100	0100	0111	0100
5	0101	1000	1011	1000	1100
6	0110	1001	1100	1001	1101
7	0111	1010	1101	1010	1111
8	1000	1011	1110	1011	1110
9	1001	1100	1111	1100	1010

(1) 8421BCD 码。8421BCD 码是有权代码，各位的权值分别为8、4、2、1。虽然 8421BCD 码的权值与四位自然二进制码的权值相同，但二者是两种不同的代码。8421BCD 码只是取用了四位自然二进制码的前10种组合。

(2) 5421BCD 码。5421BCD 码也是有权代码，各位的权值分别为5、4、2、1。其显著特点是最高位连续5个0后连续5个1。当计数器采用这种编码时，最高位可产生对称方波输出。

(3) 2421BCD 码。2421BCD 码是有权代码，各位的权值分别为2、4、2、1；是一种自补代码。所谓自补特性，是指将任意一个十进制数符 D 的代码的各位取反，正好是与9互补的那个十进制数符$(9-D)$的代码。例如,将 4 的代码 0100 取反,得到的 1011 正好是 $9-4=5$ 的代码。这种特性称为自补特性,具有自补特性的代码称为自补码(Self Complementing Code)。

(4) 余 3 码。余 3 码是 8421BCD 码的每个码组加 3(0011)形成的。其中的 0 和 9,1 和 8,2 和 7,3 和 6,4 和 5,各对码组相加均为 1111,余 3 码也是自补代码。余 3 码各位无固定权值,故属于无权代码。

(5) 余 3 循环码。余 3 循环码是一种无权代码,其特点是:每两个相邻编码之间只有一位码元不同。这一特点使数据在形成和传输时不易出现错误。

当用 BCD 码表示十进制数时,只要把十进制数的每一位数码,分别用 BCD 码取代即可。反之,若要知道 BCD 码代表的十进制数,只要把 BCD 码以小数点为起点向左、向右每四位分一组,再写出每一组代码代表的十进制数,并保持原排序即可。

3) 格雷码

格雷码(Gray 码)是一种常见的无权代码,是一种典型的循环码。循环码有两个特点:一个是相邻性,另一个是循环性。相邻性是指任意两个相邻代码仅有 1 位数码不同,循环性是指首尾的两个代码也具有相邻性。因为它可以减少代码变化时产生的错误,所以是一种可靠性较高的代码,在自动化控制中生产设备多采用格雷码。

格雷码的抗干扰能力最强,当时序电路中采用循环编码时,不仅可以有效防止波形出现毛刺,而且可以提高电路工作速度。

格雷码的编码方案有多种,典型的生成规律是以最高位互补反射,其余位沿对称轴镜像对称。十进制数 0~15 的 4 位二进制格雷码如表 6.1-2 所示,显然它符合循环码的两个特点。

表 6.1-2　4 位二进制格雷码

十进制数	格雷码	十进制数	格雷码
0	0000	8	1100
1	0001	9	1101
2	0011	10	1111
3	0010	11	1110
4	0110	12	1010
5	0111	13	1011
6	0101	14	1001
7	0100	15	1000

4) ASCII 码

数字系统中当对数字、字母和符号进行处理时,需要采用字符编码。ASCII 码就是目前国际上最通用的一种字符码,它是美国国家信息交换标准代码(American Standard Code for Information Interchange)的英文缩写,它采用 7 位二进制编码表示 10 个十进制数字、英文大小写字母、运算符、控制符以及特殊符号等共 128 种符号。

5) 奇偶校验码

奇偶校验码是最简单的检错码,它能够检测出传输码组中的奇数个码元错误。

奇偶校验码的编码方法：在信息码组中增加 1 位奇偶校验位，使得增加校验位后的整个码组具有奇数个 1 或偶数个 1 的特点。如果每个码组中 1 的个数为奇数，则称为奇校验码；如果每个码组中 1 的个数为偶数，则称为偶校验码。

例如，十进制数 5 的 8421BCD 码 0101 增加校验位后，奇校验码是 10101，偶校验码是 00101，其中最高位分别为奇校验位 1 和偶校验位 0。ASCII 码也可以通过增加 1 位校验位的办法方便地扩展为 8 位，8 位在计算机中称为 1 个字节，这也是 ASCII 码采用 7 位编码的一个重要原因。

6.1.2　逻辑运算和逻辑门

1. 三种基本逻辑运算

数字电路中所用的数学工具是逻辑代数(又称布尔代数)，是描述客观事物逻辑关系的数学方法。逻辑代数中的变量只有 0 和 1，用来描述两种完全相反的逻辑状态，不代表具体数值。

在二值逻辑中，只有三种最基本的逻辑：与逻辑、或逻辑和非逻辑。对应的最基本的逻辑运算有三种：与运算、或运算和非运算。

1) 与逻辑运算(逻辑乘)

决定某一事件的所有条件同时成立，该事件才发生，这种因果关系叫与逻辑，也叫与运算或叫逻辑乘。

与运算对应的逻辑电路可以用两个串联开关 A、B 控制电灯 F 亮、灭来示意，如图 6.1-1 所示。若用"1"代表开关闭合和灯亮(逻辑"真")，用"0"代表开关断开和灯灭(逻辑"假")。电路的功能可以描述为："只有当 A、B 两个开关都闭合($A=1$、$B=1$)时，电灯 F 才亮($F=1$)；否则，灯就灭"。这种灯的亮、灭与开关通、断之间的逻辑关系就是"与逻辑"，其对应关系如表 6.1-3 所示，这种表格叫真值表。

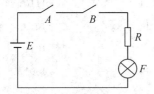

图 6.1-1　与逻辑电路示意图

表 6.1-3　与逻辑的真值表

A	B	F
0	0	0
0	1	0
1	0	0
1	1	1

所谓真值表，就是将输入变量所有可能的取值组合与对应的输出变量值一一列出来的表格。若输入有 n 个变量，则有 2^n 种取值组合存在，输出一定对应有 2^n 个值。在逻辑分析中，真值表是描述逻辑功能的一种重要形式。

与运算符合表 6.1-3 真值表的逻辑关系，它是两个或多个逻辑变量在逻辑上进行乘法运算。与运算的逻辑表达式(也叫逻辑函数式)为

$$F = A \cdot B \qquad\qquad (6.1-5)$$

读作"F 等于 A 逻辑乘(与) B"。为了简便，有时把符号"·"省掉，写成 $F=AB$。在有些文献中，也采用 $\cap$、$\wedge$、$\&$ 等符号来表示逻辑乘。

由表 6.1-3 可知,与运算(逻辑乘)的基本运算规则为

$$0 \cdot 0 = 0, \qquad 0 \cdot 1 = 0, \qquad 1 \cdot 0 = 0, \qquad 1 \cdot 1 = 1$$

可推广为

$$0 \cdot A = 0, \qquad 1 \cdot A = A, \qquad A \cdot A = A$$

在数字电路中,常把能够实现"与运算"功能的电路叫"与门"(AND Gate),其逻辑符号如图 6.1-2 所示。

（a）常用符号　　　　（b）国外流行符号　　　　（c）国标符号

图 6.1-2   与门的逻辑符号

为了方便记忆,与门的逻辑功能可归纳为:当输入有"0"时,输出为"0";当输入全"1"时,输出为"1"。

2) 或逻辑运算(逻辑加)

决定某一事件的所有条件中,只要有任何一个满足,则该事件就发生,这种因果关系叫或逻辑,也叫或运算或叫逻辑加。

或运算对应的逻辑电路可以用两个并联开关 A、B 控制电灯 F 亮、灭来示意,如图 6.1-3 所示。若仍用"1"代表开关闭合和灯亮,用"0"代表开关断开和灯灭。电路的功能可以描述为:"只要当 A、B 两个开关中至少有一个闭合时,电灯 F 就亮,否则,灯就灭"。或逻辑的真值表如表 6.1 4 所示。

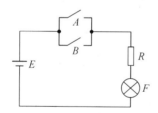

图 6.1-3   或逻辑电路示意

表 6.1-4   或逻辑的真值表

A	B	F
0	0	0
0	1	1
1	0	1
1	1	1

或运算符合表 6.1-4 真值表的逻辑关系,它是两个或多个逻辑变量在逻辑上进行加法运算。或运算的逻辑表达式为

$$F = A + B \qquad\qquad (6.1-6)$$

读作"F 等于 A 逻辑加 B"。有些文献也采用∪、∨等符号来表示逻辑加。由表 6.1-4 可知,或运算(逻辑加)的运算规则为

$$0+0=0, \qquad 0+1=1, \qquad 1+0=1, \qquad 1+1=1$$

可推广为

$$0+A=A, \qquad 1+A=1, \qquad A+A=A$$

注意:逻辑运算不同于二进制数运算和十进制运算,在二进制运算中 $1+1=10$,在十进制运算中,$1+1=2$,而在逻辑运算中 $1+1=1$,此时的"1"已不表示数量的大小。

在数字电路中,常把能实现"或运算"的电路称为"或门"(OR Gate),其逻辑符号如图 6.1-4 所示。

（a）常用符号　　　（b）国外流行符号　　　（c）国标符号

图 6.1-4　或门的逻辑符号

为了方便记忆，或门的逻辑功能可归纳为：当输入有"1"时，输出为"1"；当输入全"0"时，输出为"0"。

3）非逻辑运算（逻辑反）

结论是对前提条件的否定，这种因果关系称为非逻辑。

非运算对应的逻辑图可以用如图 6.1-5 所示电路来示意。若仍用"1"代表开关闭合和灯亮，用"0"代表开关断开和灯灭。电路的功能可以描述为："若开关 A 闭合，则电灯 F 就亮，反之，灯就灭"。非逻辑的真值表如表 6.1-5 所示。

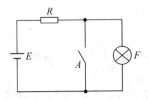

图 6.1-5　非逻辑电路示意图

表 6.1-5　非逻辑的真值表

A	F
0	1
1	0

符合表 6.1-5 真值表的逻辑关系，称为非运算，它表示了输出变量等于输入变量取反的逻辑关系。非运算逻辑表达式为

$$F = \overline{A} \tag{6.1-7}$$

读作"F 等于 A 非"。通常称 A 为原变量，$\overline{A}$ 为反变量，二者共同称为互补变量。

非运算的运算规则是

$$\overline{0} = 1, \qquad \overline{1} = 0$$

在数字电路中，常把能完成"非运算"的电路叫"非门"（NOT Gate）或者叫"反相器"（Inverter），非门只有一个输入端，其逻辑符号如图 6.1-6 所示。

（a）常用符号　　　（b）国外流行符号　　　（c）国标符号

图 6.1-6　非门的逻辑符号

在数字电路中，任何逻辑运算均可以由这三种基本逻辑运算的组合来表示。当这三种基本逻辑运算组合同时出现在一个逻辑表达式中时，要注意三者的优先次序是：非、与、或。例如，在逻辑函数 $F = A\overline{B} + C$ 中，变量 B 先"非"，然后再和变量 A 相"与"，相与的结果再和变量 C 相"或"，得到 F。

2. 复合逻辑运算

将与、或、非三种基本的逻辑运算进行组合，可以得到各种形式的复合逻辑运算，其中常见的复合运算有：与非运算、或非运算、与或非运算、异或运算和同或运算。

1）"与非"逻辑

"与非"逻辑是"与"逻辑和"非"逻辑的组合，先"与"再"非"，其表达式为

$$F = \overline{A \cdot B} \qquad (6.1-8)$$

实现"与非"逻辑运算的电路称为"与非门"（NAND Gate），其逻辑符号如图 6.1-7 所示。实际产品与非门的输入端可以有多个。

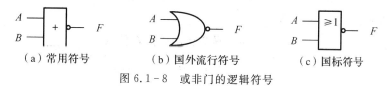

（a）常用符号 （b）国外流行符号 （c）国标符号

图 6.1-7 与非门的逻辑符号

为了方便记忆，与非门的逻辑功能可归纳为：当输入有"0"时，输出为"1"；当输入全"1"时，输出为"0"。（这与与门的功能相反）

2）"或非"逻辑

"或非"逻辑是"或"逻辑和"非"逻辑的组合，先"或"后"非"，其表达式为

$$F = \overline{A + B} \qquad (6.1-9)$$

实现"或非"逻辑运算的电路叫"或非门"（NOR Gate），其逻辑符号如图 6.1-8 所示。实际产品或非门的输入端可以有多个。

为了方便记忆，或非门的逻辑功能可归纳为：当输入有"1"时，输出为"0"；当输入全"0"时，输出为"1"。（这和或门的功能相反）。

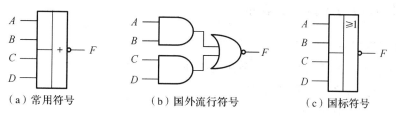

（a）常用符号 （b）国外流行符号 （c）国标符号

图 6.1-8 或非门的逻辑符号

3）"与或非"逻辑

"与或非"逻辑是"与"、"或"、"非"三种基本逻辑的组合，先"与"再"或"最后"非"，其表达式为

$$F = \overline{AB + CD} \qquad (6.1-10)$$

实现"与或非"逻辑运算的电路称为"与或非门"（AND-OR-NOT Gate），其逻辑符号如图 6.1-9 所示。

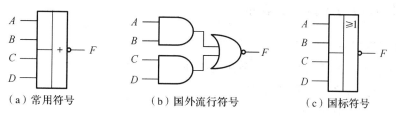

（a）常用符号 （b）国外流行符号 （c）国标符号

图 6.1-9 与或非门的逻辑符号

4）"异或"逻辑及"同或"逻辑

若两个输入变量 A、B 的取值相异，则输出变量 F 为 1；若 A、B 的取值相同，则 F 为 0。这种逻辑关系称为"异或"逻辑，其逻辑表达式为

$$F = A \oplus B = \overline{A}B + A\overline{B} \qquad (6.1-11)$$

读作"F 等于 A 异或 B"。由于"异或"运算在功能上相当于不考虑进位的二进制加法运算，

因而有时也称为“模2加”运算。实现“异或”运算的电路称为“异或门”(XOR Gate)，其逻辑符号如图6.1-10所示。

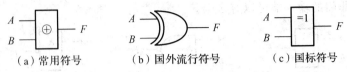

A
B
⊕
F
(a) 常用符号
A
B
F
(b) 国外流行符号
A
B
=1
F
(c) 国标符号

图6.1-10　异或门的逻辑符号

若两个输入变量A、B的取值相同，则输出变量F为1；若A、B取值相异，则F为0。这种逻辑关系叫“同或”逻辑，其逻辑表达式为

$$F = A \odot B = \overline{A}\,\overline{B} + AB \tag{6.1-12}$$

实现“同或”运算的电路称为“同或门”(XNOR Gate)，其逻辑符号如图6.1-11所示。

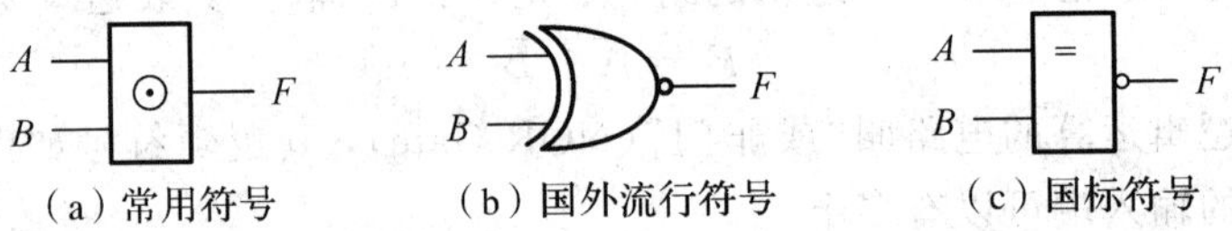
A
B
⊙
F
(a) 常用符号
A
B
F
(b) 国外流行符号
A
B
=
F
(c) 国标符号

图6.1-11　同或门的逻辑符号

需要注意的是，实际产品中异或门和同或门的输入端只有两个。两变量的“异或”及“同或”逻辑的真值表如表6.1-6所示。

表6.1-6　异或和同或的真值表

A	B	$F=A\oplus B$	$F=A\odot B$
0	0	0	1
0	1	1	0
1	0	1	0
1	1	0	1

6.1.3　逻辑代数与逻辑函数表示

1. 逻辑代数的基本公式

为了便于记忆，逻辑代数的基本公式可以分为以下三类：

(1) 关于变量与常量关系的定理：

0-1律　(a) $A\cdot 0=0$

　　　(b) $A+1=1$

自等律　(a) $A\cdot 1=A$

　　　(b) $A+0=A$

互补律　(a) $A\cdot \overline{A}=0$

　　　(b) $A+\overline{A}=1$

(2) 交换律、结合律、分配律(与普通代数相同)：

交换律 　(a) $A \cdot B = B \cdot A$

　　　　(b) $A + B = B + A$

结合律 　(a) $A \cdot (B \cdot C) = (A \cdot B) \cdot C$

　　　　(b) $A + (B + C) = (A + B) + C$

分配律 　(a) $A \cdot (B + C) = A \cdot B + A \cdot C$

　　　　(b) $A + BC = (A + B)(A + C)$

(3) 逻辑代数的一些特殊规律：

重叠律 　(a) $A \cdot A = A$

　　　　(b) $A + A = A$

吸收律 1　(a) $A + A \cdot B = A$

　　　　(b) $A \cdot (A + B) = A$

吸收律 2　(a) $A + \overline{A} \cdot B = A + B$

　　　　(b) $A \cdot (\overline{A} + B) = AB$

吸收律 3　(a) $A \cdot B + A \cdot \overline{B} = A$

　　　　(b) $(A + B)(A + \overline{B}) = A$

非非律 　(a) $\overline{\overline{A}} = A$

反演律 　(a) $\overline{A \cdot B} = \overline{A} + \overline{B}$

　　　　(b) $\overline{A + B} = \overline{A} \cdot \overline{B}$

多余项定理 　(a) $A \cdot B + \overline{A} \cdot C + B \cdot C = A \cdot B + \overline{A} \cdot C$

　　　　　　(b) $(A + B)(\overline{A} + C)(B + C) = (A + B)(\overline{A} + C)$

这些基本公式反映了逻辑关系，而不是数量之间的关系，在用公式化简或证明等式时必须注意，尽管逻辑代数中的某些定律与普通代数中的部分定律有着相同的名称和书写形式，(如交换律、结合律、分配律等)，但不能简单套用初等代数的运算规则，只能用逻辑代数中的基本公式。如初等代数中的移项规则和消去等式两边的相同项规则在这里就不能使用，这是因为逻辑代数中没有减法和除法的缘故。

【例 6.1-5】 证明吸收律 1 的公式(a)　$A + A \cdot B = A$

证明　原等式的左边 $= A(1 + B)$　　　(分配律)

$\qquad\qquad\qquad = A \cdot 1 = A = $右边

故原等式成立。

上式说明在两个乘积项相加时，若其中一项以另一项为因子，则该项是多余的，可以去掉。

【例 6.1-6】 证明吸收律 2 的公式(a) $A + \overline{A} \cdot B = A + B$

证明　原等式的左边 $= A + \overline{A}B = (A + \overline{A})(A + B)$　　　(分配律)

$\qquad\qquad\qquad = A + B = $右边　　　　　　(互补律　$A + \overline{A} = 1$)

故原等式成立。

这一结果表明，当两个乘积项相加时，如果一项取反后是另一项的因子，则该因子是多余的，可以去掉。

【例 6.1-7】 证明多余项定律的公式(a) $AB + \overline{A}C + BC = AB + \overline{A}C$

证明　　　　原等式的左边 $= AB + \overline{A}C + BC = AB + \overline{A}C + (\overline{A} + A)BC$

$$= AB + \overline{A}C + \overline{A}BC + ABC$$
$$= (AB + ABC) + (\overline{A}C + \overline{A}BC)$$
$$= AB + \overline{A}C = 右边$$

故原等式成立。

这个公式说明，若两个乘积项中分别包含 A 和 $\overline{A}$ 两个因子，而这两个乘积项的其余因子所组成的第三个乘积项就是多余项，从等式的左端到右端，可以理解为去掉多余项，原等式仍成立；从等式的右端到左端，可以理解为加上多余项，原等式也是成立的，所以这个公式在公式证明、化简时的添加-消去法中经常用到。

多余项定律可推广为

$$AB + \overline{A}C + BCEFG = AB + \overline{A}C$$

证明　　原等式的左边 $= AB + \overline{A}C + BCEFG$

$$= AB + \overline{A}C + BC + BCEFG \quad （加添加项 BC）$$
$$= AB + \overline{A}C + BC(1 + EFG)$$
$$= AB + \overline{A}C + BC$$
$$= AB + \overline{A}C = 右边$$

故原等式成立。

以上证明等式的方法都是利用公式来证明的，这种方法称为公式证明法。此外，还可以用真值表法来证明等式。真值表法的思路是：若等式两端函数的真值表完全相同，则等式成立。下面用真值表法证明反演律的公式(a)　$\overline{A \cdot B} = \overline{A} + \overline{B}$。

证明　　令 $F = \overline{A \cdot B}$，$G = \overline{A} + \overline{B}$，然后画 F 和 G 的真值表如表 6.1－7 所示。因为输入变量均为 AB，所以将两个函数的真值表合二为一。

表 6.1－7　证明反演律的真值表

A	B	$F = \overline{A \cdot B}$	$G = \overline{A} + \overline{B}$
0	0	1	1
0	1	1	1
1	0	1	1
1	1	0	0

从表 6.1－7 的真值表可见，F 和 G 的真值表完全相同，故 $F = G$，即原等式成立。

2. 逻辑代数的基本规则

逻辑代数中有三个重要的运算规则，它们是代入规则、对偶规则和反演规则。

1）代入规则

逻辑等式中的任何变量 A，都可用另一变量或函数 Z 代替，等式仍然成立，这就是代入规则。利用代入规则，可以扩大基本公式的应用范围。

【例 6.1－8】　用代入规则证明：$\overline{A + B + C} = \overline{A} \cdot \overline{B} \cdot \overline{C}$。

证明　若将等式$\overline{A+B}=\overline{A}\cdot\overline{B}$两边的$B$用$B+C$代入便得到

$$\overline{A+(B+C)}=\overline{A}\cdot\overline{B+C}$$

$$\overline{A+B+C}=\overline{A}\cdot\overline{B}\cdot\overline{C}$$

这样就得到三变量的摩根定律。

同理可将反演律推广到n变量

$$\overline{A_1+A_2+\cdots+A_n}=\overline{A_1}\cdot\overline{A_2}\cdots\overline{A_n}$$

$$\overline{A_1\cdot A_2\cdots A_n}=\overline{A_1}+\overline{A_2}+\cdots+\overline{A_n}$$

2）对偶规则

在介绍对偶规则前，先介绍一下求对偶式的方法。对于任何一个逻辑表达式F，如果将其中的"＋"换成"·"、"·"换成"＋"、"1"换成"0"、"0"换成"1"，并保持原先的逻辑优先级，变量不变，则可得原函数F的对偶式，常用F_d或F'来表示。

对偶规则是指如果两个函数表达式F和G相等，那么它们的对偶式F'和G'也一定相等。如果仔细分析逻辑代数的基本公式中所有的定律（非非律除外）就能发现，所有公式（a）和公式（b）是一组互为对偶的对偶式。因此，我们记忆或证明基本公式就可减少一半，由对偶规则即可求出它们的对偶式也相等。注意，在求对偶式时，为保持原式的逻辑优先关系，应正确使用括号，否则就要发生错误。如：$AB+\overline{A}C$，其对偶式为$(A+B)\cdot(\overline{A}+C)$。如不加括号，就变成$A+B\overline{A}+C$，显然是错误的。

3）反演规则

由原函数求反函数，称为反演或求反。对于任何一个逻辑表达式F，将原函数F中的"·"换成"＋"，"＋"换成"·"；"0"换成"1"，"1"换成"0"；原变量换成反变量，反变量换成原变量，长非号即两个或两个以上变量的非号不变，即可得反函数$\overline{F}$。

【例6.1－9】　求$F=A+\overline{B+\overline{C}+\overline{D+\overline{E}}}$的对偶式$F'$和反函数$\overline{F}$。

解
$$F'=A\cdot\overline{B\cdot\overline{C}\cdot\overline{D\cdot\overline{E}}},$$

$$\overline{F}=\overline{A}\cdot\overline{\overline{B}\cdot C\cdot\overline{\overline{D}\cdot E}}$$

注意：反函数式与求对偶式一样，为了保持原函数逻辑优先顺序，应合理加括号，否则会出错。

3．逻辑函数表示方法

逻辑函数的描述方法一般有真值表（表格形式）、逻辑函数式（数学公式形式）、逻辑电路图（逻辑符号形式）、时序图（波形图形式）和卡诺图（几何图形形式）五种方法。前三种方法在上节中已涉及，它们不仅可以用来描述基本逻辑运算和复合逻辑运算，也可以用来描述任何复杂的逻辑函数，而且它们之间是可以相互转换的。本节将通过一个具体例子系统地介绍前四种方法。卡诺图法在后面的章节再详细介绍。

1）真值表法

真值表是将输入变量所有的取值组合与对应的输出值列出的表格。n个输入变量最多有2^n个状态组合。函数的真值表直观明了，但随着输入变量的增加，真值表形式反显繁琐。

【例6.1－10】　一次举重比赛有三个裁判，其中一个为主裁判，两个为副裁判。比赛规则规定，在一名主裁判和两名副裁判中，必须有两人以上（而且必须包括主裁判）认定运动员动作合格，试举的成绩才为有效。试用真值表表示表决结果。

解 设当比赛时主裁判掌握着开关 A，两名副裁判掌握着开关 B 和 C。当运动员举起杠铃时，裁判认定动作合格了就合上开关，否则不合。显然，指示灯 F 的状态（亮与暗）是开关 A，B，C 状态（合上与断开）的函数。根据此函数关系 A、B、C 作为输入变量，F 作为输出变量，只有当 A 为 1 时，且 B 和 C 中至少有 1 个为 1 时，F 才为 1，于是可列出该举重裁判问题的真值表如表 6.1-8 所示。

表 6.1-8 举重裁判的真值表

A	B	C	F
0	0	0	0
0	0	1	0
0	1	0	0
0	1	1	0
1	0	0	0
1	0	1	1
1	1	0	1
1	1	1	1

2）逻辑函数表达式法

逻辑函数表达式就是由逻辑变量和与、或、非等逻辑运算组成的代数式。与普通代数不同，逻辑代数中的变量是二值的逻辑变量。

对于上述举重裁判问题，从表 6.1-8 真值表可知，8 种状态组合中只有最后 3 种状态组合才能使 $F=1$（运动员试举成功）。即 A 和 C 都同意，或 A 和 B 都同意，或 ABC 全部同意这三种条件，显然，三种条件之间为"或逻辑"的关系，而每一种条件的变量之间为"与逻辑"关系。因此，可得到输出的逻辑函数表达式为

$$F = AC + AB + ABC = AC + AB \qquad \text{（吸收律 1）}$$

也可以从另一种角度来写输出逻辑表达式。根据电路功能的要求和与、或逻辑的定义，"B 和 C 中至少一个合上"可以表示为 $(B+C)$，"同时还要求合上 A"，则应写作 $A \cdot (B+C)$。因此又得到输出的逻辑函数表达式为

$$F = A \cdot (B+C)$$

可见，上面三个代数式都描述了举重裁判问题的逻辑关系。所以，同一逻辑函数可以有多种形式的逻辑函数表达式，即一般的逻辑表达式不具有唯一性，但逻辑函数的两种标准形式是唯一的。

逻辑函数的两种标准形式分别是"标准积之和式"（即最小项之和表达式）和"标准和之积式"（即最大项之积表达式）。

（1）标准积之和式。

在 n 变量的逻辑函数中，如果一个乘积项含有 n 个输入变量，而且每个变量均以原变量或反变量的形式在该乘积项中只出现一次，则该"乘积项"称为"标准积项"，也称为 n 变量的"最小项"（Minterm）。n 个变量的逻辑函数最多可以有 2^n 个最小项。例如，两个变量 AB 共有 $4(2^2)$ 个最小项：$\overline{AB}$、$\overline{A}B$、$A\overline{B}$ 和 AB。诸如 A、$\overline{A}A$、$AB\overline{B}$ 等都不是标准积项（最

小项)。所谓最小的含义是：当 n 个变量取值一定以后，2^n 个最小项中只有一个取值为"1"，即值为 1 的最小项个数最少。

为了方便起见，最小项常用小写英文字母 m 加下标 i 的形式表示，i 是使最小项值为"1"时所对应的变量取值转换成的十进制数。具体的确定方法是，将最小项中的变量按序排列后，原变量用 1 表示，反变量用 0 表示，所得到的一组二进制数转换为十进制数，就是序号 i。例如两变量函数 $F(A, B)$ 的 4 个最小项为

$$m_0 = \overline{A}\,\overline{B}(i = (00)_2 = 0), \qquad m_1 = \overline{A}B(i = (01)_2 = 1)$$
$$m_2 = A\overline{B}(i = (10)_2 = 2), \qquad m_3 = AB(i = (11)_2 = 3)$$

注意：当提到最小项时，一定要说明变量的数目，否则，最小项将失去意义。如 ABC 对 3 变量的逻辑函数来说是最小项 m_7，而对于 4 变量的逻辑函数则不是最小项。同时要说明变量的排列顺序，否则对应取值和编号将出错。

全部由标准积项逻辑加构成的"积之和"逻辑表达式称为"标准积之和式"或"标准与或式"，由于每个标准积项也称为最小项，所以标准积之和式又称为最小项之和表达式，简称最小项表达式。这种标准形式在逻辑函数的化简以及计算机辅助分析和设计中得到广泛的应用。

例如：

$$F(ABC) = \overline{A}B\,\overline{C} + A\,\overline{B}C + A\,\overline{B}C + ABC \quad (变量形式)$$
$$= m_2 + m_4 + m_5 + m_7 \quad (m\ 形式)$$
$$= \sum m(2, 4, 5, 7) \quad (缩写形式)$$

由一般与或式求最小项表达式(与或标准式)的方法是：把一般与或式中不是最小项的"乘积项"，利用基本公式中的互补律($\overline{A} + A = 1$)补齐所缺少的变量，使与或式中的所有乘积项(与项)变为最小项，就得到了最小项之和表达式，这种方法称为代数法。由于逻辑函数的最小项表达式和真值表直接对应，所以，与真值表一样，逻辑函数的最小项表达式也具有唯一性。

【例 6.1-11】 将函数 $F(A, B, C) = \overline{A}\,\overline{B}\,\overline{C} + BC + A\overline{C}$ 转换成最小项表达式。

解 由上式可看出，第二项缺少变量 A，第三项缺少变量 B，我们可以分别用($\overline{A} + A$)和($\overline{B} + B$)乘第二项和第三项，然后展开，则得最小项表达式为

$$F = \overline{A}\,\overline{B}\,\overline{C} + BC(\overline{A} + A) + A\overline{C}(\overline{B} + B)$$
$$= \overline{A}\,\overline{B}\,\overline{C} + \overline{A}BC + ABC + A\,\overline{B}\,\overline{C} + AB\overline{C}$$
$$= \sum m(0, 3, 4, 6, 7)$$

当表达式中变量较多，如有 4 个变量，而乘积项中缺的变量也较多(如缺 3 个)时，公式法比较麻烦，此时可以用另一种方法，即真值表法。

真值表法是先列出函数 F 的真值表，然后找出使该逻辑函数 $F = 1$ 的行，再将使 $F = 1$ 那些输入变量取值所对应的最小项相或就得到了最小项表达式。

【例 6.1-12】 用真值表法将函数 $F(A, B, C) = \overline{A}\overline{B}\overline{C} + BC + A\overline{C}$ 转换成最小项表达式。

解 ① 列 F 的真值表如表 6.1-9 所示。

表 6.1-9 例 6.1-12 的真值表

A	B	C	F
0	0	0	1
0	0	1	0
0	1	0	0
0	1	1	1
1	0	0	1
1	0	1	0
1	1	0	1
1	1	1	1

② 找出使该逻辑函数 $F=1$ 的行所对应的最小项。

由表 6.1-9 可知，使 $F=1$ 的输入变量取值组合有 000，011，100，110，111 五组，其对应的最小项有 m_0、m_3、m_4、m_6、m_7。

③ 最后将各个最小项进行逻辑加，得到最小项表达式为

$$F=\sum m(0,3,4,6,7)$$

也可以写出其变量形式的最小项表达式为

$$F=\overline{A}\,\overline{B}\,\overline{C}+\overline{A}BC+ABC+A\overline{B}\,\overline{C}+AB\overline{C}$$

(2) 标准和之积式。

在有 n 个变量的逻辑函数中，如果一个和(或)项含有 n 个输入变量，而且每个变量均以原变量或反变量的形式在该和项中只出现一次，则该"和项"称为"标准和项"，也称为 n 变量的"最大项"(Maxterm)。n 个变量的逻辑函数最多可以有 2^n 个最大项。例如，两个变量 AB 共有 $4(2^2)$ 个最大项分别为 $\overline{A}+\overline{B}$、$\overline{A}+B$、$A+\overline{B}$ 和 $A+B$。诸如 $\overline{A}$、$\overline{B}+B$、$\overline{A}+\overline{B}+B$ 等都不是标准和项(最大项)。

为了方便起见，最大项常用大写英文字母 M 加下标 i 的形式表示，i 是使最大项值为"0"时所对应的变量取值转换成的十进制数。具体的确定方法是：将最大项中的变量按序排列后，原变量用 0 表示，反变量用 1 表示，所得到的一组二进制数转换为十进制数，就是序号 i。例如两变量函数 $F(A,B)$ 的 4 个最小项为

$$M_0=A+B(i=(00)_2=0), \quad M_1=A+\overline{B}(i=(01)_2=1)$$
$$M_2=\overline{A}+B(i=(10)_2=2), \quad M_3=\overline{A}+\overline{B}(i=(11)_2=3)$$

全部由标准和项逻辑乘构成的"和之积"逻辑表达式称为"标准和之积式"或"标准或与式"，由于每个标准和项也称为最大项，所以标准和之积式又称为最大项之积表达式，简称最大项表达式。

例如：

$$F(ABC)=(A+B+C)(A+B+\overline{C})(A+\overline{B}+\overline{C})(\overline{A}+\overline{B}+C) \quad (变量形式)$$
$$=M_0 \cdot M_1 \cdot M_3 \cdot M_6 \quad (M形式)$$
$$=\prod M(0,1,3,6) \quad (缩写形式)$$

（3）最小项和最大项的性质。

① 最小（大）项的值和变量取值之间有一一对应的关系。

② 当输入变量取任意一组值时，全部最小项之和恒为 1，全部最大项之积恒为 0，即

$$\sum_{i=0}^{2^n-1} m_i = 1, \qquad \prod_{i=0}^{2^n-1} M_i = 0$$

③ 两个不同最小项之积为 0，两个不同最大项之和为 1，即如果 $i \neq j$，则有

$$m_i \cdot m_j = 0, \qquad M_i + M_j = 1$$

④ 相同下标的最小项和最大项互为反函数，即

$$m_i = \overline{M_i}, \qquad m_i + M_i = 1$$

（4）标准积之和式和标准和之积式的关系。

标准积之和式和标准和之积式是同一函数的两种不同的表示形式，它们在本质上是相等的。而且两种标准式中的最小项和最大项序号间存在一种互补关系，即标准积之和式中未出现的最小项序号必在标准和之积式中以最大项的序号出现，反之亦然。因此，利用这一关系，可以方便地由一种标准式求出另一种标准式。

【**例 6.1 - 13**】 将函数 $F(A, B, C) = \overline{A}\,\overline{B}\,\overline{C} + BC + A\overline{C}$ 转换成最大项表达式。

解　由例 6.1 - 12 已求出其最小项表达式为 $F = \sum m(0, 3, 4, 6, 7)$，因为 3 变量函数的最小项或最大项序号为 0~7，现在最小项表达式中出现了序号 0、3、4、6、7，未出现的序号 1、2、5 必出现在最大项表达式中，所以最大项表达式为

$$F = \prod M(1, 2, 5) = (A + B + \overline{C})(A + \overline{B} + C)(\overline{A} + B + \overline{C})$$

3）逻辑电路图

逻辑电路图（简称逻辑图）：将逻辑函数表达式中各变量之间的与、或、非等逻辑函数关系用相应的逻辑符号来表示，就可以画出表示函数关系的逻辑图。

逻辑图的主要特点：逻辑符号与数字电路所用的实际器件有明显的对应关系，便于制作实际电路。根据逻辑表达式，很容易选用相应的门电路来实现，但不便于直接进行逻辑函数的推导和变换。

对于上述举重裁判问题，为了画出逻辑图，只需将上面的逻辑函数式中的代数运算符号用逻辑符号代替，便可得到举重裁判的逻辑图，在这里只画了 $F = AB + AC$ 和 $F = A(B + C)$ 的逻辑图，分别如图 6.1 - 12(a) 和 (b) 所示。在图 6.1 - 12(a) 中，用两个与门和一个或门组合连接来实现。在图 6.1 - 12(b) 中，用一个与门和一个或门组合连接来实现。

可见，两个逻辑图都描述了举重裁判问题的逻辑关系。所以，同一逻辑函数可以有多种形式的逻辑图，即逻辑图也不具有唯一性。

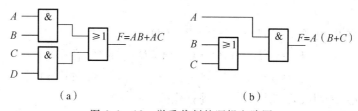

（a）　　　　　　　　　　（b）

图 6.1 - 12　举重裁判的逻辑电路图

4）波形图法

波形图是一种表示输入输出变量动态变化的图形，反映了函数值随时间变化的规律。

对于上述举重裁判问题，若将真值表中的"1"用高电平表示，"0"用低电平表示，图6.1-13就是举重裁判问题的波形图。

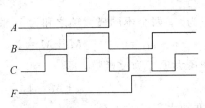

图 6.1-13　举重裁判的波形图

因为对同一逻辑函数，用真值表描述是唯一的，所以，用波形图描述也是唯一的。

顺便指出，对于同一逻辑函数，不同的表示方法之间是可以相互转换的。实际上，部分转换方法已经做了介绍，如从真值表写输出函数表达式和画输出波形，由输出表达式画逻辑图等，其余转换方法可以通过后面的学习去逐渐熟悉。

6.1.4　逻辑函数的化简

逻辑函数化简的意义在于，简化逻辑电路，减少元、器件数量，降低设备成本和提高设备可靠性等。

化简的目标是获得最简与－或表达式。逻辑函数中与－或表达式比较常见，容易与其他形式的表达式相互转换，而且目前采用的可编程逻辑器件多使用的是与－或阵列。

最简与－或表达式：首先保证表达式中乘积项的个数最少，其次还要求每个乘积项包含的变量数最少。当乘积项的个数最少时，可以使电路实现时所需逻辑门的个数最少；当每个乘积项包含的变量数最少时，可以使电路实现时所需逻辑门的输入端个数最少。这样，就可以保证电路最简、成本最低。

下面介绍逻辑函数化简最基本的两种方法：公式化简法和卡诺图法。

1. 公式化简法

逻辑函数的公式化简法是直接利用逻辑代数的基本公式，通过并项（如 $AB+A\overline{B}=A$）、消项（如 $A+AB=A$）、消元（如 $A+\overline{A}B=A+B$）、配项（如 $A+\overline{A}=1$）消去逻辑函数中多余的项或变量，以实现逻辑函数最简。

公式化简法没有固定步骤，通常可以使用以下方法：

（1）并项法。利用公式 $A+\overline{A}=1$ 或公式 $A\overline{B}+AB=A$ 进行化简，通过合并公因子，消去变量。

【例 6.1-14】　化简 $F=AB+CD+A\overline{B}+\overline{C}D$。

解　　　　　　　　$F=(AB+A\overline{B})+(CD+\overline{C}D)$　　　（结合律）

　　　　　　　　　$=A+D$　　　　　　　　　　　（吸收律3）

（2）吸收法。利用公式 $A+AB=A$ 进行化简，消去多余项。

【例 6.1-15】　化简 $F=A\overline{B}+A\overline{B}CD(E+F)$。

解
$$F = A\overline{B} + ABCD(E+F)$$
$$= A\overline{B} \qquad (吸收律1)$$

（3）消去法。利用公式 $A + \overline{A}B = A + B$ 进行化简，消去多余因子。

【例 6.1-16】 化简 $F = AB + \overline{A}C + \overline{B}C$。

解
$$F = AB + (\overline{A} + \overline{B})C \qquad (分配律)$$
$$= AB + \overline{AB}C \qquad (反演律)$$
$$= AB + C \qquad (吸收律2)$$

（4）配项法。利用公式 $A + \overline{A} = 1$，在适当的项配上缺少的因子，再利用并项或吸收的办法进行化简，消去多余项。

【例 6.1-17】 化简 $F = AB + \overline{A}\,\overline{C} + B\overline{C}$。

解
$$F = AB + \overline{A}\,\overline{C} + B\overline{C}$$
$$= AB + \overline{A}\,\overline{C} + (\overline{A} + A)B\overline{C} \qquad (互补律)$$
$$= AB + \overline{A}\overline{C} + \overline{A}B\,\overline{C} + AB\overline{C} \qquad (分配律)$$
$$= (AB + AB\overline{C}) + (\overline{A}\,\overline{C} + \overline{A}B\,\overline{C}) \qquad (结合律)$$
$$= AB + \overline{A}\,\overline{C} \qquad (吸收律1)$$

（5）添加-消去法。利用多余项定理，先增加一些多余项，用它们去吸收一些项之后，再把多余项去掉。

【例 6.1-18】 化简 $F = AB + \overline{A}CD + BCDE$。

解
$$F = AB + \overline{A}CD + BCDE$$
$$= AB + \overline{A}CD + BCDE + BCD \qquad (多余项定理)$$
$$= AB + \overline{A}CD + BCD \qquad (吸收律1)$$
$$= AB + \overline{A}CD \qquad (多余项定理)$$

从上面例子可见，用公式法化简逻辑函数，有时需要综合使用以上几种方法，这不仅要熟练掌握和灵活运用逻辑代数的基本公式，而且经验性、技巧性较强，化简的结果是否是最简不易判断，直观性较差。为此，常采用简便、直观的卡诺图化简法。只有当逻辑函数非常简单时才使用公式法化简。

2. 卡诺图化简法

1）卡诺图简介

将 n 变量的全部最小项（2^n 个）各用一个小方块表示，并按逻辑相邻性排列成的几何图形称为 n 变量最小项的卡诺图，它是用最小项方块图来直观地描述逻辑函数。卡诺图不仅可以用来描述逻辑函数，而且更重要的是可以用它来化简逻辑函数。

若两个最小项只有一个变量取值不同（互为反变量），而其余变量都相同，则称这两个最小项具有逻辑相邻性。卡诺图上每一个小方格代表一个最小项。为保证逻辑相邻关系，每相邻方格的变量取值必须是按格雷（循环）码，而不是用二进制码。正是由于卡诺图中的最小项具有逻辑相邻性，从而使得几何图上不相邻的最小项在逻辑上却相邻。图 6.1-14 分别画出了 2～4 变量的卡诺图。

2 变量卡诺图有 $2^2=4$ 个最小项，因此有 4 个最小项方块。外标的 0、1 含义与前一样。其卡诺图如图 6.1-14(a)所示。3 变量卡诺图有 $2^3=8$ 个最小项，其卡诺图如图 6.1-14 (b)所示。4 变量卡诺图有 $2^4=16$ 个最小项，其卡诺图如图 6.1-14(c)所示。

在图 6.1-14 中，输入变量在左边和上边取值正交处的小方块就是对应的最小项。注意，在 3 变量和 4 变量卡诺图中，输入变量取值一定要按 00，01，11，10(循环码)排列，而不是按自然二进制数 00，01，10，11 从小到大的顺序排列。从图 6.1-14 的卡诺图可以看到，处在任何一行或一列两端的最小项，如图 6.1-14(b)中的 m_4 和 m_6、及图 6.1-14(c) 中的四个角的最小项 m_0，m_2，m_8 和 m_{10}，尽管它们在几何位置上是不相邻，但在逻辑上却是相邻的。因此，从几何位置上应当把卡诺图看成是上下、左右闭合的图形。而相邻的最小项可以合并，这一点非常重要，如 $A\overline{B}\overline{C}+AB\overline{C}=A\overline{C}$。可见，利用相邻项的合并可以对逻辑函数进行化简。

当变量数超过 5 时，用卡诺图化简已无多少优势可言，故这里就不再介绍 5 变量的卡诺图了。

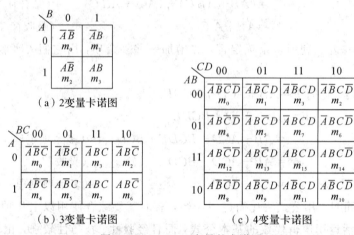

图 6.1-14 2~4 变量的卡诺图

2) 逻辑函数的卡诺图表示法

(1) 从逻辑表达式到卡诺图。

因为任一逻辑函数都可以用最小项表达式来表示，而卡诺图上每一个小方块(格)代表一个最小项，所以卡诺图也可以表示逻辑函数。如果是最小项表达式，其卡诺图的表示方法为：将逻辑函数中包含的最小项在卡诺图对应的小方块中填 1，其余的小方块中填 0，就得到逻辑函数的卡诺图；如果是最大项表达式，则只要将逻辑函数中包含的最大项在卡诺图对应的小方块中填 0，其余的小方块中填 1，就得到逻辑函数的卡诺图。在用卡诺图进行逻辑函数化简时，由逻辑函数得到相应的卡诺图称为"填卡诺图"。

【例 6.1-19】 用卡诺图分别表示下列逻辑函数。

$$F(A, B, C) = \sum m(1, 5, 6, 7)$$

$$Z(A, B, C) = \prod M(0, 2, 3, 7)$$

解 函数 F 和 Z 的卡诺图可分别用图 6.1-15(a)、(b)来表示。对于 F，可以先在 m_1、m_5、m_6、m_7 对应的小方格中填"1"，剩下的小方格中填"0"；对于 Z，可以先在 m_0、m_2、m_3、m_7 对应的小方格中填"0"，剩下的小方格中填"1"。

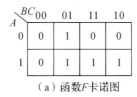 

（a）函数 F 卡诺图　　　　　　　（b）函数 Z 卡诺图

图 6.1-15　例 6.1-19 的卡诺图

如果逻辑函数式不是标准形式，可逐项直接填入卡诺图。其方法是，对于一般与或式，只需将每个与项中的原变量用 1 表示，反变量用 0 表示，在卡诺图上找到对应这些变量取值的小方格并填入 1，其余的小方块中填 0；如果逻辑函数是一般或与式，则将每个或项中的原变量用 0 表示，反变量用 1 表示，在卡诺图上找到对应这些变量取值的小方格并填入 0，其余的小方块中填 1，就可得到函数的卡诺图，即"填卡诺图"完毕。

对于其他类型的逻辑表达式，为了防止出错，可先将其变成与或式，甚至列出真值表后再填卡诺图。利用卡诺图，可以非常方便地将非标准逻辑表达式变为标准表达式。

【例 6.1-20】 将 $F=\overline{A}D+AB\overline{D}+ABCD$ 和 $Z=(A+B)(\overline{A}+C+D)$ 用卡诺图表示。

解 先画一个 4 变量的卡诺图，再将逻辑函数表达式逐项填入卡诺图中，对于 F，

① $\overline{A}D$：在 $A=0$，$D=1$ 对应的四个小方格（不管 B，C 取值）填 1，即 m_1，m_3，m_5，m_7；

② $AB\overline{D}$：在 $A=B=1$，$D=0$ 对应的两个小方格中填 1，即 m_{12}，m_{14}；

③ $ABCD$：在 $A=B=C=D=1$ 对应的一个小方格中填 1，即 m_{15}。其余剩下的小方格填 0，可得 F 的卡诺图如图 6.1-16(a)所示。

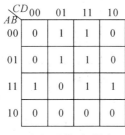 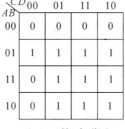

（a）函数 F 卡诺图　　　　　　　（b）函数 Z 卡诺图

图 6.1-16　例 6.1-20 的卡诺图

对于 Z，

① $(A+B)$：在 $A=B=0$ 对应的四个小方格中填 0，即 m_0，m_1，m_2，m_3；

② $(\overline{A}+C+D)$：在 $A=1$、$C=D=0$ 对应的两个小方格中填 0，即 m_8，m_{12}，其余剩下的小方格填 1，可得 Z 的卡诺图如图 6.1-16(b)所示。

（2）从真值表到卡诺图。

从真值表到卡诺图非常简单，只要将函数 F 在真值表上各行的取值填入卡诺图上对应的小方格即可。

【例 6.1-21】 用卡诺图描述如表 6.1-10 所示真值表的逻辑函数。

解　将真值表中各行的取值填入卡诺图上对应的小方格即可，如图 6.1－17 所示。

表 6.1－10　例 6.1－21 的真值表

A	B	C	F
0	0	0	0
0	0	1	0
0	1	0	0
0	1	1	1
1	0	0	0
1	0	1	1
1	1	0	1
1	1	1	1

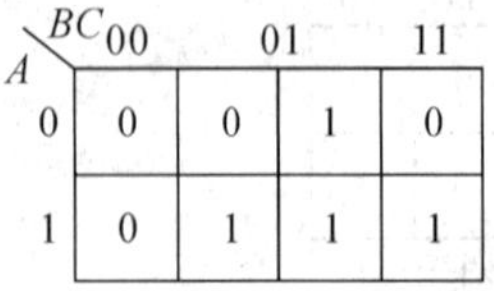

$\,^{BC}$＼A	00	01	11	10
0	0	0	1	0
1	0	1	1	1

图 6.1－17　例 6.1－21 的卡诺图

3）相邻最小项合并规律

用卡诺图表示逻辑函数以后，就可以找出相邻的最小项进行合并、化简。根据逻辑代数的吸收律 $3(AB+A\overline{B}=A)$，利用卡诺图的逻辑相邻性，可得合并最小项的规律：

（1）两个相邻最小项可合并为一项（用圈圈在一起），消去一个取值不同的变量，保留相同变量，如图 6.1－18(a)所示。

（2）四个相邻最小项可合并为一项，消去两个取值不同的变量，保留相同变量，标注为 1→原变量，0→反变量，如图 6.1－18(b)、(c)所示。

（3）八个相邻最小项可合并为一项，消去三个取值不同的变量，保留相同变量，标注与变量关系同上，如图 6.1－18(d)所示。

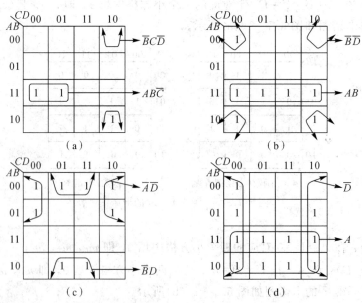

图 6.1－18　相邻最小项合并规律

依次类推，合并的规律是：2^n 个相邻的最小项可合并为一项，消去 n 个取值不同的变量。

注意：不满足 2^n 关系的最小项不可合并。如 2，4，8，16 个相邻项可合并，其他的均不能合并，而且相邻关系应是封闭的。如 m_0，m_1，m_3，m_2 4 个最小项，m_0 与 m_1，m_1 与 m_3，

m_3 与 m_2 均相邻，且 m_2 和 m_0 还相邻，这样的 2^n 个相邻的最小项可合并。而 m_0，m_1，m_3，m_7，由于 m_0 与 m_7 不相邻，因而这 4 个最小项不可合并为一项。

从图 6.1-17 合并最小项的规律可以看出，"圈"越大，得到乘积项中消去的变量越多，而"圈"的数目越少，对应的乘积项的数目越少。为了保证在卡诺图上将逻辑函数化到最简，画圈时必须遵循以下原则：

（1）从只有一种圈法或最少圈法的项开始。

（2）"圈"要尽可能大，圈的个数要尽可能少。每个圈内必须是 2^n 个相邻项，且至少有一个最小项为本圈所独有。

（3）卡诺图上所有的最小项均被圈过。

4）用卡诺图将逻辑函数化简为最简与或式

用卡诺图化简逻辑函数为最简与或式的步骤可概括为："填"、"圈"、"写"三步。具体步骤如下：

（1）将原始函数用卡诺图表示，即"填"。

（2）根据最小项合并规律，在卡诺图上将相邻的 1 方格圈起来，直到所有 1 方格被圈完为止，即"圈"。

（3）把每个圈所代表的乘积项相"或"起来，得最简"与或"式，即"写"。

【例 6.1-22】　化简 $F = AB\overline{D} + \overline{A}D + \overline{A}B\overline{C} + AC\overline{D}$ 并画出其逻辑图。

解　第一步：用卡诺图表示 F 如图 6.1-19 所示。

$\overset{\displaystyle CD}{AB}$	00	01	11	10
00		1	1	
01	1	1	1	
11	1			1
10				1

图 6.1-19　例 6.1-22 的卡诺图

第二步：画圈，圈完所有"1"方格。具体化简过程见图 6.1-20。为便于检查，每个圈化简结果应标在卡诺图上。

第三步：将每个圈对应的与项相或。故化简结果为

$$F = \overline{A}D + AC\overline{D} + B\overline{C}\overline{D}$$

第四步：画出逻辑图如图 6.1-21 所示。

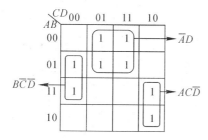

图 6.1-20　例 6.1-22 的化简过程

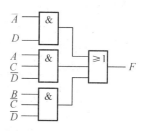

图 6.1-21　例 6.1-22 的逻辑图

【例 6.1－23】 化简 $F = \sum m(0, 2, 5, 6, 8, 9, 10, 11, 13, 14, 15)$ 为最简与或式。

解 函数 F 的卡诺图及化简过程如图 6.1－22 所示，此例要注意：在画圈时，为"1"的小方格可以被多次重复使用，因为 $A+A=A$，如图 6.1－27 中的 m_2，m_{10}，m_{13} 这三个小方格都重复使用过两次。另外四个角 m_0，m_2，m_8，m_{10} 可以圈在一起，这是初学者容易忽略的问题。

最简与或式为

$$F = \overline{B}\,\overline{D} + AD + C\overline{D} + B\,\overline{C}D$$

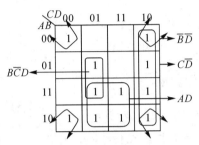

图 6.1－22 例 6.1－23 的卡诺图

【例 6.1－24】 化简 $F = \sum m(1, 3, 5, 9, 10, 11, 14, 15)$ 为最简与或式。

解 函数 F 的卡诺图及化简过程如图 6.1－23 所示。

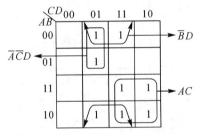

图 6.1－23 例 6.1－24 的卡诺图

所以，最简与或式为 $F = \overline{B}D + AC + \overline{A}\,\overline{C}D$。

【例 6.1－25】 化简 $F = \sum m(1, 5, 6, 7, 11, 12, 13, 15)$ 为最简与或式。

解 化简过程如图 6.1－24(a)、(b)所示，在图 6.1－24(a)中出现了多余圈。m_5、m_7、m_{13}、m_{15} 四个最小项虽然可圈成一个圈，如虚线所示，但这个虚线圈内的每一个最小项均被别的卡诺圈圈过，是多余圈，应去掉，以免增添多余项。最简的结果如图 6.1－24(b)所示。

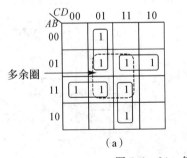

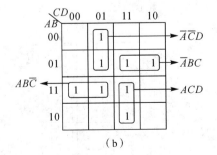

（a） （b）

图 6.1－24 例 6.1－25 的卡诺图

经化简函数后，得最简与或式为

$$F = \overline{A}\,\overline{C}D + \overline{A}BC + ACD + AB\overline{C}$$

需要说明的是：用卡诺图不仅可以把表达式化简成最简与或式，也可以直接化简成最简或与式，所不同的是，在求最简或与式时，应圈"0"（圈"0"的方法和圈"1"是相同的），每个圈对应一个或项，写或项的方法和写与项相反，即0→原变量，1→反变量；最后将所有或项相与，就得到最简或与式。

5）无关项及无关项的应用

逻辑问题分完全描述和非完全描述两种。前面讨论的逻辑函数，对应于变量的每一组取值，函数都有定义，即在每一组变量取值下，函数 F 都有确定的值，不是"1"就是"0"，如表 6.1-11 所示。逻辑函数与每个最小项均有关，这类问题称为完全描述。

在实际的逻辑问题中，由于具体条件的限制，变量的某些取值组合不允许出现，例如，输入变量 $ABCD$ 是 8421BCD 码，就不可能出现 1010～1111 这六种输入组合，其对应的函数值一般也不需要定义，设计时可以根据需要看做1或0。还有一种情况是变量之间具有一定的制约关系，如表 6.1-12 所示，该函数只与部分最小项（m_1 和 m_4 的值为1）有关，而与另一些最小项（m_3，m_5，m_6 和 m_7 的值为 Φ）无关，我们将这类问题称为非完全描述。

表 6.1-11　完全描述

A	B	C	F
0	0	0	0
0	0	1	0
0	1	0	0
0	1	1	1
1	0	0	0
1	0	1	0
1	1	0	1
1	1	1	0

表 6.1-12　非完全描述

A	B	C	F
0	0	0	0
0	0	1	1
0	1	0	0
0	1	1	Φ
1	0	0	1
1	0	1	Φ
1	1	0	Φ
1	1	1	Φ

在逻辑代数中，常把这些输入变量不可能出现或不允许出现的取值组合所对应的最小项称为无关项、任意项或约束项，并用0和1放在一起时的形象符号 Φ 或者用 d、$\times$ 来表示。

由所有约束项的逻辑和等于0构成的逻辑表达式称为约束条件。因为约束项对应的取值组合是不会或不可能出现的，在所有可以出现的取值组合条件下，其值恒为0，所有约束项之和也恒为0，所以约束条件是一个值恒为0的条件等式。

对于表 6.1-12 含有无关项的逻辑函数可表示为

$$F = \sum m(1,4) + \sum m_{\mathrm{d}}(3,5,6,7)$$

也可表示为

$$\begin{cases} F = \overline{A}\,\overline{B}C + A\,\overline{B}\,\overline{C} \\ \text{约束条件为 } AB + AC + BC = 0 \end{cases}$$

即不允许 AB 或 AC 或 BC 同为1。

用 8421BCD 码来表示十进制的约束条件为

$$\sum m_{\mathrm{d}}(10,11,12,13,14,15) = 0$$

在化简含有无关项的逻辑函数时，要充分利用无关项 Φ 既可看做 1 又可看做 0 的灵活性，画圈时尽量扩大卡诺圈，以消去更多的变量。但要注意，Φ 只是一种辅助量，如果对于扩大 1 圈化简有利，能用则用，不需要的就不用，以免增加无用的卡诺圈。

【例 6.1-26】 化简 $F = \sum m(2, 4) + \sum m_d(3, 5, 6, 7)$ 为最简与或式。

解 对含有无关项的最小项表达式，当填卡诺图时，先在 m_2 和 m_4 对应的小方格中填 1，再在 m_3、m_5、m_6 和 m_7 对应的小方格中填 Φ 或 ×，最后剩下的小方格中填 0。

不考虑无关项的化简过程如图 6.1-25 所示。若利用无关项化简，把填×的所有小方格当做 1 来圈，如图 6.1-26 所示。化简后的表达式分别为

$$F = \overline{A}B\overline{C} + A\overline{B}\,\overline{C}$$

$$F = A + B$$

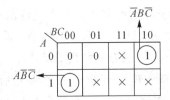

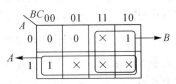

图 6.1-25 不考虑无关项的化简 图 6.1-26 考虑无关项的化简

【例 6.1-27】 化简 $F = \sum m(2, 3, 4, 5) + \sum m_d(10, 11, 12, 13, 14, 15)$ 为最简与或式和或与式，并用与非门画出相应的逻辑图。

解 化简过程如图 6.1-27(a)所示，由于 m_{14} 和 m_{15} 对化简不利，因此就没圈进。

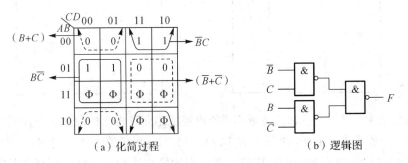

（a）化简过程 （b）逻辑图

图 6.1-27 例 6.1-27 化简及逻辑图

经化简后得最简与或式为

$$F = B\overline{C} + \overline{B}C$$

最简或与式为

$$F = (B + C)(\overline{B} + \overline{C})$$

由于是用与非门实现，所以要将最简与或式变换成与非-与非式。

$$F = \overline{\overline{B\overline{C} + \overline{B}\,C}} = \overline{\overline{B\overline{C}} \cdot \overline{\overline{B}\,C}}$$

由与非-与非式画出逻辑图如图 6.1-27(b)所示。

【例 6.1-28】 用卡诺图将下列逻辑函数化简成最简与或式和或与式。

$$\begin{cases} F(A, B, C, D) = \overline{A}\,\overline{B}C\overline{D} + AC\overline{D} + AB\,\overline{C}D \\ \text{约束条件：} C、D \text{ 不可能相同} \end{cases}$$

解 约束条件：C、D 不可能相同，也可以用表达式表示为 $\overline{C}\,\overline{D}+CD=0$

经化简后得最简与或式为

$$F=AB+\overline{B}C$$

最简或与式为

$$F=(B+C)(A+\overline{B})$$

图 6.1－28 为例 6.1－28 的卡诺图化简过程。

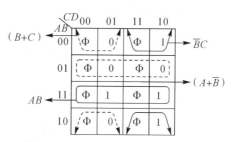

图 6.1－28   例 6.1－28 的卡诺图

【例 6.1－29】 设 $ABCD$ 是 8421BCD 码，其对应的十进制数为 X，当 $X\geqslant 5$ 时，输出 F 为 1，否则 $F=0$。试列出输出 F 的真值表，并求输出 F 的最简与或表达式。

解 因为 $ABCD$ 为 8421BCD 码只用了 0000～1001，禁止码 1010～1111 这六种状态所对应的最小项就是无关项 Φ。故列出其真值表如表 6.1－13 所示。经图 6.1－29 卡诺图化简，得 F 的最简与或表达式为 $F=A+BC+BD$。

表 6.1－13   例 6.1－29 真值表

A	B	C	D	F
0	0	0	0	0
0	0	0	1	0
0	0	1	0	0
0	0	1	1	0
0	1	0	0	0
0	1	0	1	1
0	1	1	0	1
0	1	1	1	1
1	0	0	0	1
1	0	0	1	1
1	0	1	0	Φ
1	0	1	1	Φ
1	1	0	0	Φ
1	1	0	1	Φ
1	1	1	0	Φ
1	1	1	1	Φ

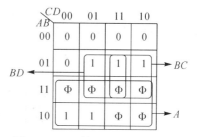

图 6.1－29   例 6.1－29 的卡诺图

6.2 组合逻辑电路

数字电路可以分为两类：一类是组合逻辑电路，另一类是时序逻辑电路。组合逻辑电路在任何时刻的输出只与该时刻的输入状态有关；时序逻辑电路在任何时刻的输出不仅与该时刻的输入状态有关还与先前的输出状态有关。

本节主要讨论组合逻辑电路的分析与设计方法。常用的组合逻辑电路有：全加器、编码器、译码器、数据选择器和数据分配器等。

6.2.1 组合逻辑电路分析与设计

组合逻辑电路在任何时刻的输出状态只取决于该时刻各输入状态的组合，而与电路的原状态无关，即无记忆。

图 6.2-1 是组合电路的一般框图，图中 $A_1 \sim A_n$ 为输入变量，$Y_1 \sim Y_m$ 为输出函数，其输入、输出之间的逻辑关系可以表示为

$$Y_i = f(A_1, A_2, \cdots, A_n) \qquad (i = 1, 2, \cdots, m)$$

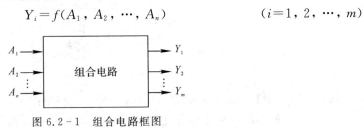

图 6.2-1 组合电路框图

1. 组合逻辑电路的分析

组合逻辑电路分析就是找出给定电路输出变量与输入变量之间的逻辑关系，并确定电路的逻辑功能。分析组合逻辑电路的步骤如下：

（1）根据逻辑关系逐级写出每一级输出端对应的逻辑表达式，直至写出最终输出端的表达式；

（2）把表达式化简成最简与或式；

（3）根据输出函数表达式列出真值表；

（4）用文字概括出电路的逻辑功能。

【例 6.2-1】 组合电路如图 6.2-2 所示，分析该电路的逻辑功能。

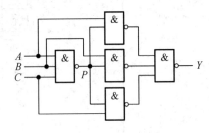

图 6.2-2 例 6.2-1 的图

解 （1）由逻辑图逐级写出逻辑表达式。为了写表达式方便，借助中间变量 P。

$$P = \overline{ABC}$$

$$Y = \overline{\overline{AP} \cdot \overline{BP} \cdot \overline{CP}} = \overline{\overline{A\,\overline{ABC}} \cdot \overline{B\,\overline{ABC}} \cdot \overline{C\,\overline{ABC}}}$$

（2）化简与变换。因为下一步要列真值表，所以要通过化简与变换，使表达式有利于列真值表，一般应变换成与或式或最小项表达式。为此，可利用反演律将上式化为

$$Y = A\,\overline{ABC} + B\,\overline{ABC} + C\,\overline{ABC}$$
$$= (A + B + C)A\,\overline{BC}$$
$$= (A + B + C)(\overline{A} + \overline{B} + \overline{C})$$
$$= \prod M(0,\,7)$$
$$= \sum m(1,\,2,\,3,\,4,\,5,\,6)$$

（3）由表达式列出真值表见表 6.2-1。

表 6.2-1　例 6.2-1 的真值表

A	B	C	F
0	0	0	0
0	0	1	1
0	1	0	1
0	1	1	1
1	0	0	1
1	0	1	1
1	1	0	1
1	1	1	0

（4）分析逻辑功能。由真值表可知，当 $ABC=000$ 或 111（即变量取值一致）时，$F=0$；而 A，B，C 三个变量取值不全相同时，$F=1$。所以这个电路称为"不一致电路"。

例 6.2-1 中输出变量只有一个，对于多输出变量的组合逻辑电路，分析方法完全相同。

2. 组合逻辑电路的设计

画出实现该逻辑功能的最简逻辑电路，这就是组合逻辑电路设计的任务。组合逻辑电路设计的一般步骤如下：

（1）根据实际逻辑问题进行逻辑抽象，确定输入和输出变量数，定义逻辑变量的含义，列出符合逻辑要求的真值表。

（2）由真值表写出逻辑函数式，并用前面介绍的公式法和卡诺图法对其进行化简或变换成适当的形式（例如，当只允许用单一类型的与非门实现时，就必须将最简与或式化成与非-与非式）。

（3）根据化简或变换后的逻辑函数式，画出逻辑图。

【例 6.2-2】 某一火灾报警系统，设有烟感、温感和紫外光感三种类型的火灾探测器。为了防止误报警，只有当其中两种或两种以上类型的探测器发出火灾检测信号时，报警系统产生报警控制信号。设计一个产生报警控制信号的电路。

解 （1）首先进行逻辑抽象，列真值表。设烟感、温感和紫外光感三种探测器的状态为输入变量，分别用变量 A，B，C 表示，并规定发出火灾检测信号时为 1，反之则为 0。报警控制信号为输出变量，用 L 表示，并规定产生报警控制信号时为 1，反之则为 0。根据题意可列出该逻辑函数的真值表如表 6.2-2 所示。

（2）由真值表写出逻辑表达式为 $L=\overline{A}BC+A\overline{B}\overline{C}+AB\overline{C}+ABC$（不是最简）。

（3）化简。将该逻辑函数用卡诺图化简，如图 6.2-3 所示。得最简与或表达式为
$$L=AB+BC+AC$$

表 6.2-2 例 6.2-2 真值表

A	B	C	L
0	0	0	0
0	0	1	0
0	1	0	0
0	1	1	1
1	0	0	0
1	0	1	1
1	1	0	1
1	1	1	1

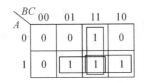

图 6.2-3 例 6.2-2 卡诺图

（4）画出逻辑图如图 6.2-4 所示。如果要求用与非门实现该逻辑电路，就应将表达式转换成与非-与非表达式
$$L=AB+BC+AC=\overline{\overline{AB}\cdot\overline{BC}\cdot\overline{AC}}$$

画出用与非门实现的逻辑图如图 6.2-5 所示。

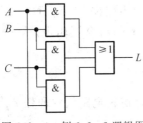

图 6.2-4 例 6.2-2 逻辑图

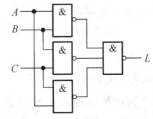

图 6.2-5 例 6.2-2 逻辑图

6.2.2 编码器与译码器

组合逻辑功能器件是指具有某种逻辑功能的中规模集成组合逻辑电路芯片。采用的有加法器、编码器、译码器、译码显示器、多路选择器、分配器、比较器等。

1. 编码器

编码是将字母、数字、符号等信息编成一组二进制代码。完成编码工作的数字电路称为编码器。目前经常使用的编码器有普通编码器和优先编码器两类。由于 1 位二进制代码可以表示 1，0 这两种不同输入信号，两位二进制代码可以表示 00，01，10，11 这四种不同输入信号，以此类推，2^n 个输入信号只需用 n 位二进制代码就可以完成编码。

因此，无论何种编码器，一般都具有 M 个输入端（编码对象），N 个输出端（码）。其关系应满足为
$$2^N \geqslant M$$

即码与编码对象的对应关系是唯一的，不能两个信息共用一个码。

1）普通编码器

普通编码器的特点是：不允许两个或两个以上的输入同时要求编码，即输入要求是相互排斥的，在对一个输入进行编码时，不允许其他输入提出要求，因而使用受到限制。如计算器中的编码器属于这类，因此在使用计算器时，不允许同时键入两个量。

下面以 3 位二进制编码器为例说明普通编码器的设计方法。3 位二进制编码器有 8 个输入端、3 个输出端，所以常称为 8 线-3 线编码器。图 6.2-6 是 3 位二进制编码器的框图，设输入为高电平有效，当 8 个输入变量中某一个为高电平时，表示对该输入信号进行编码，输出端 Y_2，Y_1，Y_0 可得到对应的二进制代码，其真值表如表 6.2-3 所示。

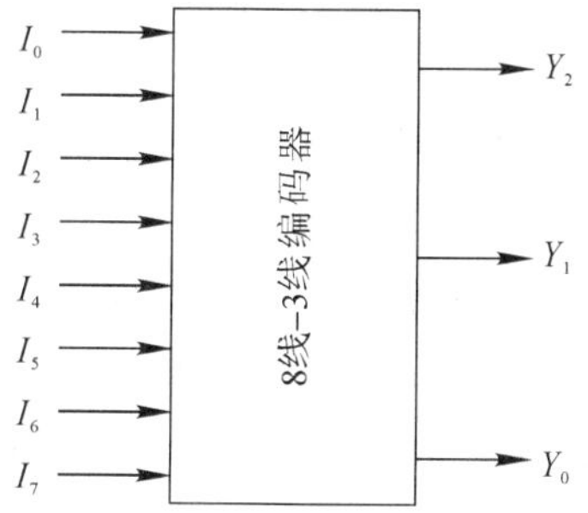

表 6.2-3　编码器真值表

输　　入								输　　出		
I_0	I_1	I_2	I_3	I_4	I_5	I_6	I_7	Y_2	Y_1	Y_0
1	0	0	0	0	0	0	0	0	0	0
0	1	0	0	0	0	0	0	0	0	1
0	0	1	0	0	0	0	0	0	1	0
0	0	0	1	0	0	0	0	0	1	1
0	0	0	0	1	0	0	0	1	0	0
0	0	0	0	0	1	0	0	1	0	1
0	0	0	0	0	0	1	0	1	1	0
0	0	0	0	0	0	0	1	1	1	1

图 6.2-6　3 位二进制编码器的框图

利用输入变量之间具有互相排斥特性（即任何时刻只有一个输入变量有效），由真值表写出各输出的逻辑表达式为

$$Y_2 = I_4 + I_5 + I_6 + I_7$$
$$Y_1 = I_2 + I_3 + I_6 + I_7$$
$$Y_0 = I_1 + I_3 + I_5 + I_7$$

由表达式可以得到用或门实现的 3 位二进制编码器的逻辑电路如图 6.2-7 所示。

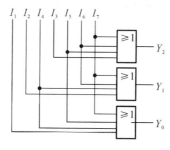

图 6.2-7　用或门实现的 3 位二进制编码

图 6.2-7 中输入信号 I_0 的编码是隐含的，即当输入信号 $I_1 \sim I_7$ 全为 0 时，它的输出端 $Y_2 \sim Y_0$ 为 000，即为 I_0 的编码。为了用与非门实现，可将上述表达式变换为

$$Y_2 = I_4 + I_5 + I_6 + I_7 = \overline{\overline{I_4}\, \overline{I_5}\, \overline{I_6}\, \overline{I_7}}$$
$$Y_1 = I_2 + I_3 + I_6 + I_7 = \overline{\overline{I_2}\, \overline{I_3}\, \overline{I_6}\, \overline{I_7}}$$

$$Y_0 = I_1 + I_3 + I_5 + I_7 = \overline{\overline{I_1}\,\overline{I_3}\,\overline{I_5}\,\overline{I_7}}$$

由此可以得到用与非门和非门实现的3位二进制编码器的逻辑电路如图6.2-8所示。

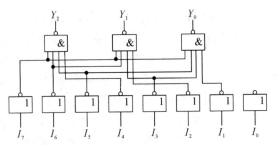

图6.2-8 用与非门和非门实现的3位二进制编码器

由此可见，实现3位二进制编码器的逻辑电路不是唯一的。在实际使用中，现在编码器基本上已集成化，不需要使用几片通用的门电路构成，有专用的编码器集成电路可供选购。在学习中规模集成电路时，应着重了解它们的外特性，即芯片的逻辑符号、引脚排列、控制线的使用，看懂集成电路的功能表，而不需要理会其内部的逻辑电路。

2）优先编码器

优先编码器常用于优先中断系统和键盘编码。优先编码器的特点：允许同时输入两个以上的编码信号，编码器给所有的输入信号规定了优先顺序，当多个输入信号同时有效时，优先编码器能够根据事先确定的优先顺序，只对其中优先级最高的一个有效输入信号进行编码。74147和74148就是两种典型的MSI优先编码器，其中，74147是二-十进制优先编码器，74148是8线-3线二进制优先编码器。

（1）二-十进制优先编码器74147。74147的逻辑符号和引脚图如图6.2-9所示，该编码器有10个编码信号输入端，4个编码输出端。其中$\overline{I_9} \sim \overline{I_0}$为编码的输入端，低电平有效，即"0"表示有编码信号，"1"表示无编码信号。由于当不输入有效信号时输出为1111，相当于$\overline{I_0}$输入有效，为此，$\overline{I_0}$没有引脚，所以实际输入线为9根。$\overline{Y_3} \sim \overline{Y_0}$为编码输出端，也为低电平有效，即反码输出。74147编码器的优先顺序为$\overline{I_9} \to \overline{I_0}$，即$\overline{I_9}$的优先级最高，然后是$\overline{I_8}, \overline{I_7}, \cdots, \overline{I_0}$。如当$\overline{I_9}=0$，则$\overline{I_8} \sim \overline{I_0}$不论为何状态，输出$\overline{Y_3}\,\overline{Y_2}\,\overline{Y_1}\,\overline{Y_0}=0110$；当$\overline{I_3}=0$，$\overline{I_9} \sim \overline{I_4}$无输入（见真值表6.2-4倒数第4行）时，则不管$\overline{I_2} \sim \overline{I_0}$有无信号（用×表示），均按$\overline{I_3}$输入编码，输出$\overline{Y_3}\,\overline{Y_2}\,\overline{Y_1}\,\overline{Y_0}=1100$（是0011的反码，即3的8421BCD码的反码），74147的真值表如表6.2-4所示。

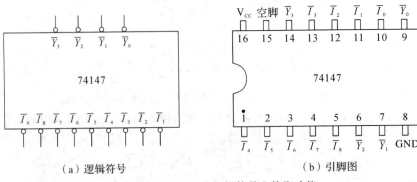

（a）逻辑符号　　　　　　　　　　（b）引脚图

图6.2-9 74147的逻辑符号和管脚功能

表 6.2－4 74147 优先编码器真值表

$\overline{I_9}$	$\overline{I_8}$	$\overline{I_7}$	$\overline{I_6}$	$\overline{I_5}$	$\overline{I_4}$	$\overline{I_3}$	$\overline{I_2}$	$\overline{I_1}$	$\overline{Y_3}$	$\overline{Y_2}$	$\overline{Y_1}$	$\overline{Y_0}$
输				入					输		出	
1	1	1	1	1	1	1	1	1	1	1	1	1
0	×	×	×	×	×	×	×	×	0	1	1	0
1	0	×	×	×	×	×	×	×	0	1	1	1
1	1	0	×	×	×	×	×	×	1	0	0	0
1	1	1	0	×	×	×	×	×	1	0	0	1
1	1	1	1	0	×	×	×	×	1	0	1	0
1	1	1	1	1	0	×	×	×	1	0	1	1
1	1	1	1	1	1	0	×	×	1	1	0	0
1	1	1	1	1	1	1	0	×	1	1	0	1
1	1	1	1	1	1	1	1	0	1	1	1	0
1	1	1	1	1	1	1	1	1	1	1	1	1

（2）8线－3线二进制优先编码器 74148。74148 的逻辑符号和引脚图如图 6.2－10 所示，该编码器有 8 个编码信号输入端，$\overline{I_7}\sim\overline{I_0}$ 为编码信号输入端，低电平有效。$\overline{Y_2}\sim\overline{Y_0}$ 为编码输出端（二进制码），也为低电平有效，即反码输出。为了增加电路的扩展功能和使用的灵活性，还设置了输入使能端 $\overline{EI}$，输出使能端 EO 和优先编码器工作状态标志 $\overline{GS}$。

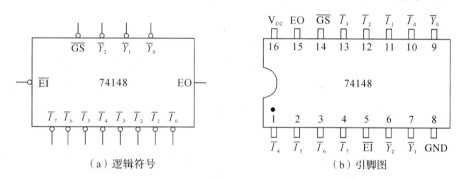

图 6.2－10 74148 的逻辑符号和管脚功能

74148 的真值表如表 6.2－5 所示。其功能为：

① $\overline{EI}$ 为使能输入端，低电平有效。当 $\overline{EI}=0$ 时，允许编码，输出 $\overline{Y_2}\sim\overline{Y_0}$ 为对应二进制的反码；当 $\overline{EI}=1$ 时，禁止编码。

② 优先顺序为 $\overline{I_7}\rightarrow\overline{I_0}$，即 $\overline{I_7}$ 的优先级最高，然后是 $\overline{I_6}$，$\overline{I_5}$，…，$\overline{I_0}$。如当 $\overline{I_3}=0$，$\overline{I_7}\sim\overline{I_4}$ 无输入（见真值表 6.2－5 倒数第 4 行）时，则不管 $\overline{I_2}\sim\overline{I_0}$ 有无信号（用×表示），均按 $\overline{I_3}$ 输入编码，输出 $\overline{Y_2Y_1Y_0}=100$，是 011 的反码。

③ $\overline{GS}$ 为编码器的工作标志，低电平有效，可用于扩展编码器的功能。

④ EO 为使能输出端，高电平有效。

表 6.2－5　74148 优先编码器真值表

输入									输出				
$\overline{EI}$	$\overline{I_0}$	$\overline{I_1}$	$\overline{I_2}$	$\overline{I_3}$	$\overline{I_4}$	$\overline{I_5}$	$\overline{I_6}$	$\overline{I_7}$	$\overline{Y_2}$	$\overline{Y_1}$	$\overline{Y_0}$	$\overline{GS}$	$\overline{EO}$
1	×	×	×	×	×	×	×	×	1	1	1	1	1
0	1	1	1	1	1	1	1	1	1	1	1	1	0
0	×	×	×	×	×	×	×	0	0	0	0	0	1
0	×	×	×	×	×	×	0	1	0	0	1	0	1
0	×	×	×	×	×	0	1	1	0	1	0	0	1
0	×	×	×	×	0	1	1	1	0	1	1	0	1
0	×	×	×	0	1	1	1	1	1	0	0	0	1
0	×	×	0	1	1	1	1	1	1	0	1	0	1
0	×	0	1	1	1	1	1	1	1	1	0	0	1
0	0	1	1	1	1	1	1	1	1	1	1	0	1

2. 译码器

译码是编码的逆过程，它将编码所代表的信息翻译(还原)成相应的输出信号。

假设译码器有 n 个输入信号和 N 个输出信号，如果 $N=2^n$，就称为全译码器。常见的全译码器有 2 线-4 线译码器、3 线-8 线译码器、4 线-16 线译码器等。如果 $N<2^n$，称为部分译码器，如二-十进制译码器(也称作 4 线-10 线译码器)等。译码器种类很多，按照用途不同可分为二进制译码器、二-十进制译码器和显示译码器。

1) 二进制译码器

二进制译码器就是将电路输入端的 n 位二进制码翻译成 $N=2^n$ 个输出状态的电路，它属于全译码，也称为变量译码器。由于二进制译码器每输入一种代码的组合时，2^n 个输出中只有一个对应的输出为有效电平，其余为非有效电平，所以这种译码器通常又称为唯一地址译码器，常作为存储器的地址译码器以及控制器的指令译码器。在地址译码器中，把输入的二进制码称为地址。

74138 是一种典型的二进制译码器，其逻辑符号如图 6.2－11 所示。74138 译码器有 3 个输入端 A_2、A_1、A_0，8 个输出端 $\overline{Y_0} \sim \overline{Y_7}$，所以常称为 3 线-8 线译码器，输出为低电平有效，G_1、$\overline{G_{2A}}$ 和 $\overline{G_{2B}}$ 为使能输入端。只有当 $G_1 \overline{G_{2A}} \overline{G_{2B}} = 100$ 时，译码器才工作，$\overline{Y_0} \sim \overline{Y_7}$ 由 $A_2 A_1 A_0$ 决定；否则禁止译码器，$\overline{Y_0} \sim \overline{Y_7}$ 均为 1。

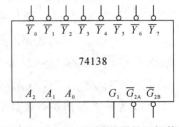

图 6.2－11　74138 译码器的逻辑符号

74138 译码器的逻辑功能表如表 6.2－6 所示。

表 6.2－6　3 线－8 线译码器 74138 功能表

输入						输出							
G_1	$\overline{G_{2A}}$	$\overline{G_{2B}}$	A_2	A_1	A_0	$\overline{Y_0}$	$\overline{Y_1}$	$\overline{Y_2}$	$\overline{Y_3}$	$\overline{Y_4}$	$\overline{Y_5}$	$\overline{Y_6}$	$\overline{Y_7}$
$\times$	1	$\times$	$\times$	$\times$	$\times$	1	1	1	1	1	1	1	1
$\times$	$\times$	1	$\times$	$\times$	$\times$	1	1	1	1	1	1	1	1
0	$\times$	$\times$	$\times$	$\times$	$\times$	1	1	1	1	1	1	1	1
1	0	0	0	0	0	0	1	1	1	1	1	1	1
1	0	0	0	0	1	1	0	1	1	1	1	1	1
1	0	0	0	1	0	1	1	0	1	1	1	1	1
1	0	0	0	1	1	1	1	1	0	1	1	1	1
1	0	0	1	0	0	1	1	1	1	0	1	1	1
1	0	0	1	0	1	1	1	1	1	1	0	1	1
1	0	0	1	1	0	1	1	1	1	1	1	0	1
1	0	0	1	1	1	1	1	1	1	1	1	1	0

从真值表可知，当译码器 3 个输入端 A_3，A_2，A_1 每输入一组代码时，译码器的 8 个输出端中只有一个相应的输出为"0"(有效)，其他的全为"1"。因此根据输出引脚哪一条线有效，就可知道具体输入的二进制代码是哪一种组合，这就达到了译码功能。由表 6.2－6 可写出译码器工作时各输出端的逻辑表达式为

$$\overline{Y_0} = \overline{\overline{A_2}\,\overline{A_1}\,\overline{A_0}} = \overline{m_0}$$

$$\overline{Y_1} = \overline{\overline{A_2}\,\overline{A_1}\,A_0} = \overline{m_1}$$

$$\cdots$$

$$\overline{Y_7} = \overline{A_2 A_1 A_0} = \overline{m_7}$$

即若译码器输出为低电平("0")有效，则

$$\overline{Y_i} = \overline{m_i} = M_i \qquad (6.2-1)$$

$(i=0，1，2，\cdots，7)$，m_i 为最小项。

同理，若译码器输出为高电平("1")有效，则可得

$$Y_i = m_i = \overline{M_i} \qquad (6.2-2)$$

式(6.2－1)和式(6.2－2)表明变量译码器是一个最小项或最大项发生器，即当译码器输出为高电平有效，译码器的每个输出端都是一个最小项；当译码器输出为低电平有效，译码器的每个输出端都是一个最大项。由于任何一个逻辑函数都可以用最小项之和表达式或最大项之积表达式来表示，因此，利用变量译码器的这种特性，再配以适当的门电路就可以实现组合逻辑函数。式(6.2－1)和式(6.2－2)是实现组合逻辑函数的两个重要桥梁。

【例 6.2 - 3】 试用 3 线 - 8 线译码器 74138 和门电路实现逻辑函数 $L = AB + BC + AC$。

解 （1）将逻辑函数转换成最小项表达式

$$L = \overline{A}BC + A\overline{B}C + AB\overline{C} + ABC = m_3 + m_5 + m_6 + m_7$$

（2）令译码器的 $A_2 = A$，$A_1 = B$，$A_0 = C$，因为 74138

的输出是低电平有效，$\overline{Y}_i = \overline{m}_i$，为了得到 $\overline{m}_i$ 以便于替换成

译码器的输出端，所以需将 L 再转换成与非 - 与非形式，即

$$
\begin{aligned}
L &= m_3 + m_5 + m_6 + m_7 \\
&= \overline{\overline{m_3 + m_5 + m_6 + m_7}} \\
&= \overline{\overline{m_3} \cdot \overline{m_5} \cdot \overline{m_6} \cdot \overline{m_7}} \\
&= \overline{\overline{Y}_3 \cdot \overline{Y}_5 \cdot \overline{Y}_6 \cdot \overline{Y}_7}
\end{aligned}
$$

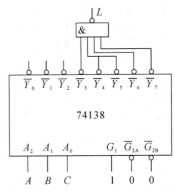

图 6.2 - 12 例 6.2 - 3 的逻辑图

故用一片 74138 加一个与非门就可实现逻辑函数 L，其逻辑图如图 6.2 - 12 所示。

需要说明，此题也可以将 L 的标准或与式变换为

$$L = M_0 \cdot M_1 \cdot M_2 \cdot M_4$$

利用 $\overline{Y}_i = \overline{m}_i = M_i$ 得

$$L = M_0 \cdot M_1 \cdot M_2 \cdot M_4 = \overline{Y}_0 \cdot \overline{Y}_1 \cdot \overline{Y}_2 \cdot \overline{Y}_4$$

故用一片 74138 加一个与门也可实现逻辑函数 L。

2）二 - 十进制译码器

二 - 十进制译码器（也称 BCD 码译码器）的逻辑功能就是将输入的 BCD 码译成 10 个十进制输出信号。二 - 十进制译码器以四位二进制码 0000～1001 代表 0～9 十进制数，因此这种译码器应有 4 个输入端、10 个输出端。若译码结果为低电平有效，当输入一组数码，只有对应的一根输出线为 0，其余为 1，则表示译出该组数码对应的那个十进制数。

7442 是一种典型的二 - 十进制译码器，其逻辑符号如图 6.2 - 13 所示。7442 译码器有 4 个输入端 $A_3 \sim A_0$，10 个输出端 $\overline{Y}_0 \sim \overline{Y}_9$，分别对应十进制的 10 个数码，输出为低电平有效。对于 BCD 码以外的 6 个无效状态称为伪码，7442 能自动拒绝伪码，当输入为 1010～1111 这 6 个伪码时，输出端 $\overline{Y}_0 \sim \overline{Y}_9$ 均为 1，译码器拒绝译码。7442 译码器的真值表如表 6.2 - 7 所示。

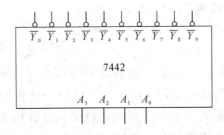

图 6.2 - 13 7442 译码器的逻辑符号

表 6.2-7　4 线-10 线译码器 7442 功能表

序号	输入				输出									
	A_3	A_2	A_1	A_0	$\overline{Y_0}$	$\overline{Y_1}$	$\overline{Y_2}$	$\overline{Y_3}$	$\overline{Y_4}$	$\overline{Y_5}$	$\overline{Y_6}$	$\overline{Y_7}$	$\overline{Y_8}$	$\overline{Y_9}$
0	0	0	0	0	0	1	1	1	1	1	1	1	1	1
1	0	0	0	1	1	0	1	1	1	1	1	1	1	1
2	0	0	1	0	1	1	0	1	1	1	1	1	1	1
3	0	0	1	1	1	1	1	0	1	1	1	1	1	1
4	0	1	0	0	1	1	1	1	0	1	1	1	1	1
5	0	1	0	1	1	1	1	1	1	0	1	1	1	1
6	0	1	1	0	1	1	1	1	1	1	0	1	1	1
7	0	1	1	1	1	1	1	1	1	1	1	0	1	1
8	1	0	0	0	1	1	1	1	1	1	1	1	0	1
9	1	0	0	1	1	1	1	1	1	1	1	1	1	0
伪码	1	0	1	0	1	1	1	1	1	1	1	1	1	1
	1	0	1	1	1	1	1	1	1	1	1	1	1	1
	1	1	0	0	1	1	1	1	1	1	1	1	1	1
	1	1	0	1	1	1	1	1	1	1	1	1	1	1
	1	1	1	0	1	1	1	1	1	1	1	1	1	1
	1	1	1	1	1	1	1	1	1	1	1	1	1	1

从真值表可以写出 7442 译码器的输出表达式为 $\overline{Y_i} = \overline{m_i}$，与 74138 的输出表达式相同。

3）七段显示译码器

在数字测量仪表和各种数字系统中，常常需要将数字、字母、符号等直观地显示出来，一方面供人们直接读取测量和运算结果，另一方面用于监视数字系统的工作情况。能够显示数字、字母或符号的器件称为数字显示器。由此可见，数字显示电路是许多数字设备不可缺少的部分。数字显示电路通常由译码器、驱动器和显示器等部分组成，如图 6.2-14 所示。

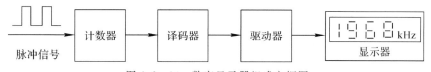

图 6.2-14　数字显示器组成方框图

在数字电路中，数字量都是以一定的代码形式出现的，所以这些数字量要先经过译码，才能送到数字显示器去显示。这种能把数字量翻译成数字显示器所能识别的信号的译码器称为数字显示译码器。

（1）七段数字显示器原理。

七段数字显示器就是将七个发光二极管（加小数点为八个）按一定的方式排列起来，七段 a,b,c,d,e,f,g（小数点 DP）各对应一个发光二极管，利用不同发光段的组合，显示不同的阿拉伯数字。七段数字显示器的逻辑符号及发光段组合图如图 6.2-15 所示。

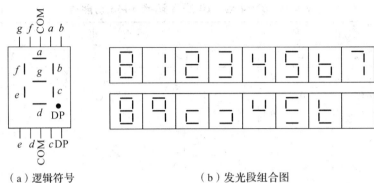

（a）逻辑符号　　　　　　　　　　　　（b）发光段组合图

图 6.2-15　数字显示器及发光段组合图

按内部连接方式不同，七段数字显示器分为共阴极和共阳极两种，其接法如图 6.2-16 所示。对于共阴极型，某字段为高；电平时，该字段亮；对于共阳极型，某字段为低电平时，该字段亮。所以两种显示器所接的译码器类型是不同的。

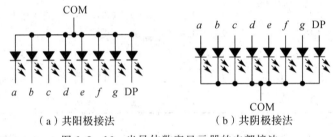

（a）共阳极接法　　　　　　　　　　　（b）共阴极接法

图 6.2-16　半导体数字显示器的内部接法

半导体显示器的优点是工作电压较低（$1.5\sim3$ V）、体积小、寿命长、亮度高、响应速度快、工作可靠性高。显示器发光颜色因所用材料不同，有红色、绿色和黄色等，可以直接用 TTL 门驱动。半导体显示器的缺点是工作电流大，每个字段的工作电流约为 10 mA 左右。

（2）七段显示译码器 7448。

七段显示译码器 7448 是一种与共阴极数字显示器配合使用的集成译码器，它的功能是将输入的 4 位二进制代码转换成显示器所需要的七个段信号 $a\sim g$。7448 的逻辑符号如图 6.2-17 所示。

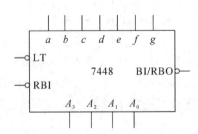

图 6.2-17　7448 的逻辑符号

表 6.2-8 为七段显示译码器 7448 的逻辑功能表，$a\sim g$ 为译码输出端。另外，7448 还有 3 个控制端：试灯输入端 LT、灭零输入端 RBI 和特殊控制端 BI/RBO，其功能为：

① 正常译码显示。当 LT=1，BI/RBO=1 时，对输入为十进制数 $0\sim15$ 的二进制码

(0000～1111)进行译码,产生对应的七段显示码。

② 灭零。当 RBI=0,输入 0 的二进制码 0000 时,译码器的 a～g 输出全 0,使显示器全灭;只有当 RBI=1 时,才产生 0 的七段显示码。所以 RBI 称为灭零输入端。

③ 试灯。当 LT=0 时,且 BI/RBO=1,无论输入怎样,a～g 输出全 1,数码管七段全亮。由此可以检测显示器七个发光段的好坏。LT 称为试灯输入端。

表 6.2-8 七段显示译码器 7448 的逻辑功能表

功能(输入)	输入						输入/输出	输出							显示字形
	LT	RBI	A_3	A_2	A_1	A_0	BI/RBO	a	b	c	d	e	f	g	
0	1	1	0	0	0	0	1	1	1	1	1	1	1	0	
1	1	×	0	0	0	1	1	0	1	1	0	0	0	0	
2	1	×	0	0	1	0	1	1	1	0	1	1	0	1	
3	1	×	0	0	1	1	1	1	1	1	1	0	0	1	
4	1	×	0	0	0	0	1	0	1	1	0	0	1	1	
5	1	×	0	1	0	1	1	1	0	1	1	0	1	1	
6	1	×	0	1	1	0	1	0	0	1	1	1	1	1	
7	1	×	0	1	1	1	1	1	1	1	0	0	0	0	
8	1	×	0	1			1	1	1	1	1	1	1	1	
9	1	×	1	0	0	1	1	1	1	1	0	0	1	1	
10	1	×	1	0	1	0	1	0	0	0	1	1	0	1	
11	1	×	1	0	1	1	1	0	0	1	1	0	0	1	
12	1	×	1	1	0	0	1	0	1	0	0	0	1	1	
13	1	×	1	1	0	1	1	1	0	0	1	0	1	1	
2	1	×	1	1	1	0	1	0	0	0	1	1	1	1	
15	1	×	1	1	1	1	1	0	0	0	0	0	0	0	
灭灯	×	×	×	×	×	×	0	0	0	0	0	0	0	0	
灭零	1	0	0	0	0	0		0	0	0	0	0	0	0	
试灯	0	×	×	×	×	×	1	1	1	1	1	1	1	1	

④ 特殊控制端 BI/RBO。BI/RBO 可以作输入端,也可以作输出端。作输入使用时,如果 BI=0,不管其他输入端为何值,a～g 均输出 0,显示器全灭,因此 BI 称为灭灯输入端。当做输出端使用时,受控于 RBI,若 RBI=0,输入 0 的二进制码 0000,RBO=0,用以指示该显示器正处于灭零状态。所以,RBO 又称为灭零输出端。

将 BI/RBO 和 RBI 配合使用,可以实现当多位数显示时的"无效 0 消隐"功能。在多位十进制数码显示时,整数前和小数后的 0 是无意义的,称为"无效 0"。

6.2.3 数据选择器与数据分配器

1. 数据选择器

数据选择器又称多路选择器，它是一个多输入、单输出的组合逻辑电路，其功能与如图6.2-18所示的单刀多掷开关相似。常用的数据选择器模块有2选1、4选1、8选1、16选1等多种类型。

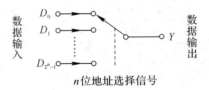

图6.2-18 数据选择器示意

如图6.2-19(a)所示为4选1数据选择器的逻辑图，其惯用逻辑符号如图6.2-19(b)所示。$D_0 \sim D_3$为4路数据输入端；A_1、A_0为地址输入端，由A_1A_0的四种状态00，01，10，11分别控制4个"与"门的开闭，任何时刻只有一种A_1A_0的取值将一个"与"门打开，使对应的那一路输入数据通过，并从Y端输出；$\overline{G}$为使能端，低电平有效。当$\overline{G}=0$时选择器工作，当$\overline{G}=1$时选择器处于禁止状态。4选1数据选择器的功能如表6.2-9所示。

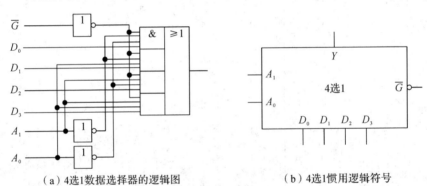

(a) 4选1数据选择器的逻辑图　　　　(b) 4选1惯用逻辑符号

图6.2-19 4选1数据选择器

表6.2-9 4选1数据选择器功能表

输　　入							输　　出
$\overline{G}$	A_1	A_0	D_3	D_2	D_1	D_0	Y
1	×	×	×	×	×	×	0
0	0	0	×	×	×	0	0
			×	×	×	1	1
	0	1	×	×	0	×	0
			×	×	1	×	1
	1	0	×	0	×	×	0
			×	1	×	×	1
	1	1	0	×	×	×	0
			1	×	×	×	1

根据功能表，可写出 4 选 1 数据选择器的输出逻辑表达式为

$$Y=(\overline{A}_1\,\overline{A}_0D_0+\overline{A}_1A_0D_1+A_1\,\overline{A}_0D_2+A_1A_0D_3)\cdot\overline{G}=(\sum_{i=0}^{3}m_i\cdot D_i)\cdot\overline{G} \tag{6.2-3}$$

74151 是一种典型集成 8 选 1 数据选择器，它有 8 个数据输入端 $D_0\sim D_7$，3 个地址输入端 A_2，A_1，A_0，两个互补的输出端 Y 和 $\overline{Y}$，一个使能输入端 $\overline{G}$，使能端 $\overline{G}$ 仍为低电平有效。其逻辑符号如图 6.2－20 所示，输出逻辑表达式为

$$Y(A_2,A_1,A_0)=(\sum_{i=0}^{7}m_i\cdot D_i)\cdot\overline{G} \tag{6.2-4}$$

因此，对于 2^n 选 1 数据选择器，其输出逻辑表达式为

$$Y(A_{n-1}\cdots A_0)=(\sum_{i=0}^{2^n-1}m_i\cdot D_i)\cdot\overline{G} \tag{6.2-5}$$

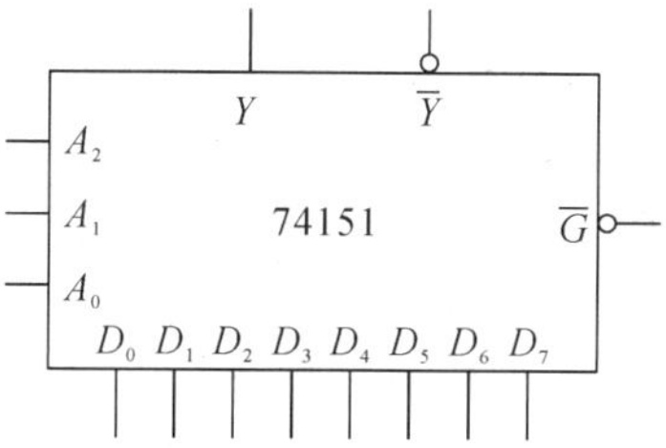

图 6.2－20　8 选 1 惯用逻辑符号

数据选择器的应用很广，典型应用有以下几个方面：

(1) 作数据选择，以实现多路信号分时传送。

(2) 在数据传输时实现并/串转换。

(3) 实现组合逻辑函数。

(4) 产生序列信号。

下面主要介绍(2)和(3)两个方面。

1) 实现数据并/串转换

利用数据选择器和计数器，可以将并行输入数据转换为串行数据输出。如图 6.2－21 所示电路就是一个将 8 位二进制并行数据转换为串行数据的电路。八进制计数器周而复始地产生 000～111 3 位地址码输出，使数据选择器能够依次地选择数据 $D_0\sim D_7$ 输出。

(a) 电路

Q_2	Q_1	Q_0	F
0	0	0	D_0
0	0	1	D_1
0	1	0	D_2
0	1	1	D_3
1	0	0	D_4
1	0	1	D_5
1	1	0	D_6
1	1	1	D_7

(b) 真值表

图 6.2－21　74151 构成的 8 位并/串转换电路与真值表

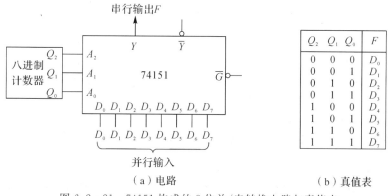

2) 实现组合逻辑函数

数据选择器除了可以将并行数据转换成串行数据输出外，还可以用于实现组合逻辑函数。当逻辑函数的变量个数和数据选择器的地址输入变量个数相同时，可直接用数据选择器来实现逻辑函数，其方法有比较法、真值表法和卡诺图法。

（1）所谓比较法，就是将要实现的逻辑函数变为与数据选择器输出函数表达式相同的形式，从中确定数据选择器的地址选择变量和数据输入变量，最后得出实现电路。

（2）所谓真值表法，就是通过列出原函数的真值表，由真值表值来确定数据输入变量的值。

（3）所谓卡诺图法，就是利用卡诺图来确定数据选择器的地址选择变量和数据输入变量，最后得出实现电路。

【例 6.2 - 4】 试用 8 选 1 数据选择器 74151 实现逻辑函数 $L(A，B，C)=AB+BC+AC$。

解 该例中选择器的地址变量数和要实现的逻辑函数的变量数相等，均为 3。

（1）将逻辑函数转换成最小项表达式为

$$L(A，B，C)=\overline{A}BC+A\overline{B}C+AB\overline{C}+ABC$$
$$=m_3+m_5+m_6+m_7$$

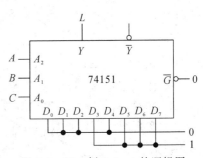

（2）将输入变量接至数据选择器的地址输入端，即 $A=A_2$，$B=A_1$，$C=A_0$。将输出变量接至数据选择器的输出端，即 $L=Y$。将逻辑函数 L 的最小项表达式与 74151 的功能表相比较，显然，L 式中出现的最小项，对应的数据输入端应接 1，L 式中没出现的最小项，对应的数据输入端应接 0，即 $D_3=D_5=D_6=D_7=1$；$D_0=D_1=D_2=D_4=0$。

（3）画出连线图如图 6.2 - 22 所示。

图 6.2 - 22　例 6.2 - 4 的逻辑图

【例 6.2 - 5】 试用 4 选 1 数据选择器实现逻辑函数 $L(A，B，C)=AB+BC+AC$。

解 （1）由于函数 L 有三个输入信号 A，B，C，而 4 选 1 仅有两个地址端 A_1 和 A_0，所以选 A，B 接到地址输入端，且 $A=A_1$，$B=A_0$。将 C 加到适当的数据输入端。

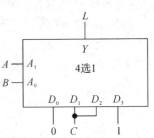

（2）将逻辑函数 L 化为与 4 选 1 逻辑表达式相对应的形式并进行比较，确定数据输入端的值。

因为

$$L=AB+BC+AC$$
$$=\overline{A}BC+A\overline{B}C+AB\overline{C}+ABC$$
$$=\overline{A}\,\overline{B}\cdot 0+\overline{A}B\cdot C+A\overline{B}\cdot C+AB\cdot 1$$

所以 $D_0=0$，$D_1=D_2=C$，$D_3=1$。

图 6.2 - 23　例 6.2 - 5 的逻辑图

（3）画出实现的逻辑图如图 6.2 - 23 所示。

2. 数据分配器

数据分配器的功能：将一路输入数据根据地址选择码分配给多路数据输出中的某一路

输出，它的作用与如图 6.2-24 所示的单刀多掷开关相似。

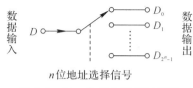

n 位地址选择信号

图 6.2-24　数据分配器示意图

数据分配器能把一个输入数据有选择地分配给任意一个输出通道，因此它一般有一个数据输入端，多个输出端，另外还有通道选择地址码输入端和使能控制端。但市场上没有集成数据分配器产品，当需要数据分配器时，可以用译码器改接。例如，用 3 线-8 线译码器 74138 构成的"1 线-8 线"数据分配器如图 6.2-25 所示。下面以 D_5 为例说明输出端的确定方法，由数据分配器的定义知，当 $A_2A_1A_0 = 101$ 时与 D 一致的输出端就是 D_5。在如图 6.2-25 所示电路中，若 $A_2A_1A_0 = 101$，当 $D = 0$ 时，译码器工作，$\overline{Y}_5 = 0$；当 $D = 1$ 时，译码器不工作，所有译码器输出均为 1，因此 $\overline{Y}_5 = 1$。可见 $\overline{Y}_5$ 与 D 一致，所以 $\overline{Y}_5$ 就是 D_5。数据分配器的功能表如表 6.2-10 所示。

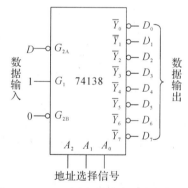

图 6.2-25　用译码器构成 8 路数据分配

表 6.2-10　数据分配器的功能表

地址选择信号			输　出
A_2	A_1	A_0	
0	0	0	$D_0 = D$
0	0	1	$D_1 = D$
0	1	0	$D_2 = D$
0	1	1	$D_3 = D$
1	0	0	$D_4 = D$
1	0	1	$D_5 = D$
1	1	0	$D_6 = D$
1	1	1	$D_7 = D$

6.2.4　加法器

在数字系统中，加法运算电路是数字系统中的常用逻辑部件，也是计算机运算器的基本单元。半加器和全加器是加法运算的核心。

1. 半加器

如果不考虑来自低位的进位而将两个 1 位二进制数相加的加法称为半加。实现半加运算的电路称为半加器，简称 HA。

设有两个 1 位二进制数 A，B 相加，根据二进制数的加法运算法则，可以列出半加器的真值表如表 6.2-11 所示。表中的 A 和 B 分别表示被加数和加数输入，S 为本位和输出，C 为向相邻高位的进位输出。由真值表可直接写出输出逻辑函数表达式为

$$S = \overline{A}B + A\overline{B} = A \oplus B$$
$$C = AB \qquad\qquad (6.2-6)$$

可见，用一个异或门和一个与门就可组成半加器，如图 6.2 - 26 所示。

表 6.2 - 11　半加器的真值表

A	B	S	C
0	0	0	0
0	1	1	0
1	0	1	0
1	1	0	1

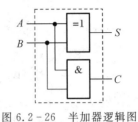

图 6.2 - 26　半加器逻辑图

如果用与非门组成半加器，则将上式用代数法变换成与非-与非形式为

$$S = \overline{A}B + A\overline{B} = A \cdot \overline{AB} + B \cdot \overline{AB} = \overline{\overline{A \cdot \overline{AB}} \cdot \overline{B \cdot \overline{AB}}}$$
$$C = AB = \overline{\overline{AB}}$$

由此画出用与非门组成的半加器如图 6.2 - 27 所示。半加器的逻辑符号如图 6.2 - 28 所示。

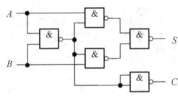

图 6.2 - 27　与非门组成的半加器

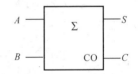

图 6.2 - 28　半加器的逻辑符号

2. 全加器

在多位数加法运算时，除最低位外，其他各位都需要考虑低位送来的进位。因此，要考虑来自低位进位的加法称为全加。对某一位而言，实际上是 3 个 1 位二进制数相加，实现全加运算的电路称为全加器，简称 FA。

根据 3 个输入数及二进制数的加法运算法则，可以列出全加器的真值表如表 6.2 - 12 所示。表中的 A_i 和 B_i 分别表示被加数和加数输入，C_{i-1} 表示来自相邻低位的进位输入，S_i 为本位和输出，C_i 为向相邻高位的进位输出。

表 6.2 - 12　全加器的真值表

输 入			输 出	
A_i	B_i	C_{i-1}	S_i	C_i
0	0	0	0	0
0	0	1	1	0
0	1	0	1	0
0	1	1	0	1
1	0	0	1	0
1	0	1	0	1
1	1	0	0	1
1	1	1	1	1

由真值表直接写出 S_i 和 C_i 的输出逻辑函数表达式，再转换得

$$S_i = \sum m(1,\,2,\,4,\,7)$$

$$= \overline{A_i}\,\overline{B_i}C_{i-1} + \overline{A_i}B_i\,\overline{C}_{i-1} + A_i\,\overline{B_i}\,\overline{C}_{i-1} + A_iB_iC_{i-1}$$

$$= \overline{(A_i \oplus B_i)}C_{i-1} + (A_i \oplus B_i)\,\overline{C}_{i-1}$$

$$= A_i \oplus B_i \oplus C_{i-1}$$

$$C_i = \sum m(3,\,5,\,6,\,7)$$

$$= \overline{A_i}B_iC_{i-1} + A_i\,\overline{B_i}C_{i-1} + A_iB_i\,\overline{C}_{i-1} + A_iB_iC_{i-1}$$

$$= A_iB_i + (A_i \oplus B_i)C_{i-1} \tag{6.2-7}$$

由表达式可画出全加器的逻辑图如图 6.2-29(a)所示，实现全加器的电路形式很多，其逻辑符号如图 6.2-29(b)所示。

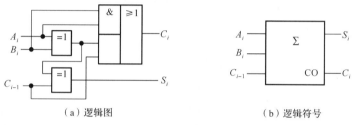

（a）逻辑图　　　　　　　　　　（b）逻辑符号

图 6.2-29　全加器

3. 多位加法器

要进行多位数相加，最简单的方法是将多个全加器进行级联，称为串行进位加法器。如图 6.2-30 所示是 4 位串行进位加法器，从图中可见，两个 4 位相加数 $A_3A_2A_1A_0$ 和 $B_3B_2B_1B_0$ 的各位同时送到相应全加器的输入端，进位数串行传送。全加器的个数等于相加数的位数。最低位全加器的 C_{i-1} 端应接 0。

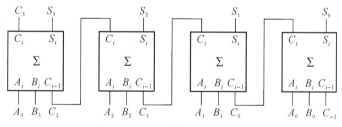

图 6.2-30　4 位串行进位加法器

串行进位加法器的优点是电路比较简单，缺点是运算速度比较慢。因为进位信号是串行传递，图 6.2-30 中最后一位的进位输出 C_3 要经过 4 位全加器传递之后才能形成。如果位数增加，传输延迟时间将更长，工作速度更慢，为了克服这一缺点可采用超前进位加法器。

4. 加法器的应用

如果要产生的逻辑函数能化成输入变量与输入变量或者输入变量与常量在数值上相加的形式，这时用加法器来设计这个组合逻辑电路往往会非常简单。

【例6.2-6】 用74283实现余3码到8421BCD码的转换。

解 对同一个十进制数符,余3码比8421BCD码多3,因此实现余3码到8421BCD码的转换,只需从余3码中减去3(即0011)。利用二进制补码的概念,很容易实现上述减法。由于0011的补码为1101,减0011与加1101等效。所以,从74283的$A_3 \sim A_0$输入余3码,$B_3 \sim B_0$接固定代码1101,从$S_3 S_2 S_1 S_0$输出即8421BCD码,实现了相应的转换,其逻辑图如图6.2-31所示。

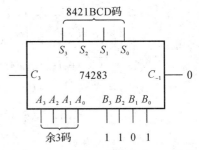

图6.2-31 将余3码转换成8421BCD

【例6.2-7】 用74283实现5421BCD码到8421BCD码的转换。

解 以5421BCD码$ABCD$作为输入、8421BCD码$EFGH$作为输出,即可列出代码转换电路的逻辑真值表如表6.2-13所示。从真值表可知,输入和输出存在如下关系:

$$EFGH = \begin{cases} ABCD + 0000 & N_{10} \leqslant 4 \\ ABCD - 0011 & N_{10} \geqslant 5 \end{cases}$$

即

$$EFGH = \begin{cases} ABCD + 0000 & N_{10} \leqslant 4 \\ ABCD + 1101 & N_{10} \geqslant 5 \end{cases}$$

所以,可得$B_3 B_2 B_0 = A$,$B_1 = 0$。5421BCD码到8421BCD码转换的逻辑图如图6.2-32所示。

表6.2-13 例6.2-7的真值表

输入				输出				
A	B	C	D	E	F	G	H	
0	0	0	0	0	0	0	0	+0000
0	0	0	1	0	0	0	1	
0	0	1	0	0	0	1	0	
0	0	1	1	0	0	1	1	
0	1	0	0	0	1	0	0	
1	0	0	0	0	1	0	1	
1	0	0	1	0	1	1	0	+1101
1	0	1	0	0	1	1	1	
1	0	1	1	1	0	0	0	
1	1	0	0	1	0	0	1	

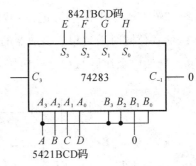

图6.2-32 例6.2-7的电路

*6.2.5 组合逻辑电路中的竞争与冒险

1. 竞争与冒险

在组合逻辑电路中,由于各门电路的传输延迟时间不同、输入信号变化快慢不同和信号在网络中传输的路径不同,因而信号到达某一点必然有先有后,我们把信号在网络中传输存在时差的现象称为"竞争"。

大多数组合逻辑电路都存在竞争,但有的竞争并无害处,而有的竞争会使真值表所描述的逻辑关系遭到短暂的破坏,并在输出产生尖峰脉冲(毛刺),这种现象称为产生竞争-冒险。逻辑竞争产生的冒险现象也称逻辑险象。使网络出现冒险的竞争称为临界竞争,不引起冒险的竞争称为非临界竞争。

根据毛刺极性的不同，可以把逻辑险象分为 0 型险象和 1 型险象两种类型。输出毛刺为负向脉冲的逻辑险象称为 0 型险象，它主要出现在与或、与非和与或非型电路中。输出为正向脉冲的险象称为 1 型险象，它主要出现在或与、或非型电路中。

2. 竞争与冒险的识别

1）代数识别法

在输入变量每次只有一个改变状态、其余变量取特定值（0 或 1）的简单情况下，若组合逻辑电路输出函数表达式为下列形式之一，则存在逻辑险象：

$$F = A + \overline{A} \qquad \text{存在 0 型险象}$$
$$F = A \cdot \overline{A} \qquad \text{存在 1 型险象}$$

【例 6.2-8】 已知任何瞬间输入变量只可能有一个改变状态。试判断图 6.2-33 中的两个电路是否存在竞争-冒险现象。

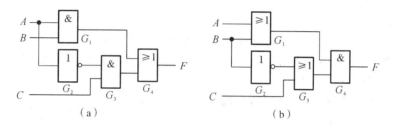

图 6.2-33　例 6.2-8 的电路

解　因为 A 有两条传输路径，所以 A 是具有竞争力的变量。图 6.2-33(a)电路的输出逻辑函数表达式为

$$F = AB + \overline{A}C$$

当输入变量 $B = C = 1$ 时，有

$$F = A \cdot 1 + \overline{A} \cdot 1 = A + \overline{A}$$

因此图 6.2-33(a)电路存在变量 A 产生的 0 型竞争-冒险现象。

稳态时，$B = C = 1$，无论 A 取何值，F 恒为 1。但当 A 变化时，由于信号的各传输路径的延时不同，将会出现如图 6.2-34(a)所示的情况。图 6.2-34(a)中假定每个逻辑门的延迟相同，均为 t_{pd}。从图 6.2-34(a)中可见，当变量 A 由高电平变为低电平时，输出将会产生负毛刺，即存在 0 型险象。但当变量 A 由低电平变为高电平时，输出却没有产生毛刺，只有竞争，没有逻辑险象。这就说明即使是能够产生逻辑险象的有竞争变量，当发生变化时也不一定都产生逻辑险象。

在图 6.2-33(b)电路中，因为 B 有两条传输路径，所以 B 是具有竞争的变量，其电路的输出逻辑函数表达式为

$$F = (A + B) \cdot (\overline{B} + C)$$

当输入变量 $A = C = 0$ 时，有

$$F = (0 + B)(\overline{B} + 0) = B \cdot \overline{B}$$

因此图 6.2-33(b)电路存在变量 B 产生的 1 型竞争-冒险现象，其波形图如图 6.2-34(b)所示。从图中可见，当变量 B 由低电平变为高电平时，输出将会产生正向毛刺，即存在 1 型险象。但当变量 B 由高电平变为低电平时，输出却没有产生毛刺，只有竞争，没有逻辑险象。

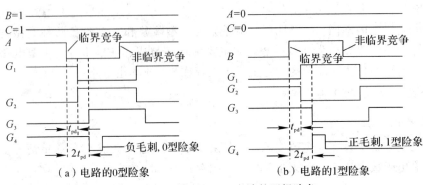

（a）电路的0型险象　　　　　　（b）电路的1型险象

图 6.2 - 34　图 6.2 - 33 电路的逻辑险象

代数识别法虽然简单，但局限性太大，因为多数情况下输入变量都有两个以上同时改变状态的可能性。如果输入变量的数目又很多，就更难于从逻辑函数式上简单地找出所有产生竞争-冒险现象的情况了。

2）卡诺图法

在逻辑函数的卡诺图中，函数表达式的每个积项（或和项）对应于一个卡诺图。如果两个卡诺图存在着相切部分，且相切部分又未被另一个卡诺图圈住，那么实现该逻辑函数的电路就存在逻辑险象。

【例 6.2 - 9】　用卡诺图法判断函数 $F = AD + BD + \overline{AC}\,\overline{D}$ 是否存在逻辑险象。

解　F 的卡诺图如图 6.2 - 35 所示。从图 6.2 - 35 中可见，代表 BD 和 $\overline{AC}\,\overline{D}$ 的两个卡诺圈相切，且相切部分的"1"又未被其他卡诺圈圈住，因此，当 D 从 0 到 1 或从 1 到 0 变化时，F 将从一个卡诺圈进入另一个卡诺圈，从而产生逻辑险象。从函数形式上可以判断该逻辑险象属于变量 D 引起的 0 型险象，D 是有竞争的变量。除了 D 是有竞争的变量外，A 也是有竞争的变量。但代表 AD 和 $\overline{AC}\,\overline{D}$ 的两个卡诺圈未相切，故不会产生逻辑险象。

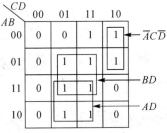

图 6.2 - 35　例 6.2 - 9 的卡诺图

3）计算机辅助分析法

将计算机辅助分析的手段用于分析数字电路以后，为我们从原理上检查复杂数字电路的竞争-冒险现象提供了有效的手段。通过在计算机上运行数字电路的模拟程序，能够迅速查出电路是否会存在竞争-冒险现象。目前已有这类成熟的程序可选用。

另一种方法是用实验来检查电路的输出端是否因为竞争-冒险现象而产生的尖峰脉冲。这时加到输入端的信号波形应该包含输入变量的所有可能发生的状态变化。即使是用计算机辅助分析手段检查过的电路，往往也还需要经过实验的方法检验，方能最后确定电路是否具有竞争-冒险现象。因为当用计算机软件模拟数字电路时，只能采用标准化的典型参数，有时还要做一些近似，所以得到的模拟结果有时和实际电路的工作状态会有出入。因此可以认为，只有实验检查的结果才是最终的结论。

3. 竞争-冒险现象的消除

当组合逻辑电路存在逻辑险象时，可以采取修改逻辑设计、增加选通电路和增加输出滤波等多种方法来消除逻辑险象。但后两种方法要么会增加电路实现的复杂性，要么会使输出波形变坏，平常使用较少。因此，这里只介绍通过修改逻辑设计来消除逻辑险象的方法。

修改逻辑设计消除逻辑险象的方法实际上是通过增加冗余项的办法来使函数在任何情况下都不可能出现 $F=A+\overline{A}$ 和 $F=A\cdot\overline{A}$ 的情况，从而达到消除逻辑险象的目的。从卡诺图上看，相当于在相切的卡诺圈之间增加一个冗余圈。

如图 6.2-33(a)所示电路为例，我们已经得到其输出的逻辑函数表达式为 $F=AB+\overline{A}C$，而且知道当输入变量 $B=C=1$ 时，在变量 A 改变时存在 0 型险象。

由逻辑代数的常用公式可得

$$F=AB+\overline{A}C=AB+\overline{A}C+BC$$

BC 为 AB 和 $\overline{A}C$ 冗余项，在卡诺图上对应为冗余圈，它使得 F 在 $B=C=1$ 时无论 A 如何改变，$F\equiv1$，从而消除了 0 型险象。最后说明一点，用增加冗余项的方法消除逻辑险象的范围是有限的。若 A 和 B 同时改变状态，即 AB 从 10 变为 01 时，电路仍存在逻辑险象。

6.3 时序逻辑电路

前一节介绍了组合逻辑电路的分析与设计，组合逻辑是没有记忆功能的，其输入仅与当前输入有关。本节将介绍的时序逻辑电路其输出不仅与当前的输入有关，而且还和电路原来的状态有关。构成时序逻辑电路的基本单元电路是触发器。

本节首先介绍几种基本触发器的组成和特点，然后重点介绍各种结构触发器的工作原理和特点，最后简单介绍几种典型集成触发器的工作特性和应用。

6.3.1 触发器

能够存储一位二进制信号(0 或 1)的基本单元电路统称为触发器。触发器有两个特点，一是具有两个不同的稳定状态(0 或 1)，二是具有记忆功能。只有在触发信号作用下，触发器的状态才发生变化。

触发器有多种分类方法，按照逻辑功能的不同分为：RS 触发器、JK 触发器、T 触发器、D 触发器等。按照触发方式的不同可分为：直接触发器、电平触发器和边沿触发器等类型。

1. 基本 RS 触发器

基本 RS 触发器是构成各种触发器的基本单元。基本 RS 触发器由门电路组成，它与组合逻辑电路的区别在于，电路中有反馈线，即门电路的输入输出端交叉耦合。图 6.3-1(a)是由两个与非门交叉耦合构成的基本 RS 触发器，其逻辑符号如图 6.3-1(b)所示，图中输入端 S_D、R_D 的小圆圈表示低电平有效。

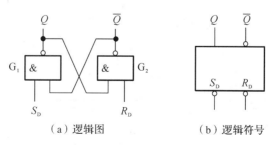

（a）逻辑图　　　　　　（b）逻辑符号

图 6.3-1　基本 RS 触发器

基本 RS 触发器有两个互补的输出端 Q 和 $\overline{Q}$，正常情况下二者的逻辑电平相反。通常规定以 Q 端状态作为触发器的状态，即当 $Q=1$，$\overline{Q}=0$ 时表示触发器处于 1 状态；而当 $Q=0$，$\overline{Q}=1$ 时表示触发器处于 0 状态，触发器的这两种稳定状态正好用来存储二进制信息 1 和 0。通常使 $Q=1$ 的操作称为置 1 或置位(Set)，使 $Q=0$ 的操作称为置 0 或复位(Reset)。S_D 称为置 1 或置位端，R_D 称为置 0 或复位端。触发器的状态是由 S_D，R_D 控制的。下面讨论触发器的工作原理。

我们把输入信号发生变化之前的触发器状态称为现态(或原态)，用 Q^n 来表示，而把输入信号发生变化后触发器所进入的状态，称为次态(或新态)，用 Q^{n+1} 来表示。

(1) 当 $R_D=1$，$S_D=0$ 时，由 $S_D=0$，可得 $Q=1$；再由 $R_D=1$，$Q=1$ 导出 $\overline{Q}=0$，即触发器处于置 1 状态，也可表示为 $Q^{n+1}=1$。

(2) 当 $R_D=0$，$S_D=1$ 时，由 $R_D=0$，可得 $\overline{Q}=1$；再由 $S_D=1$，$\overline{Q}=1$ 导出 $Q=0$，即触发器处于置 0 状态，也可表示为 $Q^{n+1}=0$。

(3) 当 $R_D=1$，$S_D=1$ 时，触发器的状态由原态决定。若触发器的原状态是 $Q=0$，$\overline{Q}=1$，可得新态仍是 $Q=0$，$\overline{Q}=1$；同理触发器的原状态是 $Q=1$，$\overline{Q}=0$，则新态仍是 $Q=1$，$\overline{Q}=0$。即触发器保持原状态不变，也可表示为 $Q^{n+1}=Q^n$。

(4) 当 $R_D=S_D=0$ 时，触发器的互补输出特性被破坏，即 $Q=\overline{Q}=1$，这是不允许出现的。而且当 S_D 和 R_D 又同时由 0 变为 1 时，将无法确定触发器的状态是 0 还是 1，在真值表中用×表示。

将上述分析用真值表表示如表 6.3-1 所示。

表 6.3-1 基本 RS 触发器真值表

R_D	S_D	Q^{n+1}	功能说明
0	0	×	禁止输入
0	1	0	复位(置 0)
1	0	1	复位(置 1)
1	1	Q^n	保持原态

综上所述，基本 RS 触发器具有置位(置 1)、复位(置 0)、保持原态(记忆)三种功能。置位端、复位端都是低电平有效。

【例 6.3-1】 已知图 6.3-1 的输入波形如图 6.3-2 所示，设触发器的初态为 0，画出触发器的 Q 端和 $\overline{Q}$ 的波形。

解 根据基本 RS 触发器的真值表，对应画出各段输入时的输出波形如图 6.3-2 所示。

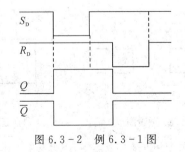

图 6.3-2 例 6.3-1 图

2. 同步 RS 触发器

同步 RS 触发器是在基本 RS 触发器基础上加两个与非门构成的。同步 RS 触发器如图 6.3-3 所示。其中门 G_1、G_2 构成基本 RS 触发器；门 G_3、G_4 构成触发器的控制电路；R、S 为同步输入端，即 R 为同步置 0 端、S 为同步置 1 端、CP 为时钟。

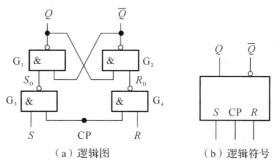

（a）逻辑图　　　　（b）逻辑符号

图 6.3-3　同步 RS 触发器

当 CP＝0 时，门 G_3、G_4 关闭，输出均为 1，由 G_1、G_2 构成的基本 RS 触发器保持原态。当 CP＝1 时，门 G_3、G_4 开启，R、S 信号通过 G_3、G_4 反相后加到由 G_1、G_2 构成的基本 RS 触发器上，使触发器的状态跟随输入状态的变化而变化，所以有效触发时刻为 CP 的高电平。同步 RS 触发器的真值表如表 6.3-2 所示。

表 6.3-2　同步 RS 触发器真值表

S	R	Q^{n+1}	功能说明
0	0	Q^n	保持原态
0	1	0	复位(置 0)
1	0	1	置位(置 1)
1	1	$\times$	禁止输入

由此可见，同步 RS 触发器的状态转换分别由 R、S 和 CP 控制，其中 CP 控制状态转换时刻，即何时发生状态转换由 CP 决定；而状态转换的方向由 R、S 控制，即触发器的新态由（CP＝1 期间）R、S 的取值决定。

【例 6.3-2】 已知图 6.3-3 的输入波形如图 6.3-4 所示，设触发器的初态为 0，画出触发器的 Q 端和 $\overline{Q}$ 的波形。

解　根据同步 RS 触发器的真值表，对应画出各段输入时的输出波形如图 6.3-4 所示。

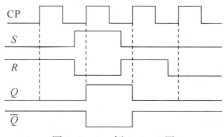

图 6.3-4　例 6.3-2 图

注意：只有在 CP＝1 时，触发器的状态才可能翻转（变化），而触发器的新态（CP＝1 期间）由 R、S 的取值决定。当 CP＝0 时，触发器保持原态。

同步 RS 触发器虽然有了控制，具有置位（置 1）、复位（置 0）、保持原态（记忆）三种功能，但因存在两个缺点而限制了它的使用。

缺点一：当 $R=S=1$ 时，CP 由 1 变为 0 后触发器的状态是不确定的，使用时必须避免这种状态的出现。

缺点二：有空翻现象。即在一个 CP 作用期间，触发器发生多次翻转的现象称为空翻。在时序电路中，空翻现象也必须避免。克服空翻现象的方法是采用结构比较完善的触发器。

3. D 触发器

D 触发器一般采用在 CP 上升沿触发的边沿触发结构，其逻辑符号如图 6.3-5 所示。CP 端无小圆圈表示上升沿触发，D 触发器的真值表和激励表分别如表 6.3-3、表 6.3-4 所示，状态图如图 6.3-6 所示。

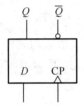

图 6.3-5 D 触发器逻辑符号

表 6.3-3 D 触发器的真值表

D	Q^{n+1}	功能说明
0	0	置 0
1	1	置 1

表 6.3-4 D 触发器的激励

Q^n	Q^{n+1}	D
0	0	0
0	1	1
1	0	0
1	1	1

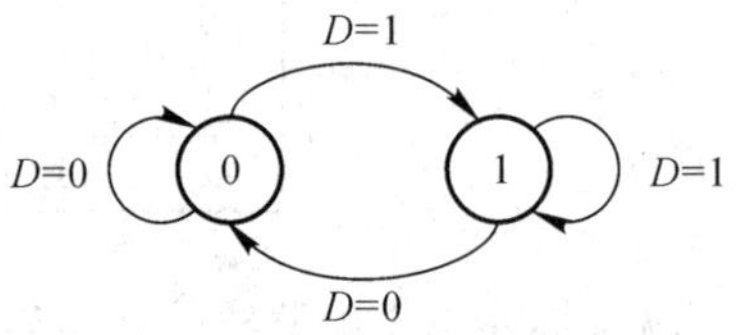

图 6.3-6 D 触发器的状态图

D 触发器的特征方程为

$$Q^{n+1} = D \tag{6.3-1}$$

4. JK 触发器

JK 触发器一般是采用时钟脉冲 CP 下降沿触发的主从结构或边沿触发结构，该触发器有两个激励输入端 J 和 K，一个时钟输入端 CP。JK 触发器（边沿触发）的逻辑符号如图 6.3-7 所示，CP 端的小圆圈表示下降沿触发，它的真值表如表 6.3-5 所示。

表 6.3-5 JK 触发器的真值表

J	K	Q^{n+1}	功能说明
0	0	Q^n	保持原态
0	1	0	复位（置 0）
1	0	1	置位（置 1）
1	1	$\overline{Q^n}$	计数翻转

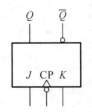

图 6.3-7 JK 触发器的逻辑符号

集成触发器的逻辑功能描述方法除了用真值表来反映激励信号取值和触发器新态的关系外，还常用状态转换真值表、特征方程、激励表和状态转换图等方式来反映。

（1）状态转换真值表（简称状态表）。状态表是反映激励信号、触发器原态与触发器新态之间关系的一种表格。由 JK 触发器的真值表可得其状态表如表 6.3－6 所示。

表 6.3－6 JK 触发器状态表

J	K	Q^n	Q^{n+1}
0	0	0	0
0	0	1	1
0	1	0	0
0	1	1	0
1	0	0	1
1	0	1	1
1	1	0	1
1	1	1	0

（2）特征方程（状态方程）。特征方程是描述触发器逻辑功能的逻辑函数表达式。由表 6.3－6 通过卡诺图化简得 JK 触发器的特征方程为

$$Q^{n+1} = J\,\overline{Q}^n + \overline{K}Q^n \tag{6.3-2}$$

（3）激励表。激励表是在已知触发器状态转换关系的前提下，求出触发器对应的激励信号。激励表一般在时序电路设计中经常用到。由 JK 触发器的真值表反推得到激励表如表 6.3－7 所示。

（4）状态转换图（状态图）。状态图是以图形方式描述触发器的逻辑功能，如图 6.3－8 所示。图中两个圆圈代表触发器的两个状态，箭头表示触发器状态转换的方向，旁边的标注表示触发器状态转换的条件。

表 6.3－7 JK 触发器的激励表

Q^n	Q^{n+1}	J	K
0	0	0	$\times$
0	1	1	$\times$
1	0	$\times$	1
1	1	$\times$	0

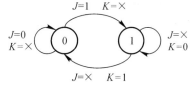

图 6.3－8 JK 触发器状态图

5. T 触发器

在实际应用中，有时将 JK 触发器的 J、K 端相连作为一个输入端使用，并记作 T，则构成 T 触发器。T 触发器是一种具有保持和计数翻转功能的触发器。T 触发器（边沿触发）的逻辑符号如图 6.3－9 所示，真值表如表 6.3－8 所示。

将 $J = K = T$ 代入 JK 触发器的特征方程式（6.3－2），就可得 T 触发器的特征方程为

$$Q^{n+1} = T\,\overline{Q}^n + \overline{T}Q^n = T \oplus Q^n \tag{6.3-3}$$

当 $T = 1$ 时，就构成 T′ 触发器，T′ 触发器的特征方程为

$$Q^{n+1} = \overline{Q^n} \qquad\qquad (6.3-4)$$

可见，当 $T=1$ 时，每来一个 CP 下降沿，触发器的状态翻转一次，对时钟计数一次。所以 T 触发器特别适合实现计数器。

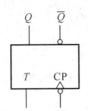

图 6.3-9 T 触发器的逻辑符号

表 6.3-8 T 触发器的真值表

T	Q^{n+1}	功能说明
0	Q^n	保持
1	$\overline{Q^n}$	计数翻转

6. 触发器的相互转换

前面介绍了 RS 触发器、JK 触发器、T 触发器、T′触发器和 D 触发器，而市场上出售的产品只有 D 触发器和 JK 触发器两种，因而在实际工作中有时需要对集成触发器的功能进行转换，而且 D 触发器和 JK 触发器之间也可以进行相互转换。触发器相互转换步骤如下：

（1）写出已有触发器和待求触发器的特性方程。

（2）变换待求触发器的特性方程，使其形式与已有触发器特性方程一致。

（3）根据方程如果变量相同、系数相等则方程一定相等的原则，比较待求触发器特性方程和已有触发器特性方程，求出转换逻辑。

（4）画电路图。

JK 触发器因为功能最为完善，所以改接为其他触发器时非常方便。

【例 6.3-3】 将 JK 触发器转换为 D 触发器。

解 因为 JK 触发器的特征方程为

$$Q^{n+1} = J\,\overline{Q^n} + \overline{K}Q^n$$

D 触发器的特征方程为

$$Q^{n+1} = D^n = D^n(\overline{Q^n} + Q^n) = D^n\overline{Q^n} + \overline{\overline{D^n}}Q^n$$

比较上面两式得 $J=D$，$K=\overline{D}$，由此可得到 JK 触发器转换成 D 触发器的逻辑图如图 6.3-10 所示。

D 触发器的功能相对单一，将 D 触发器改接成其他触发器时，连接电路相对复杂。例如用 D 触发器构成 JK 触发器时，比较两种触发器的特征方程可得 $D = J\overline{Q} + \overline{K}Q = \overline{\overline{J\overline{Q}} \cdot \overline{\overline{K}Q}}$，由此可得 D 触发器转换成 JK 触发器的逻辑图如图 6.3-11 所示。

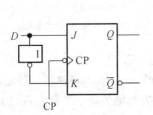

图 6.3-10 JK 触发器转换成 D 触发器

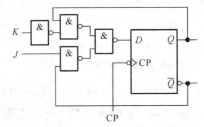

图 6.3-11 D 触发器转换成 JK 触发器

6.3.2 寄存器

时序逻辑电路是数字系统中非常重要的一类逻辑电路。常见的时序逻辑电路有计数器、寄存器和序列信号发生器等。

用来暂时存放数据、指令和运算结果的数字逻辑部件称为寄存器，几乎在所有的数字系统中都要用到寄存器。由于一个触发器能寄存 1 位二进制代码 0 或 1，因此，N 位寄存器用 N 个触发器组成。常用的有 4 位、8 位、16 位寄存器。寄存器按功能可以分为数码寄存器和移位寄存器。

1. 数码寄存器

数码寄存器的功能：存放数据、指令等二进制代码。通常用 D 触发器构成数码寄存器。

74 系列 TTL 集成电路中的 74175 是具有公共时钟端和异步复位端的四 D 触发器芯片，其逻辑电路、逻辑符号及引脚图如图 6.3 - 12 所示。74175 的功能表如表 6.3 - 9 所示。

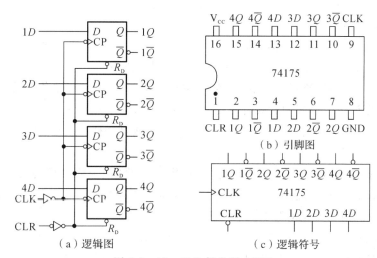

图 6.3 - 12　四 D 触发器 74175

74175 可以直接用作 4 位二进制数码寄存器。74175 电路的数码接收过程是：将需要存储的 4 位二进制数码送到各触发器的 D 端，再向 CLK 端送一个时钟脉冲，该脉冲上升沿作用后，数码寄存结束，已存储的 4 位数码出现在 4 个触发器的 Q 端，可以随时提取。由于寄存器在接收数码时，各位数码是同时输入的，而各位输出数码也是同时取出的，故称这种工作方式为并行输入、并行输出方式。

表 6.3 - 9　74175 的功能表

清零	时钟	数据输入端	输 出			
CLR	CLK	$1D\ 2D\ 3D\ 4D$	Q_4^{n+1}	Q_3^{n+1}	Q_2^{n+1}	Q_1^{n+1}
0	×	× × × ×	0	0	0	0
1	↑	$1D\ 2D\ 3D\ 4D$	$4D$	$3D$	$2D$	$1D$

2. 移位寄存器

移位寄存器除了具有存储数码的功能外，还具有移位功能。所谓移位功能，是指寄存器里存放的数码能在移位脉冲作用下逐次左移或右移，即可以对数码进行串行操作。移位寄存器按数据移动的方向可分为单向移位寄存器和双向移位寄存器。

1）单向移位寄存器

单向移位寄存器，是指具有左移功能或右移功能的移位寄存器。在移位脉冲作用下，存入的数据逐次左移（右移）的寄存器称为左移（右移）移位寄存器。图 6.3-13(a)是用 D 触发器组成的 4 位单向右移移位寄存器的逻辑图。

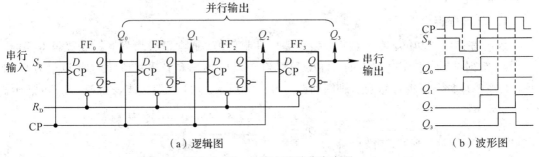

(a) 逻辑图 （b）波形图

图 6.3-13　4 位右移移位寄存器

4 位右移移位寄存器电路的特点是：除了第一级 $D_0 = S_R$ 外，其他各级的 $D_i^n = Q_{i-1}^n$，即前级的输出 Q 接后级的输入 D，从而使 $Q_i^{n+1} = Q_{i-1}^n$，因此，每来一个 CP，数据向右移位一次。由于数据移动的方向为 $Q_0 \to Q_1 \to Q_2 \to Q_3$，因此，该电路称为右移移位寄存器，$S_R$ 称为右移数据串行输入端。

设电路初态 $Q_3 Q_2 Q_1 Q_0 = 1100$，在 $R_D = 0$ 作用下，电路被预置为 $Q_3 Q_2 Q_1 Q_0 = 0000$ 的状态，当 $R_D = 1$ 时，每当移位脉冲 CP 的上升沿到来时，各触发器的状态都向右移给下一个触发器，而输入数码则移入触发器 FF_0 中。

若输入数码为 1011，移位寄存器中数码经 4 个移位脉冲后，1011 这 4 个数码全部移入寄存器中，使 $Q_3 Q_2 Q_1 Q_0 = 1011$，这时 4 个触发器的 Q 端可以得到并行输出的数码 1011，这就是并行输出方式。

如果触发器 FF_3 的 Q 端作为串行输出端，则只要再输入 3 个移位脉冲，4 个数码便可依次从串行输出端送出，这就是串行输出方式。

移位寄存器中数码的移动情况如图 6.3-13(b)或表 6.3-10 所示。

表 6.3-10　移位寄存器中数码的移动情况

时钟 CP	输入数据	移位寄存器中的数码			
		Q_0	Q_1	Q_2	Q_3
0	1	0	0	0	0
1	0	1	0	0	0
2	1	0	1	0	0
3	1	1	0	1	0
4	0	1	1	0	1

单向左移移位寄存器的工作方式与单向右移移位寄存器类似。

2）4 位双向移位寄存器 74194

双向移位寄存器，是指在移位脉冲作用下，数据既可以左移又可以右移的移位寄存器。74194 是一个 4 位双向移位寄存器芯片，除了有存放数据和移位功能外，它还具有异步清零、同步预置、同步保持、左移、右移功能，其逻辑符号如图 6.3－14 所示。74194 的功能表如表 6.3－11 所示。

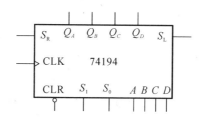

图 6.3－14　双向移位寄存器 74194 的逻辑符号

表 6.3－11　4 位双向移位寄存器 74194 的功能表

控制输入			串入		时钟	预置数	输出				工作模式
CLR	S_1	S_0	S_R	S_L	CLK	$ABCD$	Q_A^{n+1}	Q_B^{n+1}	Q_C^{n+1}	Q_D^{n+1}	
0	×	×	×	×	×	××××	0	0	0	0	异步清零
1	1	1	×	×	↑	$ABCD$	A	B	C	D	同步预置
1	0	0	×	×	↑	××××	Q_A^n	Q_B^n	Q_C^n	Q_D^n	同步保持
1	×	×	×	×							
1	0	1	0	×	↑	××××	0	Q_A^n	Q_B^n	Q_C^n	右移
			1	×	↑	××××	1	Q_A^n	Q_B^n	Q_C^n	
1	1	0	×	0	↑	××××	Q_B^n	Q_C^n	Q_D^n	0	左移
			×	1	↑	××××	Q_B^n	Q_C^n	Q_D^n	1	

从真值表可见 74194 具有以下功能：

（1）异步清零：当 CLR＝0 时，各触发器即刻清零，与其他输入状态及 CP 无关。

（2）同步预置：当 S_1S_0＝11 时，在 CP 的上升沿作用下，实现置数操作，$Q_AQ_BQ_CQ_D$＝$ABCD$。

（3）同步保持：当 S_1S_0＝00、CLR＝1 时，不论有无 CP 到来，各触发器状态不变，为保持工作状态。

（4）右移：当 S_1S_0＝01、CLR＝1 时，在 CP 的上升沿作用下，实现右移操作，当串行右移时数据是从 S_R 输入到 Q_A，再由 $Q_A \rightarrow Q_B \rightarrow Q_C \rightarrow Q_D$ 方向顺序移动，最后从 Q_D 输出。

（5）左移：当 S_1S_0＝10、CLR＝1 时，在 CP 的上升沿作用下，实现左移操作，当串行左移时数据从 S_L 输入到 Q_D，再由 $Q_D \rightarrow Q_C \rightarrow Q_B \rightarrow Q_A$ 方向顺序移动，最后从 Q_A 输出。

由于数据可以从 S_R（或 S_L）端一个个串行输入，也可以从 $ABCD$ 端同时并行输入，而移位寄存器中的数码可由 $Q_AQ_BQ_CQ_D$ 并行输出，也可从 Q_D（或 Q_A）串行输出。所以，移位寄存器具有串行输入-并行输出、串行输入-串行输出、并行输入-串行输出和并行输入-并行输出四种工作方式。其基本的应用场合为：

（1）并入-串出：用于将并行数据转换为串行数据（简称为并/串转换）。

（2）串入-并出：用于将串行数据转换为并行数据（简称为串/并转换）。

（3）串入-串出：用于实现串行数据的延时。n 级移位寄存器可以使串行数据延时 n 个时钟周期。

（4）并入-并出：用于实现并行数据的存储。

6.3.3 计数器

计数器在数字系统中使用非常广泛。计数器不仅能用于对输入脉冲（时钟脉冲）计数，实现计数操作功能，还可以用于分频、定时、产生节拍脉冲和脉冲序列以及进行数字运算等。如微机系统中使用的各种定时器和分频电路，电子表、电子钟和交通控制系统中所用的计时电路，本质上都是计数器。

计数器的种类繁多，其分类方式有以下几种：

（1）按运算功能可分为加法计数器、减法计数器和可逆计数器。加法计数器是计数数值随输入脉冲个数的增加而递增；减法计数器是计数数值随输入脉冲个数的增加而递减；可逆计数器既可完成加法计数，也可完成减法计数。

（2）按计数器中触发器的时钟是否统一可分为同步计数器和异步计数器。在同步计数器中，各触发器的状态改变与计数输入脉冲同步发生；而在异步计数器中，各触发器的状态改变有先有后，不是同时发生的。

（3）按计数器的进位关系可分为二进制计数器、十进制计数器和任意进制计数器。

1. 二进制计数器

二进制计数器：由 n 个触发器构成，计数进制 $M = 2^n$，所以又称 2^n 进制计数器。

1）同步二进制加法计数器

n 个触发器按一定连接规律可构成 2^n 进制的同步计数器，其连接规律如表 6.3 - 12 所示。因为是同步计数器，所以各个触发器的 CP_i 均接外部时钟 CP（计数脉冲）。

表 6.3 - 12　2^n 进制同步计数器的连接规律

计数方式	触发时钟 CP_i	Q_0 的激励输入	其他 $Q_{\text{激}}$ 的激励输入（$i = 1, \cdots, n-1$）
加法计数器	均接 CP：$CP_i = CP$ （$i = 0, \cdots, n-1$）	均接成计数触发：$J_0 = K_0 = 1$, $T_0 = 1$	$T_i = J_i = K_i = Q_0 Q_1 \cdots Q_{i-2} Q_{i-1}$
减法计数器			$T_i = J_i = K_i = \overline{Q_0}\ \overline{Q_1} \cdots \overline{Q_{i-2}}\ \overline{Q_{i-1}}$

不论是加法计数器还是减法计数器，最低位触发器 Q_0 都工作在计数翻转状态，因此，$T_0 = 1$, $J_0 = K_0 = 1$，（D 触发器一般不用来构成同步计数器）。除最低位以外的各个触发器，对于加法计数器，各位触发器在其所有低位触发器 Q 端均为 1 时，激励应为 1，以便下一个 CP 脉冲到来时低位向本位进位，因此，激励 $T_i = J_i = K_i = Q_0 Q_1 \cdots Q_{i-2} Q_{i-1}$。对于减法计数器，各位触发器在其所有低位触发器 Q 端均为 0 时，激励应为 1，以便下一个 CP 脉冲到来时低位向本位借位，因此，激励 $T_i = J_i = K_i = \overline{Q_0}\ \overline{Q_1} \cdots \overline{Q_{i-2}}\ \overline{Q_{i-1}}$。

【例 6.3 - 4】　分别用 JK 触发器构成四进制和十六进制同步加法计数器。

解　四进制计数器需要两个触发器，即 $M = 2^2 = 4$。按连接规律表 6.3 - 12 用 JK 触发器构成四进制加法同步计数器，如图 6.3 - 15 所示。

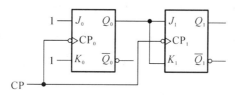

图 6.3-15 四进制同步加法计数器

十六进制计数器需要 4 个触发器，即 $M=2^4=16$。按连接规律 6.3-12 表用 JK 触发器构成十六进制同步加法计数器，如图 6.3-16 所示。

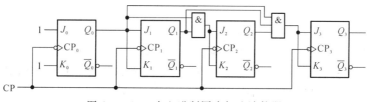

图 6.3-16 十六进制同步加法计数器

2）异步二进制加法计数器

异步二进制加法计数器是电路结构最简单的一类计数器。n 个触发器按一定连接规律可构成 2^n 进制异步计数器，其连接规律如表 6.3-13 所示。其中 CP_0 为最低位触发器 Q_0 的时钟输入端，CP 为外部时钟（计数脉冲）。

从表 6.3-13 可见，异步二进制加法计数器的特点：

（1）外部计数脉冲 CP 只接第一级触发器（Q_0）的时钟端，其他级的时钟依次接前一级的输出 $\overline{Q}$，所以各级触发器的翻转时间是有先后顺序的。

（2）各级触发器必须接成计数形式，即 JK 触发器的 $J=K=1$，T 触发器的 $T=1$，D 触发器的 $D=\overline{Q}$。

表 6.3-13 2^n 进制异步计数器的连接规律

计数方式	激励输入	上升沿触发时钟	下降沿触发时钟
加法计数器	均接成计数触发：	$CP_0=CP$，其他 $CP_i=\overline{Q}_{i-1}$	$CP_0=CP$，其他 $CP_i=Q_{i-1}$
减法计数器	$J_i=K_i=1$，$T_i=1$，$D_i=\overline{Q}_i$	$CP_0=CP$，其他 $CP_i=Q_{i-1}$	$CP_0=CP$，其他 $CP_i=\overline{Q}_{i-1}$

【例 6.3-5】 分别用 JK 触发器和 D 触发器构成四进制异步加法计数器，并画出其中一种电路的工作波形和状态图。

解 四进制计数器需要两个触发器，即 $M=2^2=4$。按连接规律表 6.3-13，用 JK 触发器和 D 触发器构成四进制异步加法计数器，如图 6.3-17 所示。

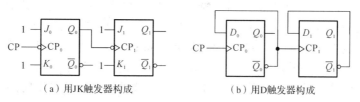

（a）用 JK 触发器构成   （b）用 D 触发器构成

图 6.3-17 四进制异步加法计数器

用 JK 触发器构成的四进制异步加法计数器的工作波形如图 6.3 - 18(a)所示。从工作波形可见,若计数输入时钟的频率为 f_{CP},则 Q_0 和 Q_1 端输出脉冲的频率将依次为 $\frac{1}{2}f_{CP}$ 和 $\frac{1}{4}f_{CP}$。针对计数器的这种分频功能,也把计数器称为分频器。所以,N 进制计数器也可作 N 分频器。

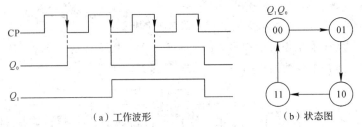

(a)工作波形　　　　　　　　(b)状态图

图 6.3 - 18　四进制异步加法计数器的工作波形和状态图

分别由 JK 触发器、D 触发器构成的两种计数电路状态图相同,均如图 6.3 - 18(b)所示。从状态图可见,四进制异步加法计数器计数循环内包含 4 个状态,每经过 4 个 CP 脉冲,状态按加法顺序循环一次,因此该电路能完成四进制异步加法计数器的功能。

异步二进制计数器减法的构成可按表 6.3 - 13 中所给的规律连接。

异步二进制计数器的电路简单,级间连接方式根据触发器的触发沿而定,容易掌握,易于理解,这是异步计数器的优点。但异步二进制计数器计数脉冲不是同时加到所有触发器的 CP 端,各级触发器的翻转是逐级进行的,因而工作速度低;有时会因竞争-冒险而产生尖峰脉冲,这是异步计数器的缺点。在实际应用中,大多采用计数速度较高的同步计数器。

3)集成计数器

前面介绍了用触发器构成计数器的方法,而实际应用中一般不再采用触发器自行设计,大多用集成计数器。集成计数器品种型号很多,有同步计数器和异步计数器两类,而且功能完善、价格也较便宜。尤其是同步计数器具有工作速度快,译码后输出波形好等优点,使用广泛。这里只介绍最常见的四位二进制同步加法计数器 74161,其引脚图和常见逻辑符号如图 6.3 - 19 所示,功能表如表 6.3 - 14 所示。

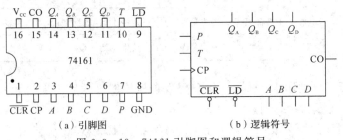

(a)引脚图　　　　　　　　　(b)逻辑符号

图 6.3 - 19　74161 引脚图和逻辑符号

各控制输入端的优先级按由高到低的次序排列,依次为:$\overline{CLR}$、$\overline{LD}$、P 与 T。功能表中的 Q_D 是计数器的最高位,Q_A 是计数器的最低位,对于 74161,$CO = TQ_DQ_CQ_BQ_A$。从功能表可见,74161 具有异步清零、同步预置、同步保持和加法计数等功能,是一种功能比较全面的 MSI 同步计数器。在看功能表时,应抓住两个关键:清零/预置端是同步还是异步,清零/预置端是高电平还是低电平有效。若执行清零/预置操作时不需要时钟 CP,则为异步;反之,为同步。若执行清零/预置操作是在其为低电平时,则为低电平有效;反之为高电平有效。这两点在后面构成任意进制计数器时是很重要的。

表 6.3-14 74161 的功能表

输 入						输 出				工作模式
$\overline{CLR}$	$\overline{LD}$	P	T	CP	$ABCD$	Q_A^{n+1}	Q_B^{n+1}	Q_C^{n+1}	Q_D^{n+1}	
0	×	×	×	×	××××	0	0	0	0	异步清零
1	0	×	×	↑	$ABCD$	A	B	C	D	同步预置
1	1	×	0	×	××××	Q_A^n	Q_B^n	Q_C^n	Q_D^n	同步保持
1	1	0	×	×						
1	1	1	1	↑	××××	加法计数				加法计数

当 74161 工作在计数模式时，其状态图如图 6.3-20 所示，4 位二进制计数器 74161 的模 $M=2^4=16$。

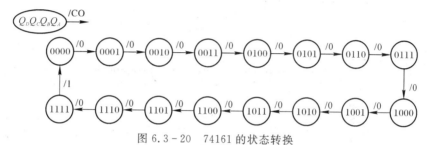

图 6.3-20 74161 的状态转换

2. 非二进制计数器

在非二进制计数器中，最常用的是十进制计数器，其他进制的计数器通常被称为任意进制计数器。非二进制计数器也有同步和异步，加、减和可逆计数器等各种类型。这里不再一一介绍，仅介绍十进制加法计数器。

1) 异步十进制加法计数器

异步十进制加法计数器是在 4 位异步二进制加法计数器的基础上加以修改，使计数器在计数过程中跳过 1010～1111 这 6 个状态而得到的。

如图 6.3-20(a) 所示电路是异步 8421BCD 码十进制加法计数器的典型电路。利用 6.3.4 节中异步时序电路的分析方法可以分析其逻辑功能，其状态图如图 6.3-21(b) 所示。

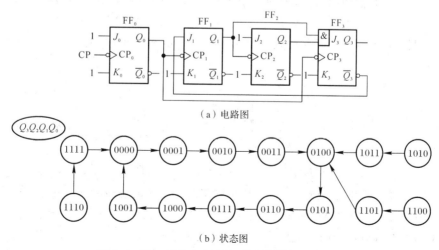

（a）电路图

（b）状态图

图 6.3-21 异步 8421BCD 码十进制加法计数器

2）同步十进制加法计数器

在 4 位同步二进制加法计数器的基础上加内反馈去掉 1010～1111 这 6 个状态，即构成同步 8421BCD 码十进制加法计数器。图 6.3-22(a)所示电路是同步 8421BCD 码十进制加法计数器，利用 6.3.4 节中同步时序电路的分析方法可以分析其逻辑功能，其状态图如图 6.3-22(b)所示。

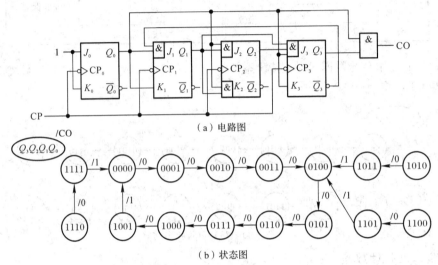

图 6.3-22　同步 8421BCD 码十进制加法计数器

6.3.4　时序逻辑电路的分析

所谓时序电路分析，就是根据已知逻辑电路图，找出电路的输出及状态在输入信号和时钟信号作用下的变化规律，进而确定电路的逻辑功能。

在分析同步时序电路时一般按如下步骤进行：

(1) 根据给定电路，确定每个触发器的激励方程(也称驱动方程)和输出方程。

(2) 将触发器的激励方程代入其特征方程，得到触发器的次态表达式，即状态方程。

(3) 根据状态方程和输出方程，建立状态转移表，进而画出状态图和波形图。

(4) 指出电路的逻辑功能。必要时画出工作波形图，也称时序图。

在分析具体电路时，可以灵活地处理或省略某些步骤。同步时序电路的分析流程如图 6.3-23 所示。

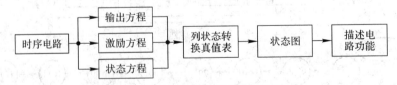

图 6.3-23　同步时序电路分析流程图

【例 6.3-6】　试分析如图 6.3-24 所示同步时序电路的逻辑功能。

解　(1) 写出输出方程、激励方程和状态方程。

输出方程 $Z=Q_3Q_1$ 说明该电路为 Moore 型电路。

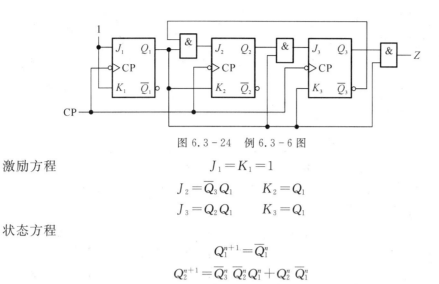

图 6.3 - 24 例 6.3 - 6 图

激励方程

$$J_1 = K_1 = 1$$

$$J_2 = \overline{Q}_3 Q_1 \qquad K_2 = Q_1$$

$$J_3 = Q_2 Q_1 \qquad K_3 = Q_1$$

状态方程

$$Q_1^{n+1} = \overline{Q}_1^n$$

$$Q_2^{n+1} = \overline{Q}_3^n \ \overline{Q}_2^n Q_1^n + Q_2^n \ \overline{Q}_1^n$$

$$Q_3^{n+1} = \overline{Q}_3^n Q_2^n Q_1^n + Q_3^n \ \overline{Q}_1^n$$

(2) 列状态转换真值表如表 6.3 - 15 所示。

(3) 根据表 6.3 - 15 画状态图如图 6.3 - 25 所示。

表 6.3 - 15　例 6.3 - 6 的状态转换真值表

输入现态			次　　态			输　出
Q_3^n	Q_2^n	Q_1^n	Q_3^{n+1}	Q_2^{n+1}	Q_1^{n+1}	Z^n
0	0	0	0	0	1	0
0	0	1	0	1	0	0
0	1	0	0	1	1	0
0	1	1	1	0	0	0
1	0	0	1	0	1	0
1	0	1	0	0	0	1
1	1	0	1	1	1	0
1	1	1	0	0	0	1

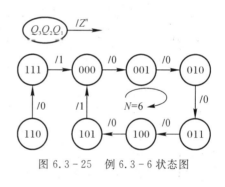

图 6.3 - 25　例 6.3 - 6 状态图

(4) 功能描述。从状态图 6.3 - 25 可知，主循环的状态数为 6，而且 110，111 这两个状态在 CP 的作用下最终也能进入主循环。所以如图 6.3 - 24 所示电路的逻辑功能为：同步自启动六进制加法计数器。

6.3.5　时序逻辑电路的设计

同步时序电路设计是同步时序电路分析的逆过程。

同步时序电路设计的任务：由逻辑功能要求→求相应最简电路。最简电路的标准：对于 SSI，所用触发器和门电路的数目最少，而且触发器和门电路的输入端数目亦为最少；对于 MSI，使用的集成电路模块数目最少、种类最少。

用触发器(SSI)设计同步时序逻辑电路的步骤为：

(1) 建立原始状态图(或表)。根据命题要求作出状态图或状态表，由于其中可能包含有多余的状态，故被称为原始状态图或原始状态表。

（2）状态化简。状态化简就是将等价状态合并，以求得最简的状态表。

（3）状态分配。状态分配又叫做状态编码或状态赋值，即用触发器的二进制状态编码来表示最简状态表中的各个状态，得到编码状态表。若最简状态图中状态数为 N，则触发器的数目 n 应满足关系：

$$2^n \geqslant N > 2^{n-1}$$

不同的状态分配方案将得到复杂程度不同的逻辑电路。为此，选取的编码方案应该有利于所选触发器的激励方程和电路输出方程的简化。为便于记忆和识别，一般都遵循一定的规律，如用自然二进制码或相邻编码。通常，可以从各种不同分配方案中，选择最佳状态编码方案，使设计电路最简单。

（4）触发器选型。一般而言，计数型时序电路应优先选用 JK 或 T 触发器，寄存型时序电路应优先选用 D 触发器，可得到比较简单的激励函数表达式。

（5）求输出方程和激励方程。根据编码状态表求出电路的输出方程和各触发器的状态方程，再由状态方程导出各触发器的激励函数表达式。

（6）检查电路能否自启动。若是非自启动，则需采取修改逻辑设计或使用触发器异步端等措施加以解决后，才可画出逻辑图。

为了便于掌握设计步骤，将其设计流程归纳为如图 6.3-26 所示的流程图。

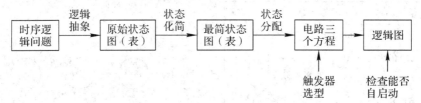

图 6.3-26　同步时序电路设计流程图

在以上 6 个设计步骤中，第（1）步建立原始状态图（或表）最难，是时序电路设计中的关键，也是学习中的重点和难点。

【例 6.3-7】　试用下降沿触发的 JK 触发器设计一个同步四进制（模四）加法计数器。

解　对于计数器来讲，其状态图的特点是：主循环中的状态数目就是计数器的进制数（也称模）。所以在设计中，可以跳过第（1）、（2）步，直接画出二进制编码形式的状态图（表）。

（1）根据题意要求确定触发器的级数为 2，并画出状态图如图 6.3-27 所示，得到状态转换表如表 6.3-16 所示。

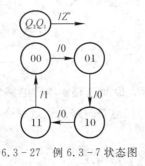

6.3-27　例 6.3-7 状态图

表 6.3-16　例 6.3-7 的状态转换

现态		次态		输出
Q_2^n	Q_1^n	Q_2^{n+1}	Q_1^{n+1}	Z^n
0	0	0	1	0
0	1	1	0	0
1	0	1	1	0
1	1	0	0	1

（2）由状态转换表得状态方程及输出方程为

$$Z^n = Q_2^n Q_1^n$$

$$Q_2^{n+1} = \overline{Q}_2^n Q_1^n + Q_2^n \overline{Q}_1^n$$

$$Q_1^{n+1} = \overline{Q}_1^n$$

因为 JK 触发器的特征方程为

$$Q^{n+1} = J^n \overline{Q}^n + \overline{K}^n Q^n$$

所以应用对比法，可得到激励方程为

$$J_2 = Q_1^n \qquad K_2 = Q_1^n$$

$$J_1 = K_1 = 1$$

（3）画逻辑图如图 6.3 – 28 所示。

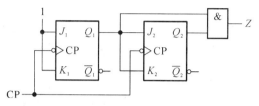

图 6.3 – 28　例 6.3 – 7 逻辑图

【例 6.3 – 8】　试用下降沿触发的 JK 触发器设计一个同步六进制（模六）加法计数器。

解

（1）根据题意要求确定触发器的级数为 3，并画出状态图如图 6.3 – 29 所示，得到状态转换表如表 6.3 – 17 所示。

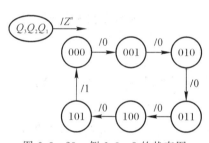

图 6.3 – 29　例 6.3 – 8 的状态图

表 6.3 – 17　例 6.3 – 8 的状态转换表

现态			次态			输出
Q_3^n	Q_2^n	Q_1^n	Q_3^{n+1}	Q_2^{n+1}	Q_1^{n+1}	Z^n
0	0	0	0	0	1	0
0	0	1	0	1	0	0
0	1	0	0	1	1	0
0	1	1	1	0	0	0
1	0	0	1	0	1	0
1	0	1	0	0	0	1
1	1	0	×	×	×	×
1	1	1	×	×	×	×

（2）求状态方程及输出方程。由表 6.3 – 17 画出 Q_3^{n+1}，Q_2^{n+1}，Q_1^{n+1} 和 Z 的卡诺图，并化简如图 6.3 – 30 所示的卡诺图。

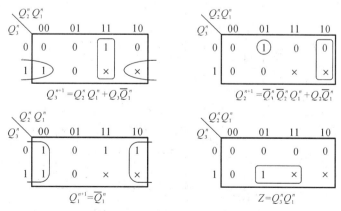

图 6.3 – 30　例 6.3 – 8 的卡诺图

将 Q_3^{n+1} 配项、变换成 $Q_3^{n+1}=Q_2^n Q_1^n \overline{Q}_3^n+\overline{Q}_2^n Q_1^n Q_3^n$ 与 JK 触发器特征方程对照得

$$J_3^n=Q_2^n Q_1^n \qquad K_3^n=\overline{Q}_2^n Q_1^n$$

同理得

$$J_2^n=\overline{Q}_3^n Q_1^n \qquad K_2^n=Q_1^n$$
$$J_1^n=K_1^n=1$$

（3）验证电路能否自启动。通过分析可知，若出现 110 和 111，在 CP 作用下 110→111 →100，最终进入主循环，所以，电路能自启动。

（4）画逻辑图如图 6.3-31 所示。

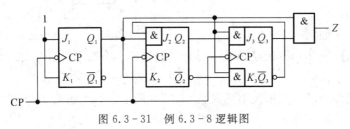

图 6.3-31　例 6.3-8 逻辑图

6.3.6　555 定时器及其应用

在数字技术的各种应用中，经常需要矩形波、方波、锯齿波等脉冲波形。其中，矩形波和方波经常用来作为电路的开关信号和控制信号，许多其他形状的脉冲波形也可由它们变换而得到。

本节主要介绍 555 定时器、多谐振荡器、施密特触发器和单稳态触发器。

1. 555 集成定时器

555 集成定时器是一种模拟电路和数字电路相结合的集成电路，可以用来产生脉冲、脉冲整形和脉冲调制等，因此它的应用十分广泛。

1）555 定时器的基本结构

如图 6.3-32 所示为集成 555 定时器电路，由分压器、比较器、基本 RS 触发器、开关放电管和输出缓冲级等电路组成。

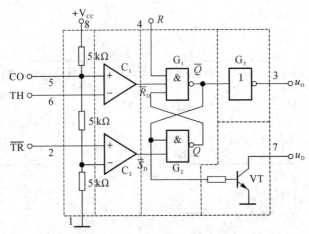

图 6.3-32　555 集成定时器的电路结构图

（1）基本 RS 触发器。由两个与非门 G_1、G_2 组成，$\overline{R}$ 是专门设置的可从外部进行置 0 的复位端，当 $\overline{R}=0$ 时，使 $Q=0$、$\overline{Q}=1$。

（2）比较器。C_1、C_2 是两个电压比较器。比较器有两个输入端，同相输入端"＋"和反相输入端"－"，如果用 U_+ 和 U_- 表示相应输入上所加的电压，则当 $U_+>U_-$ 时，其输出为高电平 U_{OH}，反之当 $U_+<U_-$ 时，输出为低电平 U_{OL}，两个输入端基本上不向外电路索取电流，即输入电阻趋近于无穷大。比较器 C_1 的输出为基本 RS 触发器的内部置 0 的复位端 $\overline{R}_D$，而比较器 C_2 的输出为基本 RS 触发器的内部置 1 端 $\overline{S}_D$。

（3）电阻分压器。三个阻值均为 5 kΩ 的电阻串联起来构成分压器（555 也因此而得名），为比较器 C_1 和 C_2 提供参考电压，比较器 C_1 的"＋"端 $U_+=2V_{CC}/3$，比较器 C_2 的"－"端 $U_-=V_{CC}/3$。如果在电压控制端 CO 另加控制电压，则可改变比较器 C_1、C_2 的参考电压。工作中当不使用 CO 端时，一般都通过一个 $0.01\sim-0.047\ \mu F$ 的电容接地，以旁路高频干扰。

（4）晶体管开关和输出缓冲器。晶体管 VT 构成开关，其状态受 $\overline{Q}$ 端控制，当 $\overline{Q}=0$ 时 VT 截止，当 $\overline{Q}=1$ 时 VT 导通。输出缓冲器就是接在输出端的反相器 G_3，其作用是提高定时器的带负载能力和隔离负载对定时器的影响。

2）555 定时器的基本功能

如表 6.3-18 所示是 555 定时器的功能表，它全面地体现了 555 的基本功能。

表 6.3-18　555 定时器的功能表

输　入			输　出	
$\overline{R}$	$U_{\overline{TR}}$	U_{TH}	u_o	VT 的状态
0	×	×	U_{OL}	导通
1	$>V_{CC}/3$	$>2V_{CC}/3$	U_{OL}	导通
1	$>V_{CC}/3$	$<2V_{CC}/3$	不变（保持）	不变（保持）
1	$<V_{CC}/3$	$<2V_{CC}/3$	U_{OH}	截止

（1）当 $\overline{R}=0$ 时，$\overline{Q}=1$，输出电压 $u_O=U_{OL}$ 为低电平，VT 饱和导通。

（2）当 $\overline{R}=1$、$U_{TH}>\frac{2}{3}V_{CC}$、$U_{TR}>\frac{1}{3}V_{CC}$ 时，C_1 输出低电平（即基本 RS 触发器的 $\overline{R}_D=0$），C_2 输出高电平（即基本 RS 触发器的 $\overline{S}_D=1$），$Q=0$、$\overline{Q}=1$，$u_O=U_{OL}$、VT 饱和导通。

（3）当 $\overline{R}=1$、$U_{TH}<\frac{2}{3}V_{CC}$、$U_{TR}>\frac{1}{3}V_{CC}$ 时，C_1、C_2 输出均为高电平，基本 RS 触发器保持原来状态不变，因此 u_O、VT 也保持原来状态不变。

（4）当 $\overline{R}=1$、$U_{TH}<\frac{2}{3}V_{CC}$、$U_{TR}<\frac{1}{3}V_{CC}$ 时，C_1 输出高电平，C_2 输出低电平 0（即基本 RS 触发器的 $\overline{S}_D=0$），$Q=1$、$\overline{Q}=0$、$u_O=U_{OH}$、VT 截止。

555 定时器的电源电压范围较宽，双极型（TTL 型）电路一般 $V_{CC}=5\sim16$ V，输出高电平不低于电源电压的 90%，带拉电流和灌电流负载的能力可达 200 mA；CMOS 型电路一般 $V_{DD}=3\sim18$ V，输出高电平不低于电源电压的 95%，带拉电流负载的能力大约为 1 mA，带灌电流负载的能力大约为 4 mA。

2. 施密特触发器

施密特触发器具有两个稳态。当输入信号很小时，处于第一稳态；当输入信号增至一定数值时，触发器发生翻转到第二稳态，当输入电压必须减小至比刚才发生翻转时更小值，才能返回第一稳态。如图 6.3-33 所示为用 555 定时器构成的施密特触发器。

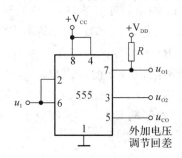

图 6.3-33　由 555 定时器构成的施密特触发器

1) 电路组成

将 555 定时器的 TH 端(6P)、$\overline{TR}$ 端(2P)连接起来作为信号输入端 u_1，便构成了施密特触发器，如图 6.3-33 所示。555 定时器中的晶体三极管 VT 集电极引出端(7P)，通过 R 接电源 V_{DD}，成为输出端 u_{O1}，其高电平可通过改变 V_{DD} 进行调节；u_{O2} 是 555 定时器的信号输出端(3P)。

2) 基本工作原理

如图 6.3-34 所示是当 u_1 为三角波时施密特电路的工作波形。

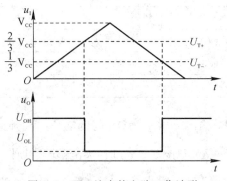

图 6.3-34　施密特电路工作波形

(1) 当 $u_1 = 0$ V 时，由于 $u_{TH} = u_{TR} = u_1 = 0$ V，显然，比较器 C_1 输出为"1"、C_2 输出为"0"，基本 RS 触发器将工作在 1 状态，即 $Q=1$，$\overline{Q}=0$，u_{O1}、u_{O2} 均为高电平 U_{OH}。u_1 升高，在未到达 $2V_{CC}/3$ 以前，电路的这种状态是不会改变的。

(2) 当 u_1 上升到达 $2V_{CC}/3$ 时，显然，比较器 C_1 输出会跳变为"0"。C_2 输出为"1"，基本 RS 触发器被触发，由 1 状态翻转到 0 状态，即跳变到 $Q=0$，$\overline{Q}=1$，u_{O1}、u_{O2} 也随之由高电平 U_{OH} 跳变到低电平 U_{OL}。此后，u_1 上升到 V_{CC}，在降低，但是在未下降到 $V_{CC}/3$ 以前，$Q=0$，$\overline{Q}=1$，u_{O1} 和 u_{O2} 均为 U_{OL} 的状态会一直保持不变。

(3) 当 u_1 下降到达 $V_{CC}/3$ 时，比较器 C_1 输出为"1"、C_2 输出将跳变为"0"，基本 RS 触发器被触发，由 0 状态翻转到 1 状态，即跳变到 $Q=1$，$\overline{Q}=0$，u_{O1}、u_{O2} 也随之由低电平 U_{OL}

跳变到高电平 U_{OH}。而且 u_1 继续下降直至 0 V，电路的这种状态也都不会改变。

综上可知，如图 6.3-33 所示施密特触发器将输入的缓慢变化的三角波 u_1，整形成为输出跳变的矩形脉冲 u_O。

3）施密特触发器的应用

施密特触发器的应用很广，主要有波形变换、脉冲整形和脉冲鉴幅等。

（1）波形变换。施密特触发器可以将模拟信号波形转换成为矩形波形。如图 6.3-35 所示就是应用施密特触发器将一个模拟信号波形转换为矩形波形的电路图和波形示意图。脉冲宽度可以通过改变回差电压 $\Delta U = U_T^+ - U_T^-$ 的大小进行调节。

（2）波形整形。当施密特触发器用作整形电路时，它把不规则的输入信号（通常指正常信号上重叠有干扰信号）整形成为矩形脉冲，其输入、输出电压波形示意图如图 6.3-36 所示。

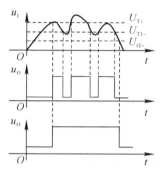
图 6.3-35 施密特触发器作波形变换

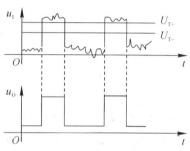
图 6.3-36 施密特触发器实现整形

（3）幅度鉴别器。幅度鉴别器主要是利用施密特触发器的翻转取决于输入信号 u_1 是高于 U_{T+} 还是低于 U_{T-} 的特性，改变 ΔU 可改变鉴别灵敏度。图 6.3-37 是幅度鉴别器的波形图。

（4）组成多谐振荡器。图 6.3-38 所示是用施密特触发反相器构成的多谐振荡器，其工作原理比较简单。当施密特触发反相器输入端的电压 u_1 为低电平时，其输出电压 u_O' 为高电平，电容 C 充电，随着充电过程的进行，u_1 逐渐升高，当 u_1 上升到 U_{T+} 时，u_O' 由 U_{OH} 跳变到 U_{OL}，电容 C 放电，随着放电过程的进行，u_1 逐渐降低，当 u_1 下降到 U_{T-} 时，u_O' 由 U_{OL} 跳变到 U_{OH}，电容 C 又充电，如此周而复始，电路不停地振荡，在施密特触发反相器输出端所得到的便是接近矩形的脉冲电压 u_O'，再经过反相器整形，就可得到比较理想的矩形脉冲 u_O。

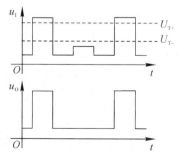
图 6.3-37 施密特触发器作幅度鉴别器

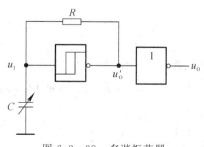
图 6.3-38 多谐振荡器

总之，施密特触发器的应用十分广泛，上面仅是几个比较简单的例子。

3. 单稳态触发器

单稳态触发器具有一个稳态，一个暂稳态。在外部窄脉冲的触发作用下，能够由稳定状态翻转到暂稳状态，暂稳状态维持一段时间以后，将自动返回到稳定状态。

1）电路组成

用 555 定时器构成的单稳态触发器如图 6.3-39 所示。其中，R、C 是定时元件；u_1 是输入触发信号，下降沿有效，加在 555 定时器的 $\overline{TR}$ 端（2P）；u_O 是输出信号。

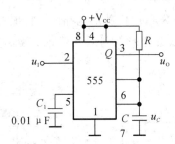

图 6.3-39　用 555 构成的单稳态触发

2）工作原理

当无触发信号，即 u_1 为高电平时，电路必然工作在稳定状态 $Q=0$、$\overline{Q}=1$、u_O 为低电平、VT 饱和导通。这是因为假设接通电源后 $u_I=U_{IH}$，若 555 定时器中基本 RS 触发器处在 0 状态，即 $Q=0$、$\overline{Q}=1$、$u_O=U_{OL}$、VT 饱和导通，则这种状态将保持不变。接通电源后 555 定时器中基本 RS 触发器是处在 1 状态，即 $Q=1$、$\overline{Q}=0$、$u_O=U_{OH}$、VT 截止，则这种状态是不稳定的，经过一段时间之后，电路会自动地返回到稳定状态。因为 VT 截止，电源 V_{CC} 会通过 R 对 C 进行充电，u_C 将逐渐升高，当 u_C 上升到 $2V_{CC}/3$，即 $u_C=U_{TH}$ 时，比较器 C_1 输出 0，将基本 RS 触发器复位到 0 状态，$Q=0$、$\overline{Q}=1$、$u_O=U_{OL}$、VT 饱和导通，电容 C 通过 VT 迅速放电，使 $u_C\approx0$，即电路返回到稳态。

当 u_I 下降沿到来时，电路被触发，立即由稳态翻转到暂稳态 $Q=1$、$\overline{Q}=0$、$u_O=U_{OH}$、VT 截止。因为 $u_I=u_{\overline{TR}}$ 由高电平跳变到低电平时，比较器 C_2 的输出跳变为 0。基本 RS 触发器立刻被置成 1 状态，即暂稳态。

在暂稳态期间，电路中有一个定时电容 C 充电的渐变过程，充电回路是 $V_{CC}\rightarrow R\rightarrow C\rightarrow$ 地，时间常数为 $\tau_1=RC$。在电容电压 u_C 上升到 $2V_{CC}/3$ 以前（即 $u_C<u_{TH}$），显然电路将保持暂稳态不变。当 $u_C=u_{TH}=2V_{CC}/3$ 时，比较器 C_1 输出 0，立即将基本 RS 触发器复位到 0 状态，即 $Q=0$、$\overline{Q}=1$、$u_O=U_{OL}$、VT 饱和导通，暂稳态结束。

当暂稳态结束后，定时电容 C 将通过饱和导通的晶体三极管 VT 放电，时间常数为 $\tau_2=R_{CES}C$，（R_{CES} 是 VT 的饱和导通电阻，很小），经 $(3\sim5)\tau_2$ 后，C 放电完毕，$u_C=u_{TH}=0$，恢复过程很快结束。

恢复过程结束后，电路返回到稳定状态，单稳态触发器又可接收新的输入触发信号。

单稳态触发器的工作波形图如图 6.3-40 所示。

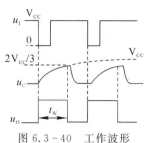

图 6.3 - 40　工作波形

4. 多谐振荡器

1) 用 555 定时器构成的多谐振荡电路

（1）电路组成。多谐振荡器又称方波振荡器。如图 6.3 - 41 所示为用 555 定时器构成的多谐振荡器。R_1、R_2、C 是外接定时元件，将 555 定时器的 TH(6P)接到 $\overline{TR}$(2P)，$\overline{TR}$(2P)端接定时电容 C，晶体三极管集电极(7P)接到 R_1、R_2 的连接点 P，将 4P 和 8P 接 V_{CC}。

（2）基本工作原理。

① 起始状态。假定在接通电源前电容 C 上无电荷，而且假定在 $t=0$ 时刻接通电源，即 $u_C(0^-)=0$ V，根据换路定则，$u_C(0^+)=0$ V，比较器 C_1 输出为高电平"1"、比较器 C_2 输出为低电平"0"，基本 RS 触发器的 $Q=1$、$\overline{Q}=0$、$u_O=U_{OH}$、VT 截止。

② 暂稳态 I。$Q=1$、$\overline{Q}=0$、$u_O=U_{OH}$、VT 截止，是电路的一种暂稳状态，因为在这种状态下，电容 C 有一个充电使 u_C 缓慢升高的渐变过程在进行着，充电回路是 $V_{CC} \to R_1$、$R_2 \to C \to$ 地，时间常数 $\tau_1=(R_1+R_2) \cdot C$。

③ 自动翻转。当电容 C 充电，u_C 上升到 $2V_{CC}/3$ 时，比较器 C_1 输出由"1"跳变为"0"，基本 RS 触发器立即翻转到"0"状态，$Q=0$、$\overline{Q}=1$、$u_O=U_{OL}$、VT 饱和导通，即暂稳态 II。

④ 暂稳态 II。$Q=0$、$\overline{Q}=1$、$u_O=U_{OL}$、VT 饱和导通，是电路的另一种暂稳状态，因为在这种状态下，同样电容 C 有一个放电过程，为 $C \to R_2 \to VT \to$ 地，时间常数 $\tau_2=R \cdot C$。

⑤ 自动翻转 II。当电容 C 放电，u_C 下降到 $V_{CC}/3$ 时，比较器 C_2 输出跳变为"0"，基本 RS 触发器立即翻转到"1"状态，$Q=1$、$\overline{Q}=0$、$u_O=U_{OH}$、VT 截止，即暂稳态 I。

在暂稳态I，电容 C 又充电、u_C 在上升，不难理解，接通电源之后，电路就在两个稳态之间来回翻转、振荡，于是在输出端就产生了矩形脉冲。电路的工作波形如图 6.3 - 42 所示。

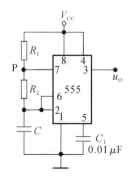

图 6.3 - 41　电路原理图

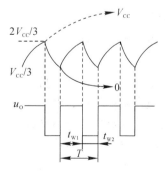

图 6.3 - 42　工作波形

2) 石英晶体多谐振荡器

图 6.3 - 43 是石英晶体的电抗频率特性和符号。从图 6.3 - 43 可知，当外加电压的频率 $f = f_0$ 时，石英晶体的电抗 $X = 0$，在其他频率下电抗都很大。石英晶体不仅选频特性极好，而且谐振频率 f_0 十分稳定，其稳定度 $\Delta f_0 / f_0$ 可达 $10^{-11} \sim 10^{-8}$。

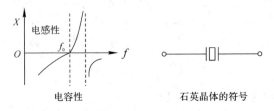

图 6.3 - 43　石英晶体的电抗频率特性及符号

CMOS 石英晶体多谐振荡器可以采用如图 6.3 - 44 所示电路结构形式，该图简单、典型。G_1、G_2 是两个 CMOS 反相器。G_1 与 R_f、晶体、C_1、C_2 构成电容三点式振荡电路。R_f 是偏置电阻，取值常在 $2 \sim 10$ MΩ 之间，它的作用是保证在静态时，C_1 能工作在其电压传输特性的转折区——线性放大状态。C_1、晶体、C_2 组成 π 型选频反馈网络，电路只能在晶体谐振频率 f_0 处产生自激振荡。反馈系数由 C_1、C_2 之比决定，改变 C_1 可以微调振荡频率，C_2 是温度补偿用电容，G_2 是整形缓冲用反相器。因为振荡电路输出接近于正弦波，经 G_2 整形之后才会变成矩形脉冲，同时 G_2 也可以隔离负载对振荡电路工作的影响。通常，由晶体元件构成的多谐振荡电路产生的振荡信号，作为数字系统的时钟。

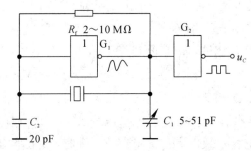

图 6.3 - 44　CMOS 石英晶体多谐振荡器

习　　题

6.1　填空题

6.1 - 1　组合逻辑电路某一时刻的输出仅与该时刻的输入状态＿＿＿＿＿＿＿，而与电路原来的状态＿＿＿＿＿＿＿。

6.1 - 2　组合逻辑电路的分析是指，已知电路分析其逻辑电路的＿＿＿＿＿＿＿。

6.1 - 3　组合逻辑电路的设计步骤通常有＿＿＿＿＿＿＿、＿＿＿＿＿＿＿和＿＿＿＿＿＿＿。

6.1 - 4　按照逻辑功能的不同触发器可以分成＿＿＿＿＿＿＿、＿＿＿＿＿＿＿和＿＿＿＿＿＿＿等。

6.1 - 5　时序逻辑电路的输出不仅与该时刻的输入状态＿＿＿＿＿＿＿，还与原来所处的状态＿＿＿＿＿＿＿。

6.1 - 6　时序逻辑电路的分析方法的四个步骤是＿＿＿＿＿＿＿、＿＿＿＿＿＿＿、＿＿＿＿＿＿＿

和_____。

6.1-7 555 定时器电路由_____、_____、_____、_____和_____组成。

6.1-8 555 定时器的基本应用有_____、_____和_____。

6.2 分析计算题

6.2-1 将下列二进制数转换为八进制数、十进制数和十六进制数。

(1) $(10110110.001)_2$;

(2) $(1011.011)_2$;

(3) $(0.10011)_2$;

(4) $(11011.01)_2$。

6.2-2 将下列十进制数转换成二进制数、八进制数和十六进制数。要求二进制数保留小数点后 4 位。

(1) $(73)_{10}$;

(2) $(194.5)_{10}$;

(3) $(174.25)_{10}$;

(4) $(27.6)_{10}$。

6.2-3 将下列数转换为二进制数。

(1) $(136.5)_8$;

(2) $(45.12)_8$;

(3) $(6A)_{16}$;

(4) $(DB.8)_{16}$。

6.2-4 完成下列各数的转换。

(1) $(1987.56)_{10} = ($　　　　$)_{8421BCD} = ($　　　　$)_{余3码}$;

(2) $(71.8)_{16} = ($　　　　$)_{8421BCD} = ($　　　　$)_{余3码}$。

6.2-5 直接根据反演规则和对偶规则,写出 $F = \overline{A}C + \overline{BC} + A(\overline{B} + \overline{CD})$ 的反函数和对偶函数。

6.2-6 用逻辑代数的基本公式证明:

(1) $(A+B)(\overline{A}+C)(B+C) = (A+B)(\overline{A}+C)$;

(2) $\overline{A} \oplus B = A \oplus \overline{B}$。

6.2-7 将下列各逻辑函数化为标准积之和式和标准和之积式。

(1) $F = \overline{A}BC + AC + \overline{B}C$;

(2) $F = A\overline{B}C\overline{D} + A + BD$。

6.2-8 用逻辑代数的基本公式化简下列逻辑函数:

(1) $F = AB + \overline{A}C + \overline{B}C$;

(2) $F = (A+\overline{B})C + \overline{A}B$;

(3) $F = (A \oplus B)\overline{\overline{AB}} + \overline{AB} + AB$;

(4) $F = A\overline{B} + B\overline{C}D + \overline{C}D + AB\overline{C} + A\overline{C}D$;

(5) $F = A(B+\overline{C}) + \overline{A}(\overline{B}+C) + \overline{B}CD + BCD$。

6.2-9 用卡诺图化简下列逻辑函数,并写出其最简与或式:

(1) $F(A, B, C, D) = \sum m(0, 1, 3, 7)$;

(2) $F(W, X, Y, Z) = \sum m(3, 4, 5, 7, 9, 11, 13, 15)$;

(3) $F(A, B, C, D) = \sum m(1, 2, 3, 5, 6, 7, 8, 9, 12, 13)$;

(4) $F(A, B, C, D) = \prod M(0, 1, 2, 3, 8, 10, 12, 13, 14, 15)$;

(5) $F(A, B, C, D) = ABC + C\overline{D} + \overline{A}BC + A\overline{B}D + \overline{A}\overline{B}CD + A\overline{B}\overline{C}D + \overline{A}BC\overline{D}$;

(6) $\begin{cases} F(A, B, C, D) = \sum m(0, 2, 7, 13, 15) \\ \text{约束条件：} \overline{A}B\,\overline{C} + \overline{A}B\,\overline{D} + \overline{A}BD = 0 \text{。} \end{cases}$

6.2-10 某逻辑电路的输入为 8421BCD 码，当输入 8421BCD 码表示的十进制数能够被 3 或 5 整除时，电路输出为 1，否则输出为 0，试列出其真值表，写出其标准积之和式和标准和之积式。

6.2-11 由基本门组成电路如题 6.2-11 图所示，试分析电路，要求：

(1) 写出 F 表达式；

(2) 说明电路完成的功能。

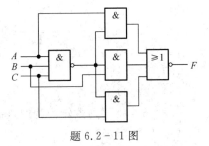

题 6.2-11 图

6.2-12 设计一个组合逻辑电路，其输入为 8421BCD 码，当输入表示的十进制数分别为 2，3，4，5，8 时输出为 1，否则为 0，要求：

(1) 列真值表；

(2) 求最简与或式；

(3) 用与非门实现。

6.2-13 设 A, B, C, D 分别代表四对话路，正常工作时最多只允许两对同时通话，且 A 路和 B 路、C 路和 D 路、A 路和 D 路不允许同时通话。试用 3 输入端的或非门设计一个逻辑电路，用以指示不能正常工作的情况。

6.2-14 分析如题 6.2-14 图所示电路，要求：

(1) 写出 F_1，F_2 的表达式；

(2) 列真值表；

(3) 说明功能；

(4) 改用一片 2 线-4 线译码器（译码器输出"0"有效）及附加基本门实现，并画出相应的逻辑图。

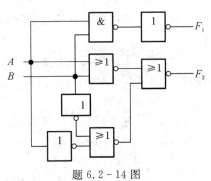

题 6.2-14 图

6.2-15 用 3 线-8 线译码器 74138 和附加基本门设计一个三变量的奇数判别电路（变量中有奇数个 1 时输出高电平）。

6.2-16 试用 4 线-16 线译码器（输出高电平有效）和逻辑门实现下列逻辑函数。

(1) $W(A, B, C) = \sum m(0, 2, 5, 7)$;

(2) $X(A, B, C, D) = \prod M(2, 8, 9, 14)$;

(3) $Y(A, B, C, D) = \prod M(1, 4, 5, 6, 7, 9, 10, 11, 12, 13, 14)$。

6.2-17 由 3 线-8 线译码器 74138 和与非门组成如题 6.2-17 图所示电路，试分析电路，

(1) 写出 F_1，F_2 的标准与或式，列真值表，并说明其功能；

(2) 改用 4 选 1 数据选择器及附加基本门实现，并画出相应的逻辑图。

6.2-18 分析如题6.2-18图所示电路，写出输出 Z 的逻辑函数式。74151 为 8 选 1 数据选择器。

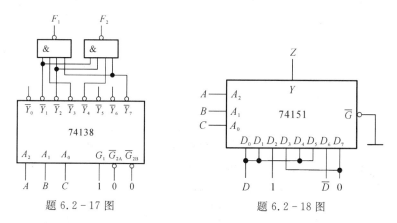

题 6.2-17 图   题 6.2-18 图

6.2-19 试用 4 选 1 数据选择器分别实现下列逻辑函数。

(1) $F(A, B, C) = \sum m(0, 2, 5, 7)$；

(2) $F = A\overline{BC} + \overline{AC} + BC$。

6.2-20 试用 8 选 1 数据选择器与 1 位数值比较器构成如题6.2-20图所示电路。求：

(1) F 的真值表；

(2) 说明电路的功能。

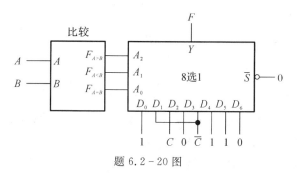

题 6.2-20 图

6.2-21 时序电路与组合电路的区别是什么？

6.2-22 什么是同步时序电路和异步时序电路？

6.2-23 已知各触发器的初态为 0，求如题6.2-23图所示的各触发器新态 $Q_1^{n+1} = $
(   )；$Q_2^{n+1} = ($ $)$；$Q_3^{n+1} = ($ $)$。

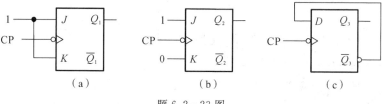

题 6.2-23 图

6.2-24　设下降沿触发的 JK 触发器的初始状态为 0，试画出如题 6.2-24 图所示的 JK 触发器在 CP、J、K 信号作用下触发器 Q 端的波形。

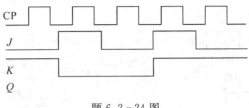

题 6.2-24 图

6.2-25　设下降沿触发的 D 触发器的初始状态为 0，试画出如题 6.2-25 图所示的 D 触发器在 CP，D 信号作用下触发器 Q 端的波形。

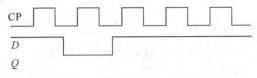

题 6.2-25 图

6.2-26　试根据给定 CP，J，K，S_D 和 R_D 的波形，画出如题 6.2-26 图所示带有异步端的 JK 触发器的 Q 端波形。设触发器的起始状态为 $Q=0$。

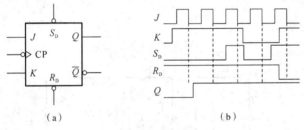

题 6.2-26 图

6.2-27　由两个 JK 触发器构成的时序电路如题 6.2-27 图所示，试根据输入波形画出 Q_1 和 Q_2 的波形。设电路的初始状态为 $Q_1Q_2=00$。

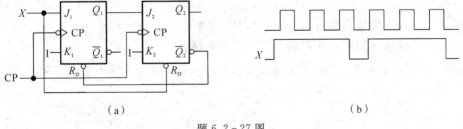

题 6.2-27 图

6.2-28　分析如题 6.2-28 图所示电路，要求：

(1) 写出各触发器的控制端表达式；

(2) 画出其完整的状态图；

(3) 说明其功能。

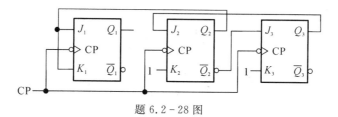

题 6.2 - 28 图

6.2 - 29　由 8421BCD 码十进制计数器 74160 构成的计数器如题 6.2 - 29 图所示，画出主循环的状态转换图，并说明计数器的模为多少？

6.2 - 30　由 4 位二进制计数器 74161 构成的计数器如题 6.2 - 30 图所示，画出主循环的状态转换图，并说明计数器的模为多少？

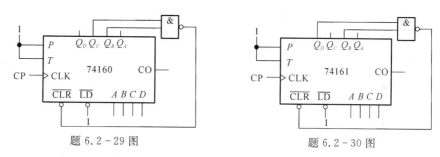

题 6.2 - 29 图　　　　　　　　　题 6.2 - 30 图

6.2 - 31　设计一个 6 进制加法计数器，状态图如题 6.2 - 31 图所示。要求：

（1）列出用 D 触发器实现的状态转换真值表；

（2）写出 Q_3 的表达式。

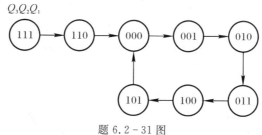

题 6.2 - 31 图

6.2 - 32　用 JK 触发器设计一个同步七进制加法计数器，要求写出设计步骤。

6.2 - 33　用 74161 设计二十四进制计数器，要求写出设计步骤。

第七章 半导体存储器及可编程器件

存储器(Memory)是一种能存储大量二进制信息的器件,它具有信息存储量大,信息的访问、修改和查找方便等特点,在数字电路和数字电子计算机中得到广泛应用。

7.1 半导体存储器概述

存储器是计算机系统中的记忆设备,用来存放程序和数据,有了存储器,计算机才有记忆功能。存储器的种类很多,按照不同的分类方法,存储器可分为以下几种。

(1) 按存储介质分为半导体存储器(ROM、RAM 等)、磁表面存储器(通常有磁带、磁盘等)和光介质存储器(CD-ROM、VCD-ROM、DVD-ROM 等)。在电子系统中主要使用半导体存储器。

(2) 按存储方式分为随机存储器和顺序存储器。

(3) 按读写功能分为只读存储器(ROM)和随机存取存储器(RAM)。

(4) 按信息的可保存性分为非永久记忆性存储器和永久记忆性存储器。

(5) 按存储器用途分为主存储器、辅助存储器、高速缓冲存储器、控制存储器等。

半导体存储器可分为顺序存取存储器 SAM(Sequential Access Memory)、只读存储器 ROM (Read Only Memory)和随机存取存储器 RAM(Random Access Memory)。

1. 顺序存取存储器(SAM)

顺序存取存储器又叫串行存储器,简称 SAM。这种存储器所存储的数据按顺序串行输入(写入)或输出(读出)。实现 SAM 的本质部件就是移位寄存器。SAM 根据数据输入输出顺序分为先进先出(FIFO)型和先进后出(FILO)型两种。SAM 的优点是读写控制电路简单,不足的是要读取特定数据时,很不方便。SAM 常用于需要顺序读写存储内容的场合,例如,在 CPU 中用做堆栈(Stack),以保存程序断点和寄存器内容等。

2. 只读存储器(ROM)

只读存储器存入数据后,即使断电信息也不丢失,且在正常运行时只读不写,故称为只读存储器,简称 ROM。ROM 主要用于工作时不需要修改内容、断电后不能丢失信息的场合,例如,在计算机和智能仪器中用做存放不变程序和常数表等固定数据。

ROM 根据信息写入方式的不同,可以分为下面几种:

(1) 固定 ROM:在制造时就由厂家把需要存储的信息用电路结构固定下来,使用时无法再更改,适用于大批量生产通用内容的存储器。

(2) 可编程 ROM(Programmable ROM, PROM):由用户按自己的需要写入信息,但只能写入一次,一经写入就不能再修改。适用于小规模生产或小批量试生产的情况。出厂时 PROM 中的内容全是 0 或 1，使用时由用户根据需要将数据或程序写入存储矩阵。

（3）可擦除可编程 ROM（含 EPROM-Erasable PROM、E^2 PROM-Electrically EPROM 和 Flash Memory）：一种可擦除、可重写的只读存储器。由用户写入信息后，当需要改动时还可以擦去重写。EPROM 通常指的是紫外线擦除的 PROM，擦除时一般用紫外线照射芯片的石英窗口 $20 \sim 30$ min，芯片中的信息将全部丢失（擦除），要写入新的信息时，需要用专用编程器（如单片机开发系统）重新写入要保存的信息，为防止信息丢失，可用黑纸签将其"石英窗口"密封。E^2 PROM 和 Flash Memory 是电擦除只读存储器，它具有速度快、使用十分方便、操作简单等优点。为了更进一步提高速度，Flash Memory（快闪存储器）被广泛使用。

3. 随机存取存储器（RAM）

许多场合需对存储信息进行不断的改写，而且速度要求高，这对于写入速度不高且改写次数有限的 EPROM 是无法胜任的。而随机存取存储器（RAM）则完全符合要求，这种存储器可以从中直接取出任何一个数据字，也可以把数据字直接存到任何一个存储单元，故称为随机存取存储器，也称为读/写存储器，简称 RAM。

半导体存储器的分类如图 7.1-1 所示。

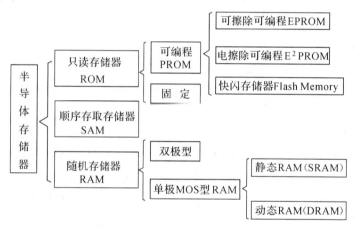

图 7.1-1 半导体存储器的分类

7.2 只读存储器（ROM）

ROM 主要由地址译码器、存储矩阵和输出缓冲器三部分组成，其结构如图 7.2-1 所示。

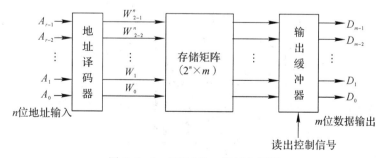

图 7.2-1 ROM 的一般结构框图

ROM 器件是按"字"存储信息的,一个"字"中所含的"位"数是由具体的 ROM 器件决定的。每个"字"是按"地址"存放的,也是按"地址"对 ROM 进行读出操作的。存储单元矩阵相当于"楼",字相当于"房间",地址相当于"房间号码",位相当于"床位",则 ROM 的容量相当于整幢"楼"的总床位数,n 个地址有 2^n 个"字",而每个字的数据有 m 位,所以,一个有 n 位地址和 m 位数据输出的 ROM 的存储容量="字长×位长"=$2^n \times m$。

图 7.2-1 中 n 位地址($A_{n-1} \sim A_0$)经译码器译出 2^n 条字线($W_0 \sim W_{2^n-1}$)中的一条有效线,从而在存储矩阵 2^n 个存储单元中选 1。再通过被选通单元的 m 个基本存储电路的位线($D_0 \sim D_m$),即可读出存储单元的内容。

在计算机中,1 位称为 1 比特(bit),1024 bit 称为 1 K,即 1 K=1024=2^{10}。例如:某 ROM 芯片有 12 条地址线和 8 条数据线,可以寻址 2^{12}=4096=4 K 个存储单元,存储容量为 4 K×8 位,也可以说是 32 K 位或 32 KB。

存储矩阵由许多存储单元排列而成,而存储单元可由二极管、双极型三极管和 MOS 管组成。

7.2.1　ROM 的编程及分类

根据编程和擦除方法不同,ROM 可分为固定 ROM、可编程 ROM(PROM)和可擦除可编程 ROM(EPROM)三种类型。

1. 固定 ROM

在使用掩膜工艺制作 ROM 时,其存储的数据是制造商根据用户的要求而设计的。即固定 ROM 中的数据是"固化"数据,使用者不能改变,因此通常只用来存放固定数据、固定程序、函数表等。

2. 可编程 ROM(PROM)

从对固定 ROM 的分析可知,ROM 中的"数据"是制造商根据用户的需求"固化"的,使用者不能够改变,这对设计者来说是十分不方便的,它不能够将设计者新的设想及时体现出来。为此,在固定 ROM 的基础上,设计出了一种可编程只读存储器 PROM 器件,它能够由设计者自己将数据写入 PROM 中。

PROM 的总体结构与固定 ROM 一样,也是由地址译码器、存储矩阵和输出电路组成。图 7.2-2 为 8×4 位 PROM 结构示意图。所不同的是存储矩阵的所有交叉点的存储单元都存入数据"1"(晶体三极管熔丝型)或都存入数据"0"(MOS 管熔丝型)。用户根据自己的需求通过专用编程器可以将其改写为"0"或"1"。

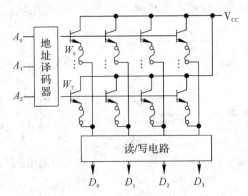

图 7.2-2　8×4 位 PROM 结构示意图

图 7.2-3 为晶体三极管熔丝型 PROM 存储单元的原理图，它由三极管和串在发射极的快速熔断丝组成。三极管的 be 结相当于接在字线和位线间的二极管 VD，熔丝是用很细的低熔点的合金丝或多晶硅导线制成的。在写入数据时，将其需要存入"0"的存储单元的熔丝熔断，即存储单元由原来自身存的"1"数据变为存入"0"数据。显然，熔丝一旦被熔断，就不能够再次接通，即内容一旦写入就不能够改变，是一次性编程。

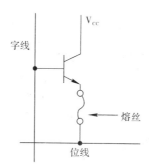

7.2-3 熔丝型存储单元原理图

3. 可擦除可编程 ROM(EPROM)

虽然，PROM 能够实现编程，但是它只能够编写一次。显然，不能够满足需要经常修改 ROM 中的内容的场合，因此，人们又设计出了可擦除的 EPROM。为了实现易擦除和写入，一种 E^2PROM 器件得到了广泛的使用。

在 E^2PROM 的存储单元中采用了一种叫做浮栅隧道氧化层 MOS 管（Foating gate Tunnel Oxide）的元件，即 Flotox 管，其符号如图 7.2-4 所示。Flotox 管属于 N 沟道增强型 MOS 管，与一般的 N 沟道增强型 MOS 管不同的是：它有两个栅极，一个控制栅 g_c 和一个浮置栅 g_f，浮置栅 g_f 与漏区之间有一层极薄的氧化层区域，这个区域称为隧道区。当隧道区的电场强度大到一定程度时，便在浮置栅 g_f 与漏区之间出现导电隧道，电子可以在这个导电隧道中双向通过，形成电流。

加到控制栅 g_c 和漏极 d 上的电压是通过 g_f-d 间的电容和 g_f-g_c 间的电容分压加到隧道区上的。为了使加到隧道区上的电压尽量大，应该尽量减小浮置栅 g_f 与漏区之间的电容，因而，应该尽可能把隧道区的面积做得非常小。

为了提高擦除和写入的可靠性，并保护隧道区中极薄的氧化层，在 E^2PROM 的存储单元中还附加了一个普通的 N 沟道增强型 MOS 管 VT_2 作为选通管，如图 7.2-5 所示。存储单元中的"1"/"0"状态是根据浮置栅 g_f 上是否充有负电荷来判断的。

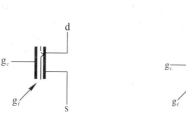

图 7.2-4 Flotox 管的符号

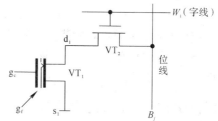

图 7.2-5 E^2PROM 的存储单元

图 7.2-6 为 E^2PROM 的存储单元在三种工作状态下各个电极所加电压的情况。

(1) 读出状态：电路如图 7.2 - 6(a)所示，VT_1、VT_2 的工作状态与各个电极的电压情况如表 7.2 - 1 所示。

表 7.2 - 1　读 出 状 态

状态	W_i	VT_2	g_c	g_f	VT_1	B_j	结果
读出状态	+5 V	导通	+3 V	无负电荷	导通	0	读出 0
				有负电荷	截止	1	读出 1

(2) 擦除状态：Flotox 管的控制栅 g_c 和字线 W_i 上都加"幅度+20 V、宽度 10 ms 的脉冲电压信号"，漏区接 0 电平，如图 7.2 - 6(b)所示。这时经 g_c - g_f 间电容和浮置栅与漏区电容分压在隧道区产生强电场，吸引漏区的电子通过漏区到达浮置栅，形成存储电荷，使 Flotox 管的开启电压提高到+7 V 以上，读出时 g_c 上的电压只有+3 V，Flotox 管不导通。一个字节擦除后，所有的存储单元均为 1 状态。

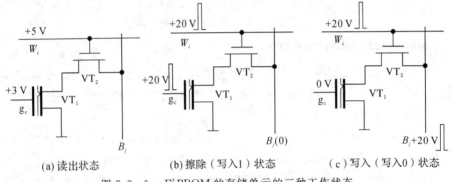

(a) 读出状态　　　　(b) 擦除（写入1）状态　　　　(c) 写入（写入0）状态

图 7.2 - 6　E^2PROM 的存储单元的三种工作状态

(3) 写入状态：应使需要写入 0 的存储单元的 Flotox 管的浮置栅放电。在写入 0 时，令控制栅 g_c 的电压为 0 电平，同时在字线 W_i 和位线 B_j 上加"幅度约+20 V、宽度约 10 ms 的脉冲电压信号"，如图 7.2 - 6(c)所示。这时浮置栅上的存储电荷将通过隧道区放电，使 Flotox 管的开启电压降为 0 V 左右，成为低电压开启电压管。读出时 g_c 上加+3 V 电压，使 Flotox 管为导通状态。

尽管 E^2PROM 使用电压信号擦除，但是，由于擦除和写入时仍然需要加"高电压脉冲"信号，而且擦除和写入的时间仍较长，所以在系统正常工作状态下，E^2PROM 仍然只能够工作在它的读出状态，即做 ROM 使用。

E^2PROM 的优点是可以在线擦除和更新数据，使用方便快捷。其不足是存储容量较小、价格较高、速度较低等。

快闪存储器(Flash Memory)较好地克服了 E^2PROM 存在的不足。快闪存储器既吸收了 EPROM 结构简单、编程可靠的优点，又保留了 E^2PROM 用隧道效应擦除快的特点，同时 Flash-Memory 内部只有一个 MOS 管，其集成度可以大大提高，目前，广泛用来代替磁盘做数据盘。

7.2.2　用 ROM 实现组合逻辑函数

ROM 可以应用在许多方面，经常用于实现组合逻辑电路。用 ROM 实现组合逻辑电路的方法是：首先将需要实现的逻辑函数写成最小项的形式，然后将地址端 A_{n-1} A_{n-2} A_{n-3}…

A_0 作为逻辑函数的自变量，数据输出端 D_{m-1} D_{m-2} D_{m-3} $\cdots D_0$ 作为逻辑函数的输出端。

【例 7.2 - 1】 已知四变量逻辑函数如下，试用 ROM 实现上述逻辑函数，画出对应的阵列图。

$$Y_1(ABCD) = A\,\overline{C} + \overline{A}BC + B\overline{C}\,\overline{D} + \overline{B}C\overline{D}$$

$$Y_2(ABCD) = ABD + AC + \overline{A}CD + \overline{B}\,\overline{D}$$

$$Y_3(ABCD) = A\,\overline{B}\,\overline{C} + \overline{B}D + \overline{C}D$$

解 因为 Y_1、Y_2 和 Y_3 都是四变量逻辑函数，其最小项形式为

$$Y_1(ABCD) = \sum m(2, 4, 6, 7, 8, 9, 10, 12, 13)$$

$$Y_2(ABCD) = \sum m(0, 1, 2, 5, 8, 10, 11, 13, 14, 15)$$

$$Y_3(ABCD) = \sum m(1, 3, 5, 8, 9, 11, 13)$$

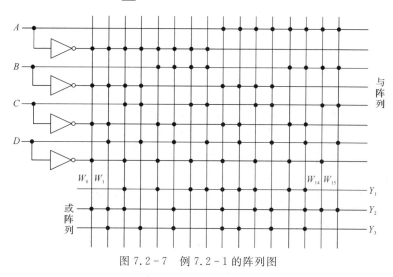

图 7.2 - 7 例 7.2 - 1 的阵列图

7.3 随机存取存储器(**RAM**)

随机存取存储器 RAM 不仅随时可以向 RAM 中写入数据，而且随时可以将 RAM 中的数据读出。

7.3.1 RAM 的一般结构

通常 RAM 一般由存储单元矩阵、地址译码器及读/写控制电路组成，其结构框图如图 7.3 - 1 所示。同样，其中存储单元矩阵由若干存储单元构成，每个存储单元可以存储一位或一组(多位)数据。

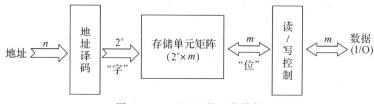

图 7.3 - 1 RAM 的一般结构

按工作原理 RAM 的存储单元可分为静态 RAM(SRAM)和动态 RAM(DRAM)两种。

1. 静态 RAM 的存储单元

静态 RAM 的结构类似于 ROM，只是它的存储单元是由双稳态触发器来记忆信息的，存储的数据在不断电的情况下可以长期保持不变，可反复高速读写。

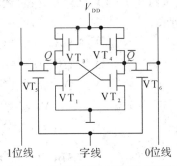

SRAM 的存储单元有多种形式，图 7.3-2 是较为常用的 6 管 MOS 型存储单元的原理图。

图 7.3-2 中 VT_1 和 VT_2 交叉反馈构成双稳态，可以存储 1 位二进制信息，VT_3 和 VT_4 分别为 VT_1 和 VT_2 的有源负载，存储单元通过 VT_5 和 VT_6 与

图 7.3-2 6 管 MOS 型静态存储单元

"数据位线"相连，VT_5 和 VT_6 的栅极都接到"字线选择线"上，以控制存储单元是否被选中。

(1) 保持状态：当字线为低电位"0"时，VT_5 和 VT_6 截止，存储单元 VT_1 和 VT_2 与位线断开，其状态保持不变。

(2) 选中状态：当字线为高电位"1"时，VT_5 和 VT_6 导通，通过位线对该单元进行"读/写"操作。若存储单元存储的数据是"0"(定义：VT_1 导通、VT_2 截止为 $Q=0$)，则 1 位线是低电位。根据位线电位的高低，就可以判断存储的数据。

(3) 写入数据：首先使字线="1"，选中该单元，然后对位线设置一定的电位来实现数据的写入。如：需要写入"0"时，则 0 位线输入高电位并传送到 VT_2 的栅极、1 位线输入低电位并传送到 VT_1 的栅极，迫使存储单元状态翻转到需要的状态，从而实现数据的写入。

2. 动态 RAM 的存储单元

动态 RAM 的存储单元也有多种形式，图 7.3-3 是结构最简单的单管动态存储单元，图 7.3-3 中，VT 为 MOS 管，C 为寄生电容，C_0 为分布电容。单管动态存储单元占用芯片面积小、功耗低，通常用于构造大容量动态存储器。

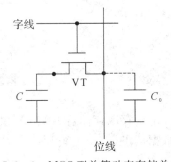

当写入数据时，使字线为"1"，VT 导通，加到位线上的电压通过 VT 作用于电容 C，使 C 上的电压与位线电压一致，从而实现数据(信息)的存储。即将数据线的

图 7.3-3 MOS 型单管动态存储单元

数据存入了电容 C。写入"1"时，位线为"1"，电容 C 充电；写入"0"时，位线为"0"，电容 C 放电。

当读出数据时，也将字线置为高电位"1"，使 VT 导通，这时 C 和 C_0 并联，并联电容上的电荷重新分配，若电容 C 上有电荷，便会通过 C_0 放电(电荷转移)，位线上有电流流过，表示读出数据"1"；若电容 C 上无电荷，位线上便没有电流流过，表示读出数据"0"。由于电容中信号较弱，当读出数据时需要用高灵敏度放大器进行放大处理后，再送到输出端。

读出数据"1"后，C 上的电荷因转移到 C_0，已无法维持"1"的状态，即所存数据已被破坏，这种现象称为"破坏性读出"，所以，读出"1"数据后必须进行"再生"操作。即对读出"1"的存储单元重新写入"1"数据。

从分析可知，动态 RAM 的存储单元是利用集成电路中 MOS 管寄生电容的电荷存储效应来存储数据的，由于这些电容的容量较小，电容上的电荷会慢慢泄放，经过一段时间（通常是几毫秒），存储的数据就会丢失，为了维持电容上记忆的信息，必须及时给电容补充电荷，即定时"刷新"。

注意：再生与刷新是两个不同的概念，再生是对某一位存储单元读出"1"后进行的操作，而刷新是对动态 RAM 中所有存储单元进行的常规性操作。

显然，RAM 在去掉电源后，所存的信息就丢失了，即不能长期保存信息。

动态 RAM 的优点是单元电路结构简单，集成度高，功耗低，速度快，价格低，其缺点是需要进行再生与刷新操作和读出时的放大处理。

3. RAM 芯片介绍

1）SRAM 芯片——Intel 6116

Intel 6116 是一个 2 K×8 的 CMOS 静态 RAM 存储器芯片，其基本的存储单元为 6 管存储电路，其引脚排列和功能如图 7.3-4 所示。其中：

（1）$A_0 \sim A_{10}$ 是地址码输入端；

（2）$D_0 \sim D_7$ 是数据输出端；

（3）$\overline{CS}$是片选端；

（4）$\overline{OE}$是输出使能端；

（5）$\overline{WE}$是写入控制端。

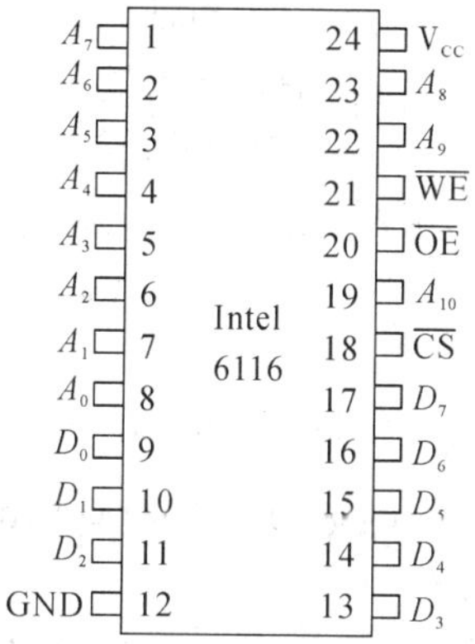

图 7.3-4　Intel 6116 引脚排列和功能

表 7.3-1 是 Intel 6116 的工作方式与控制信号之间的关系，读出和写入是分开的，而且写入优先。

表 7.3-1　Intel 6116 的工作方式与控制信号之间的关系

$\overline{CS}$	$\overline{OE}$	$\overline{WE}$	$A_0 \sim A_{10}$	$D_0 \sim D_7$	工作状态
1	×	×	×	高阻态	维持
0	0	1	稳定	输出	读
0	×	0	稳定	输入	写

2）SRAM 芯片——Intel 2114

Intel 2114 是一个 1 K×4 的 NMOS 静态 ROM，其逻辑符号如图 7.3-5 所示。其中：

（1）$A_9 \sim A_0$——10 位地址输入线；

（2）$I/O_1 \sim I/O_4$——4 位数据输入/输出线；

（3）$\overline{CS}$——片选线；

（4）$\overline{WE}$——写读控制线，当 $\overline{WE}=0$ 时，写入数据；当 $\overline{WE}=1$ 时，读出数据。

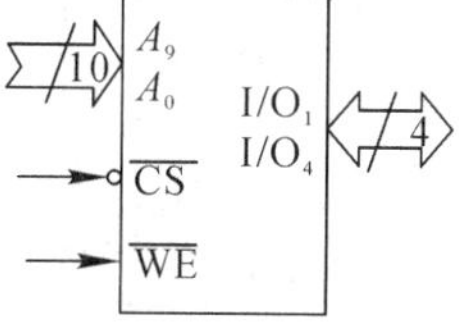

图 7.3-5　Intel 2114 的逻辑符号

3）DRAM 芯片——Intel 2164A

Intel 2164A 是一个 64 K×1 的动态 RAM 存储器芯片，其基本的存储单元为单管存储电路，其引脚排列和功能如图 7.3-6 所示。其中：

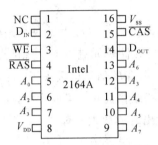

图 7.3-6　Intel 2164A 引脚排列和功能图

（1）$A_0 \sim A_7$ 是地址码输入端，用来分时接收 CPU 送来的 8 位行、列地址；

（2）D_{IN} 是数据输入端；

（3）D_{OUT} 是数据输出端；

（4）$\overline{RAS}$ 是行地址选通端，$\overline{CAS}$ 是列地址选通端；

（5）$\overline{WE}$ 是写入控制端，为低电平时，执行写操作，为高电平时，执行读操作；

（6）V_{DD} 是 +5 V 电源，V_{SS} 是地；

（7）NC 是未用引脚。

7.3.2　RAM 存储容量的扩展

在实际使用中，常常会出现单片存储器的存储容量不能满足要求的情况，就必须扩展存储器的容量。有时候可能是存储器的单元数（字数）不够，有时候可能是存储器的数据位数（字长）不够，有时候可能是二者均不够。扩展存储器的数据位数称为位扩展，扩展存储器的单元数称为字扩展，二者均扩展称为字、位同时扩展。

1. 位扩展

位扩展用于 RAM 芯片的字长小于系统要求的场合。当位扩展时只需要将字数符合要求的多个相同的芯片并联即可，即将各片的地址线共用、读/写控制线共用、片选线共用、数据线并行操作。图 7.3-7 是用 2 片 1024×2 位 RAM 扩展成 1024×4 位 RAM 的例子。

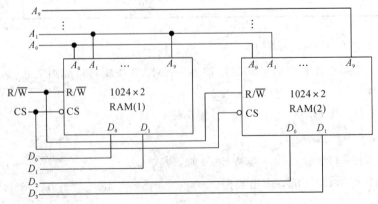

图 7.3-7　2 片 1024×2 位 RAM 扩展成 1024×4 位 RAM

2. 字扩展

字扩展用于 RAM 芯片的字数小于系统要求的场合。由于地址线用于对字寻址，当字扩展时需要增加地址线，每增加一位地址，可寻址存储单元(字数)就增加一倍。所以字扩展时只需要将字数符合要求的多个相同的芯片并联即可，即将各片的地址线共用、读/写控制线共用、数据线共用、新增加的地址经译码后做片选线。

图 7.3－8 是用 2 片 256×4 位 RAM 扩展成 512×4 位 RAM 的例子。RAM(1)中存储单元的十进制地址范围是 0～255，RAM(2)的地址范围是 256～511。

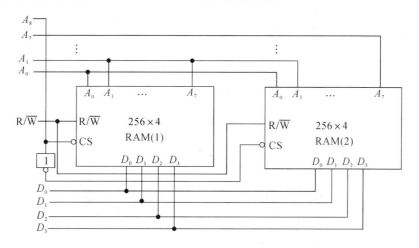

图 7.3－8 2 片 256×4 位 RAM 扩展成 512×4 位 RAM

3. 字、位同时扩展

字、位同时扩展用于字长和字数都小于系统要求的场合，只要将上述两种方法结合起来就可以实现字、位的同时扩展。图 7.3－9 是用 8 片 256×4 位 RAM 扩展成 1024×8 位 RAM 的例子。

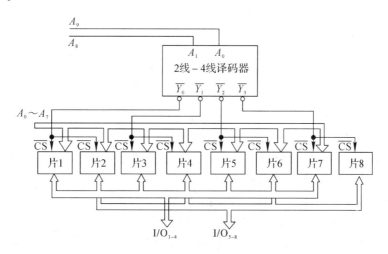

图 7.3－9 8 片 256×4 位 RAM 扩展成 1024×4 位 RAM

7.4 可编程逻辑器件

可编程逻辑器件 PLD(Programmable Logic Device)是一种具有内建结构、由用户编程以实现某种逻辑功能的新型逻辑器件。

PLD 起源于 20 世纪 70 年代，随着集成电路技术、计算机技术和 EDA 技术的发展，PLD 的集成度、速度不断提高，功能不断增强，结构更加合理，使用更加灵活方便。PLD 的发展经历了 PROM、PLA、PAL、GAL、CPLD 到 FPGA。

7.4.1 可编程逻辑器件的分类

1. 按集成度分类

集成度是可编程逻辑器件的一项很重要的指标，按集成密度的分类如图 7.4-1 所示。

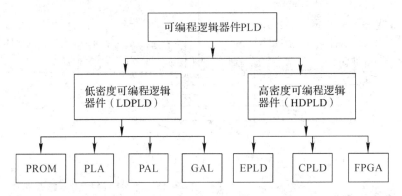

图 7.4-1 可编程逻辑器件的密度分类

1) 低密度可编程逻辑器件

低密度可编程逻辑器件 LDPLD 有以下四种器件：

(1) 可编程只读存储器 PROM(Programmable Read Only Memory)，它是第一代的 PLD，其内部结构是由"与阵列"和"或阵列"组成，可以用来实现任何"以积之和"形式表示的各种组合逻辑电路。PROM 采用熔丝工艺编程，只能写一次，具有价格低、易于编程的特点，适合于存储函数和数据表格。

(2) 可编程逻辑阵列 PLA(Programmable Logic Array)，它是 20 世纪 70 年代中期推出的可编程逻辑器件，是一种基于"与或阵列"的一次性编程器件。

(3) 可编程阵列逻辑 PAL(Programmable Array Logic)，它是在 20 世纪 70 年代末期推出的可编程逻辑器件，其内部结构仍是由"与或阵列"组成。PAL 具有多种输出结构形式，为数字逻辑设计带来了一定的灵活性。但 PAL 仍采用一次性熔丝工艺。

(4) 通用阵列逻辑 GAL(Generic Array Logic)，它是 Lattice 公司 20 世纪 80 年代初发明的电擦写、可重复编程、可设置加密位的 PLD 器件。

显然，四种 LDPLD 都是基于与或阵列结构的 PLD 器件，但是它们的内部结构仍有一些区别，如表 7.4-1 所示。

表 7.4-1　四种 LDPLD 器件的区别

器　件	与 阵 列	或 阵 列	输 出 电 路
PROM	固　　定	可 编 程	固　　定
PLA	可 编 程	可 编 程	固　　定
PAL	可 编 程	固　　定	固　　定
GAL	可 编 程	固　　定	可 组 态

2) 高密度可编程逻辑器件

高密度可编程逻辑器件 HDPLD 包括 EPLD、CPLD 和 FPGA 三种器件：

(1) EPLD(Erasable Programmable Logic Device)，即可擦除可编程逻辑器件，它是 Altera 公司 20 世纪 80 年代中期推出的一种大规模可编程逻辑器件。EPLD 器件的基本逻辑单位是宏单元，宏单元由可编程的与或阵列、可编程寄存器和可编程 I/O 三部分组成。EPLD 的特点是大量增加输出宏单元的数目，提供更大的与阵列。由于 EPLD 特有的宏单元结构，使设计的灵活性较 GAL 有较大的改善，再加上其集成度的提高，使其在一块芯片内能够实现较多的逻辑功能。

(2) CPLD(Complex Programmable Logic Device)，即复杂可编程逻辑器件，它是 20 世纪 90 年代初期出现的 EPLD 改进器件。同 EPLD 相比，CPLD 增加了内部连线，对逻辑宏单元和 I/O 单元也有重大的改进。一般情况下，CPLD 器件至少包含三种结构：可编程逻辑宏单元、可编程 I/O 单元和可编程内部连线。部分 CPLD 器件还集成了 RAM、FIFO 或双口 RAM 等存储器，以适应 DSP 应用设计的要求。

(3) FPGA(Field Programmable Gate Array)，即现场可编程门阵列，它是 1985 年由 Xilinx 公司首家推出的一种新型的可编程逻辑器件。FPGA 在结构上由逻辑功能块排列为阵列，并由可编程的内部连线连接，这些功能块可实现一定的逻辑功能。FPGA 的功能由逻辑结构的配置数据决定，当工作时，这些配置数据存放在片内的 SRAM 或者熔丝图上。使用 SRAM 的 FPGA 器件时，在工作前需要从芯片外部加载配置数据，这些配置数据可以存放在片外的存储体上，可以人为控制加载过程，在现场修改器件的逻辑功能。

FPGA 的发展十分迅速，目前已超过千万门/片的集成度、2~3 ns 内部门延时的水平。

显然，PLD 和 FPGA 分别是可编程逻辑器件和现场可编程门阵列的简称，两者的功能基本相同，只是实现的原理有所不同，所以，目前在口语中常忽略两者的区别而统称为 PLD 或 FPGA。

2. 按基本结构分类

目前常用的可编程逻辑器件都是从"与或阵列"和"门阵列"两类基本结构发展起来的，所以又可从结构上将其分为两大类器件：

(1) PLD 器件——基本结构为与或阵列的器件。

(2) FPGA 器件——基本结构为门阵列的器件。

3. 按编程次数分类

(1) 一次性编程器件(OTP，One Time Programmable)。

(2) 可多次反复编程器件。

4. 按编程工艺分类

所有的 CPLD 器件和 FPGA 器件均采用 CMOS 技术,但它们在编程工艺上有很大的区别。如果按照编程工艺划分,可编程逻辑器件又可分为四个种类:

(1) 熔丝(Fuse)或反熔丝(Antifuse)编程器件。

(2) UEPROM 编程器件,即紫外线擦除电写入可编程器件。

(3) E^2PROM(含 Flash Memory)编程器件,即电擦除电写入可编程器件。

(4) SRAM 编程器件,即静态存储器,大多数 FPGA 用它来存储配置数据,所以又常称为配置存储器。

在目前的大多数可编程逻辑器件中,以 E^2PROM/Flash Memory 编程器件和 SRAM 编程器件为主。

7.4.2 PLD 电路基本结构和原理

1. PLD 电路的表示方法

由于 PLD 内部电路结构非常复杂,在这里介绍一种新的逻辑电路的表示方法——PLD 表示法。

1) PLD 连接的表示法

图 7.4-2 为 PLD 中三种连接方式的表示方法。其中图 7.4-2(a)表示固定连接,固定连接是永久性连接,无法再编程断开;图 7.4-2(b) 表示编程连接,可以再用编程的方法将其断开;图 7.4-2(c)表示两条线不连接。

(a)固定连接　　　(b)编程连接　　　(c)不连接

图 7.4-2　PLD 连接的表示法

2) 基本逻辑门的 PLD 表示法

(1) 缓冲器。在 PLD 中,输入缓冲器和反馈缓冲器均采用互补输出结构,如图 7.4-3(a)所示;输出缓冲器一般为三态输出缓冲器,如图 7.4-3(b)、(c)所示。

(a)互补输出的缓冲器　　　(b)三态输出缓冲器1　　　(c)三态输出缓冲器2

图 7.4-3　缓冲器的 PLD 表示法

(2) 与门。图 7.4-4 为一个三输入与门的习惯表示和 PLD 表示,图 7.4-4 中,$P=AC$。

(3) 或门。图 7.4-5 为一个三输入或门的习惯表示和 PLD 表示,图 7.4-5 中,$P=A+C$。

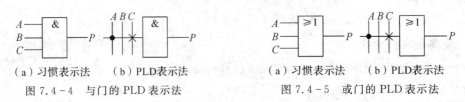

(a)习惯表示法　　(b)PLD 表示法　　　　　(a)习惯表示法　　(b)PLD 表示法

图 7.4-4　与门的 PLD 表示法　　　　图 7.4-5　或门的 PLD 表示法

2. PLD 的基本结构

1) 简单可编程逻辑器件 SPLD 的基本结构

我们知道，任何组合逻辑函数均可化为与或式，用"与门-或门"两级电路实现。而任何时序电路又都是由组合电路加上存储元件（触发器）构成的。因而，从理论上讲，与或阵列加寄存器的结构就可以实现任何数字电路的逻辑功能。SPLD 就是采用这样的结构，再加上可以灵活配置的互连线来实现设计的。显然，这种结构对实现数字电路具有普遍的意义。

图 7.4-6 为 SPLD 的基本结构框图，它由输入缓冲电路、与阵列、或阵列和输出缓冲电路四部分组成。其中"与阵列"和"或阵列"是 SPLD 的主体，逻辑函数靠它们实现；输入缓冲电路主要用来对输入信号进行预处理，以适应各种输入情况；输出缓冲电路主要用来对输出信号进行处理，用户可以根据需要选择不同的输出方式。

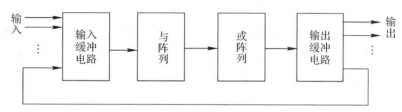

图 7.4-6　SPLD 的基本结构框图

（1）与或阵列。

"与或阵列"是 PLD 器件中最基本的结构，通过编程改变"与阵列"和"或阵列"的内部连接，就可以实现不同的逻辑功能。依据可编程的部位可将 PLD 器件分为可编程只读存储器 PROM、可编程逻辑阵列 PLA、可编程阵列逻辑 PAL 和通用阵列逻辑 GAL 四种最基本的类型，如表 7.4-1 所示。

PROM 中包含一个固定连接的"与阵列"和一个可编程连接的"或阵列"，其示意图如图 7.4-7 所示。图中的 PROM 有 3 个输入端、8 个乘积项、3 个输出端。

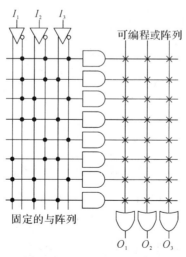

图 7.4-7　PROM 示意图

PLA 中包含一个可编程连接的"与阵列"和一个可编程连接的"或阵列"，如图 7.4-8

所示。

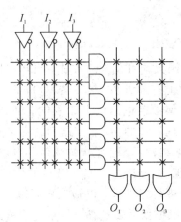

图 7.4-8　PLA示意图

PAL 和 GAL 的基本门阵列部分的结构是相同的,即"与阵列"是可编程的,"或阵列"是固定连接的,如图 7.4-9 所示。PAL 和 GAL 之间的差异除了表现在输出结构上,还在于 PAL 器件只能编程一次,而 GAL 器件则可以实现再次编程,这一点使得 GAL 器件更受用户欢迎。

图 7.4-10 为用 PROM 实现半加器的逻辑阵列示意图。

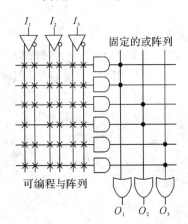

图 7.4-9　PAL与GAL示意图

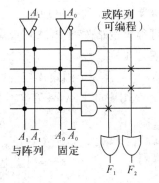

图 7.4-10　用 PROM 完成半加器
逻辑阵列示意图

已知:半加器的逻辑表达式为

$$S = A_0 \oplus A_1$$

$$C = A_0 \cdot A_1$$

显然,由图 7.4-10 可得

$$F_0 = A_0 \overline{A_1} + \overline{A_0} A_1 \quad (F_0 \text{ 相当于 } S)$$

$$F_1 = A_1 \cdot A_0 \quad (F_1 \text{ 相当于 } C)$$

图 7.4-11 为 GAL16V8 的结构示意图。图中:数字 1~20 为引脚号;I 代表输入端;F 代表输出端;I/O 代表输入输出端(双向);CLK 代表时钟信号输入端;$\overline{OE}$ 代表使能端(低电平有效)。

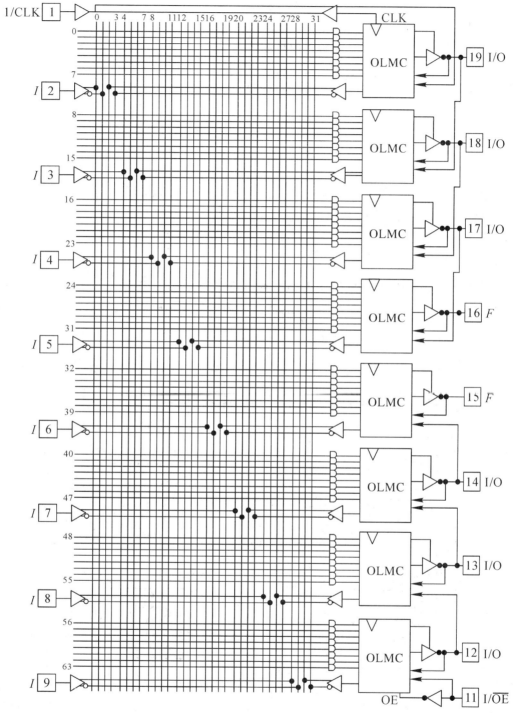

图 7.4-11　GAL16V8 的结构示意图

（2）逻辑宏单元 OLMC。

与或阵列在 PLD 器件中只能实现组合逻辑电路的功能，PLD 器件的时序电路功能则由包含触发器或寄存器的逻辑宏单元实现，逻辑宏单元也是 PLD 器件中的一个重要的基本结构。总的来说，逻辑宏单元结构具有以下几个作用：

① 提供时序电路需要的寄存器或触发器。

② 提供多种形式的输入/输出方式。

③ 提供内总信号反馈，控制输出逻辑极性。

④ 分配控制信号，如寄存器的时钟和复位信号，三态门的输出使能信号。

GAL16V8 的 OLMC 结构由一个触发器、一个异或门、一个有三态控制的输出缓冲器、一个 8 输入"或"门以及四个多路开关组成。多路开关和异或门可以通过编程的方法加以控制。

2）复杂可编程器件 CPLD 的基本结构

CPLD 是在 PAL、GAL 的基础上发展起来的高密度 PLD，目前，它们大多采用"与或阵列"结构，故通常又将 CPLD 称为"基于乘积项结构——Product Term"，同时 CPLD 采用 CMOS、E^2PROM 和 Flash Memory 等编程技术，因而具有高密度、高速度和低功耗等特点。

目前，各大公司的 CPLD 都有自己的特点，但总体结构大致相同。即 CPLD 至少包含了可编程逻辑宏单元、可编程 I/O 单元和可编程内部连线三种基本结构和辅助单元，如图 7.4 - 12 所示。

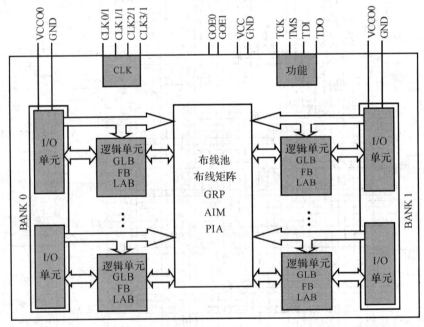

图 7.4 - 12　CPLD 总体结构图

（1）基本逻辑单元。

基本逻辑单元是 CPLD 的主体，通过不同的配置，CPLD 的基本逻辑单元可以完成不同类型的逻辑功能。CPLD 的基本逻辑单元是一种被称为宏单元（Macro Cell，MC）的结构。所谓宏单元，其本质是由一些与或阵列加触发器构成的。其中，与或阵列完成组合逻辑功能，触发器完成时序逻辑。

（2）布线池、布线矩阵。

CPLD 的布线池一般采用集中式布线池结构，其本质就是一个开关矩阵，通过打节点可以完成不同 MC 的输入与输出项之间的连接。不同的公司对布线池的叫法不同，如 Altera 公司的布线池被称为 PIA——可编程互联阵列，Lattice 公司的布线池被称为 GRP——全局布线池，等等。

（3）可编程输入/输出单元。

输入/输出（Input/Output）单元简称为 I/O 单元，是芯片与外界电路的接口部分，完成不同电气特性下对输入/输出信号的驱动与接口匹配。

（4）辅助功能模块。

CPLD 中还有一些如 JTAG 编程模块，全局时钟、全局使能和全局复位/置位单元等。

3）现场可编程门阵列 FPGA 的基本结构

目前，FPGA 的发展非常迅速，形成了各种不同的结构，但大部分 FPGA 都是基于 SRAM 的查找表（LUT, Look Up Table）逻辑形成结构的，故通常又将 FPGA 称为"基于查找表结构"的器件。通常 LUT 单元示意图和内部结构如图 7.4-13 所示。

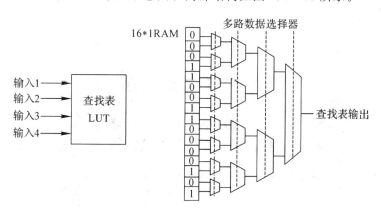

图 7.4-13　LUT 结构示意图和内部结构示意图

一般的 FPGA 的基本结构框图如图 7.4-14 所示，它主要由基本可编程逻辑单元、可编程输入/输出单元、丰富的布线资源、嵌入式块 RAM、底层嵌入功能单元和内嵌专用硬核六部分组成。

（1）基本可编程逻辑单元。

基本可编程逻辑单元是 FPGA 的主体，可以根据设计灵活地改变其内部连接与配置，完成不同的逻辑功能。

（2）可编程输入/输出单元。

可编程输入/输出单元是芯片与外界电路的接口部分，完成不同电气特性下对输入/输出信号的驱动与接口匹配。

（3）丰富的布线资源。

布线资源连通 FPGA 内部所有单元，连线的长度和工艺决定着信号在连线上的驱动能力和传输速度。FPGA 内部有着十分丰富的等级不同的布线资源。

（4）嵌入式块 RAM。

目前大部分 FPGA 都有内嵌的式块 RAM(Block RAM)。FPGA 内部嵌入可编程的
RAM 模块，内嵌的 RAM 一般可以灵活地配置为单端口 RAM、双端口 RAM、伪端口
RAM 和 FIFO 等常用存储结构。

注意：不同的器件商或不同的器件族的内嵌块 RAM 的结构不同。

（5）底层嵌入功能单元。

所谓的底层嵌入功能单元，是指比较通用的嵌入式功能模块，如 PLL、DLL、DSP、
CPU 等。随着 FPGA 的快速发展，越来越多的功能模块被嵌入到 FPGA 的内部，以适应和
满足不同的需求。

（6）内嵌专用硬核。

所谓的内嵌专用硬核(Hard Core)，是指针对某些特定功能而在芯片内部嵌入的专用
单元，不具通用性，显然，内嵌专用硬核与"底层嵌入功能单元"是有区别的。

FPGA 一般采用 CMOS SRAM 工艺，因此，具有单元电路逻辑需上电再配置，掉电
后，配置数据丢失，芯片功能随之丢失的特点。

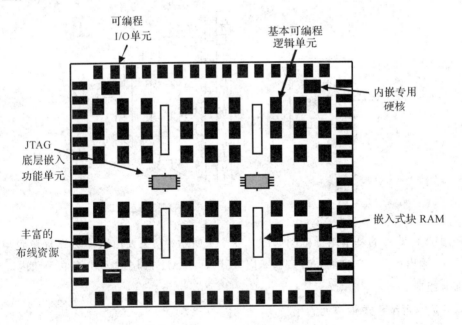

图 7.4-14　一般 FPGA 的结构示意图

7.4.3　PLD 的设计过程

采用 PLD 进行数字系统的设计是指设计者将自己的电路设计与输入，利用 EDA 开发
软件（如 Quartus Ⅱ 等）和编程工具等进行开发的过程。CPLD/FPGA 器件的设计流程如图
7.4-15 所示，它包括电路设计与输入、功能仿真、综合优化、综合后仿真、实现与布局布
线、布线后仿真与验证、板级仿真验证与调试等主要步骤。

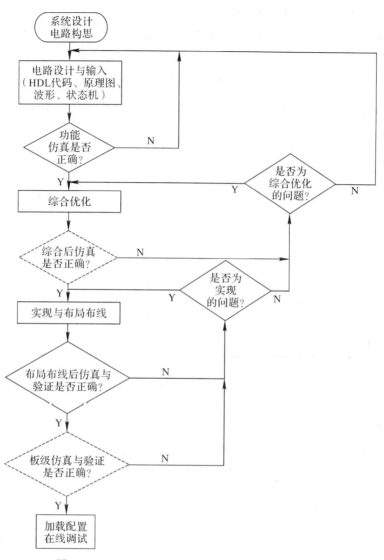

图 7.4－15　CPLD/FPGA 的设计与开发流程示意图

习　　题

7.1　简答题

7.1－1　ROM 有哪些种类? 各有什么特点?

7.1－2　ROM 与 RAM 的主要区别是什么? 它们各适用于什么场合?

7.2　分析计算题

7.2－1　若存储器的容量为 512 K×8 位,则地址代码应取几位?

7.2－2　某存储器有 16 位地址线,16 位并行数据输入/输出端,计算它的最大存储量是多少?

7.2－3　用 1024×8 位的 ROM 组成 1024×16 位的存储器。

7.2-4 已知 ROM 的数据表如题 7.2-4 表所示,若将地址输入 A_2、A_1、A_0 作为输入逻辑变量,将数据输出 D_2、D_1、D_0 作为函数输出,试写输出与输入间的逻辑函数式,并化为最简与或形式。

题 7.2-4 表

地 址 输 入			数 据 输 出		
A_2	A_1	A_0	D_2	D_1	D_0
0	0	0	0	0	1
0	0	1	0	1	0
0	1	0	0	1	0
0	1	1	1	0	0
1	0	0	0	1	0
1	0	1	1	0	0
1	1	0	1	0	0
1	1	1	0	0	0

7.2-5 用 ROM 产生下列一组逻辑函数,写出 ROM 中应存入的数据表。画出存储矩阵的点阵图。

$$\begin{cases} Y_3 = ABC + ABD + ACD + BCD \\ Y_2 = AB\overline{D} + \overline{A}CD + A\overline{B}\,\overline{C}\,\overline{D} \\ Y_1 = A\overline{B}C\,\overline{D} + B\overline{C}D \\ Y_0 = BC + AC \end{cases}$$

第八章 数/模与模/数转换电路

为了能用数字技术来处理模拟信号，必须把模拟信号转换成数字信号，才能送入数字系统进行处理。同时，还需要把处理后的数字信号转换成模拟信号作为最后的输出。把连续的模拟量转换为离散的数字量，称为模数（A/D）转换（简称 A/D），实现这一转换的电路系统称为模数转换器（Analog to Digital Converter，ADC）或 A/D 转换器。从数字量转换成模拟量的过程称为数模（D/A）转换（简称 D/A），实现这一转换的电路系统称为数模转换器（Digital to Analog Converter，DAC）或 D/A 转换器。A/D 转换器和 D/A 转换器是数字系统中不可缺少的接口电路。图 8.0-1 是一个典型的数字系统结构示意图。

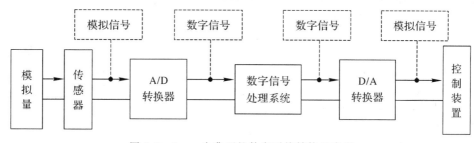

图 8.0-1 一个典型的数字系统结构示意图

本章将介绍 A/D 转换和 D/A 转换的基本原理及常用的 A/D 转换器和 D/A 转换器。

8.1 D/A 转换器

D/A 转换器的功能是将输入的数字信号转换成与之成正比的模拟信号（电压 u_o 或电流 i_o），其原理框图如图 8.1-1 所示。其中，$D_{n-1}\cdots D_1 D_0$ 为输入的 n 位二进制数，u_o（或 i_o）为输出的模拟电压或电流。D/A 转换器的模拟输出电压 u_o（或 i_o）与输入的二进制数 D 满足下面的正比关系：

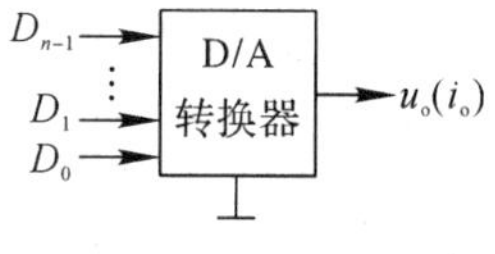

图 8.1-1 D/A 转换器的原理框图

$$u_o（或 i_o）= KD = K\sum_{i=0}^{n-1}D_i 2^i \tag{8.1-1}$$

式中，$\sum_{i=0}^{n-1}D_i 2^i$ 为输入二进制数按"位权"展开对应的十进制值，K 为比例系数，不同的 D/A 转换器的 K 值不同。

目前，常见的 D/A 转换器有权电阻网络型 D/A 转换器、倒 T 形 D/A 转换器、权电流型 D/A 转换器、开关树型 D/A 转换器等。

8.1.1 D/A 转换器的原理和方法

D/A 转换器的一般结构如图 8.1-2 所示，图中输入数字量经寄存器存储后再驱动对应位电子开关，将参考电压按位权关系分配到电阻网络，再由求和放大器将各数位的权值相加，使输出得到与输入数字量大小成正比的相应模拟量。

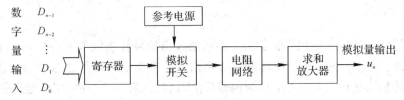

图 8.1-2　D/A 转换器的结构框图

1. 权电阻网络型 D/A 转换器

一个 4 位的 D/A 转换器的权电阻网络的原理图如图 8.1-3 所示，该电路由四部分构成：权电阻网络、模拟开关、基准电压源和求和放大器。显然，该电路的核心电路是电阻网络。

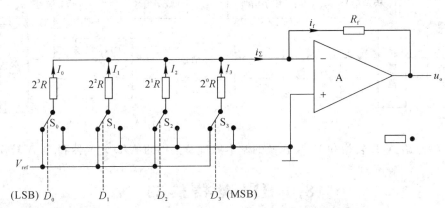

图 8.1-3　4 位权电阻网络 D/A 转换器的原理图

在图 8.1-3 中，S_0、S_1、S_2、S_3 为受输入数字信号 D_i 控制的模拟电子开关，当 D_i 为 1 时，开关接到参考电压(基准电压)V_{ref} 上，有电流流入求和放大器(A)，其电流值=V_{ref}/"权电阻"；当 D_i 为 0 时，开关接到电路的地电位点(地)，没有电流流入求和放大器。

求和放大器就是一个运算放大器，并接成负反馈形式。为了简化分析和计算，可以把运算放大器理想化，即运算放大器的开环放大倍数 K 为无穷大，输入电阻 R_i 为无穷大(输入电流 I_i 为 0)，输出电阻 R_o 为零，运算放大器的反相输入端为虚地(即 $V_- = 0$)。

在理想化条件下，由电路理论知识可得

$$i_\Sigma = I_0 + I_1 + I_2 + I_3 = \frac{V_{ref}}{2^3 R}D_0 + \frac{V_{ref}}{2^2 R}D_1 + \frac{V_{ref}}{2^1 R}D_2 + \frac{V_{ref}}{2^0 R}D_3$$

$$= \frac{V_{ref}}{2^3 R}(D_0 + D_1 + D_2 + D_3) = \frac{V_{ref}}{2^3 R}\sum_{i=0}^{3} 2^i D_i \qquad (8.1-2)$$

且 $i_f = i_\Sigma$，输出电压

$$u_o = -R_f i_f = -R_f \frac{V_{ref}}{2^3 R}\sum_{i=0}^{3} 2^i D_i \qquad (8.1-3)$$

由式(8.1-3)可知，在各个位权电阻、参考电压 V_{ref} 和反馈电阻 R_{f} 确定的条件下，输出的模拟电压量 u_{o} 与输入的数字量 D 成正比，实现了数字信号到模拟信号的转换。而且，通过改变参考电压 V_{ref} 和反馈电阻 R_{f} 的大小，就能够改变输出电压的大小。

如果输入的数字信号为 n 位，则输出的模拟电压量 u_{o} 为

$$u_{\mathrm{o}} = -R_{\mathrm{f}} i_{\mathrm{f}} = -R_{\mathrm{f}} \frac{V_{\mathrm{ref}}}{2^n R} \sum_{i=0}^{n-1} 2^i D_i \tag{8.1-4}$$

显然，这种电路的优点是结构比较简单，元件数较少；但是它的缺点是各个位权电阻的阻值不同，即电阻的品种多，且各个品种间的电阻阻值相差较大，特别是在输入数字信号位数较多时，这个问题更加明显和突出。如当 D 为 8 位时，则权电阻值间最大相差值为$(128-1)=127$ 倍，这在 IC 的设计与制造中对于保证各个电阻值的高精度往往是困难和不利的。

2. R-$2R$ 倒 T 形电阻网络 D/A 转换器

为了克服权电阻网络型 D/A 转换器中电阻值多、差值大的缺点，通常采用 R-$2R$ 倒 T 形电阻网络 D/A 转换器，它是单片 D/A 转换器中应用最广泛的一种。

图 8.1-4 是一个 4 位的 R-$2R$ 倒 T 形电阻网络 D/A 转换器。该倒 T 形电阻网络 D/A 转换器由参考电压 V_{ref}、电子模拟开关 $S_0 \sim S_3$、R-$2R$ 倒 T 形电阻解码网络和求和放大器 A 四部分组成。

为了简化分析和计算，仍将运放理想化，即根据运算放大器线性运用时的虚地概念可知，无论模拟开关 S_i 处于何种位置，与 S_i 相连的 $2R$ 电阻均视为"接地"（地或虚地），这样流过 $2R$ 电阻上的电流不随开关位置变化而变化。

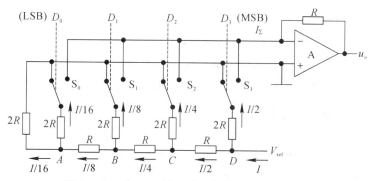

图 8.1-4 R-$2R$ 倒 T 形电阻网络 D/A 转换器

R-$2R$ 倒 T 形电阻网络的特点是：从 A、B、C、D 节点向左看的二端网络等效电阻均为 R，流过 $2R$ 支路的电流从高位(MSB)到低位(LSB)按 $1/2$ 依次递减。为确定值，设由基准电压源提供的总电流为 $I(I=V_{\mathrm{ref}}/R)$，则流过各节点支路的电流从高位至低位依次为 $I/2$，$I/4$，$I/8 \cdots$，$I/2^{n-1}$，$I/2^n$。于是流入运算放大器的总电流 I_{Σ} 为

$$\begin{aligned} I_{\Sigma} &= \frac{I}{2^1} D_3 + \frac{I}{2^2} D_2 + \frac{I}{2^3} D_1 + \frac{I}{2^4} D_0 \\ &= \frac{V_{\mathrm{ref}}}{2^4 R} (2^3 D_3 + 2^2 D_2 + 2^1 D_1 + 2^0 D_0) \\ &= \frac{V_{\mathrm{ref}}}{2^4 R} \sum_{i=0}^{3} D_i 2^i \end{aligned} \tag{8.1-5}$$

若选择 $R_f = R$，并将 $I = V_{ref}/R$ 代入式(8.1-5)，则运算放大器的输出电压 u_o 为

$$u_o = -I_{\Sigma} R_f = -\frac{V_{ref}}{2^4} \sum_{i=0}^{3} D_i 2^i \qquad (8.1-6)$$

当输入为 n 位二进制数码时，则输出模拟电压 u_o 的表达式为

$$u_o = -I_{\Sigma} R_f = -\frac{V_{ref}}{2^n} \sum_{i=0}^{n-1} D_i 2^i \qquad (8.1-7)$$

可见，输出模拟电压 u_o 正比于输入数字量的值。比例系数 $K = -\dfrac{V_{ref}}{2^n}$。

R-$2R$ 倒 T 形电阻网络的特点是电阻种类少，只有 R 和 $2R$ 两种。因此，它可以提高制造精度，而且在动态转换过程中对输出不易产生尖峰脉冲干扰，有效地减少了动态误差，提高了转换速度。同时由于 R-$2R$ 倒 T 形电阻网络便于集成，所以成为使用最广泛的一种 D/A 转换电路。

需要注意的是，R-$2R$ 倒 T 形电阻网络的 D/A 转换器只能对无符号的二进制数进行转换，否则只能用双极性的 D/A 转换器。

3. 权电流型 D/A 转换器

在前面对权电阻网络型 D/A 转换器和倒 T 形电阻网络型 D/A 转换器的分析中，都是假设模拟电子开关 S 是理想的。当开关导通时，$R_{on}=0$，$V_{on}=0$，即忽略了它们的导通电阻和导通电压。显然，在实际中不可能存在这种理想开关，导通电阻和导通电压的实际存在，无疑将引起"各位电流误差"，从而产生 D/A 转换器的转换误差，影响转换精度。图 8.1-5 所示的权电流型 D/A 转换器能够较好地克服这些缺点和不足。

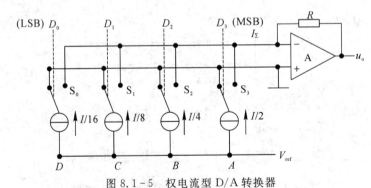

图 8.1-5 权电流型 D/A 转换器

在这种权电流型的 D/A 转换器中，用恒流源代替了 R-$2R$ 倒 T 形中的电阻网络，各支路电流的大小不再受模拟电子开关导通电阻和导通电压的影响，从而降低了对模拟电子开关的要求。权电流型 D/A 转换器恒流源的值从高位(MSB)到低位(LSB)按 $1/2$ 递减，正好与二进制输入代码位权值对应。

显然，图 8.1-5 中的输出电压 u_o 为

$$u_o = -I_{\Sigma} R$$

$$= -\left(\frac{I}{2^1} D_3 + \frac{I}{2^2} D_2 + \frac{I}{2^3} D_1 + \frac{I}{2^4} D_0 \right) R$$

$$= -\left[\frac{I}{2^4} (2^3 D_3 + 2^2 D_2 + 2^1 D_1 + 2^0 D_0) \right] R \qquad (8.1-8)$$

推广到 n 位数字量输入，则有

$$u_o = -I_\Sigma R = -\frac{IR_f}{2^n}\sum_{i=0}^{n-1}D_i 2^i \tag{8.1-9}$$

在实用的权电流型 D/A 转换器中，常采用 R - $2R$ 倒 T 形电阻网络的权电流型。

8.1.2　D/A 转换器的主要技术指标

1. D/A 转换器的转换精度

D/A 转换器的转换精度通常用分辨率和转换误差来描述。

1) 分辨率（Resolution）

分辨率是指 D/A 转换器所能分辨的最小输出电压的能力，它是 D/A 转换器在理论上所能达到的精度。通常将其定义为最小输出电压增量 V_{LSB} 与满刻度输出电压 V_{max} 的比值。最小输出电压增量 V_{LSB} 是输入二进制数字量中最低位（LSB）D_0 为 1，其余位为 0 时所对应的输出电压值，即

$$V_{LSB} = KD = K2^0 = K \tag{8.1-10}$$

满刻度输出电压 V_{max} 是输入二进制数字量中各位均为 1 时所对应的输出电压值，即

$$V_{max} = KD = K(2^n - 1) \tag{8.1-11}$$

所以，分辨率 R 为

$$R = \frac{V_{LSB}}{V_{max}} = \frac{1}{2^n - 1} \tag{8.1-12}$$

式（8.1-12）表明，当 V_{max} 确定时，如果输入的数字量位数越多（n 越大），则得到的最小输出电压增量 V_{LSB} 越小，分辨率值越小，分辨能力越强。故在工程实际中常常用位数表示分辨率。

例如，$V_{max} = 10$ V，当输入的数字量位数为 8 位时，最小电压增量是 $V_{LSB} = 10/(2^8 - 1) \approx 0.039$ V，分辨率是 $0.039/10 = 0.0039 = 0.39\%$。当输入的数字量位数为 10 位时，最小电压增量是 $V_{LSB} = 10/(2^{10} - 1) \approx 0.01$ V，分辨率是 $0.01/10 \approx 0.001 = 0.1\%$。

2) 转换误差

转换误差是指实际转换值与理论值之间的最大偏差，这种差值是由转换过程中的各种误差引起的。转换误差常用最低位（LSB）倍数表示，也可用满刻度输出电压 V_{max} 的百分数表示。

2. D/A 转换器的转换速度

D/A 转换器的转换速度常用建立时间或转换速率来描述。当输入的数字量发生变化后，输出的模拟量并不能立即达到所对应的数值，它需要一段时间，这段时间称为建立时间。在集成 D/A 转换器产品的性能表中，建立时间通常是指从输入的数字量发生突变开始，直到输出模拟量与规定值相差 ± 0.5 LSB 范围内所需的时间。

建立时间的倒数即为转换速率，也就是每秒钟 D/A 转换器至少可进行的转换次数。建立时间的值越小，说明 D/A 转换器的转换速度越快。

目前在不包含运放的 D/A 转换器中，建立时间可达 100 ns，在含有运放的 D/A 转换

器中,建立时间可达 150 ns。在外加运放构成完整的 D/A 转换器时,一般要选择高速运放,以缩短建立时间,从而提高转换速度。

8.1.3 常用集成 D/A 转换器及其应用

1. AD7520

AD7520 是美国 AD 公司生产的采用 R - $2R$ 倒 T 形电阻网络和 CMOS 电子开关的单片集成 D/A 转换器。它具有 10 位二进制信号输入,转换精度高,转换速度快,成本低,功耗低,工作电源和参考电压范围宽,可直接与 TTL、CMOS、单片机接口等优点。

AD7520 的内部原理示意图如图 8.1-6 所示。在图 8.1-6 中,S 为 CMOS 电子开关,$R = 10 \text{ k}\Omega$,$R_F = R$ 为反馈电阻,I_{OUT1}、I_{OUT2} 为电流输出端,D_0 为 LSB,D_9 为 MSB。AD7520 的主要参数如表 8.1-1 所示。

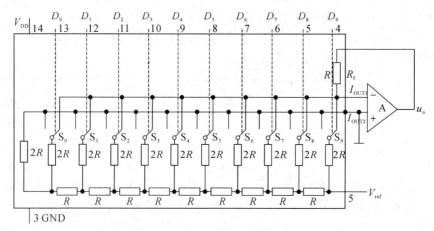

图 8.1-6 AD7520 的内部原理和引脚功能示意图

表 8.1-1 AD7520 的主要参数

分辨率/bit	建立时间	线性度(满量程的%)	电源电压	基准电压	功耗/mW
10	≤500 ns	<0.2%	+5~+15 V	-25~+25 V	20

2. DAC0832

DAC0832 是由 NS 公司生产的具有 8 位分辨能力,采用 R - $2R$ 倒 T 形电阻网络和 CMOS 工艺的单片集成 D/A 转换器。它采用双列直插式 20 脚封装,可以直接与微处理器接口,同时采用了 CMOS 工艺,其内部由两级缓冲器和倒 T 形电阻网络构成,可实现单缓冲、双缓冲和直接输入三种方式。为了增加使用的灵活性,DAC0832 还增加了一些辅助功能端,其内部组成框图和外引脚图如图 8.1-7 和 8.1-8 所示。各引脚功能如下:

(1) $\overline{\text{CS}}$(1P):片选信号输入端,且低电平有效。当 $\overline{\text{CS}} = 0$ 且 ILE $= 1$ 和 $\overline{\text{WR}_1} = 0$ 时才能将输入数据 D_i 存入输入寄存器。

(2) $\overline{\text{WR}_1}$(2P):输入信号 1,低电平有效。当 $\overline{\text{CS}}$ 和 ILE 同时有效而且 $\overline{\text{WR}_1} = 0$ 时允许

输入数据 D_i 输入。

(3) AGND(3P)：模拟电路部分接地端，一般与 DGND 共地。

(4) $D_0 \sim D_8$(7P、6P、5P、4P、16P、15P、14P、13P)：8 位数据输入端。

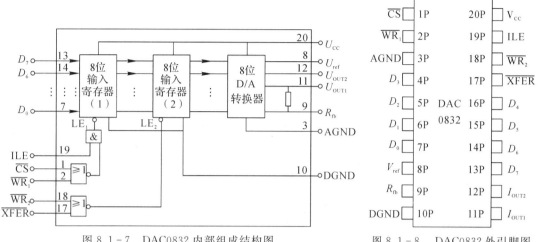

图 8.1 - 7　DAC0832 内部组成结构图　　　　图 8.1 - 8　DAC0832 外引脚图

(5) V_{ref}(8P)：基准电压输入端，其电压范围为 $-10 \sim +10$ V。

(6) R_{fb}(9P)：运放增益控制端(运放的反馈电阻引出端)。

(7) DGND(10P)：数字电路接地端；一般与 AGND 共地。

(8) I_{OUT1}、I_{OUT2}(11P、12P)：模拟电流输出端，通常 I_{OUT1} 接外部运放的反相输入端 (一)、I_{OUT2} 一般接地(运放的同相输入端)。

(9) $\overline{XFER}$(17P)：寄存器 II 的控制端——传送控制端，低电平有效。它与 $\overline{WR_2}$ 一起控制选通 DAC 寄存器。

(10) $\overline{WR_2}$(18P)：输入信号 2，低电平有效。当 $\overline{WR_2}$ 和 $\overline{XFER}$ 同时有效时，将输入寄存器的数据装入 DAC 寄存器。

(11) ILE(19P)：寄存器 I 的控制端(锁存信号端)，高电平有效。当 ILE=1，而且 $\overline{CS}$ 和 $\overline{WR_1}$ 同时有效时，输入数据存入输入寄存器，当 ILE=0 时输入的数据信号被锁存。

(12) V_{cc}(20P)：电源电压输入端，其值通常选为 $+5 \sim +15$ V。

注意：DAC0832 内部没有运算放大器，使用时需要外接运算放大器才能构成完整的 D/A 转换器。DAC0832 的主要参数如表 8.1 - 2 所示。

表 8.1 - 2　**DAC0832 的主要参数**

分辨率/bit	建立时间	线性度(满量程的%)	电源电压	基准电压	功耗/mW
8	$\leqslant 1$ ns	$<0.2\%$	$+5 \sim +15$ V	$-10 \sim +10$ V	200

D/A 转换器的应用场合很多。由 DAC0832 构成的数控放大器如图 8.1 - 9 所示。

输入信号由 V_{ref} 端输入，数字控制信号加在 $D_7 \sim D_0$ 上，则放大器的输出为

$$u_o = -\frac{R_f}{R} \frac{V_{ref}}{2^8} (D_7 2^7 + \cdots + D_1 2^1 + D_0 2^0) \tag{8.1 - 13}$$

R_f 为 DAC0832 内部反馈电阻与外接反馈电阻 R_P 之和，输入信号电压 $u_i = V_{ref}$，D 为输入数字量，则放大器的增益可表示为

$$A_u = \frac{u_o}{u_i} = -\frac{R_f}{R}\frac{D}{256} \qquad (8.1-14)$$

可见，放大器的增益与输入数字量成正比。

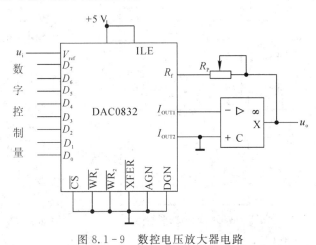

图 8.1-9　数控电压放大器电路

8.2 A/D 转换器

8.2.1 A/D 转换的一般过程

模数（A/D）转换与数模（D/A）转换是相反的，A/D 转换是把模拟信号转换为数字信号。模拟信号是一种幅度和时间都连续的信号，而数字信号是一种幅度及时间皆离散的信号，要将模拟信号转换为数字信号就需要完成两个方面的转换。首先是将时间进行离散化处理，这一步是通过取样来实现的，另一步是通过量化来实现的，这仅是一个理论的过程，实际的过程分为取样、保持、量化和编码四个过程。A/D 转换器转换过程如图 8.2-1 所示。

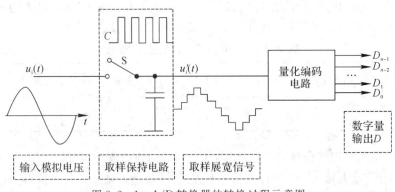

图 8.2-1　A/D 转换器的转换过程示意图

1. 取样和保持

取样就是按一定的频率抽取连续变化的模拟信号，使之从一个时间上连续的模拟信号转换为时间上离散变化的信号。即将随时间连续变化的信号转换为一串脉冲，这个脉冲是等间隔的，并且其幅度取决于输入的模拟量。取样工作过程如图 8.2-2 所示。

为了取样后的信号 $u_i(t)$ 能正确地表示原模拟信号，根据取样定理，取样频率 f_s 应满足：

$$f_s \geqslant f_{i\,\max} \tag{8.2-1}$$

式中，$f_{i\,\max}$ 为输入模拟信号的最高频率。式（8.2-1）给出的是理论上取样频率的最小值，实际工程中照 $f_s = 2f_{i\,\max}$ 选择时，往往得不到满意的效果，因此，工程上通常取 $f_s = (3\sim5)f_{i\,\max}$ 来满足运用要求。

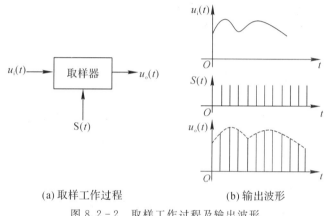

(a) 取样工作过程　　　　(b) 输出波形

图 8.2-2　取样工作过程及输出波形

从上面取样的输出波形可以看出，其两个取样之间的时间段没有输出幅度，由于取样脉冲的宽度一般都较窄，较短的时间内有幅度输出是不便于进行量化和编码的，故需要将两个取样点之间的幅度连接起来，使两个取样点之间的时间间隔对应的幅度保持不变（由保持电路来实现这个功能），可以稳定地进行量化编码。保持电路实际上是使用了电容器的存储特性，实际使用时取样与保持是合二为一的，图 8.2-3 所示的电路为一个典型的取样—保持电路的原理图及输出波形。

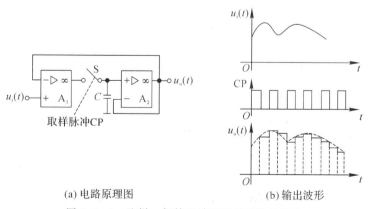

(a) 电路原理图　　　　(b) 输出波形

图 8.2-3　取样—保持电路原理图及输出波形

取样—保持电路原理图中，A_1 是高增益运放，A_2 是高输入阻抗运放，S 为采样控制模拟开关，C 为保持电容。在采样脉冲 CP 为高电平期间，S 闭合，输入信号经放大器 A_1 向电容器 C 充电，此时为采样状态，由于运放输出电阻小，很快充到与 $u_i(t)$ 等值。当 CP 为低电平期时，S 断开，由于运放输入阻抗较高，电容器 C 上的电荷放得很慢，几乎保持原来的电平不变。$u_o(t)$ 的波形和 C 上的电压波形相同。

2. 量化和编码

取样—保持电路输出的阶梯电压的取值仍是连续的，而数字信号的取值是有限且离散的。例如用 4 位二进制数来表示信号，其只有 0000～1111 共 16 种状态，因此取样—保持后的阶梯电压必须取为某个最小单位的整数倍，才能用数字量表示，这个过程就是量化。将量化后的结果（离散电平）用二进制编码来表示，称为编码。经过编码后得到的代码就是 A/D 转换器输出的数字量。

量化的过程实际上是一个近似的过程，其中存在一定的误差，这种误差称为量化误差，用 ε 表示。量化误差与日常生活中的量长度、称重量等是一样的，一般采用"四舍五入"的规则，其最大量化误差 $\varepsilon_{max}=\Delta/2$（$\Delta$ 为最小量化单位）。但在数字电路的量化中还存在一种"只舍不入"的量化规则，其最大量化误差 $\varepsilon_{max}=\Delta$。图 8.2-4 形象地表示了 3 位 A/D 转换器采用这两种规则的情况。

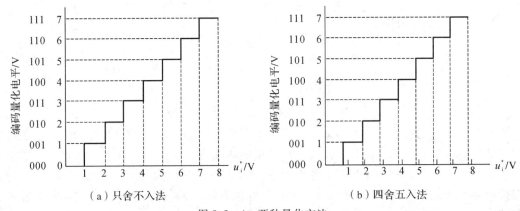

图 8.2-4 两种量化方法

设取样—保持后的电压 u_i^* 的范围是 0～8 V。若采用只舍不入的量化方法，取最小量化单位 $\Delta=1$ V，无论 $u_i^*=5.9$ V 还是 $u_i^*=5.1$ V，都将其归并到 5 V 的量化电平，输出的编码都为 101。若采用四舍五入的量化方法，取最小量化单位 $\Delta=1$ V，当 $u_i^*=5.49$ V 时，就将其归并到 5 V 的量化电平，输出的编码为 101；当 $u_i^*=5.59$ V 时，就将其归并到 6 V 的量化电平，输出的编码为 110。

8.2.2 常见 A/D 转换器

A/D 转换器的种类很多，按其工作原理不同分为直接 A/D 转换器和间接 A/D 转换器两类。直接 A/D 转换器是直接将取样—保持后的信号转换为数字信号，这类 A/D 转换器具有较快的转换速度，其典型电路有并行比较型 A/D 转换器和逐次比较型 A/D 转换器。而间接 A/D 转换器则是先将取样—保持后的信号转换为某一中间电量（如时间 T 或频率 f），然后再将中间电量转换为数字量输出，其典型电路有双积分型 A/D 转换器。

1. 并行比较型 A/D 转换器

并行比较型 A/D 转换器属于直接转换型 A/D 转换器，它能够将输入的模拟电压 u_i 直接转换为数字量 D 输出。

图 8.2-5 为并行比较型 A/D 转换器的电路结构示意图，它主要由电压比较器（$C_7 \sim C_1$）、寄存器（$D_7 \sim D_1$）和代码转换电路三部分组成。其中，输入 u_i 为 $0 \sim V_{ref}$ 间的模拟电压，输出为 3 位二进制数码 $D_2 D_1 D_0$。

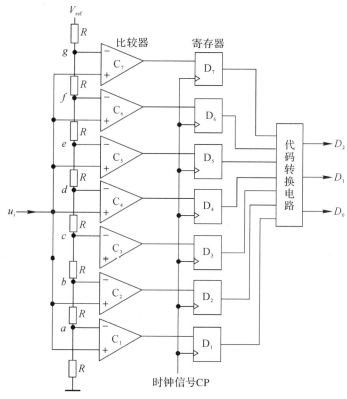

图 8.2-5　并行比较 A/D 转换器结构示意图

各个电压比较器根据输入电压 u_i 的大小，各自输出为"1"或"0"，并作为寄存器的输入，在时钟信号 CP 的作用下将其值送到代码转换电路（本质是一个组合逻辑电路），最后输出二进制数码，实现了从模拟信号转换为数字信号的功能。图 8.2-5 中，量化单位为 $\Delta = 2V_{ref}/15$。

表 8.2-1 为不同输入电压值比较器—寄存器所对应的状态和数字量输出。

并行比较型 A/D 转换器的转换精度主要取决于量化电平 Δ 的划分，Δ 值越小，转换精度越高，当然电路也越复杂；同时，参考电压 V_{ref} 的稳定度、精确度和分压电阻的精确度等也会对转换精度有影响。

并行比较型 A/D 转换器的主要优点是转换速度快。

并行比较型 A/D 转换器的主要缺点是随着输出位数 n 的增加，电路所需要的比较器和触发器的数量急剧增加，其数量为 $2^n - 1$。如输出 D 为 10 位，则需要 $2^{10} - 1 = 1023$ 个比较器和触发器，而且其代码转换电路也会相当复杂。

表 8.2 - 1　并行比较器的工作状态

输入模拟电压 u_i	比较器输出—寄存器状态 (代码转换器输入)							数字量输出 (代码转换器输出)		
	$C_7 - Q_7$	$C_6 - Q_6$	$C_5 - Q_5$	$C_4 - Q_4$	$C_3 - Q_3$	$C_2 - Q_2$	$C_1 - Q_1$	D_2	D_1	D_0
$(0 \sim 1/15)V_{ref}$	0	0	0	0	0	0	0	0	0	0
$(1/15 \sim 3/15)V_{ref}$	0	0	0	0	0	0	1	0	0	1
$(3/15 \sim 5/15)V_{ref}$	0	0	0	0	0	1	1	0	1	0
$(5/15 \sim 7/15)V_{ref}$	0	0	0	0	1	1	1	0	1	1
$(7/15 \sim 9/15)V_{ref}$	0	0	0	1	1	1	1	1	0	0
$(9/15 \sim 11/15)V_{ref}$	0	0	1	1	1	1	1	1	0	1
$(11/15 \sim 13/15)V_{ref}$	0	1	1	1	1	1	1	1	1	0
$(13/15 \sim 15/15)V_{ref}$	1	1	1	1	1	1	1	1	1	1

2. 逐次比较型 A/D 转换器

逐次比较型 A/D 转换器是目前应用较广泛的一种 A/D 转换器,其原理框图如图 8.2 - 6 所示,它主要由电压比较器、逐次逼近寄存器、电压输出 D/A 转换器和逻辑控制电路等组成。

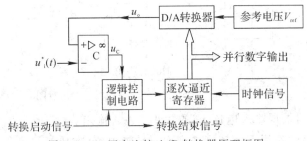

图 8.2 - 6　逐次比较 A/D 转换器原理框图

逐次比较型 A/D 转换器的工作原理类似于用天平称物体重量的过程,其工作过程如下:

(1) 转换前,先将逐次逼近寄存器清零,然后进行转换。当第一个时钟作用时,逐次逼近寄存器的最高位(MSB)被置为"1",其余位为"0"。这组数字量(100 · 0)由 D/A 转换器转换为对应的模拟量 u_o,送到电压比较器 C 与取样保持后的模拟电压 u_i^* 进行比较。当 $u_o > u_i^*$ 时,比较器输出 $u_C = 1$,说明数字量大了;反之输出 $u_C = 0$ 时,说明数字量小了。

(2) 当第二个时钟作用时,逐次逼近寄存器的次高位被置为"1",同时逻辑控制电路根据第一个时钟作用后的 u_C 值起控制作用,若 $u_C = 1$,则逐次逼近寄存器的最高位数码(MSB)回到 0;若 $u_C = 0$,则逐次逼近寄存器的最高位数码(MSB)保持为"1",其余位不变。这组数字量($D_{n-1}100 · 0$)再由 D/A 转换器转换后送到电压比较器 C 与 u_i^* 进行比较。

(3) 在第三个时钟作用时,逻辑控制电路再根据第二个时钟作用后的 u_C 值,去控制次高位是回到 0 还是保持为"1"。

按照上述过程逐次比较下去，一直到最低位(LSB)比较完为止，这时逐次逼近寄存器存储的状态就是 A/D 转换器的转换结果。可见，完成一次 n 位的转换过程需要 $n+1$ 个时钟信号周期，再加上 A/D 转换器复位需要 1 个时钟信号，所以逐次比较型 A/D 转换器完成一次完整的 A/D 转换所需的时间为 $n+2$ 个时钟信号周期。

3. 双积分型 A/D 转换器

双积分型 A/D 转换器属于间接型 A/D 转换器，其基本原理是：通过对取样—保持后的模拟电压和参考电源电压分别进行两次积分，先将模拟电压转换成与之成正比的时间变量 T，然后在时间 T 内对固定频率的时钟脉冲计数，计数的结果则正比于模拟电压的数字量。

图 8.2-7 为双积分型 A/D 转换器原理结构示意图，该 A/D 转换器为间接 $V-T$ 双积分转换器，它由积分器、过零比较器、计数器、基准电源、时钟信号 CP 和控制电路等组成。

双积分型 A/D 转换器的工作过程如下：

(1) 转换开始前，即转换控制信号 $u_L=0$，控制电路将计数器置零，同时将电子开关 S_2 接通，使积分器电容 C 完全放电。

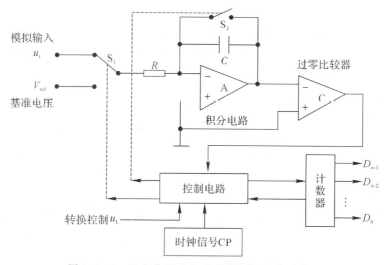

图 8.2-7 双积分型 A/D 转换器原理结构示意图

(2) 当 $u_L=1$ 时，控制电路使电子开关 S_2 断开、S_1 接至模拟信号 u_i 端。积分器开始对 u_i 积分，同时，计数器从 0 开始对时钟信号 CP 进行加计数，当计数器计数到满量程值 $N=2^n$ 时，计数器归零，控制电路使 S_1 接至基准电源 V_{ref}，此时，积分器对 u_i 积分结束。通常将积分器对 u_i 的积分称为第一次积分，对应的积分时间称为第一次积分时间。第一次积分时间为

$$T_1=T_{CP}\times N$$

其中

$$T_{CP}=\frac{1}{f_{CP}}$$

积分器输出

$$u_o(t)=-\frac{1}{RC}\int_0^{T_1}u_i\mathrm{d}t \qquad (8.2-2)$$

（3）设在第一次积分时间内，$u_i = V_I$ 保持不变，则

$$u_o(T_1) = -\frac{T_1}{RC}V_I \tag{8.2-3}$$

当 S_1 接至基准电源 V_{ref} 时，计数器又从 0 开始对 CP 计数，积分器对 V_{ref}（一般 V_{ref} 为负值）开始反向积分，其积分器的输出 u_o 从负值开始上升，当 $u_o = 0$ 时，控制电路使第二次积分结束，计数器的计数值为 N_2。则第二次积分时间 T_2 为

$$T_2 = t_2 - t_1 = T_{CP} \times N_2$$

积分器输出

$$u_o(t_2) = u_o(t_1) - \frac{1}{RC}\int_{t_1}^{t_2} V_{ref}\mathrm{d}t = -\frac{T_1}{RC}V_I + \frac{T_2}{RC}|V_{ref}| \tag{8.2-4}$$

当 $u_o(t_2) = 0$ 时，则有二次积分时间为

$$T_2 = \frac{T_1}{V_{ref}}V_I \tag{8.2-5}$$

输出数字量

$$D(D_{n-1}D_{n-2}\cdots D_1 D_0) = \frac{V_I}{V_{ref}} \times N \tag{8.2-6}$$

从以上分析可见：T_2 正比于输入模拟电压 V_I，即对不同的模拟输入电压 V_I 值，二次积分时间 T_2 不同，则在不同 T_2 时间内对固定时钟信号 CP 的计数值 N_2 不同，其输出数字量 D 不同。即输出数字量 D 正比于 V_I，从而实现 A/D 转换。

图 8.2-8 为双积分型 A/D 转换器的工作波形示意图。

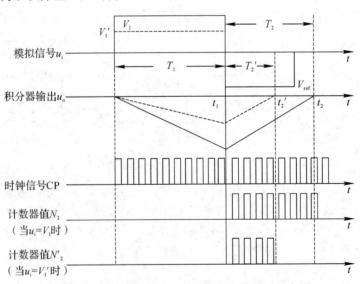

图 8.2-8　双积分型 A/D 转换器的工作波形示意图

【例 8.2-1】 设有一个 10 位双积分 A/D 转换器，它的时钟频率 $f_{CP} = 10$ kHz，$V_{ref} = -6$ V。

试求：

（1）完成一次 A/D 转换的最长时间 T_{max}；

（2）若输入模拟电压 $V_I = 3$ V 时，试求其转换时间 T 和输出数字量 D 的值。

解 (1) 双积分 A/D 转换器的转换时间 $T=T_1+T_2$，其中，第一次积分时间 T_1 是固定的，第二次积分时间 T_2 是正比于模拟输入电压的，通常 T_2 小于 T_1。当 $T_2=T_1$ 时，A/D 转换的时间最长，所以 T_{max} 为

$$T_{max}=T_1+T_{2max}=2T_1=2T_{CP}\times N$$

$$=2\times\frac{1}{f_{CP}}\times 2^n=2\times\frac{1}{10\times 10^3}\times 2^{10}=0.2048(s)$$

(2) 当 $u_i=3$ V 时，转换时间 T 为

$$T=T_1+T_2=T_1+\frac{T_1}{V_{ref}}V_I=\left(1+\frac{V_I}{V_{ref}}\right)T_1$$

$$=\left(1+\frac{3}{6}\right)2\times\frac{1}{10\times 10^3}\times 2^{10}=0.1536(s)$$

输出数字量为

$$D=\frac{V_I}{V_{ref}}\times N=\frac{3}{6}\times 2^{10}=(512)_{10}=(1000000000)_2$$

4. 三种类型 A/D 转换器的比较

(1) 并行比较型 A/D 转换器具有速度快的优点，同其他类型的 A/D 转换器相比速度是最快的，通常为 ns 级，但制造成本较高，精度不易做得很高，故用在速度较高的场合，如视频信号的 ADC 等。

(2) 逐次比较型 A/D 转换器的转换速度比较高，而且在位数较多时用的器件不是很多，所以它是目前应用较广泛的一种 A/D 转换器。

(3) 双积分型 A/D 转换器具有转换精度高而且其转换精度仅取决于参考电压的精度，抑制交流干扰的能力强和结构简单等优点，但缺点是转换速度低，一般为几毫秒至几百毫秒。所以双积分型 A/D 转换器在低速、高精度集成 A/D 转换器中广泛使用，如用于数字面板表。

不同的 A/D 转换器在转换速度、转换精度、抗干扰能力方面各有特色。在使用时要根据使用条件、性价比等综合考虑来选择。

8.2.3 A/D 转换器的主要技术指标

1. 转换精度

A/D 转换器的转换精度通常由分辨率和转换误差来描述。分辨率常用输出二进制或十进制的位数表示，它说明 A/D 转换器对输入信号的分辨能力，从理论上讲，n 位输出的 A/D 转换器能区分 2^n 个不同等级的输入模拟电压，能区分输入模拟电压的最小值为满刻度量程输入的 $1/2^n$，即 $\Delta=U_{max}/2^n$。可见分辨率所描述的也就是 A/D 转换器的固有误差——量化误差 ε，它指出了 A/D 转换器在理论上所能达到的精度。在最大输入电压一定时，输出位数越多，量化单位越小，分辨能力越强，转换精度越高。转换误差的描述与 D/A 转换器的相同。

2. 转换速度

A/D 转换器的转换速度常用完成一次 A/D 转换所需的时间来表示。A/D 转换器的转换

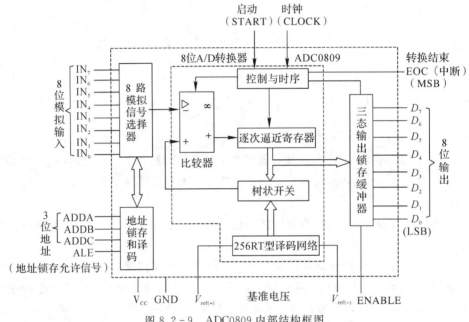

速度主要取决于转换电路的类型，并行比较型 A/D 转换器的转换速度最高，一般小于 50 ns；逐次比较型次之，一般在 $10\sim100\ \mu s$；双积分型最低，一般在几十毫秒至几百毫秒。

8.2.4　集成 A/ D 转换器 ADC0809 及其应用

ADC0809 是单片 8 位 8 路 CMOS 工艺的逐次比较型 A/D 转换器，该 A/D 转换器内部包括 8 位 A/D 转换器、8 通道多路选择器和与微机兼容的控制逻辑电路。ADC0809 的内部结构框图和外引线排列图分别如图 8.2-9 和图 8.2-10 所示。

图 8.2-9　ADC0809 内部结构框图

各引脚功能如下：

（1）$IN_0\sim IN_7$：8 路模拟量输入端。

（2）ADDC（最高位）、ADDB、ADDA（最低位）：模拟通道多路选择器的地址端。

（3）ALE：地址锁存允许信号输入端，当 ALE 为高电平时，锁存地址码，将地址码对应通道的模拟信号送入 A/D 转换器。

（4）START：A/D 转换启动信号输入端。在 START 上升沿将所有内部寄存器清零，下降沿开始 A/D 转换。通常 START 和 ALE 连接在一起使用。

（5）EOC：转换结束信号输出端，转换开始时为低电平，转换结束时为高电平。因此，EOC 常常作为中断请求信号或查询方式的状态信号。

（6）CLOCK：时钟信号输入端。其典型值为 640 kHz，但最大值不超过 1.2 MHz。

（7）$D_0\sim D_7$：数字信号输出端。D_0 为低位端，D_7 为高位端。

（8）ENABLE：输出允许信号输入端，高电平有效。当 ENABLE＝1 时，转换结果从 $D_0\sim D_7$ 直接输出；当 ENABLE＝0 时，数字信号输出端 $D_0\sim D_7$ 处于高阻态。

（9）$V_{ref(+)}$、$V_{ref(-)}$：参考电压的正、负极，一般 $V_{ref(+)}$ 接＋5 V，$V_{ref(-)}$ 接地。

（10）V_{CC}：电源，接＋5 V。

(11) GND：地线。

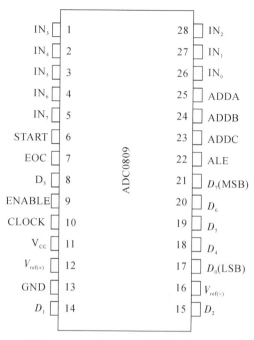

图 8.2 - 10 ADC0809 的外引线排列图

ADC0809 的基本工作过程：

当 ADC0809 启动信号后，逐次逼近寄存器先清零，然后对由地址译码器选中的模拟信号进行 A/D 转换。A/D 转换转换结束后，发出转换结束信号（EOC＝1），并将逐次逼近寄存器的数码送到三态输出锁存缓冲器。当输出信号有效（ENABLE＝1）时，打开三态输出锁存缓冲器，A/D 转换器将输出转换数据到数据总线。

ADC0809 可以直接与微机相连，组成多路数据采集系统，如图 8.2 - 11 所示。

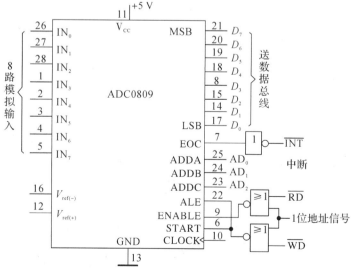

图 8.2 - 11 ADC0809 的典型应用

习 题

8.1 简答题

8.1-1 D/A 转换器的电路结构有哪些类型？各有什么优缺点？

8.1-2 A/D 转换器的电路结构有哪些类型？各有什么优缺点？

8.1-3 从模拟信号转换成数字信号通常要经过哪几个步骤？

8.1-4 并行比较型 A/D 转换器通常由哪几部分组成？

8.1-5 逐次逼近型 A/D 转换器通常由哪四部分组成？

8.2 分析计算题

8.2-1 在如题图 8.6 所示的 $R-2R$ 倒 T 形电阻网络的 D/A 转换器中，已知参考电压 $V_{ref} = -5\ V$，求：

(1) 当输入为 0001 时，输出电压的值；

(2) 当输入为 1101 时，输出电压的值；

(3) 当输入为 1111 时，输出电压的值。

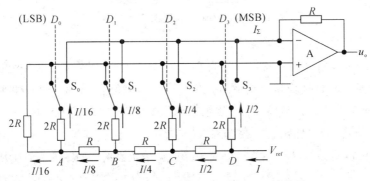

题图 8.6 $R-2R$ 倒 T 形电阻网络 D/A 转换器

8.2-2 模拟输入信号的最高频率分量是 4000 Hz，试求最低采样频率。

8.2-3 已知某 D/A 转换器满刻度输出电压为 20 V，试问：要求 1 mV 的分辨率，其输入数字量的位数 n 至少是多少位？

8.2-4 在并行比较型 A/D 转换器中，若已知 $V_m = 10\ V$，$V_{ref} = 10\ V$，若采用"舍尾取整"的方法量化，则 $V_i' = 6.2\ V$ 时，输出数字量 $D_3 D_2 D_1 D_0 = ?$

8.2-5 已知某 12 位的 A/D 转换器，其输入满量程电压时为 10 V。试计算该 ADC 分辨的最小电压是多少？

参 考 文 献

[1]　李实秋. 电路分析基础[M]. 西安：西安电子科技大学出版社，2010.

[2]　吴大正. 电路基础[M]. 西安：西安电子科技大学出版社，2001.

[3]　华成英，童诗白. 模拟电子技术基本教程[M]. 4 版. 北京：清华大学出版社，2006.

[4]　韩广兴. 电子元器件与实用电路基础[M]. 北京：电子工业出版社，2014.

[5]　王毓银. 数字电路逻辑设计[M]. 北京：高等教育出版社，1999.

[6]　邹红，贺利芳，等. 数字电路与逻辑设计[M]. 北京：人民邮电出版社，2008.

[7]　刘述民，罗勇，等. 电工电子技术[M]. 北京：人民邮电出版社，2011.

[8]　寇戈，蒋立平. 模拟电路与数字电路[M]. 北京：电子工业出版社，2012.